한번에 합격하는 온실가스관리기사 실기

강헌·박기학·김서현 지음

BM (주)도서출판 성안당

■ 도서 A/S 안내

성안당에서 발행하는 모든 도서는 저자와 출판사, 그리고 독자가 함께 만들어 나갑니다.

좋은 책을 펴내기 위해 많은 노력을 기울이고 있습니다. 혹시라도 내용상의 오류나 오탈자 등이 발견되면 **"좋은 책은 나라의 보배"**로서 우리 모두가 함께 만들어 간다는 마음으로 연락주시기 바랍니다. 수정 보완하여 더 나은 책이 되도록 최선을 다하겠습니다.

성안당은 늘 독자 여러분들의 소중한 의견을 기다리고 있습니다. 좋은 의견을 보내주시는 분께는 성안당 쇼핑몰의 포인트(3,000포인트)를 적립해 드립니다.

잘못 만들어진 책이나 부록 등이 파손된 경우에는 교환해 드립니다.

저자 문의 e-mail : parkihak@naver.com(박기학)
본서 기획자 e-mail : coh@cyber.co.kr(최옥현)
홈페이지 : http://www.cyber.co.kr　전화 : 031) 950-6300

머리말

교토의정서 이후 2015년 체결된 파리 기후협약에서 교토의정서를 대체할 새로운 기후변화 체제를 합의함에 따라 전세계 195개 당사국 모두에서 감축의무를 부담하도록 협의되었다. 이에 따라 온실가스 감축 및 관리에 대한 관심이 증대되고 있으며, 우리나라는 기존 '저탄소녹색성장기본법(2010)'에서 '탄소중립기본법(2022)'을 시행하게 되었다. 온실가스 중장기 감축목표 달성 및 탄소중립사회로의 전환을 위하여 배출권거래제 활성화, 탄소중립 이행절차 체계화 등을 통한 조직적인 추진체계를 구축함에 따라 온실가스 감축관리뿐만 아니라 기후위기 적응, 정의로운 전환, 녹색성장 측면에서 구체적인 이행방향을 추진할 전망이다.

「온실가스 목표관리제도」 및 「온실가스 배출권거래제」는 국가 온실가스 감축목표 달성과 기후변화 대응을 위한 글로벌 온실가스 감축 동력을 창출하기 위하여 온실가스 배출이 많고 다량의 에너지를 소비하는 대규모 사업장에 대해 온실가스 감축목표를 부여하고 관리하는 제도이다. 이러한 제도를 성공적으로 수행하고 온실가스 감축관리를 체계적으로 수립 · 이행하기 위해서는 산업 전반에 걸쳐 온실가스에 대한 전문지식을 보유한 인력을 갖는 것이 필수적인 요소이다.

이러한 산업계 및 사회적인 요구 속에서 태동한 온실가스관리기사는 기후변화와 에너지 위기에 능동적으로 대처하고 온실가스 감축정책이 원활하게 지속될 수 있도록 하는 교두보가 될 것이다.

이 책은 우리나라 산업계에 온실가스 및 에너지를 관리하는 실무 종사자를 비롯하여 기후변화에 대한 전반적인 지식을 얻고자 하는 사람, 그리고 온실가스관리기사 자격 취득을 비롯하여 환경과 온실가스를 공부하는 학생들이 활용할 수 있도록 정리하였다.

끝으로, 이 책의 발간을 위하여 힘써주신 온실가스 전문가분들과 성안당 관계자분들에게 감사드리며 지속적인 보완과 수정을 통하여 온실가스관리기사 공부와 실무를 위한 최고의 수험서가 되도록 하겠습니다.

강헌, 박기학, 김서현

NCS 안내

국가직무능력표준(NCS)이란?

국가직무능력표준(NCS, National Competency Standards)은 산업현장에서 직무를 행하기 위해 요구되는 지식 · 기술 · 태도 등의 내용을 국가가 산업 부문별, 수준별로 체계화한 것이다.

(1) 국가직무능력표준(NCS) 개념도

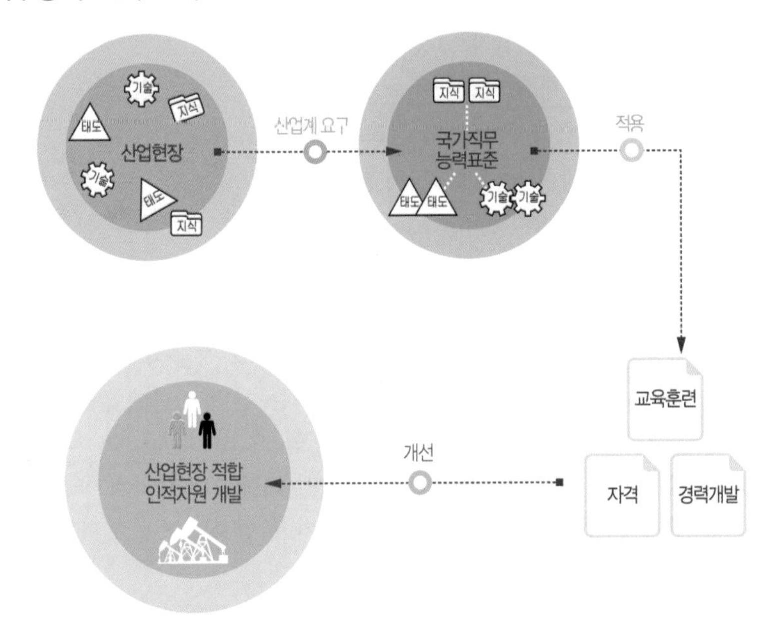

직무능력 : 일을 할 수 있는 On-spec인 능력
① 직업인으로서 기본적으로 갖추어야 할 공통 능력 → **직업기초능력**
② 해당 직무를 수행하는 데 필요한 역량(지식, 기술, 태도) → **직무수행능력**

보다 효율적이고 현실적인 대안 마련
① 실무중심의 교육 · 훈련 과정 개편
② 국가자격의 종목 신설 및 재설계
③ 산업현장 직무에 맞게 자격시험 전면 개편
④ NCS 채용을 통한 기업의 능력중심 인사관리 및 근로자의 평생경력 개발 관리 지원

(2) 국가직무능력표준(NCS) 학습모듈

국가직무능력표준(NCS)이 현장의 '직무 요구서'라고 한다면, NCS 학습모듈은 NCS 능력단위를 교육훈련에서 학습할 수 있도록 구성한 '교수 · 학습 자료'이다.
NCS 학습모듈은 구체적 직무를 학습할 수 있도록 이론 및 실습과 관련된 내용을 상세하게 제시하고 있다.

국가직무능력표준(NCS)이 왜 필요한가?

능력 있는 인재를 개발해 핵심 인프라를 구축하고, 나아가 국가경쟁력을 향상시키기 위해 국가직무능력표준이 필요하다.

(1) 국가직무능력표준(NCS) 적용 전/후

지금은,

- 직업 교육 · 훈련 및 자격제도가 산업현장과 불일치
- 인적자원의 비효율적 관리 운용

→ 국가직무능력표준 →

바뀝니다.

- 각각 따로 운영되던 교육 · 훈련을 국가직무능력표준 중심 시스템으로 전환 (일–교육 · 훈련–자격 연계)
- 산업현장 직무중심의 인적자원 개발
- 능력중심사회 구현을 위한 핵심 인프라 구축
- 고용과 평생직업능력개발 연계를 통한 국가경쟁력 향상

(2) 국가직무능력표준(NCS) 활용범위

기업체 Corporation	교육훈련기관 Education and training	자격시험기관 Qualification
- 현장 수요 기반의 인력채용 및 인사관리 기준 - 근로자 경력 개발 - 직무기술서	- 직업교육 훈련과정 개발 - 교수계획 및 매체, 교재 개발 - 훈련기준 개발	- 자격종목의 신설 · 통합 · 폐지 - 출제기준 개발 및 개정 - 시험문항 및 평가방법

★ 좀더 자세한 내용에 대해서는 NCS 국가직무능력표준 National Competency Standards 홈페이지(www.ncs.go.kr)를 참고해 주시기 바랍니다. ★

자격증 취득과정

원서 접수 유의사항

- 원서 접수는 온라인(인터넷, 모바일앱)에서만 가능하다.
  스마트폰, 태블릿 PC 사용자는 모바일앱 프로그램을 설치한 후 접수 및 취소/환불 서비스를 이용할 수 있다.
- 원서 접수 확인 및 수험표 출력기간은 접수 당일부터 시험 시행일까지이다.
  이외 기간에는 조회가 불가하며, 출력장애 등을 대비하여 사전에 출력하여 보관하여야 한다.
- 원서 접수 시 반명함 사진 등록이 필요하다.
  사진은 6개월 이내 촬영한 3.5cm×4.5cm 컬러사진으로, 상반신 정면, 탈모, 무배경을 원칙으로 한다.
  ※ 접수 불가능 사진 : 스냅사진, 스티커사진, 측면사진, 모자 및 선글라스 착용 사진, 혼란한 배경사진, 기타 신분확인이 불가한 사진

STEP 01 필기시험 원서접수
- Q-net(q-net.or.kr) 사이트 회원가입 후 접수 가능
- 반명함 사진 등록 필요 (6개월 이내 촬영본, 3.5cm×4.5cm)

STEP 02 필기시험 응시
- 입실시간 미준수 시 시험응시 불가 (시험 시작 20분 전까지 입실)
- 수험표, 신분증, 필기구 지참 (공학용 계산기 지참 시 반드시 포맷)

STEP 03 필기시험 합격자 확인
- CBT 시험 종료 후 즉시 합격여부 확인 가능
- Q-net 사이트에 게시된 공고로 확인 가능

STEP 04 실기시험 원서접수
- Q-net 사이트에서 원서 접수
- 실기시험 시험일자 및 시험장은 접수 시 수험자 본인이 선택 (먼저 접수하는 수험자가 선택의 폭이 넓음)

시험 검정 안내

- 시험일정 : 연 2회 정기시험 시행
- 시험과목
  - 필기 : 기후변화의 이해, 온실가스 배출원 파악, 온실가스 산정과 데이터 품질관리, 온실가스 감축관리, 온실가스 관련 법규
  - 실기 : 온실가스 관리 실무
- 검정방법
  - 필기(객관식) : 100문제(2시간 30분)
  - 실기(필답형) : 15~20문제(3시간)
- 합격기준
  - 필기 : 100점 만점으로 과목당 40점 이상 / 전과목 평균 60점 이상
  - 실기 : 100점 만점으로 60점 이상

STEP 05
실기시험 응시

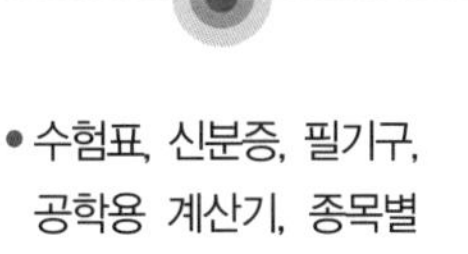

- 수험표, 신분증, 필기구, 공학용 계산기, 종목별 수험자 준비물 지참 (공학용 계산기는 허용된 종류에 한하여 사용 가능하며, 수험자 지참 준비물은 실기시험 접수기간에 확인 가능)

STEP 06
실기시험 합격자 확인

- 문자메시지, SNS 메신저를 통해 합격 통보 (합격자만 통보)
- Q-net 사이트 및 ARS (1666-0100)를 통해서 확인 가능

STEP 07
자격증 교부 신청

- Q-net 사이트에서 신청 가능
- 상장형 자격증, 수첩형 자격증 형식 신청 가능

STEP 08
자격증 수령

- 상장형 자격증은 합격자 발표 당일부터 인터넷으로 발급 가능 (직접 출력하여 사용)
- 수첩형 자격증은 인터넷 신청 후 우편 수령만 가능

출제기준

자격 소개

- 시행기관 : 한국산업인력공단(www.q-net.or.kr)
- 관련부처 : 환경부
- 자격 개요
  기후변화와 에너지 위기에 대응하기 위해 온실가스 감축정책이 요구되고 있으며, 온실가스 감축정책의 원활한 시행을 위해 기후변화에 대한 전문지식을 보유한 인력 양성을 위한 자격을 제정하였다.

실기 출제기준 공통사항

- 직무분야 : 환경 · 에너지
- 중직무분야 : 환경
- 직무내용
  온실가스 관리 및 감축을 위하여 온실가스 배출량의 산정과 보고 업무를 수행하고, 온실가스 감축활동 및 배출권 거래를 기획 · 수행 · 관리하는 직무
- 수행준거
  1. 기후변화 원인과 영향을 파악하고, 기후변화에 대응하는 국내외 정책을 조사할 수 있다.
  2. 온실가스 배출 사업장의 조직 및 운영경계를 설정하고, 온실가스 배출원과 배출 특성을 파악할 수 있다.
  3. 온실가스 배출량 산정과 보고에 필요한 자료를 연속적 또는 주기적으로 감시 · 측정 · 평가할 수 있다.
  4. 관련 법규 또는 국제기준을 토대로 확인된 배출원으로부터 배출되는 온실가스의 배출량을 산정기준에 맞게 적용하여 산정할 수 있다.
  5. 온실가스 배출량 산정의 정확도를 높이기 위해 요구되는 품질관리와 품질보증(QC/QA)의 이행 그리고 불확도 관리를 수행할 수 있다.
  6. 온실가스 배출권거래제도를 파악하고 사업장의 온실가스 감축, 상쇄를 통한 감축, 감축비용 평가, 배출권 거래동향 분석에 따른 배출권 거래를 통하여 효과적인 온실가스 감축목표 달성에 활용할 수 있다.
  7. 온실가스 배출원 특성에 적합한 온실가스 감축방법을 파악하여 대체물질의 이용, 공정 개선, 신재생에너지 등을 통해 온실가스를 감축할 수 있다.

온실가스관리기사 실기 출제기준(적용기간 : 2024.1.1. ~ 2026.12.31.)

• 실기 과목명 : 온실가스 관리 실무

주요 항목	세부 항목	세세 항목
1. 기후변화 조사	(1) 기후변화 파악하기	① 기후변화와 온실가스에 대한 개념을 파악할 수 있다. ② 기후변화 원인에 대해서 조사할 수 있다. ③ 기후변화가 환경에 미치는 영향을 분석할 수 있다.
	(2) 기후변화 대응방안 파악하기	① 기후변화 완화방안의 개념을 이해하고, 온실가스 감축 · 대체 · 제거 수단의 종류와 내용 및 특성을 파악할 수 있다. ② 기후변화 적응방안의 개념을 이해하고, 다양한 온실가스 적응수단의 종류와 내용 및 특성을 파악할 수 있다.
	(3) 국제 정책 파악하기	① 기후변화에 대응하기 위한 국제사회의 노력과 최근 동향 및 전망을 파악할 수 있다. ② 최근 탄소시장의 현황 및 전망을 파악할 수 있다. ③ 주요 국가들의 온실가스 배출현황, 기후변화 대응정책을 파악할 수 있다.
	(4) 국내 정책 파악하기	① 국내 부문별 온실가스 배출현황 및 특징을 파악할 수 있다. ② 기후변화 대응을 위한 국내 관계 법령과 그 내용을 파악할 수 있다. ③ 국내 기후변화 대응을 위한 주요 규제정책과 진흥정책을 조사하고, 이에 따른 성과를 파악할 수 있다. ④ 에너지의 이용과 온실가스 배출과의 상관관계를 파악할 수 있다.
2. 배출원 파악	(1) 배출경계 파악하기	온실가스 배출시설의 배출경계(조직 및 운영 경계)를 설정할 수 있다.
	(2) 공정 분석하기	① 시설에 대한 설명과 공정에 대한 증빙자료를 토대로 배출시설의 목적과 단위공정을 파악할 수 있다. ② 단위공정 설명과 분석이 된 자료를 근거로 단위공정의 목적과 운전조건을 파악할 수 있다. ③ 관련 자료의 수집을 통하여 배출시설의 물질수지와 에너지수지를 조사 · 분석할 수 있다.
	(3) 배출공정 파악하기	① 공정분석 결과를 근거로 온실가스 배출공정을 결정할 수 있다. ② 공정분석 결과를 근거로 온실가스 배출공정에서 배출되는 온실가스 종류를 파악할 수 있다.
	(4) 배출활동 파악하기	① 온실가스 배출공정별 온실가스 배출원인을 파악할 수 있다. ② 배출시설별 온실가스 배출규모를 파악할 수 있다.
3. 온실가스 모니터링	(1) 모니터링 유형 파악하기	① 온실가스 모니터링 유형을 파악할 수 있다. ② 온실가스의 배출공정과 배출특성에 적합한 모니터링 유형을 결정할 수 있다.

출제기준

주요 항목	세부 항목	세세 항목
	(2) 배출량 산정계획 수립하기	① 온실가스를 모니터링하기 위한 절차를 수립할 수 있다. ② 온실가스 배출권 거래제도 관련 지침을 적용하여 배출량 산정계획을 수립할 수 있다.
	(3) 측정 · 분석하기	① 배출시설별 활동자료의 측정 및 분석 방법을 파악할 수 있다. ② 온실가스 모니터링 방법과 절차에 따라 온실가스를 측정할 수 있다. ③ 측정된 온실가스 자료를 수집하여 분석할 수 있다.
4. 배출량 산정	(1) 배출량 산정방법 결정하기	① 직접 및 간접 배출원을 식별할 수 있다. ② 해당 법규를 토대로 해당 배출시설에 적용될 배출량 산정방법을 결정할 수 있다.
	(2) 활동자료 결정하기	① 배출시설의 배출량 규모에 따른 Tier 수준과 측정불확도를 식별할 수 있다. ② 모니터링을 통해 온실가스 배출량 산정에 필요한 연료 및 원료 사용량, 제품 생산량 등 활동자료값을 결정할 수 있다. ③ 벤치마크(BM) 적용시설의 범위 및 활동자료를 결정할 수 있다.
	(3) 배출계수 결정하기	① 관련 규정에 따른 배출시설별 배출계수를 결정할 수 있다. ② Tier 3 배출계수를 개발할 수 있다.
	(4) 배출량 결정하기	① 배출시설별 온실가스 배출량과 사업장 단위의 배출량을 결정할 수 있다. ② 바이오매스 사용 등 배출량 산정에서 제외되는 경우를 식별할 수 있다.
5. 품질 관리 · 보증	(1) 품질관리하기	① 품질관리(QC)의 일반적인 개념과 요구사항을 파악할 수 있다. ② 온실가스 배출원별로 품질관리의 적용사례를 파악할 수 있다. ③ 온실가스 배출량 산정의 품질관리를 수행할 수 있다.
	(2) 품질보증하기	① 품질보증(QA)의 일반적인 개념과 요구사항을 파악할 수 있다. ② 온실가스 배출원별로 품질보증의 적용사례를 파악할 수 있다. ③ 온실가스 배출량 산정의 품질보증을 수행할 수 있다.
	(3) 불확도 관리하기	① 온실가스 배출권거래제의 배출량 보고 및 인증에 관한 지침에 따라 불확도의 개념을 파악할 수 있다. ② 배출량 산정에 적용되는 불확도를 계산하고 관리할 수 있다.
6. 배출권 거래	(1) 배출권 할당 파악하기	① 온실가스 배출권 거래에 대한 개념을 파악할 수 있다. ② 배출권의 할당체계를 파악할 수 있다. ③ 배출권거래제 배출권 할당에 관한 지침에 제시된 온실가스 무상 · 유상 할당방식을 설명할 수 있다. ④ 배출권거래제 배출권 할당에 관한 지침을 통하여 제시된 방법론에 따라 해당 사업장의 온실가스 배출권 할당량을 산정할 수 있다. ⑤ 배출권의 조정 · 이월 · 상쇄 방법을 이해하고 수행할 수 있다.

주요 항목	세부 항목	세세 항목
	(2) 상쇄사업 시행하기	① 청정개발체제(CDM) 사업지침에 따른 감축사업의 타당성 평가 · 등록 · 모니터링 · 배출권 발급의 절차를 파악할 수 있다. ② 배출권거래제 상쇄사업지침에 따른 국내 상쇄사업체계와 청정개발체제 사업체계와의 차이점 · 공통점을 구분 · 파악할 수 있다. ③ 배출권거래제 상쇄사업지침에 따른 국내 상쇄사업 발굴과 등록 절차를 이해할 수 있다.
	(3) 경제성 평가하기	① 온실가스 감축사업 경제성 분석결과에 따라 추진되는 내부 · 상쇄 감축사업의 경제성 자료를 수집할 수 있다. ② 온실가스 감축사업 경제성 분석결과에 따라 추진되는 내부 · 상쇄 감축사업의 경제성을 분석할 수 있다. ③ 국내 배출권거래소의 배출권 거래가격 동향을 파악하여 배출권의 가격을 예측할 수 있다.
	(4) 배출권 거래하기	① 배출권 거래 절차 및 방법을 파악하여 사업장별 온실가스 배출권 거래를 시행할 수 있다. ② 배출권거래제 배출권 할당에 관한 지침에 따라 배분된 사업장 할당량에 대한 감축목표 달성을 위한 온실가스 감축계획을 수립할 수 있다. ③ 내부 · 상쇄 사업 배출권 비용과 국내 배출권거래소의 거래가격 비교를 통하여 배출권을 거래할 수 있다.
7. 온실가스 감축	(1) 온실가스 감축 진단하기	온실가스 배출원별 감축 시나리오 구성을 통해 감축 잠재력을 진단할 수 있다.
	(2) 대체물질 이용하기	① 대체물질을 이용할 수 있는 배출시설을 파악할 수 있다. ② 온실가스 배출물질을 대체할 수 있는 물질을 파악할 수 있다.
	(3) 대체공정 이용하기	① 대체공정 이용을 위한 온실가스 배출공정을 파악할 수 있다. ② 온실가스 배출공정을 대체할 수 있는 공정을 파악할 수 있다.
	(4) 공정 개선하기	① 공정 개선을 위한 온실가스 배출공정을 파악할 수 있다. ② 공정 분석보고서를 통해 온실가스 배출공정의 운영관리를 파악할 수 있다. ③ 온실가스 배출공정의 운영관리방법 및 시설 개선을 통한 감축효과를 결정할 수 있다.
	(5) 온실가스 처리하기	온실가스 포집, 저장, 이용 등 처리방법을 파악할 수 있다.
	(6) 신재생에너지 이용하기	① 신재생에너지 종류와 원리를 파악할 수 있다. ② 온실가스 감축을 위한 신재생에너지 기술을 파악할 수 있다.

차 례

저탄소 녹색성장을 위해

기후변화와 에너지 위기에 능동적으로 대처하는

온실가스관리는

이 시대에 꼭 필요한 환경지킴이입니다.

온실가스관리기사 실기

Chapter 01. 기후변화 현황 및 국내외 정책
Chapter 02. 온실가스 목표관리제와 배출권거래제
Chapter 03. 조직경계 및 운영경계
Chapter 04. 온실가스 인벤토리 산정원칙
Chapter 05. 고정연소 및 이동연소
Chapter 06. 에너지와 간접 배출
Chapter 07. 암모니아 생산공정
Chapter 08. 질산 생산공정
Chapter 09. 석유 정제공정
Chapter 10. 아디프산 생산공정
Chapter 11. 합금철 생산공정
Chapter 12. 아연 생산공정
Chapter 13. 시멘트 생산공정
Chapter 14. 납 생산공정
Chapter 15. 유리 생산공정
Chapter 16. LULUCF
Chapter 17. 온실가스 보고서 작성
Chapter 18. 품질보증·품질관리(QA/QC) 및 불확도 평가
Chapter 19. 온실가스 산정 · 보고 · 검증(MRV)
Chapter 20. 온실가스 감축

온실가스관리기사 실기

CHAPTER 01

기후변화 현황 및 국내외 정책

제1장 합격 포인트

기후변화의 주요 요인

인위적 온실가스 배출이 주요 원인(전체 배출량 중 CO_2가 80% 이상을 차지함)

지구온난화지수(GWP)

이산화탄소가 지구온난화에 미치는 영향을 1로 하여 기준을 설정하고, 각각의 온실가스가 지구온난화에 기여하는 정도를 수치로 표현한 것

취약성

기후변화 영향으로 특정 시스템의 기후 위해에 노출된 위험정도

적응의 구성요소

적응 주체, 적응 대상, 적응 유형

교토메커니즘 3가지

청정개발체제(CDM)/공동이행제도(JI)/배출권거래제(ET)

CDM 진행절차

사업계획 → 타당성 평가 → 승인 및 등록 → 모니터링 → 검증 및 인증 → CERs 발행

CERs 발급을 위한 절차

CDM 사업계획서 작성 → 국가 승인 → 타당성 확인 → UNFCCC 등록 → 검증

파리협정의 목적

산업화 이전과 비교하여 지구 평균온도의 상승폭을 2℃ 미만 수준으로 유지하는 데 있으며, 궁극적으로 1.5℃까지 제한하고자 함. 이를 달성하기 위해 모든 당사국은 탄소배출량 감축에 적극 동참하고, 향후 감축목표량과 그 이행방안에 관한 내용을 담은 국가별 기여방안을 5년마다 제출할 의무를 가짐

탄소중립기본법의 제정 목적

중장기 온실가스 감축목표 설정과 이를 달성하기 위한 국가기본계획의 수립 · 시행, 이행현황의 점검 등을 포함하는 기후위기 대응체계를 정비하고, 기후변화 영향평가 및 탄소흡수원의 확충 등 온실가스 감축 시책과 국가 · 지자체 · 공공기관의 기후위기 적응대책 수립 · 시행, 정의로운 전환 특별지구의 지정 등 정의로운 전환 시책, 녹색기술 · 녹색산업 육성 · 지원 등 녹색성장 시책을 포괄하는 정책수단과 이를 뒷받침할 기후대응기금 신설을 규정함으로써 탄소중립사회로의 이행과 녹색성장의 추진을 위한 제도와 기반을 마련하려는 것

1 기후변화 파악

(1) 기후변화의 원인 및 현상

1) 자연적 원인

① 내적 요인

기후시스템은 대기, 육지, 눈, 얼음, 바다, 기타 수원, 생물체가 서로 복잡하게 상호 작용하고 있는 시스템이다.

② 외적 요인

㉠ 기후시스템 변화 : 흑점의 변화가 기후변화에 미치는 영향은 미미하다고 여겨진다.

㉡ 천문학적 요인 : 지구 자전축 경사의 변화, 세차운동, 지구 공전궤도의 이심률 변화

㉢ 화산 폭발에 의한 태양에너지의 변화 : 화산 분출물이 성층권까지 상승하여 수 개월에서 수 년 동안 머물며 태양빛을 흡수하여 성층권 온도는 상승하나, 대류권에 도달하는 태양빛이 감소되어 대류권 온도는 낮아지게 된다.

2) 인위적 원인

① 인위적 온실가스 배출의 증가

대표적인 온실가스는 화석연료의 연소과정에서 생성·배출되는 이산화탄소(CO_2)이다.

㉠ 지구온난화(Global Warming) : 온실효과로 지구의 평균 대기온도가 상승하는 현상이다. 6대 온실가스는 이산화탄소(CO_2), 메탄(CH_4), 아산화질소(N_2O), 과불화탄소(PFCs), 수소불화탄소(HFCs), 육불화황(SF_6)으로, 기후변화협약(UNFCCC)에서 규제하고 있다.

㉡ 지구온난화지수(GWP ; Global Warming Potential) : 이산화탄소가 지구온난화에 미치는 영향을 1로 하여 기준을 설정하고, 각각의 온실가스가 지구온난화에 기여하는 정도를 수치로 표현한 것이다.

② 에어로졸(Aerosol) 배출의 증가

에어로졸은 온실가스와는 반대로 태양광을 차단하고 산란시켜 대기를 냉각시키는 역할을 하며, 빗물의 핵이 되기도 한다.

③ 산림 벌채

대규모 산림 제거는 온실가스인 CO_2 흡수원을 제거함으로써 자연계의 CO_2 흡수 역량을 그만큼 감소시킨다.

(2) 기후변화의 영향

① 자연계 영향

㉠ **북국의 해빙** : 영구동토층의 표층온도는 1980년대 이후 북극에서 최대 3% 상승하였고, 온도 상승과 해빙이 서로 맞물려 상승작용이 일어나 해빙이 가속화된다. 눈과 얼음은 태양빛을 거울처럼 반사하여 지구온난화를 줄여주지만, 해수는 태양열을 흡수하여 온난화를 가속시킨다.

㉡ **해수면 상승** : 기후변화에 따른 해수면 상승으로 인해 해안 침식을 비롯한 위험이 증가할 것으로 전망되며, 해안지역에 대한 인위적 영향의 증가는 해수면 상승을 더욱 심화시킬 것이다.

㉢ **생태계 변화** : 기후변화로 인하여 홍수, 가뭄, 산불, 병충해, 해양 산성화 등이 발생함에 따라 생태계 교란이 일어나고, 토지의 사용 변화, 오염, 무분별한 개발 등이 결합하여 생태계 자정능력을 이미 상회하였다고 예측한다.

㉣ **수자원** : 기온 상승에 따라 가뭄이 발생하며, 강우량 및 강우강도가 증가한다(강우 패턴 변화로 인한 홍수의 빈번한 발생).

㉤ **식량자원** : 지구온난화의 영향으로 기상이변이 과거보다 많아지면서 호주, 남미, 중국 등과 같은 주요 곡물생산지역에서 가뭄, 병충해, 폭우와 같은 피해가 증가하여 전세계 식량 공급에 영향을 미치고 있다.

㉥ **이상기후** : 홍수, 폭염, 한파와 같은 극심한 이상기후 현상이 일부 아시아 지역에서 빈번하게 발생하고 있으며, 자연생태계와 인간사회에 직·간접적인 영향을 끼치고 있다.

㉦ **환경보전** : 직접적인 건강영향(폭염, 홍수 등 기상재해)과 간접적인 건강영향(대기오염, 동물 매개 전염병, 수인성 전염병, 식품 매개 전염병 등)이 있다.

② **산업계 영향** : 지구온난화가 지속되고 기후변화 관련 국제협약의 강도가 점점 강해지는 추세로 볼 때, 산업계에 미치는 영향은 점차 커질 것으로 예측되며 기후변화에 대한 예측 및 대응을 위한 철저한 준비가 필요하다.

(3) 기후변화의 취약성

① 취약성이란 기후변화의 영향으로 특정 시스템의 기후 위해에 노출된 위험정도를 의미한다.

② 취약성은 기후변동의 크기와 속도, 기후변화에 대한 민감도, 적응능력의 함수로 표현한다.

③ 특정 시스템이 기후변화에 의한 영향이 높고 적응능력이 낮으면 취약성은 높으며, 특정 시스템의 적응능력이 높고 기후변화 영향이 낮은 경우는 지속가능한 발전을 할 수 있다.

2 기후변화 대응방안 파악

(1) 기후변화 완화

① 완화(Mitigation) : 기후변화의 주된 원인이 되는 인간활동에 의한 지구온난화 현상을 저감시키는 것으로, 자원의 활용을 줄이기 위한 인류의 조정활동 또는 온실가스의 흡수원을 증대시키는 활동을 의미하며, 감축이라고도 한다.

② 완화는 온실가스 배출을 저감시킴으로써 기후변화로 인해 발생하고 있거나 발생 가능한 다양한 위험요소를 회피 · 저감 · 지연시키는 데 기여하는 것으로, 장기적인 관점에서의 대응방안이다.

(2) 기후변화 적응

① 적응(Adaptation) : 기후자극과 기후자극의 효과에 대응하는 자연과 인간시스템의 조절작용으로, 발생할 가능성이 있는 피해를 줄이거나 기후변화로 인한 기회를 활용하기 위한 과정, 관행 또는 구조상의 변화를 의미한다.

③ 적응의 분류 : 시점(사전적응, 사후적응), 주체(개별적응, 공공적응), 의도(자생적 적응, 계획된 적응)

④ 적응의 구성요소 : 적응 주체, 적응 대상, 적응 유형

〈기후변화 대응방법(감축과 적응)〉

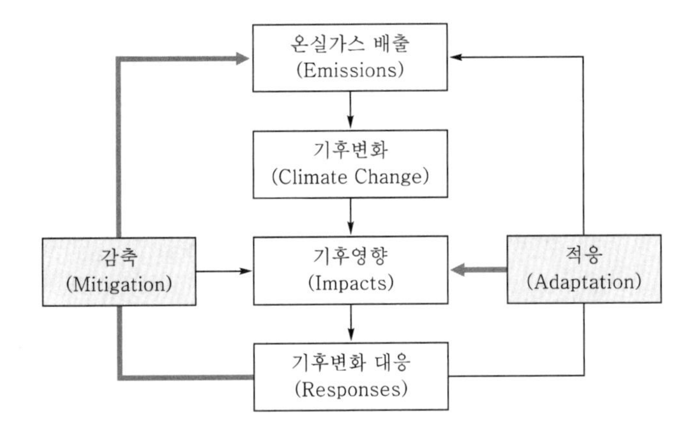

감축(Mitigation)
- 기후변화 영향을 줄이기 위한 전략
- 온실가스 배출원 제거 및 감축
- 온실가스 배출량 산정, 평가 및 예측

적응(Adaptation)
- 기후변화 영향을 극복하기 위한 전략
- 기후변화 결과에 대한 대응방안
- 기후영향, 취약성 평가 및 예측

3 기후변화 관련 국제 동향

(1) 교토메커니즘

1) 개요

① 1997년 제3차 당사국총회에서 구체적인 감축의무를 규정한 교토의정서를 채택하였다.

㉠ **감축대상 온실가스** : 이산화탄소(CO_2), 메탄(CH_4), 아산화질소(N_2O), 수소불화탄소(HFCs), 과불화탄소(PFCs), 육불화황(SF_6) 등 6개의 온실가스

㉡ **감축목표** : 협약서 Annex-I 국가 중 미국을 제외한 38개국(동구권 포함)이 1990년 대비 평균 5.2%를 감축하여야 하는 강제적 감축의무를 규정하였다.

㉢ 의정서를 비준한 전체 Annex-I 국가들의 배출량이 1990년 기준 이산화탄소 배출량의 55% 이상을 차지해야만 의정서가 발효되는 것으로 규정하였다.

② 2001년 3월 미국은 중국, 인도 등 개발도상국들의 온실가스 감축의무대상국에서 제외하고 있다는 이유로 비준하지 않았다.

③ EU 국가들의 노력으로 러시아가 2004년 10월 비준하게 됨에 따라 55%의 배출량을 초과하게 되면서 러시아가 비준한 날로부터 90일이 경과된 2005년 2월 16일에 발효하게 되었다.

④ 의무감축 국가들의 자체적인 감축의 한계를 고려하여 시장원리를 도입한 교토메커니즘을 도입하였다.

〈교토의정서의 주요 내용〉

목표연도(제3조)	2008~2012년(5년간)	
감축대상가스 및 기준연도(제3조)	CO_2, N_2O, CH_4로 1990년 기준	
	HFCs, PFCs, SF_6로 1990년 또는 1995년 기준	
Annex-I 국가들의 온실가스 감축목표율	-8%	EU 국가들, 동유럽, 스위스
	-7%	미국
	-6%	일본, 캐나다, 헝가리, 폴란드
	-5%	크로아티아
	0%	러시아, 뉴질랜드, 우크라이나
	1%	노르웨이
	8%	호주
	10%	아이슬란드
흡수원(제3조)	1990년 이후의 조림, 재조림, 벌목 등에 의한 흡수원의 변화 인정	
공동달성(제4조)	복수의 국가가 감축목표를 공동 달성하는 것을 허용(EU 버블)	
공동이행(제6조)	Annex-I 국가 간의 공동 프로젝트 실시로 감축분 획득	
청정개발체제(제12조)	Annex-I 국가와 비부속서 I 국가의 공동 프로젝트 실시로 감축분 획득	
배출권거래(제17조)	선진국 간의 감축 할당량 거래	
발효조건(제25조)	• 55개국 이상이 비준 • 비준국들이 90년도 Annex-I 국가의 온실가스 배출 총량의 55% 이상을 차지하고 55% 이상이 되게끔 비준한 마지막 국가의 비준일로부터 90일 이후 발효됨	

2) 교토메커니즘의 종류

① 배출권거래제도(ET ; Emission Trading)

㉠ 정의 : 교토의정서 제17조에 정의된 배출권거래제는 온실가스 감축의무 국가가 의무감축량을 초과하여 달성하였을 경우, 이 초과분을 다른 온실가스 감축의무 국가와 거래할 수 있도록 하는 제도를 말한다.

㉡ 의무를 달성하지 못한 온실가스 감축의무 국가는 부족분을 다른 온실가스 감축의무 국가로부터 구입할 수 있다(온실가스 감축량도 시장의 상품처럼 사고 팔 수 있도록 허용한 것).

㉢ 현재 유럽에는 유럽 기후거래소, Powernext, Nordpool, 유럽 에너지거래소(EEX), 클라이맥스, 오스트리아 에너지거래소 등 총 7개가 운영된다.

㉣ EU 배출권거래제도에서 운용되는 할당탄소배출권(EUA ; European Union Allowence)과 청정개발체제 사업에서 발행되는 감축거래권(CERs ; Certified Emission Reductions)은 연동되어 거래되고 있다.

② 청정개발체제(CDM ; Clean Development Mechanism)

㉠ 정의 : 청정개발체제는 교토의정서 제12조에 규정되어 있는 사항으로, 선진국인 A국이 개도국인 B국에 투자하여 발생된 온실가스 배출 감축분을 자국의 감축실적으로 인정할 수 있는 제도를 말한다.

㉡ 온실가스 감축목표를 받은 선진국들이 감축목표가 없는 개도국의 자본과 기술을 투자하여 발생한 온실가스 감축분을 자국의 감축목표 달성으로 활용할 수 있고, 선진국은 보다 적은 비용으로 온실가스 감축이 가능하며, 개도국은 청정개발체제를 통한 자본의 유치 및 기술 이전을 기대할 수 있다.

㉢ 교토의정서에는 선진국의 온실가스 감축의무가 시작되는 시기가 2008년도로 규정되어 있지만, CDM 제도에는 2006~2007년 사이에 발생한 온실가스 감축실적도 감축거래권(CERs ; Certified Emission Reductions)으로 소급 인정받을 수 있도록 규정되어 있다(즉, 2000년 이후 개시된 청정개발체제 사업으로 확보된 탄소감축거래권(CERs)은 의무감축기간인 2008~2012년까지 활용할 수 있다).

③ 공동이행체제(JI ; Joint Implementation)

㉠ 정의 : 교토의정서 제6조에 명기되어 있는 공동이행제도는 감축의무가 있는 Annex-I 국가들 사이에서 온실가스 감축사업을 공동으로 수행하는 것을 인정하는 것으로, Annex-I의 한 국가가 다른 국가에 투자하여 감축한 온실가스 감축량의 일부분을 투자국의 감축실적으로 인정하는 제도이다.

㉡ 현재 Non-Annex I 국가인 우리나라가 활용할 수 있는 제도는 아니며, 특히 EU는 동부유럽국가와 공동이행을 추진하기 위하여 활발히 움직이고 있다.

㉢ 공동이행제도에서 발생되는 이산화탄소 감축분을 ERU(Emission Reduction Unit)라고 한다.

㉣ ERU는 2008년 이후 발행되고 있으며, ERU를 인증하는 기관(IE ; Independent Entity)은 현재 15개가 등록되어 있다.

㉤ 공동이행체제 사업은 추진절차에 따라 2개로 구분되는데, 국가 온실가스 가이드라인 지침에 따른 Track 1과 CDM 사업과 같이 제3차 검증인 Independent Entity(IE)와 Joint Implementation Supervisory Committee(JISC)의 통제를 통한 Track 2로 구분된다.

(2) 당사국총회의 개최순서

제1차(독일 베를린) → 제2차(스위스 제네바) → 제3차(일본 교토, 1997년) → 제4차(아르헨티나 부에노스아이레스) → 제5차(독일 본) → 제6차(네덜란드 헤이그, 독일 본) → 제7차(모로코 마라케시, 2001년) → 제8차(인도 뉴델리) → 제9차(이탈리아 밀라노) → 제10차(아르헨티나 부에노스아이레스) → 제11차(캐나다 몬트리올, 2005년) → 제12차(케냐 나이로비) → 제13차(인도네시아 발리, 2007년) → 제14차(폴란드 포즈난) → 제15차(덴마크 코펜하겐, 2009년) → 제16차(멕시코 칸쿤, 2010년) → 제17차(남아프리카공화국 더반, 2011년) → 제18차(카타르 도하, 2012년) → 제19차(폴란드 바르샤바, 2013년) → 제20차(페루 리마) → 제21차(프랑스 파리, 2015년) → 제22차(모로코 마라케시) → 제23차(독일 본) → 제24차 (폴란드 카토비체) → 제25차(스페인 마드리드) → 제26차(영국 글래스고) → 제27차(이집트 샤름엘셰이크) → 제28차(아랍에미리트 두바이) → 제29차(아제르바이잔 바쿠)

(3) 주요 당사국총회의 동향

① **제7차(모로코 마라케시, 2001년)** : 제6차 회의에서 해결되지 않은 교토메커니즘, 의무준수체제, 흡수원 등의 정책적 현안에 대한 최종 협의가 도출되어 CDM 등 교토메커니즘 관련 사업을 추진하기 위한 기반을 마련함

② **제11차(캐나다 몬트리올, 2005년)** : 교토의정서 이행절차 보고방안을 담은 19개의 마라케시 결정문을 제1차 교토의정서 당사국 회의에서 승인함. 2012년 이후 기후변화체제 협의회(2track approach)에 합의함

③ **제13차(인도네시아 발리, 2007년)** : 2012년 이후 선 · 개도국의 의무감축부담에 대한 논의가 활발히 이루어졌으며, 특히 교토의정서의 의무감축에 상응한 노력을 하기 위해 선 · 개도국 등 모든 국가들은 측정, 보고, 검증 가능한 방법으로 온실가스 감축을 수행하도록 하는 발리 로드맵을 채택하여 2009년 말을 목표로 협상 진행을 합의함

④ **제15차(덴마크 코펜하겐, 2009년)** : 100여 개국의 정상들이 모인 제15차 UN 기후변화협상에서는 선·개도국 간의 대립으로 난항을 겪었으며, 최종적 코펜하겐 합의라는 형태로 합의를 도출했으나 법적 구속력은 없고, 선·개도국 간의 민감한 주요 쟁점들을 미해결과제로 남기고 정치적 합의문 수준으로 종료함

⑤ **제16차(멕시코 칸쿤, 2010년)** : 2011년 남아공 총회까지 Post-2012 기후체제 합의를 위한 협상을 지속하기로 하였으며, 기본적 내용에 합의한 감축, 재원, 적응, Measurable, Reportable, Verifiable(측정, 보고, 검증) 등에 대한 논의가 핵심 이슈가 될 것으로 전망함

⑥ **제17차(남아프리카공화국 더반, 2011년)** : 2012년 효력이 만료되는 교토의정서를 연장하는 한편, 2015년까지 법적으로 효력이 있는 새로운 조약을 마련하고 2020년까지 이 조약을 강제적으로 적용함. 2020년 이후부터는 우리나라를 포함한 중국, 인도 등 주요 개도국이 모두 참여하는 단일 온실가스 감축체제 설립을 위한 협상을 개시하는 것에 합의하는 '더반 플랫폼(Durban platform)'을 채택함

⑦ **제18차(카타르 도하, 2012년)** : 제2차 교토의정서 공약기간은 2013~2020년(8년)으로 확정하고 2020년까지 1990년 대비 18%를 감축하는 새로운 감축목표를 설정하였음. 발리행동계획 관련 실무그룹 논의를 종결하는 동시에 더반 플랫폼 이행작업계획에 합의하였고, 녹색기후기금(GCF ; Green Climate Fund)을 송도에 유치하기로 하였으며, 개도국 지원을 단기 재원수준 이상으로 향후 3년간 지속하고 개별 선진국이 재원 확대 및 조성에 관한 경로 제시를 합의하는 '도하 게이트웨이(Doha climate gateway)'를 채택함

⑧ **제19차(폴란드 바르샤바, 2013년)** : Pre-2020 기후체제 수립을 위해 대회 논의하였지만 일부 선진국들의 협약내용 후퇴로 선진국과 개도국 간의 의견상충이 나타났으며, 탄소배출권 거래제 확대 시행을 통한 시장 메커니즘 본격 추진과 CCS 기술 및 신재생에너지 사용 확대, 에너지효율 개선, HFCs 감축목표 강화 등 비시장 메커니즘 활용을 강화하도록 요구됨. 산림 부분에서 온실가스 감축을 위한 재정 확보에 대한 합의가 도출되었으며, 개도국에 대한 선진국의 재정 지원을 위해 기후자금 마련과 투자환경 투명성 확보가 전제되어야 할 것으로 논의됨

⑨ **제21차(프랑스 파리, 2015년)** : 지구온난화를 대비해 전 세계 195개국 정상들이 한자리에 모여 온실가스 배출에 대한 지속적인 관리와 책임 이행을 약속하는 내용의 '파리 기후협정문'을 채택함. 주요 목적은 산업화 이전과 비교하여 지구 평균온도의 상승폭을 2℃ 미만 수준으로 유지하는 데 있으며 궁극적으로 1.5℃까지 제한하고자 함. 이를 달성하기 위해 모든 당사국은 탄소배출량 감축에 적극 동참하고, 향후 감축목표량과 그 이행방안에 관한 내용을 담은 국가별 기여방안(NDC ; Nationally Determined Contributions)을 5년마다 제출할 의무를 가짐

4 국내 정책 파악

(1) 저탄소녹색성장기본법과 탄소중립기본법

① 「저탄소녹색성장기본법」은 저탄소녹색성장을 효율적 · 체계적으로 추진하기 위해 녹색성장 국가전략을 수립 · 심의하는 녹색성장위원회의 설립 등 추진체계를 구축하고, 저탄소녹색성장을 위한 각종 제도적 장치를 마련하기 위해 제정(2009년)되었다.

② 「저탄소녹색성장기본법」을 「탄소중립기본법」으로 변경(2021년 제정)하면서, 전 세계에서 14번째로 2050 탄소중립 비전과 이행체계를 법제화하였다.

③ 「저탄소녹색성장기본법」은 기후변화 대응, 에너지 효율화, 신재생에너지, 녹색기술 및 녹색산업의 발전, 녹색국토 등 녹색성장에 관한 부문을 종합적 · 포괄적으로 담은 사실상 세계 최초의 녹색성장기본법이다.

④ 탄소중립기본법의 제정 이유 : 중장기 온실가스 감축목표 설정과 이를 달성하기 위한 국가기본계획의 수립 · 시행, 이행현황의 점검 등을 포함하는 기후위기 대응 체계를 정비하고, 기후변화 영향평가 및 탄소흡수원의 확충 등 온실가스 감축 시책과 국가 · 지자체 · 공공기관의 기후위기 적응대책 수립 · 시행, 정의로운 전환 특별지구의 지정 등 정의로운 전환 시책, 녹색기술 · 녹색산업 육성 · 지원 등 녹색성장 시책을 포괄하는 정책수단과 이를 뒷받침할 기후대응기금 신설을 규정함으로써 탄소중립사회로의 이행과 녹색성장의 추진을 위한 제도와 기반을 마련하려는 것이다.

(2) 기후변화 대응전략 수립

① 우리나라 최초의 국가단위 기후변화 적응대책인 '국가 기후변화 적응 종합계획'이 수립(2008. 12.)되었으며, 「저탄소녹색성장기본법」 시행에 따라 최초의 법정 계획인 '국가 기후변화 적응대책(2011~2015)'이 수립(2010. 10.)되었다.

② 각 계획은 5년마다 수립되고 있으며, 아래 기본계획을 근거로 세부계획, 국가 · 지자체 단위계획 등으로 세분화되어 수립되고 있다.

〈국가단위 기후변화 적응계획 연혁〉

구 분	국가 기후변화 적응대책			기후변화대응 기본계획	
	종합계획 ('08. 12.)	제1차 ('10. 10.)	제2차 ('15. 12.)	제1차 ('16. 12.)	제2차 ('19. 10.)
계획기간	'09~'30	'11~'15	'16~'20	'17~'36	'20~'40
비전	기후변화 적응을 통한 안전사회 구축 및 녹색성장 지원	기후변화 적응을 통한 안전사회 구축 및 녹색성장 지원	기후변화 적응으로 국민이 행복하고 안전한 사회 구축	이상기후에 안전한 사회 구현 ※ 총괄비전 : 효율적 기후변화 대응을 통한 저탄소 사회 구현	- ※ 총괄비전 : 지속가능한 저탄소 녹색사회 구현
목표	• 단기(~'12) : 종합적이고 체계적인 기후변화 적응역량 강화 • 장기(~'30) : 기후변화 위험 감소 및 기회의 현실화	-	기후변화로 인한 위험 감소 및 기회의 현실화	-	기후변화 적응 주류화로 2℃ 온도 상승에 대비
체계	1. 기후변화 위험평가체계 구축 2. 6개 부뮤별 기후변화 적응 프로그램 추진(생태계, 물관리, 건강, 재난, 적응산업, 에너지, SOC) 3. 국내외 협력 및 제도적 기반 확보	〈7대 부문〉 1. 건강 2. 재난/재해 3. 농업 4. 산림 5. 해양/수산업 6. 물관리 7. 생태계 〈적응기반 대책〉 1. 기후변화 감시 및 예측 2. 적응산업/에너지 3. 교육, 홍보 및 국제협력	〈4대 정책〉 1. 과학적 위험관리 2. 안전한 사회 건설 3. 산업계 경쟁력 확보 4. 지속가능한 자연자원 관리 〈이행기반〉 5. 국내외 이행기반 마련	1. 과학적인 기후변화 위험관리체계 마련 2. 기후변화에 안전한 사회 건설 3. 지속가능한 자연자원 관리	1. 5대 부문 기후변화 적응력 제고 2. 기후변화 감시·예측 고도화 및 적응평가 강화 3. 모든 부문·주체의 기후변화 적응 주류화 실현

적중 예·상·문·제

01 온실가스의 정의를 작성하시오.

풀이 온실가스란 적외선 복사열을 흡수하거나 방출하여 온실효과를 유발하는 가스상태의 물질을 말한다.

02 6대 온실가스의 종류와 특징을 작성하시오.

풀이 6대 온실가스는 이산화탄소(CO_2), 메탄(CH_4), 아산화질소(N_2O), 수소불화탄소(HFCs), 과불화탄소(PFCs), 육불화황(SF_6)으로, 주요 특징은 다음과 같다.

① 이산화탄소(CO_2) : 주로 화석연료의 연소를 통해 발생되는 기체로 지구온난화지수는 낮으나 전체 온실가스 배출량 중 약 80% 이상을 차지(GWP : 1)

② 메탄(CH_4) : 소나 닭과 같은 가축의 배설물 분해과정 등 유기물이 분해될 때 주로 발생하며, 발생량은 약 4.8%로 이산화탄소에 비해 작은 양이 발생됨. 지구 전체 온실효과의 15~20% 이상을 차지(GWP : 21)

③ 아산화질소(N_2O) : 석탄을 캐거나 연료의 고온 연소 시, 질소비료를 통해 발생하며, 전체 온실가스 배출량의 약 2.8%를 차지(GWP : 310)

④ 수소불화탄소(HFCs) : 흔히 냉장고나 에어컨 등의 냉매로 사용하며, 불연성·무독성임(GWP : 140~11,700)

⑤ 과불화탄소(PFCs) : 불소(F)의 화합물로 전자제품, 도금산업, 반도체 제조 시 세척용으로 사용(GWP : 6,500~9,200)

⑥ 육불화황(SF_6) : 전기제품, 변압기 등의 절연가스로 사용(GWP : 23,900)

03 기후변화 적응의 구성요소를 작성하시오.

풀이 ① 적응 주체
② 적응 대상
③ 적응 유형

04 온실가스 완화와 적응의 정의를 기술하시오.

풀이 ① 완화(Mitigation) : 기후변화의 주된 원인이 되는 인간활동에 의한 지구온난화 현상을 저감시키는 것으로, 자원의 활용을 줄이기 위한 인류의 조정활동 또는 온실가스의 흡수원을 증대시키는 활동
② 적응(Adaptation) : 기후자극과 기후자극의 효과에 대응하는 자연과 인간시스템의 조절작용

05 온실가스 감축수단으로 교토메커니즘에서 제시하는 방법을 쓰시오.

풀이 청정개발체제(CDM), 배출권거래제도(ET), 공동이행제도(JI)

06 청정개발체제의 진행절차를 쓰시오.

풀이 사업계획 → 타당성 평가 → 승인 및 등록 → 모니터링 → 검증 및 인증 → CERs 발행

07 다음 빈칸을 채우시오.

CDM 방법론은 감축량을 정량적으로 계산할 수 있는 논리와 절차를 전개한 (①)과 감축활동의 실체를 확인할 수 있는 구체적인 방법을 제시한 (②)으로 구성되어 있다.

풀이 ① 베이스라인 방법론
② 모니터링 방법론

08 CDM 사업에서 발생된 CERs의 유효기간에 대한 설명이다. 빈칸을 채우시오.

- 갱신 가능한 유효기간 1회당 최대 (①)년으로 (②)회에 걸쳐 갱신 가능하며 최대 총 (③)년
- 고정유효기간으로 최대 (④)년

풀이 ① 7
② 2
③ 21
④ 10

09 CDM 사업기간 및 CERs 발행기간을 쓰시오.

풀이 CDM 사업기간은 최대 2회 갱신 가능하며 갱신횟수 1회당 최대 7년으로, 총 사업기간은 21년이 가능하다. CERs 발행기간은 갱신 없이 최대 10년이 가능하다.

10 국내 CDM 사업 승인요청 절차에서 사업자가 CDM 사업계획서를 포함하여 국내 정부 승인을 위해 제출하는 기관을 쓰시오.

풀이 국무총리실

참고

사업자가 CDM 사업계획서를 포함하여 CDM 사업신청서를 국무총리실에 제출하면 국무총리실에서 제안된 CDM 사업을 검토할 부처를 선정하고, 선정된 부처는 검토의견을 작성하게 된다. 국무총리실은 이를 근거로 하여 CDM 사업승인서의 발급 여부를 결정하게 된다.

11 공동이행제도의 약어를 작성하고 개념을 서술하시오.

풀이 JI(공동이행제도) : 선진국 A와 선진국 B에 투자하여 발생된 온실가스 감축분의 일정 부분을 A국의 배출저감실적으로 인정하는 제도이다.

12 교토매커니즘의 도입배경을 쓰시오.

풀이 온실가스 저감의무 달성시 소요되는 비용을 최소화하기 위해 도입하였다.

13 배출권거래제를 영어로 표기하고 약어를 작성하시오.

풀이 Emission Trading, ET

참고

배출권거래제는 각국에 할당된 온실가스 배출 허용량을 거래소를 통해 매매하여 배출저감 비용을 절감하고 저감을 용이하게 하는 방식이다.

14 CDM의 원어와 기본 취지를 작성하시오.

풀이 ① Clean Development Mechanism
② 기본 취지 : 선진국 A가 개도국 B에 투자하여 발생된 온실가스 감축분을 자국의 감축실적에 반영할 수 있는 제도이다.

참고

CDM은 Clean Development Mechanism으로 청정개발체제라고 한다. 선진국이 개발도상국에서 온실가스 감축사업을 수행하여 달성한 실적을 해당 선진국의 온실가스 감축목표 달성에 활용할 수 있도록 한 제도이다.

15 CDM 사업의 목적을 작성하시오.

풀이 ① 지속가능한 발전
② 온실가스 감축
③ 선진국의 자본 유치 및 기술 이전

16 청정개발체제 편익 분석 중 선진국에 해당하는 내용을 기술하시오.

풀이 선진국의 경우에는 온실가스 배출 저감을 위한 비용의 절감, 의무달성에 유연성 확보 및 신기술과 첨단기술에 대한 시장을 확보하기 위한 방법이다. 또한 새로운 투자기회로써 확대가 가능하다.

참고

청정개발체제에서 편익으로는 선진국과 개도국 및 그 전체로 구분할 수 있다.
개도국의 경우 외자유치를 통한 경제개발기술 이전 및 고용 창출과 사회간접자본을 확충할 수 있으며 에너지 수입 대체 및 에너지 효율을 향상시킬 수 있다.
전체적으로는 온실가스 배출저감을 위한 비용의 절감과 세계적인 온실가스 저감대책 이행을 가속화할 수 있다.

17 파리협정의 목적을 기술하시오.

풀이 산업화 이전과 비교하여 지구 평균온도의 상승폭을 2℃ 미만 수준으로 유지하는 데 있으며 궁극적으로 1.5℃까지 제한하고자 한다. 이를 달성하기 위해 모든 당사국은 탄소배출량 감축에 적극 동참하고, 향후 감축목표량과 그 이행방안에 관한 내용을 담은 국가별 기여방안(NDC ; Nationally Determined Contributions)을 5년마다 제출할 의무를 가진다.

18 지속가능한 발전의 3E에 대해 작성하시오.

풀이 지속가능한 발전(SD ; Sustainable Development)의 3E는 경제(Economy), 환경 또는 생태계(Environment or Ecology), 사회적 형평성(Equity)이다.

19 탄소중립기본법 제정 목적을 기술하시오.

풀이 중장기 온실가스 감축목표 설정과 이를 달성하기 위한 국가기본계획의 수립 · 시행, 이행현황의 점검 등을 포함하는 기후위기 대응 체계를 정비하고, 기후변화 영향평가 및 탄소흡수원의 확충 등 온실가스 감축 시책과 국가 · 지자체 · 공공기관의 기후위기 적응대책 수립 · 시행, 정의로운 전환 특별지구의 지정 등 정의로운 전환 시책, 녹색기술 · 녹색산업 육성 · 지원 등 녹색성장 시책을 포괄하는 정책수단과 이를 뒷받침할 기후대응기금 신설을 규정함으로써 탄소중립 사회로의 이행과 녹색성장의 추진을 위한 제도와 기반을 마련하려는 것이다.

CHAPTER 02

온실가스 목표관리제와 배출권거래제

제1장 합격 포인트

온실가스 목표관리제와 배출권거래제의 총괄기관 및 부문별 관장기관

총괄기관		환경부
부문별 관장기관	산업 · 발전	산업통상자원부
	건물 · 교통 · 건설	국토교통부(해운 · 항만 분야 제외)
	농업 · 임업 · 축산 · 식품	농림축산식품부
	폐기물	환경부
	해양 · 수산 · 해운 · 항만	해양수산부

온실가스 목표관리제와 배출권거래제의 비교

구 분	목표관리제	배출권거래제
배출량 설정	목표 협의 및 설정	사업장별 할당
페널티	과태료	배출권 구매, 과징금
평가·인증	실적 평가, 개선 명령	배출권 보유량 인증
이월·차입	(미정)	일반적으로 허용
상쇄	(인정, 세부절차 미정)	일정 비율 허용

업체와 사업장의 온실가스 배출량 기준

① 업체 : 50,000tCO_2-eq 이상

② 사업장 : 15,000tCO_2-eq 이상

1 개요

① 온실가스 목표관리제는 대규모 사업장의 온실가스 감축목표를 설정하고 관리하는 제도로서 온실가스 감축정책 중 하나이다.
② 온실가스 목표관리제의 운영은 관리업체 지정, 목표 설정, 산정·보고·검증, 검증기관 관리 등에 관한 사항을 포괄적으로 담고 있으며 온실가스 목표관리 운영지침을 제정하면서 국제사회에 통용될 수 있는 온실가스 산정·보고·검증 체계를 구축하는 데 주력한다.
③ 개별 기업들의 온실가스 의무보고제도에 관한 규정지침을 상세히 발표한 사례는 우리나라가 EU, 미국, 호주, 캐나다, 뉴질랜드 다음이며, Non-Annex-I 국가 중 최초라는 점에서 온실가스 목표관리 운영지침의 고시는 큰 의의가 있다고 볼 수 있다.
④ 온실가스 목표관리 운영지침 고시로 인해 2010년에 468개의 관리업체가 지정되어 온실가스 목표관리에 착수하였고, 2015년부터 배출권 거래제도가 도입됨에 따라 기존 관리업체 중 온실가스 다배출업체를 할당지정업체로 지정하였다.

2 기본 개념

(1) 업체 및 사업장의 기준

① **업체** : 동일한 법인 등의 지배적인 영향력을 미치는 모든 사업장의 집단을 말한다(관리업체 지정기준(업체기준)을 충족하는 경우).
② **사업장** : 업체에 포함된 각각의 사업장으로, 업체 내 사업장이라고 한다.

(2) 관리업체

해당 연도 1월 1일을 기준으로 최근 3년간 업체 또는 사업장에서 배출한 온실가스의 연평균 총량이 모두 기준 이상인 경우를 말한다.
① **관리업체(업체) 지정 온실가스 배출량 기준** : 50,000tCO_2-eq 이상
② **관리업체(사업장) 지정 온실가스 배출량 기준** : 15,000tCO_2-eq 이상
③ **온실가스 소량배출사업장 등에 대한 온실가스 배출량 기준** : 3,000tCO_2-eq 미만
업체 내 모든 사업장의 온실가스 및 에너지 소비량 총합이 5% 미만의 경우 제외할 수 있다(사업장 지정기준 미만).
※ 모든 기준은 다음의 공통점을 가진다.
- 해당 연도 1월 1일을 기준으로 최근 3년간 업체의 모든 사업장에서 배출한 온실가스와 소비한 에너지의 연평균 총량을 기준으로 한다.
- 신설 등으로 인해 최근 3년간 자료가 없을 경우에는 보유하고 있는 자료(최초 가동연도를 포함)를 기준으로 한다.

(3) 소관부문별 관장기관

온실가스 목표관리제의 총괄운영기관 및 부분별 관장기관은 다음과 같다.

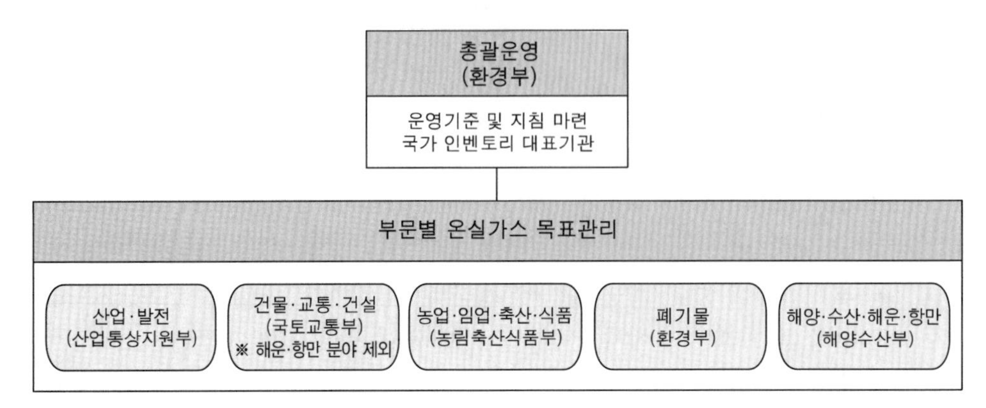

출처 탄소중립기본법 시행령(제18조)

3 온실가스 인벤토리 산정단계

온실가스 인벤토리의 산정은 다음과 같은 흐름으로 이루어진다.

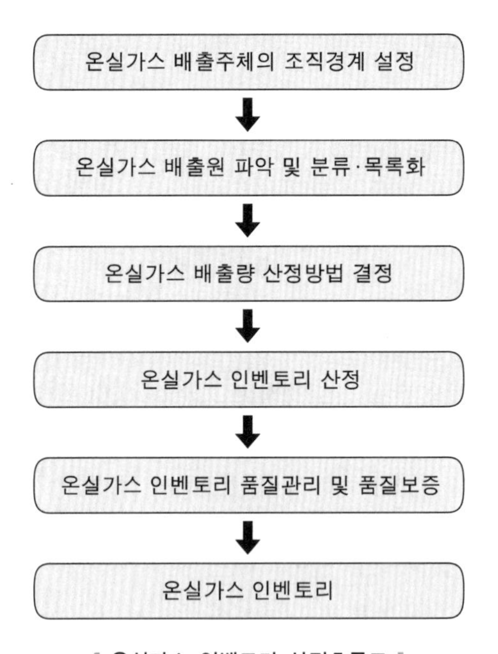

❙ 온실가스 인벤토리 산정흐름도 ❙

① **조직경계 설정** : 온실가스 배출주체의 조직경계를 결정한다.
② **조직경계 내 배출권 규명** : 배출주체 내의 온실가스 배출원을 파악하고 분류·목록화한다.
③ **배출량 산정 및 모니터링 체계 구축** : 배출원별로 온실가스 배출량 관련 자료 수준에 적합한 배출량 산정방법을 선정한다.
④ **배출량 산정방법론, 관리기준 등의 선택** : 산정방법에 근거하여 배출량을 산정하고, 각 부문별 배출량 결과를 취합하여 배출주체의 인벤토리를 일차적으로 결정한다.
⑤ **배출량 산정** : 인벤토리 결과의 품질관리(QC) 및 품질보증(QA) 단계로서 인벤토리 결과를 검토하고, 질적 개선이 이루어지며, 인벤토리가 최종적으로 결정된다.
⑥ **제3자 검증 및 명세서 제출** : 인벤토리 결과의 신뢰도를 진단·평가하여 개선 및 발전 방향을 수립·제시한다.

4 온실가스 목표관리제와 배출권거래제

목표관리제의 경우 관리업체로 대상 지정 및 목표를 설정하여 불이행시 개선 명령, 과태료를 부과하는 반면에 배출권거래제의 경우 유·무상 할당계획을 기준으로 하므로, 배출권 보유량을 인증하며 배출권 매매를 통해 배출권을 확보하는 제도이다.

〈목표관리제와 배출권거래제의 비교〉

구 분	목표관리제	배출권거래제
지침·기준	대상 지정, 목표 설정, 검증	유·무상 할당계획
지정	산업·발전, 건물, 수송 등 6대 온실가스 최대 25,000t인 사업장	산업부문 CO_2, 6대 온실가스 25,000t 이상 의무 15,000~25,000t 사이 자발적 참여 가능
보고항목	사업장별 설비 및 배출현황	사업장별 설비 및 배출현황
배출량 설정	목표 협의 및 설정	사업장별 할당
등록부	관리업체 정보, 목표, 이행실적	감축 이행, 배출권 확보
이행	이행계획 제출 및 실행	감축 이행, 배출권 확보
이월·차입	(미정)	일반적으로 허용
상쇄	(인정, 세부절차 미정)	일정 비율 허용
실적 보고	배출량 산정 및 보고	배출량 산정 및 보고
평가·인증	실적 평가, 개선 명령	배출권 보유량 인증
페널티	과태료	배출권 구매, 과징금
검증기관	명세서, 실적 검증	배출량 검증

출처 오대균, 온실가스 에너지 목표관리제 도입과 에너지 수요관리 정책, 2011.

배출권거래제는 목표관리제에 비해 감축비용을 절감할 수 있다. 목표관리제의 경우 추가 감축을 해도 보상은 없고 목표 미달성시에 과태료만 납부하는 형태인 반면, 배출권거래제의 경우 참여 개별기업의 자체적인 감축비용 절감이 가능하며, 경제적인 인센티브가 있다.

목표관리제는 배출권거래제에 비해 정책 집행이 상대적으로 간단하고 온실가스 감축효과가 빠르게 나타나는 특징이 있으며 배출권거래제는 직접규제수단인 목표관리제와 달리 시장유인수단인 제도이다.

경제적 유인제도인 탄소세나 배출권거래제가 직접규제에 비해 효율적이며, 탄소세와 배출권거래제를 시급성, 효과성, 효율성, 시행가능성, 정치적 수용성 등의 기준으로 비교했을 때 배출권거래제는 효율성 면에서만 탄소세와 비슷할 뿐, 그 외 다른 모든 부문에서 탄소세보다 높다.

〈탄소세와 배출권거래제의 정책 비교〉

구 분	탄소세	배출권거래제
경제적 효율성	온실가스 감축을 달성하는 데 발생하는 총 저감비용을 줄이는 데 효과적	
기술개발 촉진	온실가스 감축과 관련된 신기술 도입 등 저감기술 개발 촉진	
형평성 및 배출자 부담	• 세수 환원방법에 의해 결정 • 세수 활용방법에 따라 배출자 부담 변화	배출권의 할당방법과 경매 수입의 환원방법에 의해 참여자의 부담 변화
탄소가격 형평성 확보	세율의 적정수준 결정이 어려워 탄소가격에 대한 형평성 확보가 어려움	시장메커니즘에 의한 가격 형성으로 탄소가격 형평성 확보 용이
정책 수용성	• 조세저항이 있을 수 있고, 세수 활용방법에 따라 배출자 부담의 차이가 클 수 있기에 특정 배출자들의 반대가 있을 수 있음 • 타 조세정책과의 조화 필요	배출권의 할당방법과 전체 온실가스 감축목표량의 수준에 대한 의견 수렴이 어렵기 때문에 정책 도입에 대한 산업계의 반대가 있을 수 있음
국제 연계	정부 간 협약을 통해서만 이루어질 수 있음	배출권거래제를 도입한 타 국가들과 연계 가능

5 목표관리제 시행일정

① 전년도 명세서 : 3월 31일
② 차년도 목표 설정 : 9월 30일
③ 차년도 이행계획서 : 12월 31일

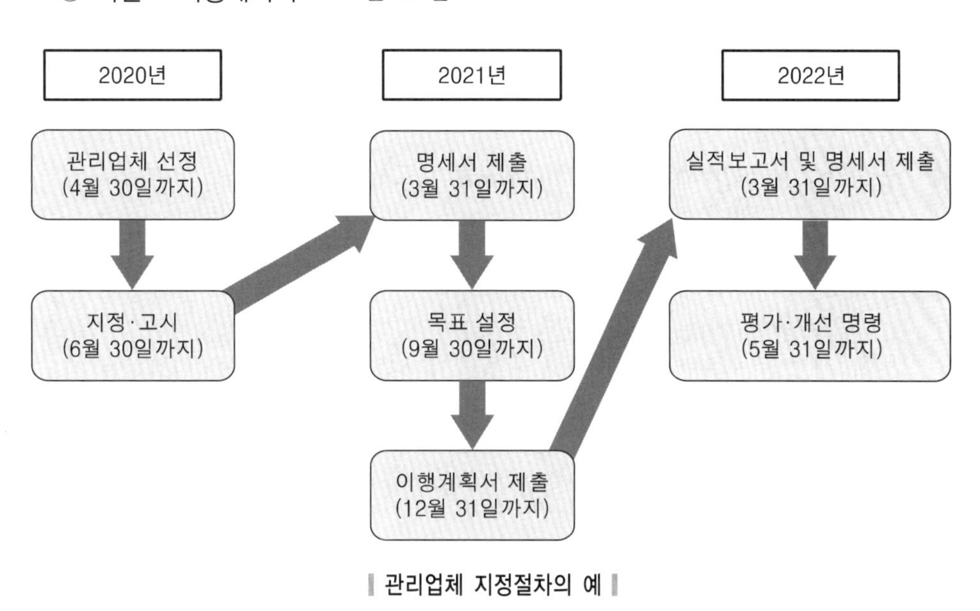

관리업체 지정절차의 예

적중 예·상·문·제

01 온실가스 목표관리제와 배출권거래제도를 비교하여 설명하시오.

풀이 목표관리제의 경우 관리업체로 대상 지정 및 목표를 설정하여 불이행시 개선 명령, 과태료를 부과하는 반면에 배출권거래제의 경우 유·무상 할당계획을 기준으로 하여, 배출권 보유량을 인증히고 배출권 매매를 통해 배출권을 확보하는 제도이다.
배출권거래제는 목표관리제에 비해 감축비용을 절감할 수 있다. 목표관리제의 경우 추가 감축을 해도 보상은 없고 목표 미달성시에 과태료만 납부하는 형태인 반면, 배출권거래제의 경우 참여 개별기업의 자체적인 감축비용 절감이 가능하며 경제적인 인센티브가 있다.
목표관리제는 배출권거래제에 비해 정책 집행이 상대적으로 간단하고 온실가스 감축효과가 빠르게 나타나는 특징이 있으며 배출권거래제는 직접규제수단인 목표관리제와 달리 시장유인수단인 제도이다.

02 관리업체의 산정·보고 절차를 쓰시오.

풀이 조직경계 설정 → 조직경계 내 배출권 규명 → 배출량 산정 및 모니터링 체계 구축 → 배출량 산정방법론, 관리기준 등의 선택 → 배출량 산정 → 제3자 검증 및 명세서 제출

03 관리업체의 온실가스 배출량 산정·보고 체계는 목표 설정, 이행계획 수립, 목표 이행, 명세서 및 이행실적보고서 작성으로 구성되어 있다. 다음 사항의 제출시기를 쓰시오.
① 전년도 명세서
② 차년도 목표 설정
③ 차년도 이행계획서

풀이 ① 전년도 명세서 : 3월 31일
② 차년도 목표 설정 : 9월 30일
③ 차년도 이행계획서 : 12월 31일

04 다음 개요도의 괄호 안에 알맞은 내용을 각각 쓰시오.

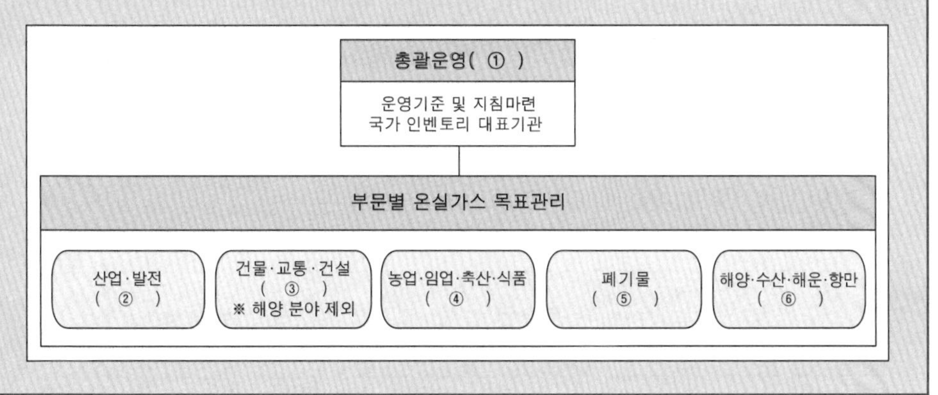

풀이 ① 환경부 ② 산업통상자원부 ③ 국토교통부
④ 농림축산식품부 ⑤ 환경부 ⑥ 해양수산부

참고

목표관리제의 총괄기관은 환경부이며, 각 부문별 관리기관은 산업·발전의 경우 산업통상자원부, 건물·교통·건설은 국토교통부, 농업·임업·축산·식품의 경우 농림축산식품부, 폐기물은 환경부이며, 해양·수산·해운·항만의 경우 해양수산부이다.

05

다음 표를 보고 관리업체 지정시 어떤 기준으로 관리업체를 선정하며, 배출량 등 산정·보고 대상은 어느 사업장인지 ( ) 안에 들어갈 내용을 순서대로 쓰시오.

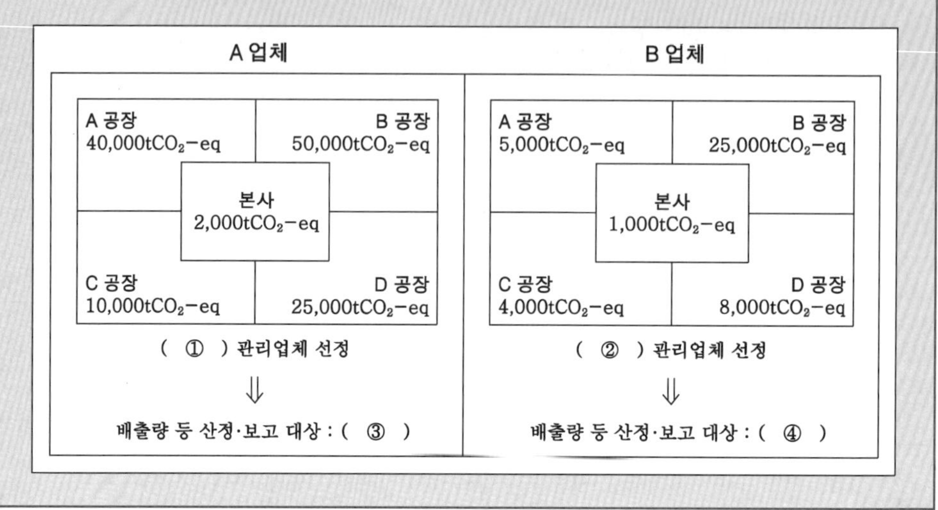

풀이
① 업체기준 ② 사업장기준
③ 전 사업장 ④ B 사업장

※ A업체의 경우 업체기준을 충족하여 배출량 등 산정 · 보고 대상으로 모든 사업장이 선정되므로 전 사업장이 대상이 된다.

06

온실가스 목표관리제의 부문별 관장기관 및 분야를 기재하시오.

풀이
① 산업·발전 분야 : 산업통상자원부
② 건물·교통·건설 분야 : 국토교통부(해운·항만 분야는 제외)
③ 농업·임업·축산·식품 분야 : 농림축산식품부
④ 폐기물 분야 : 환경부
⑤ 해양·수산·해운·항만 분야 : 해양수산부

07

온실가스 소량배출사업장의 온실가스 배출량(tCO_2-eq) 기준을 쓰시오.

풀이 $3,000tCO_2-eq$ 미만

08 관리업체(사업장)의 온실가스 배출량(tCO_2-eq) 기준을 쓰시오.

풀이 15,000tCO_2-eq 이상

참고

관리업체 온실가스 배출량 기준

1. 업체 : 50,000tCO_2-eq 이상
2. 사업장 : 15,000tCO_2-eq 이상

09 관리업체(업체)의 온실가스 배출량(tCO_2-eq) 기준을 쓰시오.

풀이 50,000tCO_2-eq 이상

10 온실가스 목표관리제의 정의를 쓰시오.

풀이 온실가스 목표관리제는 온실가스를 다량으로 배출하는 대규모 사업장의 온실가스 감축 목표를 설정하고 관리하는 제도이다.

참고

온실가스 목표관리제는 온실가스를 다량으로 배출하는 대규모 사업장에 온실가스 감축목표를 부여하고 관리하는 제도로, 관리업체를 지정하여 목표기준을 설정한다. 목표달성에 미달하였을 경우에는 과태료를 부과한다.

11 온실가스 배출량 산정방법의 기준을 쓰시오.

풀이 ① 해당 연도 1월 1일을 기준으로 최근 3년간 업체의 모든 사업장에서 배출한 온실가스 연평균 총량을 기준으로 한다.
② 신설 등으로 인해 ①에 의한 최근 3년간 자료가 없을 경우에는 보유(최초 가동연도를 포함한다)하고 있는 자료를 기준으로 한다.

참고

온실가스 배출량을 산정할 때 해당 연도 1월 1일을 기준으로 최근 3년간 업체의 모든 사업장에서 배출한 온실가스 배출량의 연평균 총량을 기준으로 하되, 신설 등으로 인해 최근 3년간 자료가 없을 경우에는 최초 가동연도를 포함하는 자료를 기준으로 산정한다.

12 온실가스 목표관리제의 총괄기관을 쓰고, 관장업무를 3가지 이상 기술하시오.

풀이 ① 총괄기관 : 환경부
② 관장업무
- 목표관리제도 운영 및 총괄
- 목표관리기준과 지침 개정 및 운영
- 선정된 관리업체의 중복·누락 검토
- 규제의 적절성 확인
- 검증기관 지정 및 관리
- 검증심사원 교육 및 양성 등

13 다음 한국기업(법인기업)의 온실가스 배출량을 보고, 관리업체 지정 여부를 판단하시오.

- 본사 : 30,000tCO_2-eq
- 1사업장 : 15,000tCO_2-eq
- 2사업장 : 20,000tCO_2-eq

풀이 한국기업은 관리업체로 업체기준을 만족한다. 온실가스 배출량 총합이 65,000tCO_2-eq으로 업체기준 50,000tCO_2-eq 이상에 속한다.

CHAPTER 03

조직경계 및 운영경계

제2장 합격 포인트

조직경계 설정방법

① 지분할당접근법 : 경제적 위협과 보상의 분율에 따라 온실가스 배출량을 분배하는 방법

② 통제접근법 : 기업 통제권 아래의 운영으로부터 배출되는 온실가스 배출량을 100% 산정하는 방법 (운영통제와 재정통제로 구분)

인벤토리별 조직경계 설정방법

① 지분할당접근법 : 기업체 인벤토리

② 통제접근법 : 국가 인벤토리, 지자체 인벤토리, 기업체 인벤토리

조직경계의 확인·증빙을 위한 자료 4가지

사업장의 약도/사업장의 사진/사업장의 시설배치도/사업장의 공정도

운영경계 설정시 배출원의 분류

① 직접 배출원(Scope 1) : 고정연소/이동연소/탈루배출/공정배출

② 간접 배출원(Scope 2) : 외부 전기/열·증기

1 조직경계 설정

(1) 정의 및 특징

① 조직경계 설정이란 특정 관리주체의 지배적인 영향력이 미치는 시설의 부지경계로의 설정을 의미한다. 온실가스 배출량 산정·보고 절차에 있어서 가장 먼저 이루어지는 과정이며, 산업집적활성화 및 공장설립에 관한 법률, 건축법 등 관련 법률에 따라 정부에 허가받거나 신고한 문서(사업자등록증, 사업보고서 등)를 이용하여 사업장의 부지경계를 식별하게 된다.

② 배출주체의 조직경계는 인벤토리 산정 초기단계에 설정하는 것으로, 배출주체의 물리적 범위로 정의할 수 있다.

(2) 조직경계 설정방법

조직경계를 설정하는 방법은 지분할당접근법과 통제접근법으로 구분된다.

〈지분할당접근법과 통제접근법의 정의〉

구 분	정 의	
지분할당접근법	배출원 관리·운영상의 경제적 위협과 보상의 분율에 따라 온실가스 배출량을 분배하는 방식(일반적으로 기업체 인벤토리 산정에 적용하는 방법)	
통제접근법	기업이 통제권하에 있는 운영으로부터 나오는 온실가스 배출량을 100% 산정하는 방법	
	운영통제	기업 혹은 종속기업 중 하나가 운영상 정책의 도입과 실행에 대한 모든 권리를 가지는 경우, 운영에 대한 통제권을 가짐
	재정통제	기업 혹은 종속기업이 경영활동에서 경제적 이득에 대한 재정상·운영상 정책을 이끄는 경우, 재정통제권을 가짐

① 기업의 구조는 하나의 법인형태보다는 자회사 및 관련 회사를 포함한 그룹단위 형태이거나 법적·조직적 구조에 따라 다양한 형태를 가지고 있으며, 사업을 효율적으로 운영하기 위해 사업환경에 맞춰 조직체제를 유연하게 변경하는 경우가 많다.

② 국가와 지자체 인벤토리는 통제접근법을 적용하고, 기업의 경우 지분할당접근법과 통제접근법, 두 방법 모두 적용이 가능하며 기업의 이해관계자와 인벤토리 관리기관의 합의에 의해 결정된다.

(3) 업체 및 사업장의 정의

업체 및 사업장에 대한 정의는 온실가스 목표관리제 등에 관한 지침에서 제시된 바와 같다.

① **업체** : 동일한 법인 등의 지배적인 영향력을 미치는 모든 사업장의 집단을 말한다(관리업체 지정기준(업체기준)을 충족하는 경우).

② **사업장** : 업체에 포함된 각각의 사업장으로, 업체 내 사업장이라고 한다.

(4) 조직경계의 확인·증빙을 위한 자료

사업장의 조직경계를 확인·증빙하기 위한 자료를 다음의 4가지로 분류하여 제시해야 한다.

① 사업장의 약도

② 사업장의 사진

③ 사업장의 시설배치도

④ 사업장의 공정도

2 운영경계 설정

(1) 정의

① 조직경계가 결정된 후 운영경계를 설정하는데, 이는 기업의 운영과 관련하여 배출원을 규명하는 것과 직접·간접·기타 간접 배출량을 분류하고 산정 및 보고하는 일련의 선택을 포함한다.

② 직접 배출원은 고정연소, 이동연소, 탈루배출, 공정배출이 있고, 간접 배출원은 외부에서 공급된 전기 및 열·증기 사용이 있다.

(2) 운영경계 파악

① 운영경계 설정단계에서 배출주체와 인벤토리 관리기관과의 합의를 통해 직접 배출원뿐만 아니라 간접 배출원의 범위에 대해 결정이 이루어져야 한다.

② 국가 인벤토리에서는 직접 배출원만 고려하나, 지자체와 기업체 인벤토리에서는 직접 배출원 이외의 간접 배출원을 포함하는 경우도 있다.

③ 직접 배출량에 간접 배출량을 고려한 값을 종합 배출량으로 하여 온실가스 최종 배출량으로 한다.

④ 기업의 배출량이 아닌 지역(지자체)의 배출량을 산정할 경우에는 상향식(Bottom-up) 국가 배출량 산정에는 Scope 1의 배출량만을 적용한다.

(3) 고정연소의 직접 배출원 파악

① 고정연소(Stationary Combustion)는 보일러, 노, 버너, 터빈, 히터, 소각로, 엔진, Flare 등과 같은 고정장비에서 화석연료의 연소로 이산화탄소(CO_2), 메탄(CH_4), 아산화질소(N_2O)가 배출되는 것을 의미한다.

② 고정연소에 의한 온실가스 배출량을 산정하는 방법은 연료 종류별 사용량을 기준으로 계산하는 방법(Simple Method)과 설비별 연료 사용량을 기준으로 계산하는 방법(Advanced Method)으로 구분되는 것을 의미한다.

③ CH_4와 N_2O의 경우 설비의 종류, 적용기술, 저감효율 등에 배출량이 영향을 받는다.

④ CO_2의 경우 설비 특성보다는 연료 특성에 따른 탄소 배출 및 산화율에 의해 배출량이 결정되어 두 가지 중 어떠한 방법을 사용하여도 동일한 값을 얻게 된다.

⑤ 고정연소(고체 · 액체 · 기체 연료) 보고대상 배출시설은 다음과 같다.

㉠ 화력발전시설
㉡ 열병합 발전시설
㉢ 발전용 내연기관
㉣ 일반보일러시설(원통형 보일러, 수관식 보일러, 주철형 보일러)
㉤ 공정연소시설
㉥ 대기오염물질 방지시설(배연탈황시설, 배연탈질시설)

⑥ 그 중 공정연소시설은 연료 형태별로 상이하며 아래의 표와 같다.

고정연소(고체연료)	고정연소(기체연료)	고정연소(액체연료)
• 건조시설 • 가열시설(열매체 가열 포함) • 용융 · 융해시설 • 소둔로 • 기타로	• 건조시설 • 가열시설 • 나프타 분해시설(NCC) • 폐가스 소각시설 • 용융 · 용해시설 • 소둔로 • 기타로	• 건조시설 • 가열시설 • 나프타 분해시설(NCC) • 용융 · 용해시설 • 소둔로 • 기타로

(4) 이동연소의 직접 배출원 파악

① 이동연소(Mobile Combustion)는 자동차, 트럭, 버스, 기차, 비행기, 보트, 선박, 바지선, 항공기 등과 같은 수송장치에서의 화석연료 연소를 의미한다.

② 이동연소에 의한 온실가스 배출량을 계산하는 방법은 Simple Method와 Advanced Method가 있다.

③ 이동연소는 도로, 선박, 항공, 철도로 구분되며, 각 부문별 보고대상 배출시설은 아래와 같다.

이동연소(도로)	이동연소(선박)	이동연소(항공)	이동연소(철도)
• 승용자동차 • 승합자동차 • 화물자동차 • 특수자동차 • 이륜자동차 • 비도로 기타 자동차	• 여객선 • 어선 • 화물선 • 기타 선박	• 국내 항공 • 기타 항공	• 고속차량 • 전기기관차 • 전기동차 • 디젤기관차 • 디젤동차 • 특수차량

④ 선박과 항공에서 국내선은 동일 국가 내에서 출발과 도착을, 국제선은 한 나라에서 출발 후 다른 나라에 도착하는 것을 말한다.

(5) 생산공정 및 제품 사용시 배출원

① 공정 배출량은 일반적으로 활동 데이터와 배출계수의 곱으로 나타낼 수 있다.

② 활동 데이터란 각 산업공정별로 사용되는 원료 등의 사용량 또는 생산량 등에 대한 데이터를 말한다.

③ 데이터에 근거한 계산된 배출량은 정확성이 높으며, 만약 이용 가능한 데이터가 없는 경우 IPCC 배출계수 등 기본값을 사용하여 계산할 수 있다.

④ 생산공정의 종류
㉠ 시멘트 생산
㉡ 생석회 생산
㉢ 석회석 및 백운석 사용
㉣ 소다회 생산 및 사용
㉤ 유리 생산
㉥ 암모니아 생산
㉦ 질산 생산
㉧ 아디프산 생산
㉨ 탄화물 생산
㉩ 기타 화학물질 생산
㉪ 정유공정
㉫ 선철 및 강철 생산

(6) 간접 배출원 파악

① 지금까지의 사례에 비추어 볼 때 간접 배출원 중에서 Scope 2만을 산정범위로 규정하는 경우가 대부분이나, 드물게 Scope 3을 포함하기도 한다.
② 인벤토리 설계단계에서 배출주체와 인벤토리 관리기관과의 합의를 통해 직접 배출원뿐만 아니라 간접 배출원의 범위에 대해 결정·고시가 이루어져야 한다.
③ 아직까지 Scope 3에 해당되는 배출원의 범위 설정과 온실가스 산정방법에 대한 논란이 많은 상황이고, 국제적으로 일관성 있는 기준이 마련되지 않아 Scope 3에서의 온실가스 배출량 산정 보고는 다소 이른 감이 있다.

〈온실가스 배출원 운영경계〉

운영경계		내 용
직접 배출원 (Scope 1)	고정연소	배출경계 내의 고정연소시설에서 에너지를 사용하는 과정에서 온실가스의 배출형태
	이동연소	배출원 관리영역에 있는 차량 및 이동장비에 의한 온실가스의 배출형태
	공정배출	화학반응을 통해 온실가스가 생산물 또는 부산물로 배출되는 형태
	탈루배출	원료(연료), 중간 생성물의 저장·이송·공정 과정에서 배출되는 형태
간접 배출원 (Scope 2)		배출원의 일상적인 활동에 필요한 전기, 스팀 등을 구매함으로써 간접적으로 외부(예 발전)에서 배출하는 형태
간접 배출원 (Scope 3)		Scope 2에서 속하지 않는 간접 배출로서 원재료의 생산, 제품 사용 및 폐기 과정에서 배출하는 형태

출처 WRI/WBCSD, A Corporate Accounting and Reporting Standard Revised Edition, 2004.

〈배출원별 산정대상 온실가스〉

산정방법			온실가스 종류					
대분류	중분류	소분류	CO_2	CH_4	N_2O	HFCs	PFCs	SF_6
직접 배출원	고정연소 배출원	–	○	○	○			
	이동연소 배출원	–	○	○	○			
	공정 배출원	시멘트 생산	○					
		생석회 생산	○					
		석회석 및 백운석 사용	○					
		소다회 생산 및 사용	○					
		유리 생산	○					
		인산 생산	○					
		암모니아 생산	○					
		질산 생신			○			
		아디프산 생산			○			
		탄화물 생산	○	○				
		기타 화학물질 생산	○	○				
		정유공정	○					
		선철 및 강철 생산	○	○				
		합금철 생산	○	○				
		아연납 생산	○					
		알루미늄 생산	○				○	○
		마그네슘 생산(1차 생산공정)	○					
		마그네슘 생산(주조공정)				○	○	○
		펄프 및 제지	○					
		반도체 생산					○	
		전자산업			○	○	○	○
		제품 또는 원료로 사용되는 화석연료에 의한 배출	○					
		HFCs, PFCs, SF_6 생산				○	○	○
	탈루 배출원	–		○				
간접 배출원	전력·스팀 소비로부터 배출원	–	○	○	○			

3 모니터링 유형 및 계획

(1) 모니터링 유형 선정원칙

① 관리업체는 '온실가스 목표관리 운영 등에 관한 지침'에서 제시한 배출활동별 배출량 산정방법론을 준수하고, 배출량 산정과 관련된 활동자료, 매개변수 및 사업장 고유 배출계수의 정확성과 신뢰성이 향상될 수 있도록 모니터링 계획을 작성하여야 한다.

② 모니터링 계획은 관리업체의 관리자 및 실무자가 즉각적으로 모니터링 계획을 통해 배출량 산정 및 보고가 가능하도록 작성되어야 한다.

③ 모니터링 계획 작성원칙은 7가지로, 다음과 같다.

㉠ **준수성** : 모니터링 계획은 배출량 산정 및 모니터링 계획 작성에 대한 기준을 준수하여 작성하여야 한다.

㉡ **완전성** : 관리업체는 조직경계 내 모든 배출시설의 배출활동에 대해 모니터링 계획을 수립·작성하여야 한다. 모든 배출원이란, 신·증설, 중단 및 폐쇄, 긴급상황 등 특수상황에 배출시설 및 배출활동이 포함됨을 의미한다.

㉢ **일관성** : 모니터링 계획에 보고된 동일 배출시설 및 배출활동에 관한 데이터는 상호 비교가 가능하도록 배출시설의 구분은 가능한 한 일관성을 유지하여야 한다.

㉣ **투명성** : 모니터링 계획은 동 지침에서 제시된 배출량 산정원칙을 준수하고, 배출량 산정에 적용되는 데이터 및 정보관리 과정을 투명하게 알 수 있도록 작성되어야 한다.

㉤ **정확성** : 관리업체는 배출량의 정확성을 제고할 수 있도록 모니터링 계획을 수립하여야 한다.

㉥ **일치성 및 관련성** : 모니터링 계획은 관리업체의 현장과 일치되고, 각 배출시설 및 배출활동, 그리고 배출량 산정방법과 관련되어야 한다.

㉦ **지속적 개선** : 관리업체는 지속적으로 모니터링 계획을 개선해 나가야 한다.

(2) 모니터링의 측정기기의 기호 및 종류

<table>
<tr><th>기 호</th><th>세부 내용</th><th>측정기기 예시</th></tr>
<tr><td>WH</td><td>상거래 또는 증명에 사용하기 위한 목적으로 측정량을 결정하는 법정계량에 사용하는 측정기기로서 계량에 관한 법률 제2조에 따른 법정계량기</td><td>가스미터, 오일미터, 주유기, LPG 미터, 눈새김탱크, 눈새김탱크로리, 적산열량계, 전력량계 등 법정계량기</td></tr>
<tr><td>FL</td><td>관리업체가 자체적으로 설치한 계량기로서, 국가표준기본법 제14조에 따른 시험기관, 교정기관, 검사기관에 의하여 주기적인 정도검사를 받는 측정기기</td><td rowspan="2">가스미터, 오일미터, 주유기, LPG 미터, 눈새김탱크, 눈새김탱크로리, 적산열량계, 전력량계 등 법정계량기 및 그 외 계량기</td></tr>
<tr><td>FL</td><td>관리업체가 자체적으로 설치한 계량기이나, 주기적인 정도검사를 실시하지 않는 측정기기</td></tr>
</table>

(3) 연료 등 구매량 기반 모니터링 방법

모니터링 유형	세부 내용
A유형 [구매량 기반 모니터링 방법]	• 연료 및 원료의 공급자가 상거래 등의 목적으로 설치 · 관리하는 측정기기를 이용하여 배출시설의 활동자료를 모니터링하는 방법 • 연료나 원료 공급자가 상거래를 목적으로 설치 · 관리하는 측정기기(WH)와 주기적인 정도검사를 실시하는 내부 측정기기(FL)를 사용하여 활동자료를 결정하는 방법
B유형 [교정된 측정기로 직접 계량에 따른 모니터링 방법]	• 구매량 기반 측정기기와 무관하게 배출시설 활동자료를 교정된 자체 측정기기를 이용하여 모니터링 하는 방법 • 배출시설별로 주기적으로 교정검사를 실시하는 내부 측정기기(FL)가 설치되어 있을 경우 해당 측정기기를 활용하여 활동자료를 결정하는 방법
C유형 [근사법에 따른 모니터링 방법]	• 각 배출시설별 활동자료를 구매 연료 및 원료 등의 메인 측정기기(WH) 활동자료에서 타당한 배분방식으로 모니디링 히는 방법 • 각 배출시설별 활동자료를 구매단가, 보증된 배출시설 설계 사양 등 정부가 인정하는 방법을 이용하여 모니터링 하는 방법
D유형 [기타 모니터링 방법]	D유형은 A~C유형 이외에 기타 유형을 이용하여 활동자료를 수집하는 방법

① 모니터링 유형 A-1

A-1 유형은 연료 및 원료 공급자가 상거래 등을 목적으로 설치 · 관리하는 측정기기(WH)를 이용하여 연료 사용량 등 활동자료를 수집하는 방법이다. 이는 주로 전력 및 열(증기), 도시가스를 구매하여 사용하는 경우 혹은 화석연료를 구매하여 단일 배출시설에 공급하는 경우에 적용할 수 있다.

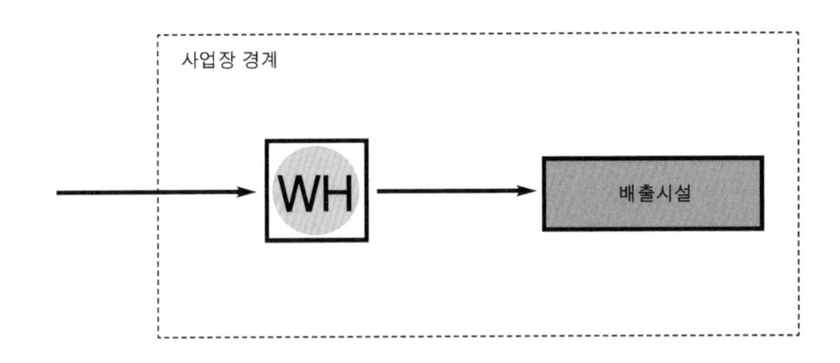

〈모니터링 유형 A-1에서 활동자료를 결정하기 위한 자료〉

해당 항목	관련 자료
구매 전력	전력공급자(한국전력)가 발행한 전력요금청구서
구매 열 및 증기	열에너지 공급자가 발행하고 열에너지 사용량이 명시된 요금청구서, 열에너지 사용 증빙문서
도시가스	도시가스 공급자(도시가스 회사)가 발행하고 도시가스 사용량이 기입된 요금청구서
화석연료	판매/공급자가 발행하고 구입량이 기입된 요금청구서 또는 Invoice

② 모니터링 유형 A-2

A-2 유형은 연료 및 원료 공급자가 상거래 등을 목적으로 설치 · 관리하는 측정기기(WH)와 주기적인 정도검사를 실시하는 내부 측정기기(FL)가 같이 설치되어 있을 경우 활동자료를 수집하는 방법이다. 배출시설에 다수의 교정된 측정기기가 부착된 경우, 교정된 자체 측정기기 값을 사용하는 것을 원칙으로 한다. 다만, 전체 활동자료 합계와 거래용 측정 측정기기의 활동자료를 비교할 수 있으며 구매거래용 측정기기(WH)의 값과 교차 분석하여 관리하여야 한다.

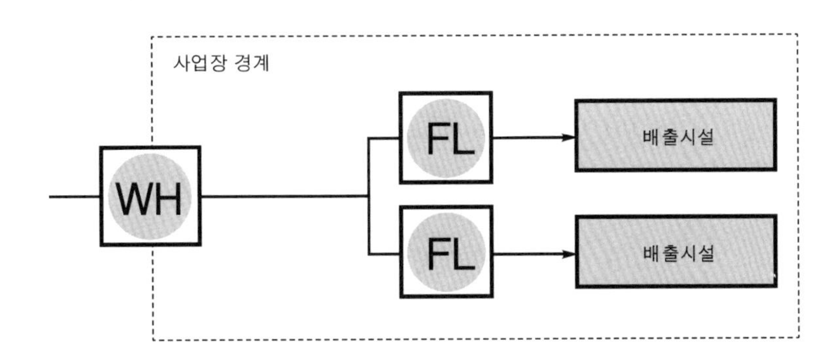

〈모니터링 유형 A-2에서 활동자료를 결정하기 위한 자료〉

해당 항목	관련 자료
구매 전력	전력공급자(한국전력)가 발행한 전력요금청구서
구매 열 및 증기	열에너지 공급자가 발행하고 열에너지 사용량이 명시된 요금청구서, 열에너지 사용 증빙문서
도시가스	도시가스 공급자(도시가스 회사)가 발행하고 도시가스 사용량이 기입된 요금청구서
화석연료/원료 등	내부 모니터링 기기(계량기 등)의 데이터 기록일지

③ 모니터링 유형 A-3

A-3 유형은 연료 · 원료 공급자가 상거래를 목적으로 설치 · 관리하는 측정기기(WH)와 주기적인 정도검사를 실시하는 내부 측정기기(FL)를 모두 사용하여 활동자료를 수집하는 방법이다. 저장탱크에서 연료나 원료가 일부 저장되어 있거나, 일부를 판매하거나 그 외 기타 목적으로 외부로 이송하는 경우에 적용할 수 있다. 이 유형은 주로 화석연료의 사용, 불소계 온실가스를 구매하여 사용하는 경우에 적용할 수 있다. 아래 식에 따라서 연료 및 원료의 구매량, 재고량, 판매량 등의 물질수지를 활용하여 활동자료를 결정할 수 있다.

활동자료=신규 구매량+(회계년도 시작일 재고량−차기년도 시작일 재고량)
−기타 용도(판매, 이송 등) 사용량

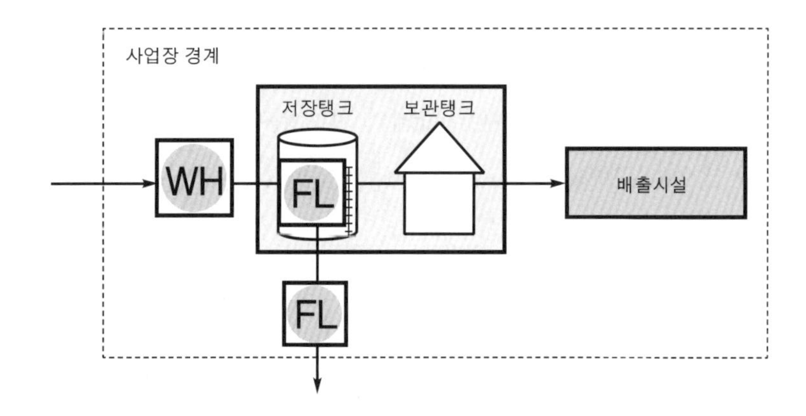

〈모니터링 유형 A-3에서 활동자료를 결정하기 위한 자료〉

해당 항목	관련 자료
액체 화석연료	• 연료 공급자가 발행하고 구입량이 기입된 요금청구서 • 기타 연료 공급자 및 사업자(구매자)가 합의하는 측정방식에 따른 계측값
저장탱크 재고량	정도관리되는 모니터링 기기로 측정한 저장탱크의 수위 데이터
보관탱크 입고량	연료 공급자가 발행한 구입량이 기입된 요금청구서(용기 수량, 용기 용량 등)
보관탱크 재고량	보관된 물품량(용기 수량, 용기 용량 등)
판매량	• 사업자가 연료의 판매를 목적으로 설치하여 품질관리하는 모니터링 기기의 측정값 • 기타 사업자와 연료 구매자가 합의하는 측정방식에 따른 계측값

④ 모니터링 유형 A-4

A-4 유형은 연료나 원료 공급자가 상거래를 목적으로 설치 · 관리하는 측정기기(WH)와 주기적인 정도검사를 실시하는 내부 측정기기(FL)를 사용하며 연료나 원료 일부를 파이프 등을 통해 연속적으로 외부 사업장이나 배출시설에 공급할 경우 활동자료를 결정하는 방법이다. 이 경우, 타 사업장 공급 측정기기는 주기적인 정도검사를 실시하는 측정기기를 사용하여 활동자료를 수집하여야 하며, 사업장에서 조직경계 외부로 판매하거나 공급한 양을 제외하여 배출시설의 활동자료를 결정한다.

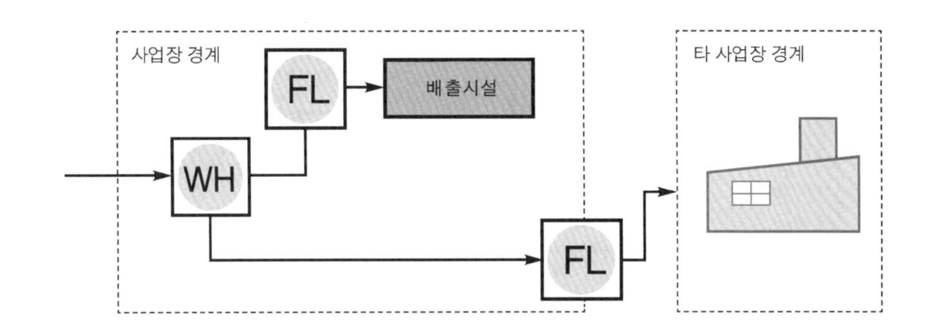

〈모니터링 유형 A-4에서 활동자료를 결정하기 위한 자료〉

해당 항목	관련 자료
구매 전력	전력공급자(한국전력)가 발행한 전력요금청구서
구매 열 및 증기	열에너지 공급자가 발행하고 열에너지 사용량이 명시된 요금청구서, 열에너지 사용 증빙문서
도시가스	도시가스 공급자(도시가스 회사)가 발행하고 도시가스 사용량이 기입된 요금청구서
판매량	• 사업자가 연료의 판매목적으로 설치하여 정도관리하는 모니터링 기기의 측정값 • 기타 사업자와 연료구매자가 합의하는 측정방식에 따른 계측값

⑤ 모니터링 유형 B

B 유형은 배출시설별로 정도검사를 실시하는 내부 측정기기(FL)가 설치되어 있을 경우 해당 측정기기를 활용하여 활동자료를 결정하는 방법이다. 이 유형은 구매기준 등 비교·확인할 수 있는 기준 활동량 없이 내부 교정된 측정기기를 활용하여 모니터링하는 유형이다.

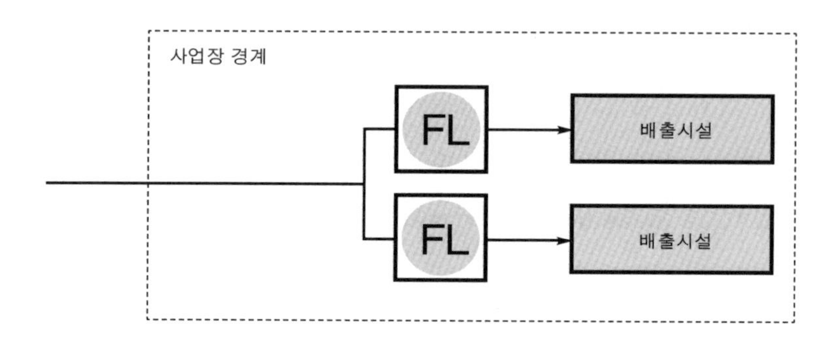

〈모니터링 유형 B에서 활동자료를 결정하기 위한 자료〉

해당 항목	관련 자료
회석연료/원료 등	• 내부 모니터링 기기의 데이터 기록일지 • log sheet : 모니터링 기기 운용과 관련된 상세 정보를 기록해 놓은 것 (예 연료 종류, 연료 사용량 등)

⑥ 모니터링 유형 C-1

C-1 유형은 구매한 연료 및 원료, 전력 및 열에너지를 정도검사를 받지 않은 내부 측정기기를 이용하여 활동자료를 분배·결정하는 방법이다. 이 경우 사업장 총 사용량은 공급업체에서 제공된 연료 및 원료량을 바탕으로 하되 각 배출시설별로는 정도검사를 받지 않은 내부 측정기기의 측정값을 이용하여 활동자료를 분배·결정하는 방법이다. 가능하다면, 이때 아래 예시와 같은 유형으로 산출한 활동자료값과 비교하여 큰 차이가 없어야 한다.

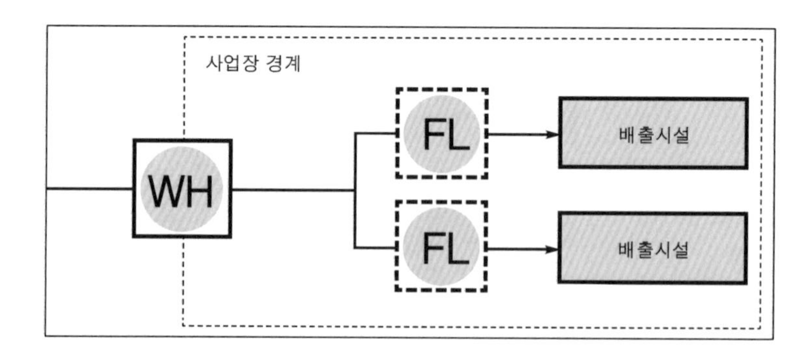

〈모니터링 유형 C-1에서 활동자료를 결정하기 위한 자료〉

해당 항목	관련 자료
화석연료	구매한 총 화석연료 청구서 및 측정값, 각 배출시설별 정도검사를 받지 않은 측정기의 화석연료 측정값
구매전력	구매한 총 전력요금 청구서 및 측정값, 각 배출시설별 정도검사를 받지 않은 측정기의 전력 측정값

⑦ 모니터링 유형 C-2

C-2 유형은 구매한 연료 및 원료, 전력 및 열에너지의 측정기기가 설치되지 않았거나 일부 시설에만 설치되어 있는 배출시설로 공급하는 경우 배출시설별 활동자료를 결정할 수 있는 근사법이다. 관리업체는 배출시설별로 측정기기가 설치되지 않았거나 검·교정 등 정도검사를 받지 않은 측정기기가 일부 시설에만 설치되어 있을 경우 이때 총 사용량은 공급업체에서 제공된 연료 및 원료량을 바탕으로 하되 각 배출시설별로는 정도검사를 받지 않은 내부 측정기기의 측정값, 배출시설 및 공정상의 운전기록일지, 물 사용량, 근무일지, 생산일지 등을 활용하여 활동자료를 분배·결정하는 방법이다.

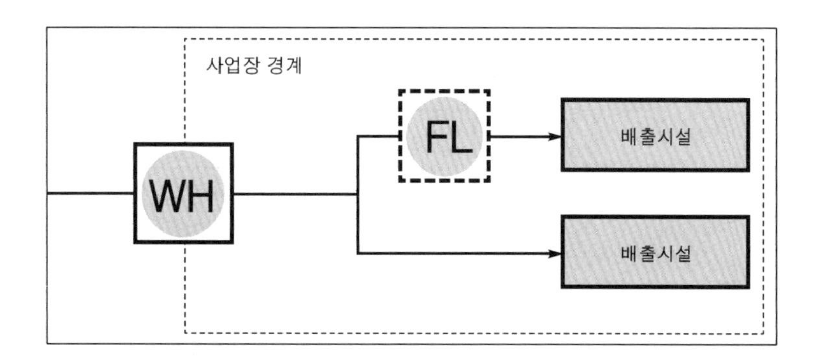

〈모니터링 유형 C-2에서 활동자료를 결정하기 위한 자료〉

해당 항목	관련 자료
화석연료	구매한 총 화석연료 청구서 및 측정값, 배출시설별 정도검사를 받지 않은 측정기기의 화석연료 측정값, 운전기록일지, 물 사용량, 근무일지, 생산일지 등의 배출시설을 운전한 간접자료 등
구매전력	구매한 총 전력요금 청구서 및 측정값, 각 배출시설별 정도검사를 받지 않은 측정기의 전력 측정값, 운전기록일지, 물 사용량, 근무일지, 생산일지 등의 배출시설을 운전한 간접자료 등

⑧ 모니터링 유형 C-3

C-3 유형은 연료 및 원료 공급자가 상거래 등을 목적으로 설치·관리하는 측정기기(WH), 주기적인 정도검사를 실시하는 내부 측정기기(FL)와 주기적인 정도검사를 실시하지 않는 내부 측정기기(FL)가 같이 설치되어 있거나 측정기기가 없을 경우 활동자료를 수집하는 방법이다.

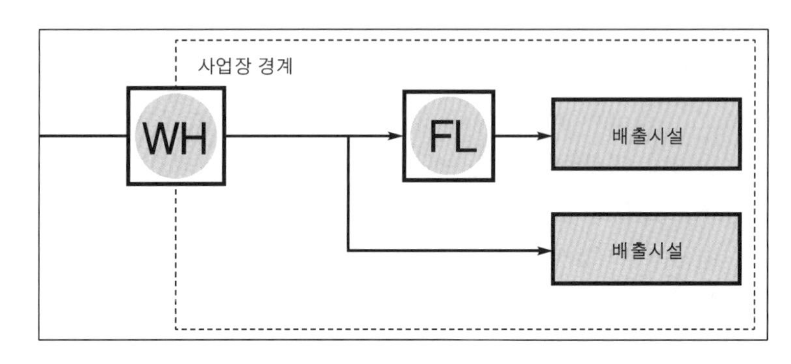

또는,

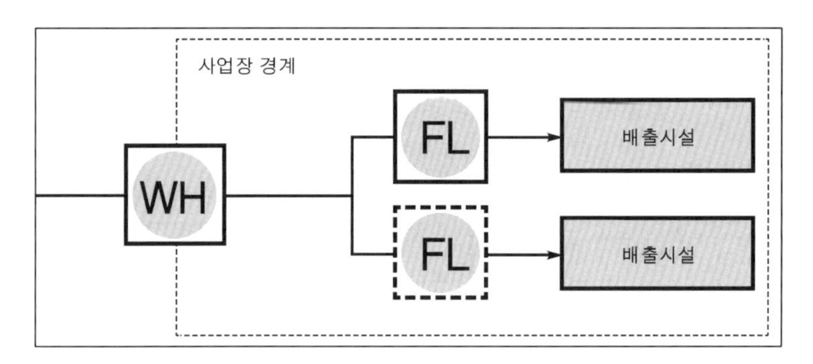

〈모니터링 유형 C-3에서 활동자료를 결정하기 위한 자료〉

해당 항목	관련 자료
화석연료 등	구매한 총 화석연료 청구서 및 측정값, 각 배출시설별 정도검사를 받지 않은 측정기의 화석연료 측정값, 운전기록일지, 물 사용량, 근무일지, 생산일지 등의 배출시설을 운전한 간접자료 등
구매전력 구매스팀 등	구매한 총 전력요금 청구서 및 측정값, 각 배출시설별 정도검사를 받지 않은 측정기의 전력 측정값, 운전기록일지, 물 사용량, 근무일지, 생산일지 등의 배출시설을 운전한 간접자료 등

⑨ 모니터링 유형 C-4

C-4 유형은 연료의 사용량을 측정하는 데 있어 생산공정으로 투입된 원료 및 연료의 누락 값, 공정과정의 변환으로 투입된 원료 및 연료의 누락 값, 시설의 변형 및 장애로 인한 원료 및 연료의 누락 값, 유량계의 정확도나 정밀도 시험에서 불합격할 경우 및 오작동 등이 발생할 경우 등 각각의 누락데이터에 대한 대체 데이터를 활용 · 추산하여 활동자료를 결정하는 방법이다.

데이터의 누락이 발생할 경우 배출시설의 활동자료인 "연료(원료) 사용량"에 상관관계가 가장 높은 활동자료를 선정하여 이를 바탕으로 추정의 타당성을 설명하여야 한다. 예를 들어 고장난 측정기기의 유량측정값은 유용하지 않고, 측정기기의 질량 및 유량측정은 제품생산량으로 추정하여야 한다. 즉 이전의 제품생산량 대비 연료 유량값과 질량값을 추정한다.

$$\text{결측기간의 연료(또는 원료) 사용량} = \frac{\text{정상기간 중 사용된 연료(또는 원료) 사용량}(Q)}{\text{정상기간 중 생산량}(P)} \times \text{결측기간 총 생산량}(P)$$

⑩ 모니터링 유형 C-5

C-5 유형은 사업장에서 운행하고 있는 차량 등의 이동연소 부문에 대하여 적용할 수 있는 방법으로, 아래 식과 같이 차량별 연료의 구매비용(주유 영수증 등)과 연료별 구매단가를 활용하여 차량별 연료 사용량을 결정할 수 있다.

$$\text{연료 사용량} = \sum \frac{\text{연료별 이동연소 배출원별 연료 구매비용}}{\text{연료별 이동연소 배출원별 구매단가}}$$

⑪ 모니터링 유형 C-6

C-6 유형은 사업장에서 운행하고 있는 차량 등의 이동연소 부문에 대하여 적용 가능한 방법으로 차량별 이동거리 자료와 연비 자료를 활용하여 계산에 따라 연료 사용량을 결정하는 방식이다.

$$\text{연료 사용량} = \sum \frac{\text{연료별 이동연소 배출원별 주행거리(km)}}{\text{연료별 이동연소 배출원별 연비(km/L)}}$$

적중 예·상·문·제

01 A 사업장은 소성로와 보일러를 운영하고 있으며, 연간 2,000L의 중유를 구매하였다(공급자가 제공하는 요금청구서). 구매한 중유는 전량 소성로와 보일러에 공급된다. A사업장의 측정기기는 배출시설별로 검·교정 등 정도검사를 받지 않았으며 측정값 이외에 활용 가능한 자료는 다음과 같다고 가정한다. 이때, A 사업장의 중유 구매량(2,000L)을 활동자료 측정값 비율로 근사적으로 배분하시오.

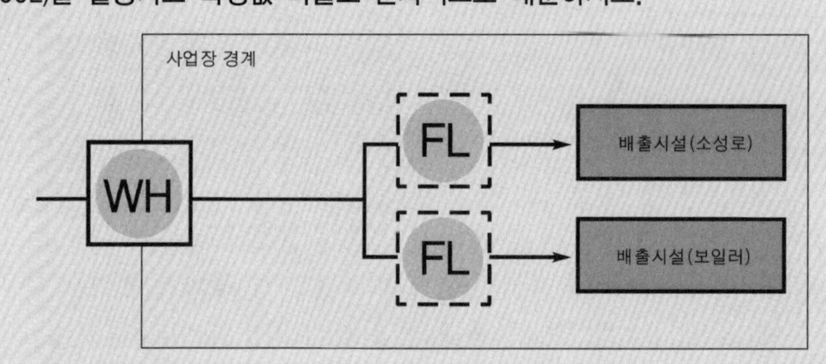

구 분	내 용
배출시설	소성로, 보일러(중유는 전량 소성로와 보일러에 공급)
중유 구매량(WH)	2,000L(청구서의 값)
배출시설별 활동자료 측정	소성로 1,420L, 보일러 630L(자체 측정)

풀이 각 배출시설에 설치된 내부측정기기의 측정값을 기준으로 배출시설별 활동자료를 결정한다.

자체 측정한 활동자료 데이터에서 중유 총량 $= 1{,}420 + 630 = 2{,}050\text{L}$

소성로 연료 비율 $= \dfrac{1{,}420}{2{,}050} \times 100 = 69.27\%$

보일러 연료 비율 $= \dfrac{630}{2{,}050} \times 100 = 30.73\%$

소성로 연료량 $= 2{,}000\text{L} \times 0.6927 = 1{,}385.4\text{L}$

보일러 연료량 $= 2{,}000\text{L} \times 0.3073 = 614.6\text{L}$

∴ 소성로 연료량 $= 1{,}385\text{L}$

보일러 연료량 $= 615\text{L}$

02 모니터링 유형 중 A-3 유형에 대하여 서술하시오.

풀이 A-3 유형은 연료·원료 공급자가 상거래를 목적으로 설치·관리하는 측정기기(WH)와 주기적인 정도검사를 실시하는 내부측정기기(FL)를 사용하며, 저장탱크에서 연료나 원료가 일부 저장되어 있거나 그 일부를 판매 등 기타 목적으로 외부로 이송하는 경우 배출시설의 활동자료를 결정하는 방법이다.

참고

A-3 유형은 주로 화석연료의 사용, 불소계 온실가스를 구매하여 사용하는 경우에 적용할 수 있으며, 다음 식에 따라서 연료 및 원료의 구매량, 재고량, 판매량 등의 물질수지를 활용하여 활동자료를 결정할 수 있다.

> 활동자료 = 신규 구매량 + (회계년도 시작일 재고량 − 차기년도 신규일 재고량)
> − 기타 용도(판매, 이송 등) 사용량

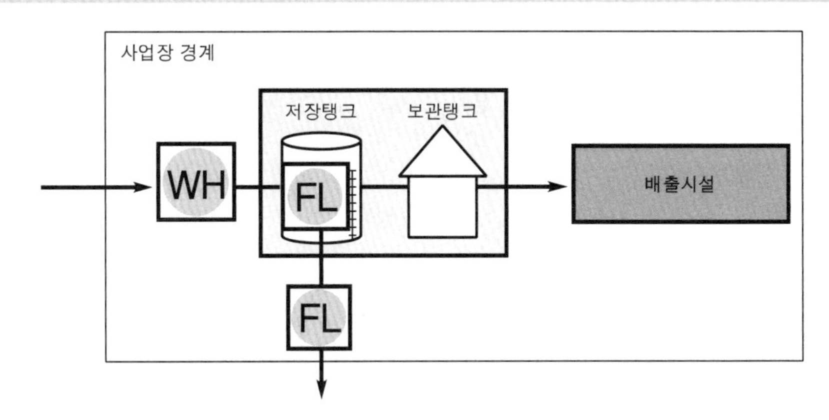

〈모니터링 유형 A-3에서 활동자료를 결정하기 위한 자료〉

해당 항목	관련 자료
액체 화석연료	• 연료 공급자가 발행하고 구입량이 기입된 요금청구서 • 기타 연료 공급자 및 사업자(구매자)가 합의하는 측정방식에 따른 계측값
저장탱크 재고량	품질관리되는 모니터링 기기로 측정한 저장탱크의 수위 데이터
보관탱크 입고량	연료 공급자가 발행한 구입량이 기입된 요금청구서(용기 수량, 용기 용량 등)
보관탱크 재고량	보관된 물품량(용기 수량, 용기 용량 등)
판매량	• 사업자가 연료의 판매를 목적으로 설치하여 품질관리하는 모니터링 기기의 측정값 • 기타 사업자와 연료 구매자가 합의하는 측정방식에 따른 계측값

03 다음 각 용어의 정의를 서술하시오.

① 모니터링 계획
② 매개변수
③ 불확도
④ 내부 심의
⑤ 연속측정방법

풀이
① 모니터링 계획 : 온실가스 배출량 등의 산정에 필요한 자료 및 기타 온실가스·에너지 관련 자료의 연속적 또는 주기적인 감시·측정 및 평가에 관한 세부적인 방법, 절차, 일정 등을 규정한 계획을 말한다.
② 매개변수 : 두 개 이상 변수 사이의 상관관계를 나타내는 변수로서 온실가스 배출량 등을 산정하는 데 필요한 배출계수, 발열량, 산화율, 탄소함량 등을 말하다.
③ 불확도 : 온실가스 배출량 등의 산정결과와 관련하여 정량화된 양을 합리적으로 추정한 값의 분산특성을 나타내는 정도로, IPCC에서는 변수의 참값에 대한 정보 부족으로 기인한 참값에 대한 불신 정도로 정의하고 있다.
④ 내부 심의 : 검증기관이 검증의 신뢰성 확보 등을 위해 검증팀에서 작성한 검증보고서를 최종 확정하기 전에 검증 과정 및 결과를 재검토하는 일련의 과정을 말한다.
⑤ 연속측정방법 : 일정 지점에서 고정되어 배출가스 성분을 연속적으로 측정·분석할 수 있도록 설치된 측정장비를 통해 모니터링하는 방법이다.

04 조직경계 설정방법의 종류를 쓰시오.

풀이 지분할당법, 통제접근법, 재무통제법

05 모니터링 유형 중 A-1 유형에 대하여 서술하시오.

풀이 A-1 유형은 연료 및 원료 공급자가 상거래 등을 목적으로 설치·관리하는 측정기기(WH)를 이용하여 연료 사용량 등 활동자료를 수집하는 방법이다.

참고

A-1 유형은 주로 전력 및 열(증기), 도시가스를 구매하여 사용하는 경우 혹은 화석연료를 구매하여 단일배출시설에 공급하는 경우에 적용할 수 있다.

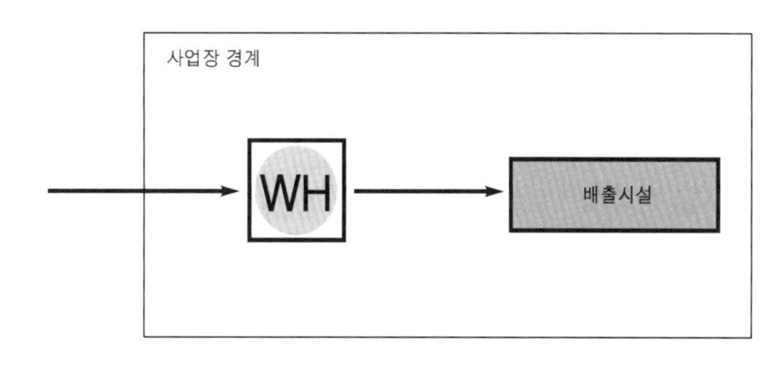

〈모니터링 유형 A-1에서 활동자료를 결정하기 위한 자료〉

해당 항목	관련 자료
구매전력	전력 공급자(한국전력)가 발행한 전력 요금청구서
구매 열·증기	열에너지 공급자가 발행하고 열에너지 사용량이 명시된 요금청구서, 열에너지 사용 증빙문서
도시가스	도시가스 공급자(도시가스 회사)가 발행하고 도시가스 사용량이 기입된 요금청구서
화석연료	판매·공급자가 발행하고 구입량이 기입된 요금청구서 또는 Invoice

06 다음 괄호 안에 알맞은 단어를 쓰시오.

( )이란 일정 단위의 연료가 완전연소되어 생기는 열량에서 연료 중 수증기의 잠열을 뺀 열량으로서 온실가스 배출량 산정에 활용되는 발열량을 말한다.

풀이 순발열량

07 **A 기업은 병원 및 가축방역에 사용되는 백신을 제조하는 업체이다. ① 보고해야 할 관장기관 및 ② 배출원의 운영경계를 설정하고, ③ 산정 제외되는 배출원을 구분하시오.**

가. LNG 보일러시설
나. 자체사용 비상발전기설비
다. LNG 스팀생산설비
라. 외부전력 사용
마. 자가 폐수처리시설
바. 외부위탁 하수처리시설
사. 임직원 개인차량

풀이 ① 관장기관 : 산업통상자원부 장관
② 배출원의 운영경계 : 직접 배출원(Scope 1) : 가, 나, 다, 마
간접 배출원(Scope 2) : 라
기타 간접 배출원(Scope 3) : 바, 사
③ 산정 제외 배출원 : Scope 3는 보고에서 제외된다.

08 **다음을 보고, ① 관리업체 지정 여부와 ② 조직경계를 설정하시오.**

한국그룹(법인기업, 2023년)
- 한국 A 본사 30,000tCO_2-eq(대표 : 홍길동)
- 한국 A1 사업장 15,000tCO_2-eq(대표 : 홍길동)
- 한국 A2 사업장 20,000tCO_2-eq(대표 : 홍길동)
- 한국 A3 사업장 4,000tCO_2-eq(대표 : 홍길동)
- 한국 B1 사업장 13,000tCO_2-eq(대표 : 이순신)

풀이 ① 한국그룹은 본사를 포함하여 총 5개의 사업장을 갖고 있으며, 각각 2명의 대표이사로 구성되어 있다. 대표자가 같은 한국그룹 한국 A 본사, 한국 A1 사업장, 한국 A2 사업장, 한국 A3 사업장이 관리업체 업체기준 50,000tCO_2-eq 이상으로 관리업체로 지정되어야 한다.
② 조직경계는 한국 A 본사, 한국 A1 사업장, 한국 A2 사업장, 한국 A3 사업장에 해당된다. 3사업장의 경우 소량배출사업장인 3,000tCO_2-eq 미만 사업장에 해당되지 않기 때문에 조직경계에 포함되어야 한다. 한국 B1 사업장의 경우 법인의 대표가 다르므로 관장의 기관장에게 별도로 보고해야 하나 관리업체 사업장기준을 만족하지 않으므로 관리업체 지정이 면제되어야 한다.
15,000tCO_2-eq 이상이 관리업체 사업장기준이다.

참고

① 관리업체(업체/사업장) 지정 온실가스 배출량(tCO_2–eq) 기준

구 분	업체	사업장
2011년 12월 31일까지	125,000 이상	25,000 이상
2012년 1월 1일부터	87,500 이상	20,000 이상
2014년 1월 1일부터	50,000 이상	15,000 이상

② 온실가스 소량배출사업장 등에 대한 온실가스 배출량 기준 : 3,000tCO_2–eq 미만

09 CDM 추가성에 대해 설명하시오.

풀이 CDM 사업의 추가성 분석에는 환경·기술·경제·재정적 추가성을 분석해야 한다.

참고

- 환경적 추가성(Environmental Additionality) : 해당 사업의 온실가스 배출량이 베이스라인 배출량보다 적게 배출할 경우, 대상 사업은 환경적 추가성이 있음
- 재정적 추가성(Financial Additionality) : CDM 사업의 경우 투자국이 유치국에 투자하는 자금은 투자국이 의무적으로 부담하고 있는 해외원조기금(Official Development Assistance)과는 별도로 조달되어야 함
- 기술적 추가성(Technological Additionality) : CDM 사업에 활용되는 기술은 현재 유치국에 존재하지 않거나 개발되었지만 여러 가지 장애요인으로 인해 활용도가 낮은 선진화된(more advanced) 기술이어야 함
- 경제적 추가성(Commercial/Economical Additionality) : 기술의 낮은 경제성, 기술에 대한 이해 부족 등의 여러 장애요인으로 인해 현재 투자가 이루어지지 않는 사업을 대상으로 하여야 함

10 CDM 추가성에서 경제적 추가성에 대해 서술하시오.

풀이 경제적 추가성(Commercial/Economical Additionality)은 기술의 낮은 경제성, 기술에 대한 이해부족 등의 여러 장애요인으로 인해 현재 투자가 이루어지지 않는 사업을 대상으로 하여야 한다.

11 최적가용기술(Best Available Technology)에 대해 설명하시오.

풀이 최적가용기술(Best Available Technology)이란 온실가스 감축 및 에너지 절약과 관련하여 경제적·기술적으로 사용이 가능하면서 가장 최신이고 효율적인 기술, 활동 및 운전방법을 말한다.

12 다음 괄호 안에 알맞은 단어를 쓰시오.

온실가스 배출량 및 에너지 사용량 산정에 있어 적용되는 발열량 중 온실가스 산정시에는 (①)을 적용하고, 에너지 사용량 산정시에는 (②)이 활용된다.

풀이 ① 순발열량
② 총발열량

참고

"총발열량"이란 일정 단위의 연료가 완전연소되어 생기는 열량(연료 중 수증기의 잠열까지 포함한다)으로서 에너지 사용량 산정에 활용된다.

CHAPTER 04

온실가스 인벤토리 산정원칙

제3장 합격 포인트

배출주체에 따른 인벤토리 종류 3가지

국가 인벤토리/지자체 인벤토리/기업체 인벤토리

인벤토리 공통적인 산정원칙 4가지

투명성/정확성/완전성/일관성

산정등급의 분류(Tier 1~4)

① Tier 1 : IPCC 기본배출계수
② Tier 2 : 국가 고유배출계수
③ Tier 3 : 사업장 개발 배출계수
④ Tier 4 : 연속배출계수(CEM)

배출시설의 배출량 규모별 산정등급 적용

① A 그룹 : 연간 5만t 미만 배출시설
② B 그룹 : 연간 5만t 이상~50만t 미만 배출시설
③ C 그룹 : 연간 50만t 이상 배출시설

1 온실가스 인벤토리의 필요성

① 지구온난화가 인간 개발행위의 부정적 결과임이 기정사실로 받아들여지면서 그 주요 원인인 인위적 온실가스의 배출을 감축하는 데 전 세계가 의견을 모았다.

② 온실가스 감축을 위해서는 온실가스 배출원에서 얼마만큼의 온실가스가 배출되는가를 우선적으로 알아야 하기 때문에 인벤토리 구축이 온실가스 감축의 기본이고 출발이라고 할 수 있다.

③ 인벤토리의 관리가 온실가스 감축정책 수립 및 평가 과정에서 중요한 역할을 담당하므로 정확하고 투명한 인벤토리의 구축이 절실하고, 이를 위한 체계 마련이 선행되어야 한다.

2 온실가스 인벤토리의 정의 및 목적

(1) 정의

① 온실가스 인벤토리 : 관심 있는 온실가스 배출 또는 흡수 주체의 조직경계 내에서 온실가스 배출량과 흡수량(ISO 14064)을 말한다.

② 온실가스 인벤토리 구축 : 조직경계 내에서 온실가스 배출원과 흡수원을 규명하고, 배출원과 흡수원으로부터의 배출 또는 흡수되는 온실가스 양을 파악하여 목록화하는 것을 의미한다.

(2) 목적

배출주체의 조건과 역량 내에서 가장 정확하게 온실가스 배출량과 흡수량을 산정하는 것으로 인벤토리는 배출원의 감축잠재력 평가, 감축목표 설정, 감축이행계획 수립·추진 등에 활용되는 가장 기초적이고 중요한 결과이다.

3 온실가스 인벤토리의 종류

(1) 배출주체에 따른 분류 : 국가 / 지방자치단체 / 기업체

① 국가 인벤토리 : 특정 국가의 물리적 경계 내에서 온실가스의 직접 배출 또는 흡수행위에 의한 온실가스 배출 총량이다.

② 지방자치단체(지자체)·기업체 인벤토리 : 직접 배출 또는 흡수행위 이외에도 수전과 수열 등 경계 외부에서 온실가스를 배출하지만 경계 내로 유입되는 간접 배출행위도 온실가스 배출량에 포함하기도 한다. 경계설정의 일관성을 위해서 인벤토리를 관리하는 상위기관과 협의를 거쳐 이를 결정·고시할 필요가 있다.

(2) 접근방식에 따른 분류 : 하향식 / 상향식

① 하향식 접근방법(Top-down) : 유사 배출원 또는 흡수원의 온실가스 배출량 또는 흡수량 산정을 위해 통합 활동자료(Activity Data)를 활용하고, 동일한 산정방법과 배출계수를 적용·산정하는 방식으로 대부분의 국가 인벤토리와 지자체 인벤토리에서 사용한다.

② 상향식 접근방법(Bottom-up) : 단위배출원의 배출특성 자료를 활용하여 배출량을 산정하고 이를 통합하여 배출주체의 온실가스 인벤토리를 결정하는 방식이다.

4 온실가스 인벤토리의 산정원칙

(1) 공통 산정원칙(4가지)

인벤토리 종류와 상관없이 투명성, 정확성, 완전성, 일관성 원칙은 동일하게 적용되고 있으며, 주요 내용은 다음과 같다.

① **투명성** : 인벤토리 산정을 위해 사용된 가정과 방법이 투명하고 명확하게 기술되어 제3자에 의한 평가와 재현(Replication)이 가능해야 한다.

② **정확성** : 산정주체의 역량과 확보 가능한 자료 범위 내에서 가장 정확하게 인벤토리를 산정해야 한다.

③ **완전성** : 인벤토리 조직경계 범위 내의 모든 온실가스 배출원 및 흡수원에 의한 배출량과 흡수량을 산정·보고해야 한다.

④ **일관성** : 보고기간 동안의 인벤토리 산정방법과 활동자료가 일관성을 유지해야 한다.

(2) 인벤토리의 구분에 따른 산정원칙

〈온실가스 인벤토리별 산정원칙〉

국가 인벤토리[1]	지자체 인벤토리[2]	기업체 인벤토리[3]
• 투명성(Transparency) • 정확성(Accuracy) • 완전성(Completeness) • 일관성(Consistency) • 상응성(Comparability)	• 투명성(Transparency) • 정확성(Accuracy) • 완전성(Completeness) • 일관성(Consistency) • 적합성(Relevance) • 보수성(Conservativeness)	• 투명성(Transparency) • 정확성(Accuracy) • 완전성(Completeness) • 일관성(Consistency) • 적합성(Relevance)

출처 1) IPCC, 2006 IPCC Guidelines for National Greenhouse Gas Inventories.
2) ICLEI, 2010, Local Government Operations Protocol for the quantification and reporting of greenhouse gas emissions inventories.
3) WRI/WBCSD, 2004, A Corporate Accounting and Reporting Standard Revised Edition(Revised edition).

① **국가 인벤토리** : 국가 간의 비교 검토가 중요하기 때문에 UNFCCC에서는 비교 가능성의 원칙을 강조하고 있으며, 이를 위해 표준화된 산정 공정 및 방법을 제안한다.

② **지자체와 기업체 인벤토리** : 상응성 원칙 대신에 배출주체의 온실가스 배출특성과 상황을 적절하게 반영해야 한다는 적합성의 원칙을 택하고 있다.

③ **지자체 인벤토리** : 보수성의 원칙도 준수할 것을 요구한다.

※ 보수성 : 온실가스 배출 감축량이 과대평가되지 않도록 인벤토리 산정에 있어서 보수적인 가정과 절차를 적용해야 함을 의미한다.

5 배출량 산정방법론

① 배출주체 내의 배출원별로 온실가스 배출량 산정을 위해 필요한 활동자료, 배출계수 또는 이를 결정하기 위해 필요한 변수를 파악해야 한다.

② 확보 가능한 관련 자료의 수준이 어느 정도인지를 조사·분석한 다음에 이에 적합한 산정방법을 결정하는 것이 합리적이다.

③ 배출원의 온실가스 배출특성 및 확보 가능한 자료 수준에 적합한 배출량 산정방법을 선정할 수 있는 의사결정도를 개발·적용해야 한다.

④ 현재 우리나라에서 추진하고 있는 보고제에 의하면 배출량 규모에 따라 관리업체에서 적용해야 할 최소산정 Tier가 제시되어 있기 때문에 관리업체에서는 배출규모에 적합한 Tier 적용이 가능하도록 자료를 확보해야 한다.

⑤ 산정등급은 4단계가 있으며, Tier가 높을수록 결과의 신뢰도와 정확도가 높아진다. 정확도가 가장 높은 Tier 4는 연속측정에 의해 온실가스 배출량을 결정하는 방법이다.

〈산정등급 체계의 구분〉

산정등급	내 용
Tier 1	활동자료, IPCC 기본배출계수(기본산화계수, 발열량 등 포함)를 활용하여 배출량을 산정하는 기본방법
Tier 2	Tier 1보다 더 높은 정확도를 갖는 활동자료, 국가 고유배출계수 및 발열량 등 일정 부분 시험·분석을 통해 개발한 매개변수값을 활용한 배출량 산정방법
Tier 3	Tier 2보다 더 높은 정확도를 갖는 활동자료, 사업장 배출시설 및 감축기술 단위의 배출계수 등 상당 부분 시험·분석을 통해 개발한 매개변수값을 활용한 배출량 산정방법
Tier 4	굴뚝자동측정기기 등 배출가스 연속측정방법을 활용한 배출량 산정방법

⑥ 배출량 산정방법론(계산법 또는 연속측정방법) 및 통합지침 다음 표의 최소산정등급(Tier) 요구기준에 따라 사업자는 배출활동별로 배출량 산정방법론을 선택해야 한다.

〈배출시설의 배출량 규모별 산정등급〉

분류기준	배출시설
A 그룹	연간 5만t(50,000tCO_2-eq) 미만의 배출시설
B 그룹	연간 5만t(50,000tCO_2-eq) 이상, 50만t(500,000tCO_2-eq) 미만의 배출시설
C 그룹	연간 50만t(500,000tCO_2-eq) 이상의 배출시설

적중 예·상·문·제

01 배출주체에 따른 온실가스 인벤토리의 종류를 3가지 쓰시오.

풀이
- 국가 인벤토리
- 지방자치단체 인벤토리
- 기업체 인벤토리

02 온실가스 인벤토리 산정 접근방식 중 상향식 접근방식에 대해 설명하시오.

풀이 단위 배출원의 배출특성 자료를 활용하여 배출량을 산정하고 이를 통합하여 배출주체의 온실가스 인벤토리를 결정하는 방식이다. 단위 배출원 또는 흡수원의 특성을 반영하여 온실가스 인벤토리를 산정하기 때문에 배출주체의 정확한 인벤토리를 결정할 수 있는 장점을 갖고 있다.
국가와 지방자치단체 인벤토리의 경우에는 모든 단위 배출원과 흡수원에 대한 조사·분석이 이루어져야 하므로 상향식을 당장 적용하는 것은 현재로써 용이하지 않다.

03 온실가스 인벤토리의 주체에 상관없이 항상 적용되는 산정원칙 3가지를 쓰시오.

풀이
- 투명성
- 완전성
- 정확성
- 일관성

※ 위 내용 중 3가지를 작성한다.

04 국가 인벤토리 산정원칙을 3가지 쓰시오. (예 : 투명성, 단, '투명성'은 정답으로 하지 않는다.)

풀이
- 상응성
- 일관성
- 완전성
- 정확성

※ 위 내용 중 3가지를 작성한다.

05 온실가스 인벤토리 산정방법을 순서대로 쓰시오.

풀이 조직경계 설정 → 배출원 파악 및 분류·목록화 → 산정방법 결정 → 인벤토리 산정 → 품질관리 및 품질보증 → 인벤토리 결정

06 온실가스 인벤토리 산정원칙 중 완전성에 대해 설명하시오.

풀이 완전성의 원칙이란 인벤토리 조직경계 범위 내의 모든 온실가스 배출원 및 흡수원에 의한 배출량과 흡수량을 산정·보고해야 하는 것을 말한다. 온실가스 배출량 등 산정·보고에서 제외되는 배출활동과 배출시설이 있는 경우에는 그 제외 사유를 명확하게 제시해야 한다.

07 기업체 인벤토리 산정원칙을 쓰시오.

풀이
- 투명성
- 일관성
- 적합성
- 정확성
- 완전성

08 **배출시설 배출량 규모별 산정등급 적용기준 중 A그룹에 해당하는 경우의 기준치를 쓰시오.**

풀이 A 그룹은 연간 5만t 미만의 배출시설을 의미한다.

09 **배출량 산정등급(Tier) 중 Tier 4에 대하여 설명하시오.**

풀이 굴뚝자동측정기기 등 배출가스 연속측정방법을 활용한 배출량 산정방법은 산정등급(Tier) 4에 해당한다.

10 **산정등급 중 Tier 3에 대하여 설명하시오.**

풀이 Tier 2보다 더 높은 정확도를 갖는 활동자료로, 사업장 배출시설 및 감축기술 단위의 배출계수 등 상당부분 시험 분석을 통해 개발한 매개변수값을 활용한 배출량 산정방법이다.

11 **온실가스 감축사업의 사업계획서 및 모니터링 작성원칙을 쓰시오.**

풀이
- 적절성
- 일관성
- 정확성
- 완전성
- 투명성
- 보수성

CHAPTER 05

고정연소 및 이동연소

제5장 합격 포인트

- **지구온난화지수(GWP ; Global Warming Potential)의 개념**
  단위질량당 온난화효과를 지수화
- **고정연소와 이동연소는 직접 배출원(Scope 1)에 해당함**
- **고정연소시설의 종류**
  ① 화력발전시설, 열병합발전시설, 발전용 내연기관, 일반보일리시설, 공정연소시설 : 화석연료의 의도적인 연소에 의한 온실가스 배출
  ② 대기오염물질(NO_x) 처리시설(SCR) : 대기오염물질 처리를 위한 추가적인 에너지에 의한 온실가스 배출과 공정배출로 구분
- **이동연소부문의 종류**
  ① 도로부문 : 승용자동차, 승합사동차, 화물자동차, 특수자동차, 이륜지동치, 비도로 및 기타 자동차
  ② 철도부문 : 고속차량, 전기기관차, 전기동차, 디젤기관차, 디젤동차, 특수차량
  ③ 선박부문 : 여객선, 화물선, 어선, 기타 선박
  ④ 항공부문 : 국내 항공, 기타 항공

1 온실가스 배출원 운영경계

운영경계		내 용
직접 배출원 (Scope 1)	고정연소	배출경계 내 고정연소시설에서의 에너지 사용에 의한 온실가스 배출형태
	이동연소	배출원 관리영역에 있는 차량 및 이동장비에 의한 온실가스 배출형태
	공정배출	화학반응을 통해 온실가스가 생산물 또는 부산물로서 배출되는 형태
	탈루배출	원료(연료), 중간생성물의 저장·이송·공정 과정에서 배출되는 형태
간접 배출원(Scope 2)		배출원의 일상적인 활동에 필요한 전기, 스팀 등을 구매함으로써 간접적으로 외부(예 발전)에서 배출하는 형태
간접 배출원(Scope 3)		Scope 2에서 속하지 않는 간접 배출로서 원재료의 생산, 제품 사용 및 폐기 과정에서 배출하는 형태

출처 WRI/WBCSD, A Corporate Accounting and Reporting Standard Revised Edition, 2004.

2 고정연소

(1) 고정연소의 개요

고정연소공정은 특정 시설에 열에너지를 제공하기 위한 목적 또는 특정 공정에 열에너지 혹은 다른 형태의 에너지(예 Mechanical Work)로 전환·제공하기 위해 설계된 연소장치로써 에너지원인 화석연료 등의 연소가 이루어지는 공정이다.

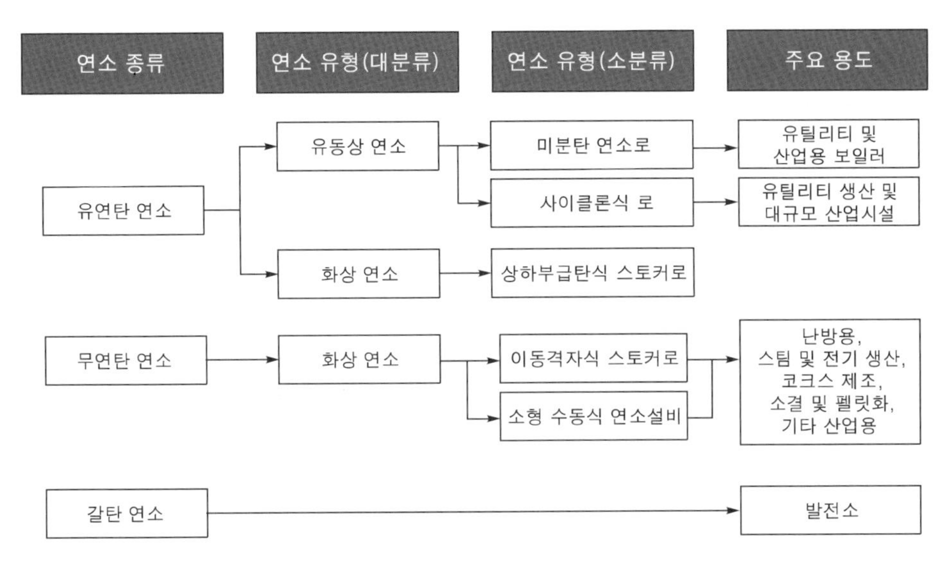

고체연료의 연소공정

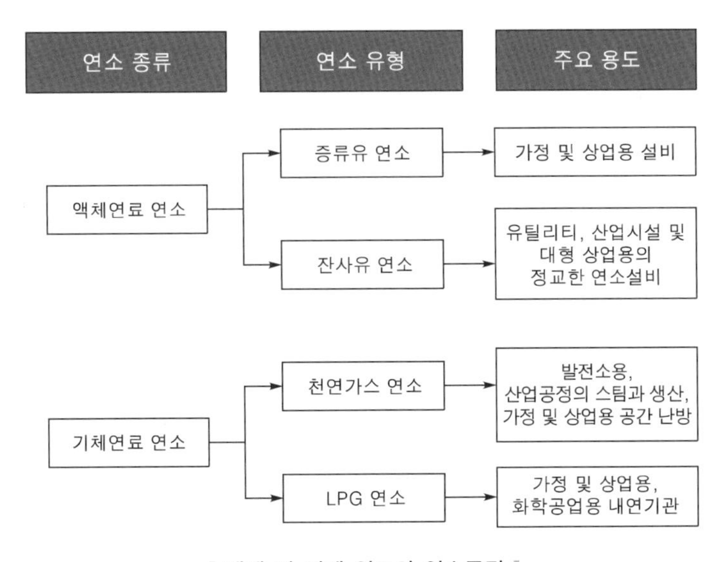

액체 및 기체 연료의 연소공정

(2) 고정연소 배출시설별 배출원인 및 특성

〈고정연소 배출공정별 온실가스 종류〉

배출공정	온실가스
화력발전시설	CO_2 CH_4 N_2O
열병합발전시설	
발전용 내연기관	
일반보일러시설	
공정연소시설	
대기오염물질(NO_x) 처리시설(SCR)	
고형연료제품 사용시설(고체연료만 해당)	

① **화력발전시설, 열병합발전시설, 발전용 내연기관, 일반보일러시설, 공정연소시설** : 화석연료의 의도적 연소에 의한 온실가스 배출로서 CO_2는 화석연료 중 탄소성분의 산화에 의한 배출이고, CH_4는 탄소성분의 불완전연소에 의한 배출, N_2O는 질소성분의 불완전연소에 의한 배출이다.

② **대기오염물질(NO_x) 처리시설(SCR)**

㉠ **고정연소배출** : 대기오염물질 처리를 위한 추가적인 에너지(연료 연소활동)에 의한 온실가스 배출로서 그 배출원인은 연소시설과 동일하다.

㉡ **공정배출** : N_2O는 연소과정에서의 배출 이외에도 SCR 공정에서 NO_x를 환원처리하는 과정에서 중간생성물로 N_2O가 발생·배출될 개연성이 있다.

③ **고형연료제품 사용시설** : 일반 고형연료제품(SRF), 바이오 고형연료제품(Bio-SRF)을 연소하여 에너지를 생산하는 시설로 시멘트 소성로, 화력발전시설, 열병합발전시설, 보일러시설 등이 있다.

(3) 산정기준(Tier)

산정에 적용된 요소의 정확성 및 신뢰성을 나타내며, 일반적으로 3단계(Tier 1~3)로 구분한다. 온실가스 목표관리의 경우에는 Tier 4까지 4단계로 구분한다.

구 분	IPCC	목표관리
Tier 1	기본값	기본값
Tier 2	국가 고유값	국가 고유값
Tier 3	시설 고유값	시설 고유값
Tier 4	–	CEMS*

* CEMS ; Continuous Emission Monitoring System

연소시설에서 에너지 이용에 따른 온실가스 배출활동별, 시설규모별 산정등급(Tier) 최소 적용기준을 준수하여야 한다. 다음의 표는 CO_2의 시설규모별 산정등급 최소 적용기준을 나타내며 CH_4, N_2O의 경우 보고대상 온실가스의 산정등급 적용기준을 준수한다.

배출활동	산정방법론			연료 사용량			순발열량			배출계수			산화계수		
시설규모	A	B	C	A	B	C	A	B	C	A	B	C	A	B	C
고정연소															
① 고체연료	1	2	3	1	2	3	2	2	3	1	2	3	1	2	3
② 기체연료	1	2	3	1	2	3	2	2	3	1	2	3	1	2	3
③ 액체연료	1	2	3	1	2	3	2	2	3	1	2	3	1	2	3

(4) 배출량 산정방법

	CO_2	CH_4	N_2O
산정방법론	Tier 1, 2, 3, 4	Tier 1	Tier 1

고체·액체·기체 연료의 연소 배출량은 모두 Tier 1~3까지 동일한 산정방법을 사용하며, Tier에 따라 배출계수를 다르게 적용한다.

1) 고체연료 〈Tier 1~3〉

① **산정식** : Tier 1은 IPCC 기본배출계수, Tier 2는 국가 고유배출계수, Tier 3는 사업장 고유배출계수를 적용하여 CO_2, CH_4, N_2O 배출량을 산정한다.

$$E_{i,j} = Q_i \times EC_i \times EF_{i,j} \times f_i \times F_{eq,j} \times 10^{-6}$$

$E_{i,j}$: 연료(i)의 연소에 따른 온실가스(j)의 배출량(tCO_2-eq)
Q_i : 연료(i)의 사용량(측정값)(t-연료)
EC_i : 연료(i)의 열량계수(연료 순발열량)(MJ/kg-연료)
$EF_{i,j}$: 연료(i)의 온실가스(j)의 배출계수(kg-GHG/TJ-연료)
f_i : 연료(i)의 산화계수(CH_4, N_2O는 미적용)
$F_{eq,j}$: 온실가스별 CO_2 등가계수(CO_2=1, CH_4=21, N_2O=310)

② 산정방법 특징

㉠ 활동자료로서 공정에 투입되는 각 고체연료 사용량을 적용한다.

㉡ 배출계수로서 연료의 단위열량당 온실가스 배출량을 적용하고 있다.

㉢ 에너지부문에서의 온실가스 배출량 산정에서는 열량계수라는 개념을 도입·적용하고 있다.

㉣ 열량계수란 연료 질량당 순발열량을 의미하고, 배출계수와 열량계수를 곱하게 되면 단위연료 사용당 온실가스 배출량을 산정할 수 있다.

㉤ 산정대상 온실가스는 CO_2, CH_4, N_2O이다.

③ 산정에 필요한 변수들의 관리기준 및 결정방법

매개변수	세부변수	관리기준 및 결정방법
활동자료	공정에 투입되는 각 연료 사용량(t)	Tier 1~3 기준에 관하여 측정을 통해 결정 (측정불확도 Tier 1 : ±7.5%, Tier 2 : ±5.0%, Tier 3 : ±2.5% 이내)
열량계수	순발열량(MJ/kg)	• Tier 1 : IPCC 지침서 기본발열량값을 사용 • Tier 2 : 국가 고유발열량값을 사용 • Tier 3 : 사업자가 자체 개발하거나 연료 공급자가 분석하여 제공한 발열량값을 사용
배출계수	연료별 온실가스의 배출계수 (kg-GHG/TJ)	• Tier 1 : IPCC 기본배출계수를 사용 • Tier 2 : 국가 고유배출계수를 사용 • Tier 3 : 사업자가 자체 개발하거나 연료 공급자가 분석하여 제공한 고유배출계수를 사용
산화계수	연료별 산화계수	• Tier 1 : 기본값인 1.0을 적용 • Tier 2 : 발전부문은 산화계수(f) 0.99를 적용하고, 기타 부문은 0.98을 적용 • Tier 3 : 사업자가 자체 개발하거나 연료 공급자가 분석하여 제공한 고유산화계수를 사용

※ 사업장별 배출계수는 다음 식에 따라 개발하여 사용한다.

$$EF_{i,\mathrm{CO_2}} = EF_{i,\mathrm{C}} \times 3.664 \times 10^3$$

$$EF_{i,\mathrm{C}} = C_{ar,i} \times \frac{1}{EC_i} \times 10^3$$

$EF_{i,\mathrm{CO_2}}$: 연료(i)에 대한 CO_2 배출계수($kgCO_2$/TJ-연료)

$EF_{i,\mathrm{C}}$: 연료(i)에 대한 탄소 배출계수(kgC/GJ-연료)

3.664 : CO_2의 분자량(44.010)/C의 원자량(12.011)

$C_{ar,i}$: 연료(i) 중 탄소의 질량분율(인수식, 0에서 1 사이의 소수)

EC_i : 연료(i)의 열량계수(연료 순발열량)(MJ/kg-연료)

※ 사업장별 산화계수(f_i)는 다음 식에 따라 개발하여 사용한다.

$$f_i = 1 - \frac{C_{a,i} \times A_{ar,i}}{(1 - C_{a,i}) \times C_{ar,i}}$$

$C_{a,i}$: 재 중 탄소의 질량분율(비산재와 바닥재의 가중평균, 측정값, 0에서 1 사이의 소수)

$A_{ar,i}$: 연료 중 재의 질량분율(인수식, 측정값, 0에서 1 사이의 소수)

$C_{ar,i}$: 연료 중 탄소의 질량분율(인수식, 계산값, 0에서 1 사이의 소수)

2) 액체연료 〈Tier 1~3〉

① 산정식 : Tier 1은 IPCC 기본배출계수, Tier 2는 국가 고유배출계수, Tier 3는 사업장 고유배출계수를 적용하여 CO_2, CH_4, N_2O의 배출량을 산정한다.

$$E_{i,j} = Q_i \times EC_i \times EF_{i,j} \times f_i \times F_{eq,j} \times 10^{-6}$$

$E_{i,j}$: 연료(i) 연소에 따른 온실가스(j)별 배출량(tCO_2-eq)

Q_i : 연료(i)의 사용량(측정값)(kL-연료)

EC_i : 연료(i)의 열량계수(연료 순발열량)(MJ/L-연료)

$EF_{i,j}$: 연료(i)의 온실가스(j) 배출계수(kg-GHG/TJ-연료)

f_i : 연료(i)의 산화계수(CH_4, N_2O는 미적용)

$F_{eq,j}$: 온실가스(j)별 CO_2 등가계수(CO_2=1, CH_4=21, N_2O=310)

② 산정방법 특징

㉠ 활동자료로서 공정에 투입되는 각 액체연료 사용량을 적용한다.

㉡ 배출계수로서 연료의 단위열량당 온실가스 배출량을 적용하고 있다.

㉢ 에너지부문에서의 온실가스 배출량 산정에서는 열량계수라는 개념을 도입·적용하고 있다.

㉣ 열량계수란 연료 질량당 순발열량을 의미하고, 배출계수와 열량계수를 곱하게 되면 단위연료 사용당 온실가스 배출량을 산정할 수 있다.

㉤ 산정대상 온실가스는 CO_2, CH_4, N_2O이다.

③ 산정에 필요한 변수들의 관리기준 및 결정방법

매개변수	세부변수	관리기준 및 결정방법
활동자료	공정에 투입되는 각 연료 사용량(L)	Tier 1~3 기준에 준하여 측정을 통해 결정(측정불확도 Tier 1 : ±7.5%, Tier 2 : ±5.0%, Tier 3 : ±2.5% 이내)
열량계수	순발열량(MJ/L)	-
배출계수	연료별 온실가스 배출계수(kg-GHG/TJ-연료)	-
산화계수	연료별 산화계수	Tier 1인 경우 기본값인 1.0을 적용하며, Tier 2~3의 경우 0.99를 적용

※ 배출계수는 다음 식에 따라 개발하여 사용한다.

$$EF_{i,CO_2} = C_i \times \frac{D_i}{EC_i} \times 10^3 \times 3.664$$

EF_{i,CO_2} : 연료(i)의 CO_2 배출계수(kgCO_2/TJ-연료)

C_i : 연료(i)의 탄소 질량분율(0에서 1 사이의 소수)

D_i : 연료(i)의 밀도(g-연료/L-연료)

EC_i : 연료(i)의 열량계수(연료 순발열량)(MJ/L-연료)

3.664 : CO_2의 분자량(44.010)/C의 원자량(12.011)

$$EF_{i,t} = \Sigma_y \left[\left(\frac{MW_y}{MW_{y,total}} \right) \times \left(\frac{44.010}{MW_y} \times N_y \right) \right]$$

$EF_{i,t}$: 연료(i) 1몰에 포함된 가스성분(y)별 질량(g/mol)

MW_y : 연료(i) 가스성분(y)의 몰질량(g/mol)

N_y : 연료(i) 가스성분(y)의 탄소 원자수(개)

$MW_{y,total}$: $\Sigma_y MW_y$

3) 기체연료 〈Tier 1~3〉

① **산정식** : Tier 1은 IPCC 기본배출계수, Tier 2는 국가 고유배출계수, Tier 3는 사업장 고유배출계수를 적용하며 CO_2, CH_4, N_2O 배출량을 산정한다.

$$E_{i,j} = Q_i \times EC_i \times EF_{i,j} \times f_i \times F_{eq,j} \times 10^{-6}$$

$E_{i,j}$: 연료(i) 연소에 따른 온실가스(j)별 배출량(tCO_2-eq)

Q_i : 연료(i)의 사용량(측정값)(천m^3-연료)

EC_i : 연료(i)의 열량계수(연료 순발열량)(MJ/m^3-연료)

$EF_{i,j}$: 연료(i)의 온실가스(j) 배출계수(kg-GHG/TJ-연료)

f_i : 연료(i)의 산화계수(CH_4, N_2O는 미적용)

$F_{eq,j}$: 온실가스(j)별 CO_2 등가계수(CO_2=1, CH_4=21, N_2O=310)

② 산정방법 특징

㉠ 활동자료로서 공정에 투입되는 각 기체연료의 사용량을 적용한다.

㉡ 배출계수로서 연료의 단위열량당 온실가스 배출량을 적용하고 있다.

㉢ 에너지부문에서의 온실가스 배출량 산정에서는 열량계수라는 개념을 도입·적용하고 있으며, 열량계수란 연료 질량당 순발열량을 의미하고, 배출계수와 열량계수를 곱하게 되면 단위연료 사용당 온실가스 배출량을 산정할 수 있다.

㉣ 산정대상 온실가스는 CO_2, CH_4, N_2O이다.

㉤ Tier 3 산정방법에서는 산화계수를 별도로 적용하지 않는다.

③ 산정에 필요한 변수들의 관리기준 및 결정방법

매개변수	세부변수	관리기준 및 결정방법
활동자료	공정에 투입되는 각 연료 사용량 〔m^3〕	Tier 1~3 기준에 준하여 측정을 통해 결정 (측정불확도 Tier 1 : ±7.5%, Tier 2 : ±5.0%, Tier 3 : ±2.5% 이내)
열량계수	순발열량 〔MJ/m^3〕	• Tier 1 : IPCC 가이드라인 기본발열량값을 사용 • Tier 2 : 국가 고유발열량값을 사용 • Tier 3 : 사업자가 자체적으로 개발하거나 연료 공급자가 분석하여 제공한 발열량값을 사용
배출계수	연료별 온실가스의 배출계수 〔kg-GHG/TJ〕	• Tier 1 : IPCC 가이드라인 기본배출계수를 사용 • Tier 2 : 국가 고유배출계수를 사용 • Tier 3 : 사업자가 자체 개발하거나 연료 공급자가 분석하여 제공한 고유배출계수를 사용
산화계수	연료별 산화계수	• Tier 1 : 기본값인 1.0을 적용 • Tier 2~3 : 0.995 적용

※ 배출계수는 다음 식에 따라 개발하여 사용한다.

$$EF_{i,CO_2} = \frac{EF_{i,t}}{EC_i} \times D_i \times 10^3$$

EF_{i,CO_2} : 연료(i)의 CO_2 배출계수〔$kgCO_2/TJ$-연료〕

EC_i : 연료(i)의 열량계수(연료 순발열량)〔MJ/m^3-연료〕

$EF_{i,t}$: 연료(i)의 CO_2 환산계수〔$kgCO_2/kg$-연료〕

D_i : 연료(i)의 밀도〔g-연료/m^3-연료〕(공급자가 제공한 값을 우선 적용)

3 이동연소

(1) 이동연소의 개요

이동연소부문의 공정은 사업자가 소유하고 통제하는 운송수단으로 인한 연료연소로 인해 온실가스가 발생하는 과정이다. 이는 자동차, 기차, 선박, 항공기 등 수송차량이 연료를 소비하는 과정에서 온실가스를 배출하는 설비를 말한다. 수송용 내연기관은 이동수단의 종류와 차종에 따라서 세부적으로 구분된다.

(2) 이동연소 배출시설별 배출원인 및 특성

이동연소의 온실가스 배출원은 도로부문(승용·승합·화물·특수·이륜·비도로 및 기타 자동차), 철도부문(고속차량, 전기기관차, 전기동차, 디젤기관차, 디젤동차, 특수차량), 선박부문(여객선, 화물선, 어선, 기타 선박), 항공부문(국내·기타 항공기)으로 구분된다.

〈이동연소 배출공정과 온실가스 종류〉

배출공정	온실가스
도로	CO_2 CH_4 N_2O
철도	
선박	
항공	

① 도로부문
   ㉠ 자동차 내연기관의 화석연료 연소에 의해 CO_2, CH_4, N_2O의 온실가스가 배출된다.
   ㉡ 건설기계, 농기계 등 비도로차량에 의한 온실가스 배출은 별도로 구분하지 않고 도로 수송에 포함시켜 배출량을 산정하고 있다.

② 철도부문 : 디젤, 전기, 증기의 세 가지 중 하나를 사용하여 구동하는 철도기관차에서 배출되는 온실가스 배출량을 산정한다.

③ 선박부문 : 국제 수상운송에 의한 온실가스 배출량은 산정 및 보고에서 제외한다.

④ 항공부문
   ㉠ 항공기엔진에서 배출되는 물질은 CO_2 70%, H_2O 30% 이하, 기타 대기오염물질이 1% 미만으로 구성되어 있다.
   ㉡ 최신 기술이 적용된 항공기에서는 CH_4와 N_2O가 거의 배출되지 않는다.
   ㉢ 온실가스 배출량은 항공기의 운항횟수, 운전조건, 엔진효율, 비행거리, 비행단계별 운항시간, 연료 종류 및 배출고도 등에 따라 달라진다.

㉣ 대기 중에 배출되는 오염물질의 약 10%는 공항 내에서의 운행과 이착륙 중에 발생하며 90% 가량이 순항과정의 높은 고도에서 발생한다.

㉤ 국제선 운항에 따른 온실가스 배출량은 산정 및 보고에서 제외한다.

(3) 산정기준(Tier)

구 분	CO_2	CH_4	N_2O
도로부문	Tier 1, 2	Tier 1, 2, 3	Tier 1, 2, 3
철도부문	Tier 1, 2	Tier 1, 2, 3	Tier 1, 2, 3
선박부문	Tier 1, 2, 3	Tier 1, 2, 3	Tier 1, 2, 3
항공부문	Tier 1, 2	Tier 1, 2	Tier 1, 2

연소시설에서 에너지 이용에 따른 온실가스 배출활동별, 시설규모별 산정등급(Tier) 최소적용기준을 준수하여야 한다. 다음의 표는 CO_2의 시설규모별 산정등급 최소적용기준을 나타내며 CH_4, N_2O의 경우 보고대상 온실가스의 산정등급 적용기준을 준수한다.

배출활동	산정방법론			연료 사용량			순발열량			배출계수		
시설규모	A	B	C	A	B	C	A	B	C	A	B	C
이동연소*												
① 항공	1	1	2	1	1	2	2	2	2	1	1	2
② 도로	1	1	2	1	1	2	2	2	2	1	1	2
③ 철도	1	1	1	1	1	1	2	2	2	1	1	1
④ 선박	1	1	1	1	1	1	2	2	2	1	1	1

* 운수업체의 경우 해당부문(항공, 도로, 철도, 선박)의 배출량 합계를 기준으로 A, B, C로 구분한다.

(4) 배출량 산정방법

1) 도로부문

도로부문은 승용차, 소형 트럭과 같은 소형차, 트랙터, 트레일러 및 버스와 같은 대형차와 스쿠터, 삼륜차 등의 모터사이클을 포함한다. 이러한 차종들은 가스와 액체연료의 형태로 운행된다. 도로이동부문의 배출은 연료연소에 의해 발생되는 것과 촉매변환장치 사용에 따른 배출량도 도로이동부문에서 다루어진다. 현재는 연료의 완전산화를 가정하고 배출계수를 산정하고 있다. 요소를 사용하는 촉매변환장치에서의 CO_2 배출원 배출량 산정방법은 여기서는 소개·설명하지 않고 있다.

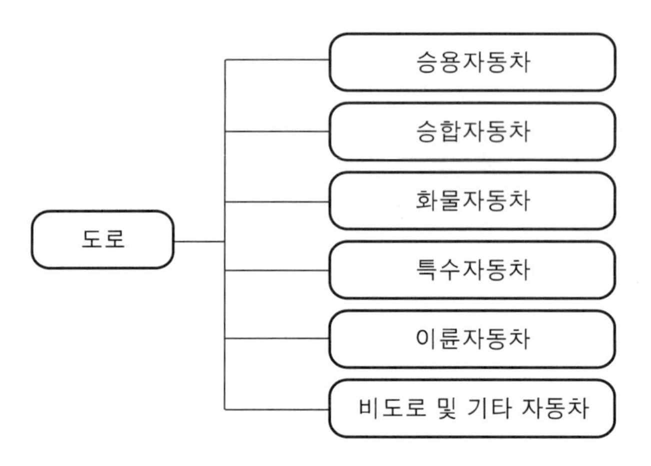

▌도로부문 배출시설 구분▐

도로부문에서 산정된 배출량은 연료 사용량과 차량 주행거리에 근거를 둘 수 있다. 두 가지 자료 모두 사용 가능할 경우 연료 사용량과 차량 이동거리를 비교할 수 있는 중요한 도구가 될 것이다. 두 가지 자료를 모두 사용할 수 없다면, 다른 온실가스에 대한 배출량 산정이 일관성이 없게 될 수도 있다.
도로부문의 국내 목표관리제의 보고대상 온실가스와 온실가스별로 적용해야 하는 산정방법론은 다음에서 보는 것과 같다.

	CO_2	CH_4	N_2O
산정방법론	Tier 1, 2	Tier 1, 2, 3	Tier 1, 2, 3

도로부문 온실가스 배출량 산정방법은 Tier 1, 2, 3의 세 가지 방법이 있다.

① Tier 1

㉠ 산정식 : 도로부문의 Tier 1 산정식은 IPCC 기본배출계수를 적용하여 CO_2, CH_4, N_2O 배출량을 산정한다.

$$E_{i,j} = \sum(Q_i \times EC_i \times EF_{i,j} \times F_{eq,j} \times 10^{-6})$$

$E_{i,j}$: 연료(i)의 연소에 따른 온실가스(j)의 배출량〔tCO_2-eq〕

Q_i : 연료(i)의 사용량〔kL-연료〕

EC_i : 연료(i)의 순발열량〔MJ/L-연료〕

$EF_{i,j}$: 연료(i)의 온실가스(j)의 배출계수〔kgGHG/TJ-연료〕

$F_{eq,j}$: 지구온난화지수(CO_2=1, CH_4=21, N_2O=310)

i : 연료 종류

㉡ 산정방법 특징

ⓐ Tier 1의 이동연소 도로부문은 도로 또는 비도로 차량 운행을 위해 사용된 연료 종류별 사용량을 활동자료로 한다.

ⓑ 배출계수는 연료의 단위열량당 온실가스 배출량을 적용하고 있다.

ⓒ 온실가스 배출량 산정에서는 열량계수라는 개념을 도입·적용하고 있으며, 열량계수란 연료 질량당 순발열량을 의미하고, 배출계수와 열량계수를 곱하게 되면 단위연료 사용당 온실가스 배출량을 산정할 수 있다.

ⓓ 산정대상 온실가스는 CO_2, CH_4, N_2O이다.

㉢ 산정에 필요한 변수들의 관리기준 및 결정방법

매개변수	세부변수	관리기준 및 결정방법
활동자료	종류별 연료 사용량(Q_i)	연료 사용량은 Tier 1 기준(측정불확도 ±7.5% 이내)에 준하여 측정을 통해 결정
배출계수	• 배출계수($EF_{i,j}$) • 열량계수(EC_i)	Tier 1 산정방법에서는 2006 IPCC 기본배출계수 사용

〈연료별 · 온실가스별 기본배출계수〉

연료 종류	기본배출계수(kg/TJ)		
	CO_2	CH_4	N_2O
휘발유	69,300	25	8.0
경유	74,100	3.9	3.9
LPG	63,100	62	0.2
등유	71,900	-	-
윤활유	73,300	-	-
CNG	56,100	92	3
LNG	56,100	92	3

출처 2006 IPCC G/L

② Tier 2

㉠ 산정식 : 도로부문의 Tier 2 산정식은 연료 종류, 차량 종류, 제어기술 종류 등에 따른 온실가스 배출특성을 반영한 활동자료와 배출계수를 적용하여 보다 정확도가 높은 온실가스 배출량 산정방법이다.

$$E_{i,j} = \Sigma(Q_{i,j,k,l} \times EC_i \times EF_{i,j,k,l} \times F_{eq,j} \times 10^{-6})$$

$E_{i,j}$: 연료(i) 연소에 따른 온실가스(j)별 배출량(tCO_2-eq)
$Q_{i,j,k,l}$: 차종(k), 제어기술(l)에 따른 연료(i)의 사용량(kL-연료)
EC_i : 연료(i)의 순발열량(MJ/L-연료)
$EF_{i,j,k,l}$: 연료(i), 차종(k), 제어기술(l)에 따른 온실가스(j)의 배출계수 (kgGHG/TJ-연료)
$F_{eq,j}$: 지구온난화지수(CO_2=1, CH_4=21, N_2O=310)
i : 연료 종류
k : 차량 종류
l : 제어기술 종류

㉡ 산정방법 특징

ⓐ Tier 2 산정방법은 연료 종류별, 차종별, 제어기술별 연료 사용량을 활동자료를 사용하고, 배출계수 또한 이에 적합한 국가 고유배출계수를 적용해야 한다.

ⓑ 산정대상 온실가스는 CO_2, CH_4, N_2O이다.

㉢ 산정에 필요한 변수들의 관리기준 및 결정방법

매개변수	세부변수	관리기준 및 결정방법
활동자료	연료 종류별·차종별·제어기술별 연료 사용량($Q_{i,j,k,l}$)	연료 사용량은 Tier 2 기준(측정불확도 ±5.0% 이내)에 준하여 측정을 통해 결정
배출계수	• 배출계수($EF_{i,j,k,l}$) • 열량계수(EC_i)	Tier 2는 제46조제2항에 따른 연료별·온실가스별 국가 고유배출계수와 열량계수를 사용

③ Tier 3

㉠ 산정식 : 도로부문의 Tier 3 산정식은 CH_4와 N_2O 산정방법에 대한 것으로 이동거리 엔진 작동별 활동자료와 이에 상응한 배출계수를 곱하여 결정하는 방법이다. 본 방법의 적용은 저감기술별 차량 대수와 차종별 주행거리를 추정하는 상세모델을 적용하거나 또는 관련 자료를 수집해야 한다.

$$E_{CH_4,\,N_2O} = Distance_{i,j,k,l,m} \times EF_{i,j,k,l,m} \times F_{eq,j} \times 10^{-6}$$

$E_{CH_4,\,N_2O}$: CH_4 또는 N_2O 배출량(tCO_2-eq)
$Distance_{i,j,k,l,m}$: 주행거리(km)
$EF_{i,j,k,l,m}$: 배출계수(g/km)
$F_{eq,j}$: 지구온난화지수(CO_2=1, CH_4=21, N_2O=310)
i : 연료 종류(예 휘발유, 경유, LPG 등)
j : 온실가스 종류(CH_4, N_2O)
k : 차량 종류
l : 배출제어기술(또는 차량 제작연도)
m : 운전조건(이동시 평균 차속)

㉡ 산정방법 특징

ⓐ Tier 3는 CH_4, N_2O에 대한 산정방법으로 차종별, 연료별, 배출제어기술별 주행거리를 활동자료로 활용하며, 이에 상응하는 배출계수를 결정·적용하는 상당히 정확도가 높은 방법이다.

ⓑ 관련된 정보를 광범위하게 수집·분석하거나 모델을 개발하여 추정하는 방법으로 관련 여러 정보에 대한 고유값을 개발·적용해야 한다.

㉢ 산정에 필요한 변수들의 관리기준 및 결정방법

매개변수	세부변수	관리기준 및 결정방법
활동자료	주행거리($Distance_{i,j,k,l,m}$)	연료 사용량은 Tier 3 기준(측정불확도 ±2.5% 이내)에 준하여 측정을 통해 결정
배출계수	배출계수($EF_{i,j,k,l,m}$)	Tier 3 배출계수는 다음 제시된 국내 차종별 CH_4, N_2O의 배출계수를 사용

〈자동차의 CH_4 배출계수 산정식〉

차 종		연 료	연식 구분	배출계수 산출식
승용		휘발유	2000년 이전	$y=0.3561x^{-0.7619}$
			2000년~2002년 6월	$y=0.2625x^{-0.817}$
			2002년 7월~2005년	$y=0.0859x^{-0.7655}$
			2006~2008년	$y=0.0351x^{-0.7754}$
			2009년~	$y=0.0432x^{-1.0208}$
		LPG	2002년 6월 이전	$y=0.2324x^{-0.704}$
			2002년 7월~2005년	$y=0.1282x^{-0.7798}$
			2006~2008년	$y=0.0913x^{-0.956}$
			2009년~	$y=0.1066x^{-1.0906}$
		경유	2006~2008년	$y=0.052x^{-0.8767}$
			2009년~	$y=0.0277x^{-0.9094}$
택시		LPG	2002년 6월 이전	$y=0.6813x^{-0.8049}$
			2002년 7월~2005년	$y=0.3267x^{-0.7956}$
RV	소형	경유	2006년~2008년	$y=0.0512x^{-0.8062}$
		LPG	2006년~2008년	$y=0.1509x^{-1.2521}$
	중형	경유	2006년~2008년	$y=0.0534x^{-1.0371}$
		LPG	2006년~2008년	$y=0.2307x^{-1.3878}$

차 종		연 료		연식 구분	배출계수 산출식
승합	경형	LPG		2006~2008년	$y=0.0305x^{-0.5298}$
	소형	경유		2000년~2002년 6월	$y=0.0650x^{-0.8969}$
				2002년 7월~2005년	$y=0.1004x^{-1.0693}$
				2006년~2008년	$y=0.1581x^{-1.273}$
				2009년~	$y=0.0182x^{-0.708}$
		LPG		2000년~2002년 6월	$y=0.6372x^{-0.8366}$
				2002년 7월~2005년	$y=0.1794x^{-0.9135}$
	중형	경유		2002년 7월~2005년	$y=14.669x^{-1.9562}$
				2009년~	$y=0.0432x^{-0.7}$
	전세버스	경유		2000년 이전	$y=0.173x^{-0.734}$
				2000년~2002년 6월	$y=2.9097x^{-1.3937}$
				2002년 7월~2005년	$y=1.34x^{-1.748}$
				2009년~	$y=0.0327x^{-0.538}$
	시내버스	경유		2002년 7월 이전	$y=0.173x^{-0.734}$
				2002년 7월~2005년	$y=0.1744x^{-1.0596}$
				2009년~	$y=0.0272x^{-0.481}$
		CNG		2005년 이전	$y=46.139x^{-0.6851}$
				2006~2008년	$y=117.64x^{-1.0596}$
				2009년~	$y=75.307x^{-0.877}$
화물	소형	경유	load 0%	2000년~2002년 6월	$y=0.0185x^{-0.3837}$
				2002년 7월~2005년	$y=0.0328x^{-0.5697}$
				2009년~	$y=0.1915x^{-1.112}$
			load 50%	2009년~	$y=0.1186x^{-1.105}$
			load 100%	2009년~	$y=0.0633x^{-0.873}$
	중형	경유	load 0%	2009년 이전	$y=0.4064x^{-0.6487}$
				2009년~	$y=0.0111x^{-0.417}$
			load 50%	2009년~	$y=0.0114x^{-0.431}$
			load 100%	2009년~	$y=0.0128x^{-0.444}$
	대형	경유		–	$y=0.402x^{-0.6197}$
	대형 후처리	경유	load 0%	2009년~	$y=0.0251x^{-0.477}$
			load 50%	2009년~	$y=0.0272x^{-0.505}$
			load 100%	2009년~	$y=0.0322x^{-0.519}$
	대형 미후처리	경유	load 0%	2009년~	$y=0.0324x^{-0.524}$
			load 50%	2009년~	$y=0.0249x^{-0.477}$
			load 100%	2009년~	$y=0.024x^{-0.467}$

* y : 배출량(g/km), x : 차속(km/h)

〈자동차의 N_2O 배출계수 산출식〉

차 종		연 료	연식 구분	배출계수 산출식
승용		휘발유	2000년 이전	$y=0.6459x^{-0.741}$
			2000년~2002년 6월	$y=0.9191x^{-0.9485}$
			2002년 7월~2005년	$y=0.1262x^{-0.8382}$
			2006~2008년	$y=0.0307x^{-0.8718}$
			2009년~	$y=0.2405x^{-1.3945}$
		LPG	2002년 6월 이전	$y=2.0024x^{-1.2053}$
			2002년 7월~2005년	$y=0.191x^{-0.9666}$
			2006~2008년	$y=0.1162x^{-1.1582}$
			2009년~	$y=0.0210x^{-0.9761}$
		경유	2006~2008년	$y=0.1479x^{-0.9224}$
			2009년~	$y=0.1172x^{-0.8684}$
택시		LPG	2002년 6월 이전	$y=0.4397x^{-0.7735}$
			2002년 7월~2005년	$y=0.6240x^{-1.0010}$
RV	소형	경유	2006년~2008년	$y=0.007x^{-0.5533}$
		LPG	2006년~2008년	$y=0.02x^{-0.9571}$
	중형	경유	2006년~2008년	$y=0.0142x^{-0.7368}$
		LPG	2006년~2008년	$y=0.0099x^{-0.7863}$
승합	경형	LPG	2006~2008년	$y=0.12x^{-1.1688}$
	소형	경유	2000년~2002년 6월	$y=0.0991x^{-0.672}$
			2002년 7월~2005년	$y=0.1088x^{-0.8582}$
			2006~2008년	$y=0.2225x^{-1.0293}$
			2009년~	$y=0.1897x^{-0.905}$
		LPG	2000년~2002년 6월	$y=0.4366x^{-0.9723}$
			2002년 7월~2005년	$y=0.2808x^{-1.2565}$
	중형	경유	2002년 7월~2005년	$y=0.2742x^{-0.5359}$
			2009년~	$y=0.1133x^{-0.937}$
	전세버스	경유	2000년~2002년 6월	$y=2.08x^{-0.8055}$
			2002년 7월~2005년	$y=1.2359x^{-0.785}$
			2009년~	$y=0.2242x^{-0.83}$
	시내버스	경유	2002년 7월 이전	$y=0.5268x^{-0.4932}$
			2009년~	$y=0.173x^{-0.713}$
		CNG	2005년 이전	$y=0.5438x^{-0.556}$
			2006~2008년	$y=0.1248x^{-0.5754}$
			2009년~	$y=0.2412x^{-0.742}$

차 종		연 료		연식 구분	배출계수 산출식
화물	소형	경유	load 0%	2002년 7월~2005년	$y=0.0984x^{-0.7969}$
				2009년~	$y=0.2869x^{-0.98}$
			load 50%	2009년~	$y=0.086x^{-0.9}$
			load 100%	2009년~	$y=0.0613x^{-0.789}$
	중형	경유	load 0%	2002년 7월~2005년	$y=0.0522x^{-0.5206}$
				2009년~	$y=0.0689x^{-0.572}$
			load 50%	2009년~	$y=0.0806x^{-0.577}$
			load 100%	2009년~	$y=0.1078x^{-0.686}$
	대형	경유		-	$y=2.0311x^{-0.8501}$
	대형 후처리	경유	load 0%	2009년~	$y=0.0719x^{-0.319}$
			load 50%	2009년~	$y=0.2776x^{-0.622}$
			load 100%	2009년~	$y=0.1723x^{-0.533}$
	대형 미후처리	경유	load 0%	2009년~	$y=0.0801x^{-0.577}$
			load 50%	2009년~	$y=0.0741x^{-0.59}$
			load 100%	2009년~	$y=0.0573x^{-0.492}$

* y : 배출량(g/km), x : 차속(km/h)

2) 철도부문

철도부문은 고속차량, 전기기관차, 전기동차, 디젤기관차, 디젤동차, 특수차량 등 6종류가 있으며, 이 중 디젤유를 사용하는 철도차량으로는 디젤유를 연료로 사용하는 내연기관에 의해 발전한 전기동력을 이용하여 모터를 돌려 열차를 견인하는 디젤기관차와 디젤유를 연료로 하는 내연기관에 의해 철도차량을 움직이는 디젤동차, 특수차량 등이 있다.

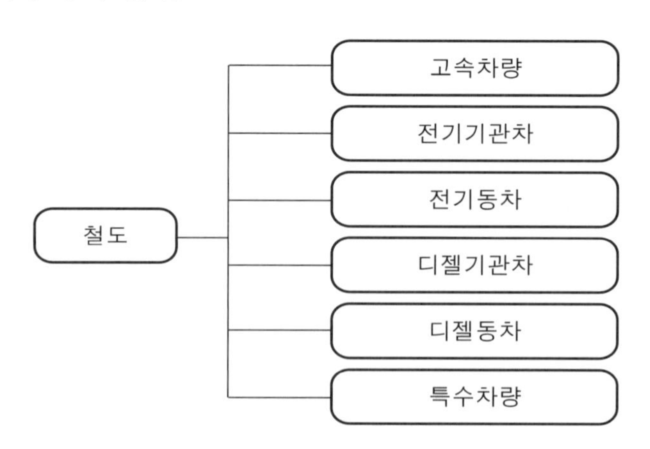

‖ 철도부문 배출시설 구분 ‖

발전소에서 생산된 전기를 동력원으로 하는 철도차량으로는 고속차량, 전기기관차, 전기동차 등이 이에 해당된다. 증기기관차는 일반적으로 관광용 같은 국한된 용도로만 사용하고 있으며, 발생되는 온실가스는 상대적으로 적다.
철도부문의 국내 목표관리제의 보고대상 온실가스와 온실가스별로 적용해야 하는 산정방법론은 다음에서 보는 것과 같다.

	CO_2	CH_4	N_2O
산정방법론	Tier 1, 2	Tier 1, 2, 3	Tier 1, 2, 3

철도부문 온실가스 배출량 산정방법은 Tier 1, 2, 3의 세 가지 방법이 있다.

① Tier 1

㉠ 산정식 : 철도부문의 Tier 1 산정식은 활동자료인 연료 사용량에 IPCC 기본 배출계수를 곱하여 결정하는 가장 단순한 방법이다.

$$E_{i,j} = \sum (Q_i \times EC_i \times EF_{i,j} \times F_{eq,j} \times 10^{-6})$$

$E_{i,j}$: 연료(i)의 연소에 따른 온실가스(j)의 배출량(tCO₂-eq)
Q_i : 연료(i)의 사용량(kL-연료)
EC_i : 연료(i)의 순발열량(MJ/L-연료)
$EF_{i,j}$: 연료(i)의 온실가스(j) 배출계수(kgGHG/TJ-연료)
$F_{eq,j}$: 지구온난화지수(CO_2=1, CH_4=21, N_2O=310)
i : 연료 종류

㉡ 산정방법 특징

ⓐ Tier 1의 산정대상 온실가스는 CO_2, CH_4, N_2O이며, 연료 종류별 사용량을 활동자료로 하고 IPCC 기본배출계수를 이용하여 배출량을 산정한다.

ⓑ 연료별 순발열량과 순발열량에 토대로 결정한 배출계수를 근거로 온실가스 배출량을 산정하고 있다.

㉢ 산정에 필요한 변수들의 관리기준 및 결정방법

매개변수	세부변수	관리기준 및 결정방법
활동자료	연료 종류별 사용량(Q_i)	연료 사용량은 Tier 1 기준(측정불확도 ±7.5% 이내)에 준하여 측정을 통해 결정
배출계수	• 배출계수($EF_{i,j}$) • 순발열량(EC_i)	Tier 1 방법을 이용하여 배출량을 산정하는 경우 IPCC 기본배출계수를 이용

〈철도부문 IPCC 기본배출계수(kg/TJ)〉

구 분	CO_2	CH_4	N_2O
디젤	74,000	4.15	28.6
아역청탄	96,100	2	1.5

출처 2006 IPCC G/L

② Tier 2

㉠ 산정식 : 철도부문의 Tier 2 산정식은 연료별·기관차 종류별·엔진 종류별 연료 사용량을 활동자료로 활용한다. 연료별 국가 고유발열량값과 연료별·기관차 종류별·엔진 종류별 국가 고유배출계수를 적용하는 국내 철도부문의 온실가스 배출특성을 반영한 정확도가 제고된 산정방법이며, 배출량 산정식은 다음과 같다.

$$E_{i,j} = \sum(Q_{i,k,l} \times EC_i \times EF_{i,j,k,l} \times F_{eq,j} \times 10^{-6})$$

$E_{i,j}$: 연료(i) 연소에 따른 온실가스(j)별 배출량(tCO₂-eq)

$Q_{i,k,l}$: 기관차종(k), 엔진(l)에 따른 연료(i)의 사용량(kL-연료)

EC_i : 연료(i)의 순발열량(MJ/L-연료)

$EF_{i,j,k,l}$: 연료(i), 기관차종(k), 엔진(l)에 따른 온실가스(j)의 배출계수 (kgGHG/TJ-연료)

$F_{eq,j}$: 지구온난화지수(CO_2=1, CH_4=21, N_2O=310)

i : 연료 종류

k : 기관차 종류

l : 엔진 종류

㉡ 산정방법 특징

ⓐ Tier 2는 연료별·기관차 종류별·엔진 종류별 활동자료와 이에 상응하는 국가 고유배출계수를 적용하는 방법이다.

ⓑ 관련된 정보를 광범위하게 수집·분석할 뿐만 아니라 국가 고유값을 개발·적용해야 한다.

ⓒ 산정대상 온실가스는 CO_2, CH_4, N_2O이다.

㉢ 산정에 필요한 변수들의 관리기준 및 결정방법

매개변수	세부변수	관리기준 및 결정방법
활동자료	연료 종류별·기관차 종류별·엔진 종류별 연료 사용량($Q_{i,k,l}$)	연료 사용량은 Tier 2 기준(측정불확도 ±5.0% 이내)에 준하여 측정을 통해 결정
배출계수	• 배출계수($EF_{i,j,k,l}$) • 연료별 순발열량(EC_i)	Tier 2는 제46조제2항에 따른 국가 고유배출계수를 사용하거나, 아직 개발·적용되지 못한 경우에는 IPCC 기본값 적용을 한시적으로 허용

③ Tier 3

㉠ 산정식 : 철도부문의 Tier 3 산정식은 CH_4와 N_2O 산정방법에 대한 것으로 특정 기관차의 연간 운행시간, 평균 정격출력, 부하율, 배출계수 등 기관차에 대한 상세정보를 수집하도록 되어 있는 전형적인 상향식 온실가스 배출량 산정방법이다. 본 방법의 적용은 개별 기관차에 대한 관련 자료를 수집해야 한다.

$$E_{k,j} = N_k \times H_k \times P_k \times LF_k \times EF_k \times 10^{-6}$$

$E_{k,j}$: CH_4 또는 N_2O 배출량(tGHG)
N_k : 기관차(k)의 수
H_k : 기관차(k)의 연간 운행시간(h)
P_k : 기관차(k)의 평균 정격출력(kW)
LF_k : 기관차(k)의 전형적인 부하율(0에서 1 사이의 소수)
EF_k : 기관차(k)의 배출계수(g/kWh)

㉡ 산정방법 특징

ⓐ Tier 3은 CH_4와 N_2O 배출량 산정방법에 대한 것이며(CO_2는 제외됨), 개별 기관차에 대한 정보를 토대로 배출량 산정이 이뤄지는 전형적인 상향식 방법으로 결과의 정확도가 상당히 높으리라 판단된다.

ⓑ 관련된 정보를 광범위하게 수집·분석할 뿐만 아니라 국가 고유값을 개발·적용해야 한다. Tier 2는 연료별·기관차 종류별·엔진 종류별 활동자료와 이에 상응하는 국가 고유배출계수를 적용하는 방법이다.

ⓒ 관련된 정보를 광범위하게 수집·분석할 뿐만 아니라 국가 고유값을 개발·적용해야 한다.

㉢ 산정에 필요한 변수들의 관리기준 및 결정방법

매개변수	세부변수	관리기준 및 결정방법
활동자료	• 기관차 종류별 연간 사용시간(H_k) • 기관차 수(N_k) • 기관차 정격출력(P_k) • 기관차 부하율(LF_k)	연료 사용량은 Tier 1 기준(측정불확도 ±2.5% 이내)에 준하여 측정을 통해 결정
배출계수	배출계수($EF_{i,j}$)	Tier 3은 기관차 종류별 연간 사용시간, 정격출력, 부하율 등을 고려하여 기관차 고유배출계수를 개발·적용

3) 선박부문

선박부문에 대한 배출시설은 다음과 같이 여객선, 화물선, 어선, 기타 선박으로 구분한다.

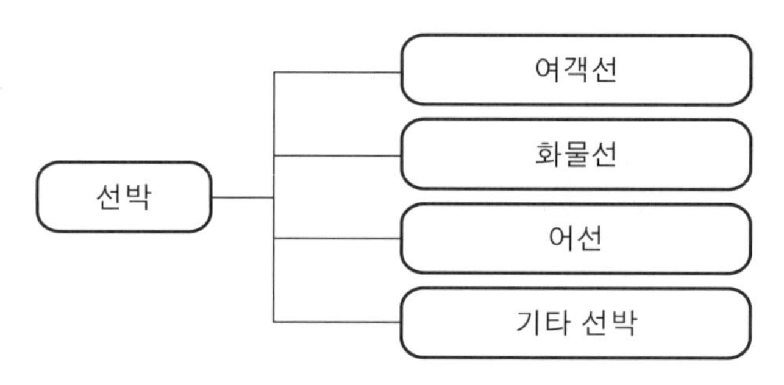

선박부문 배출시설의 구분

선박부문의 배출시설별 적용범위는 다음과 같다.

배출원	적용 범위
여객선	여객 운송을 주목적으로 하는 선박의 연료연소 배출
화물선	화물 운송을 주목적으로 하는 선박의 연료연소 배출
어선	내륙·연안·심해 어업에서의 연료연소로부터의 배출
기타 선박	화물선, 여객선, 어선을 제외한 모든 수상 이동의 연료연소 배출

선박부문의 국내 목표관리제의 보고대상 온실가스와 온실가스별로 적용해야 하는 산정방법론은 다음에서 보는 것과 같다.

	CO_2	CH_4	N_2O
산정방법론	Tier 1, 2, 3	Tier 1, 2, 3	Tier 1, 2, 3

선박부문 온실가스 배출량 산정방법은 Tier 1, 2, 3의 세 가지 방법이 있다.

① Tier 1

㉠ 산정식

선박부문의 Tier 1 산정식은 활동자료인 연료 사용량에 IPCC 기본배출계수를 곱하여 결정하는 가장 단순한 방법이다.

$$E_{i,j} = \sum (Q_i \times EC_i \times EF_{i,j} \times F_{eq,j} \times 10^{-6})$$

$E_{i,j}$: 연료(i)의 연소에 따른 온실가스(j)의 배출량(tCO_2-eq)

Q_i : 연료(i)의 사용량(kL-연료)

EC_i : 연료(i)의 순발열량(MJ/L-연료)

$EF_{i,j}$: 연료(i)의 온실가스(j) 배출계수(kgGHG/TJ-연료)

$F_{eq,j}$: 지구온난화지수(CO_2=1, CH_4=21, N_2O=310)

i : 연료 종류

㉡ 산정방법 특징

ⓐ Tier 1의 산정대상 온실가스는 CO_2, CH_4, N_2O이며, 연료 종류별 사용량을 활동자료로 하고 IPCC 기본배출계수를 이용하여 배출량을 산정한다.

ⓑ 연료별 순발열량과 순발열량을 토대로 결정한 배출계수를 근거로 온실가스 배출량을 산정하고 있다.

㉢ 산정에 필요한 변수들의 관리기준 및 결정방법

매개변수	세부변수	관리기준 및 결정방법
활동자료	연료 종류별 사용량(Q_i)	연료 사용량은 Tier 1 기준(측정불확도 ±7.5% 이내)에 준하여 측정을 통해 결정
배출계수	• 배출계수($EF_{i,j}$) • 열량계수(EC_i)	Tier 1은 다음에 제시된 연료 종류 및 물질별 IPCC 기본배출계수를 사용한다.

〈선박부문 IPCC 기본배출계수〉

구 분		CO_2 배출계수(kg/TJ)
휘발유		69,300
등유		71,900
경유		74,100
중질유		77,400
LPG		63,100
기타유	정제가스	57,600
	파라핀왁스	73,300
	백유	73,300
	기타 석유제품	73,300
천연가스		56,100
구 분	**CH_4 배출계수(kg/TJ)**	**N_2O 배출계수(kg/TJ)**
선박	7	2

출처 2006 IPCC G/L

② Tier 2~3

㉠ 산정식 : 선박부문의 Tier 2 산정식은 연료별·선박 종류별·엔진 종류별 연료 사용량을 활동자료로 활용하며, 연료별 국가 고유(Tier 2) 또는 사업장 고유(Tier 3) 발열량값과 연료별·선박 종류별·엔진 종류별 국가 고유배출계수(Tier 2) 또는 사업장 고유배출계수(Tier 3)를 적용하는 국내 선박부문의 온실가스 배출특성을 반영한 정확도가 제고된 산정방법이다. 배출량 산정식은 다음에서 보는 것과 같다.

$$E_{i,j} = \sum(Q_{i,k,l} \times EC_i \times EF_{i,j,k,l} \times F_{eq,j} \times 10^{-6})$$

$E_{i,j}$: 연료(i) 연소에 따른 온실가스(j)별 배출량(tCO_2-eq)
$Q_{i,k,l}$: 선박(k), 엔진(l)에 따른 연소(i)의 사용량(kL-연료)
EC_i : 연료(i)의 순발열량(MJ/L-연료)
$EF_{i,j,k,l}$: 연료(i), 선박(k), 엔진(l)에 따른 온실가스(j)의 배출계수 (kgGHG/TJ-연료)
$F_{eq,j}$: 지구온난화지수(CO_2=1, CH_4=21, N_2O=310)
i : 연료 종류
k : 선박 종류
l : 엔진 종류

㉡ 산정방법 특징

ⓐ Tier 2와 3은 연료별·선박 종류별·엔진 종류별 활동자료와 각각 이에 상응하는 국가 고유배출계수와 사업장 고유배출계수를 적용하는 방법이다.

ⓑ 관련된 정보를 광범위하게 수집·분석할 뿐만 아니라 국가 고유값과 사업장 고유값을 개발·적용해야 한다.

ⓒ 산정대상 온실가스는 CO_2, CH_4, N_2O이다(도로·철도 부분에서 Tier 3의 경우는 CO_2를 산정하지 않았으나, 선박에서는 Tier 3에서 CO_2를 산정토록 하고 있음).

㉢ 산정에 필요한 변수들의 관리기준 및 결정방법

매개변수	세부변수	관리기준 및 결정방법
활동자료	연료 종류별·선박 종류별·선박에 탑재된 엔진 종류별 연료 사용량($Q_{i,j,k,l}$)	연료 사용량은 Tier 2 기준(측정불확도 ±5.0% 이내)에 준하여 측정을 통해 결정
배출계수	• 배출계수($EF_{i,j}$) • 열량계수(EC_i)	• Tier 2는 제46조제2항에 따라 연료 종류, 선박 종류, 엔진 종류별로 특성화된 국가 고유배출계수를 사용 • Tier 3은 제47조의 규정에 따라 사업자가 자체 개발한 고유배출계수를 사용

4) 항공부문

항공부문 배출시설은 국내항공기와 기타 항공기로 구분된다.

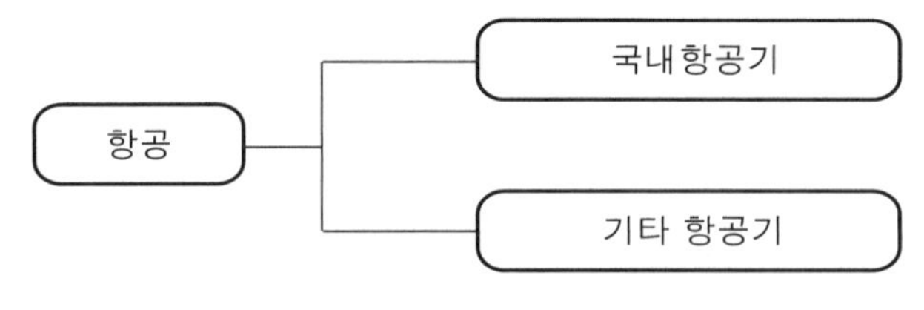

‖ 항공부문 배출시설의 구분 ‖

국내선은 동일한 국가에서 출발하여 다시 동일한 국가로 도착하는 것을 의미하고, 국제선은 한 나라에서 출발한 다음에 다른 나라에 도착하는 것을 말한다.

〈국내항공과 국제항공의 구분기준〉

구 분	두 항공 사이의 항해 유형
국내선	동일 국가에서의 출발과 도착
국제선	한 나라에서 출발 후 다른 나라에 도착

국내항공은 이착륙을 동일한 국가에서 하는 민간 국내여객 및 화물항공기(상업수송기, 개인비행기, 농업용 비행기 등)로부터의 온실가스 배출로, 동일 국가 내의 멀리 떨어진 두 항공 사이의 비행이 포함된다. 기타 항공은 민간항공 이외의 모든 항공 이동원의 연소 배출이 포함된다.
항공부문의 국내 목표관리제의 보고대상 온실가스와 온실가스별로 적용해야 하는 산정방법론은 다음에서 보는 것과 같다.

	CO_2	CH_4	N_2O
산정방법론	Tier 1, 2	Tier 1, 2	Tier 1, 2

항공부문 온실가스 배출량 산정방법은 Tier 1, 2의 두 가지 방법이 있다.

① Tier 1

㉠ 산정식 : 항공부문의 Tier 1 산정식은 활동자료인 연료 사용량에 IPCC 기본 배출계수를 곱하여 결정하는 가장 단순한 방법이다.

$$E_{i,j} = \sum (Q_i \times EC_i \times EF_{i,j} \times F_{eq,j} \times 10^{-6})$$

$E_{i,j}$: 연료(i)의 연소에 따른 온실가스(j)의 배출량(tCO_2-eq)

Q_i : 지상에서 사용되는 연료 사용량을 포함한 연료(i)의 사용량(측정값)(kL-연료) 다만, 지상에서 사용되는 연료 사용량 파악이 어려울 경우에는 다음과 같이 적용한다.

$$Q_i = Q \times (AF + 1)$$

Q : 지상부분 연료 사용량이 제외된 연료 사용량

AF : 연료 사용량 보정계수(항공사업법에 따라 항공기 취급업을 등록한 계열회사로부터 항공기 지상조업을 지원받는 경우 0.0164, 그렇지 아니한 경우 0.0215)

EC_i : 연료(i)의 순발열량(MJ/L-연료)

$EF_{i,j}$: 연료(i)의 온실가스(j)의 배출계수(kg/TJ)

$F_{eq,j}$: 지구온난화지수(CO_2=1, CH_4=21, N_2O=310)

i : 연료 종류

㉡ 산정방법 특징

ⓐ Tier 1 산정방법은 항공용 가솔린을 사용하는 소형 비행기에 주로 적용하고 있다.

ⓑ 제트연료를 사용하는 항공기의 경우에는 운항 자료가 이용 가능하지 않을 경우에만 Tier 1을 적용토록 하고 있다.

ⓒ 국내항공과 국제항공으로 구분한 연료 사용량을 활동자료로 하여 CO_2, CH_4, N_2O 배출량을 산정하고 있다.

㉢ 산정에 필요한 변수들의 관리기준 및 결정방법

매개변수	세부변수	관리기준 및 결정방법
활동자료	연료 사용량(Q_i)	연료 사용량은 Tier 1 기준(측정불확도 ±7.5% 이내)에 준하여 측정을 통해 결정
배출계수	• 배출계수($EF_{i,j}$) • 열량계수(EC_i) • 산화계수(f_i)	• 배출계수의 결정방법은 연료별·온실가스별 기본배출계수를 사용 • Tier 1 산정방법에서는 운영지침에 따른 2006 IPCC 가이드라인 기본배출계수를 사용 – 항공용 가솔린(Aviation Gasoline) CO_2 : 70,000kg/TJ – 제트용 등유(Jet Kerosene) CO_2 : 71,500kg/TJ – 모든 연료(CH_4 : 0.5kg/TJ, N_2O : 2kg/TJ)

② Tier 2

㉠ 산정식 : 항공부문의 Tier 2 산정식은 제트연료를 사용하는 항공기에 적용되며, 온실가스 배출특성에 따라 이착륙 과정(LTO 모드)과 순항 과정(Cruise 모드)으로 구분하여 산정한다.

산정식은 다음에서 보는 것과 같으며, 이착륙 과정에서는 순항 과정보다 연료 사용량이 높기 때문에 이를 구분하여 온실가스 배출량을 산정함으로써 배출량에 대한 정확도가 높아졌다고 할 수 있다.

※ 배출량 산정과정 : 총 연료 소비량 산정 → 이착륙 과정 연료 소비량 산정 → 순항 과정의 연료 소비량 산정 → 이착륙과 순항 과정에서의 온실가스 배출량 산정

$$E_{i,j} = E_{i,j,LTO} + E_{i,j,cruise}$$

$$E_{i,j,cruise} = [(Q_i \times D_i) - Q_{i,LTO}] \times EF_{i,j} \times 10^{-6}$$

$E_{i,j}$: 연료(i)의 연소에 따른 온실가스(j)의 배출량(tGHG)

$E_{i,j,LTO}$: 연료(i)의 연소에 따른 온실가스(j)의 LTO 배출량(tGHG)
(=LTO 횟수×LTO 배출계수)

$E_{i,j,cruise}$: 연료(i)의 연소에 따른 온실가스(j)의 순항 과정 배출량(tGHG)

Q_i : 지상에서 사용되는 연료 사용량을 포함한 연료(i) 사용량(측정값)(kL-연료)
다만, 지상에서 사용되는 연료 사용량 파악이 어려울 경우에는 다음과 같이 적용한다.

$$Q_i = (Q \times AF + 1)$$

Q : 지상부분 연료 사용량이 제외된 연료 사용량
AF : 연료 사용량 보정계수(항공사업법에 따라 항공기 취급업을 등록한 계열회사로부터 항공기를 지원받는 경우 0.0164, 그렇지 아니한 경우 0.0215)

$Q_{i,LTO}$: 연료(i)의 LTO 사용량(kg-연료)
=LTO 횟수×(연료 사용량/LTO)
D_i : 연료(i)의 밀도(g-연료/L-연료)
$EF_{i,j}$: 연료(i)에 따른 온실가스(j)의 배출계수(kgGHG/t-연료)

㉡ 산정방법 특징

ⓐ Tier 2는 제트연료를 사용하는 항공기에 적용되며, 이착륙 과정(LTO 모드)과 순항 과정(Cruise 모드)을 구분하여 산정해야 한다.

ⓑ 이착륙 과정에서의 온실가스 배출량은 LTO 횟수에 LTO 배출계수를 곱하여 산정하고 순항 과정에서의 온실가스 배출량은 순항 과정의 연료 사용량에 배출계수를 곱하여 산정해야 한다는 것이다.

ⓒ 주의할 사항은 순항 과정의 연료 사용량을 구하기 위해서는 전체 연료 사용량에서 LTO 과정의 연료 사용량을 제외해야 한다는 것이다.

㉢ 산정에 필요한 변수들의 관리기준 및 결정방법

매개변수	세부변수	관리기준 및 결정방법
활동자료	• 연료 사용량(Q_i) • 기종별 LTO 횟수 • 연료 LTO 사용량($Q_{i,LTO}$)	연료 사용량은 Tier 2 기준(측정불확도 ±5.0% 이내)에 준하여 측정을 통해 결정
배출계수	• 배출계수($EF_{i,j}$) • 열량계수(EC_i)	Tier 2 산정방법에서는 기종별 이착륙(LTO)당 배출계수를 사용하며, 여기에 명시되지 않은 기종에 대한 계수는 2006 IPCC 국가 온실가스 인벤토리 가이드라인을 참조

〈순항 과정의 온실가스 배출계수〉

구 분	배출계수(kg/t-Fuel)						
	CO_2	CH_4	N_2O	NO_x	CO	NMVOC	SO_2
순항 과정(Cruise)	3,150	0	0.1	11	7	0.7	1.0

출처 2006 IPCC G/L

〈항공기종별 이착륙(LTO)당 배출계수〉

항공기		LTO 배출계수(kg/LTO)			LTO 연료 소비(kg/LTO)
		CO_2	CH_4	N_2O	
대형 상업 항공기	A300	5,450	0.12	0.2	1,720
	A310	4,760	0.63	0.2	1,510
	A319	2,310	0.06	0.1	730
	A320	2,440	0.06	0.1	770
	A321	3,020	0.14	0.1	960
	A330-200/300	7,050	0.13	0.2	2,230
	A340-200	5,890	0.42	0.2	1,860
	A340-300	6,380	0.39	0.2	2,020
	A340-500/600	10,600	0.01	0.3	3,370
	707	5,890	9.75	0.2	1,860
	717	2,140	0.01	0.1	680
	727-100	3,970	0.69	0.1	1,260
	727-200	4,610	0.81	0.1	460
	737-100/200	2,740	0.45	0.1	870
	737-300/400/500	2,480	0.08	0.1	780
	737-600	2,280	0.10	0.1	720
	737-700	2,460	0.09	0.1	780
	737-800/900	2,780	0.07	0.1	880
	747-100	10,401	4.84	0.3	3,210
	747-200	11,370	1.82	0.1	3,600
	747-300	11,080	0.27	0.1	3,510
	747-400	10,240	0.22	0.3	3,240
	757-200	4,320	0.02	0.1	1,370
	757-300	4,630	0.01	0.1	1,460
	767-200	4,620	0.33	0.1	1,460
	767-300	5,610	0.12	0.2	1,780
	767-400	5,520	0.10	0.2	1,750
	777-200/300	8,100	0.07	0.3	2,560
	DC-10	7,290	0.24	0.2	2,310

항공기		LTO 배출계수(kg/LTO)			LTO 연료 소비 (kg/LTO)
		CO_2	CH_4	N_2O	
대형 상업 항공기	DC8-50/60/70	5,360	0.15	0.2	1,700
	DC-9	2,650	0.46	0.1	840
	L-1011	7,300	7.40	0.2	2,310
	MD-11	7,290	0.24	0.2	2,310
	MD-80	3,180	0.19	0.1	1,010
	MD-90	2,760	0.01	0.1	870
	TU-134	2,930	1.80	0.1	930
	TU-154-M	5,960	1.32	0.2	4,890
	TU-154-B	7,030	11.90	0.2	2,230
단거리 제트기	RJ-RJ85	1,910	0.13	0.1	600
	BAE 146	1,800	0.14	0.1	570
	CRJ-100ER	1,060	0.06	0.03	330
	ERJ-145	99	0.06	0.03	310
	Fokker 100/70/28	2,390	0.14	0.1	760
	BAC111	2,520	0.15	0.1	800
	Dornier 328 Jet	870	0.06	0.03	280
	Gulfstream Ⅳ	2,160	0.14	0.1	680
	Gulfstream Ⅴ	1,890	0.03	0.1	600
	YAK-42M	2,880	0.25	0.1	910
제트기	Cessna 525/560	1,070	0.33	0.03	340
터보 프로 펠러기	Beech King Air	230	0.06	0.01	70
	DHC8-100	640	0.00	0.02	200
	ATR72-500	620	0.03	0.02	200

적중 예·상·문·제

01 Scope 1, 2의 종류에 대하여 설명하시오.

풀이 Scope 1은 직접 배출원이며, 배출원에는 고정연소, 이동연소, 탈루배출, 공정배출이 해당된다.
Scope 2는 간접 배출원이며, 외부전기 및 외부 열·증기 사용이 해당된다.

02 조건이 다음과 같을 때 경유 240kL의 발열량을 구하시오. (단, 단위는 TJ이며, 소수점 넷째 자리에서 반올림한다.)
- 총발열량 : 37.7MJ/L

풀이 $240\,\mathrm{kL} \times \frac{37.7\,\mathrm{MJ}}{\mathrm{L}} \times \frac{10^3\,\mathrm{L}}{\mathrm{kL}} \times \frac{\mathrm{TJ}}{10^6\,\mathrm{MJ}} = 9.048\,\mathrm{TJ}$

∴ 경유의 발열량 = 9.048TJ

참고

단위환산에 유의해야 한다.
$1\mathrm{TJ} = 10^3\mathrm{GJ} = 10^6\mathrm{MJ}$

03 조건이 다음과 같은 경우 B-C유 380kL의 발열량을 계산하시오. (단, 단위는 TJ로 한다.)
- 총발열량 : 41.6MJ/L

풀이 380kL = 380,000L
380,000L × 41.6MJ/L = 15,808,000MJ

∴ $15{,}808{,}000\,\mathrm{MJ} \times \frac{1\,\mathrm{TJ}}{10^6\,\mathrm{MJ}} = 15.808\,\mathrm{TJ}$

04 발전소에서 무연탄의 사용량이 33,000t 이며, 조건은 다음과 같다. 온실가스 배출량을 Tier 1을 이용하여 구하시오.

- 무연탄 순발열량 : 26.7MJ/kg
- 온실가스 배출계수 : CO_2 = 98,300kgCO_2/TJ, CH_4 = 1kgCH_4/TJ, N_2O = 1.5kgN_2O/TJ
- *GWP* : CO_2 = 1, CH_4 = 21, N_2O = 310

풀이

$$E_{i,j} = Q_i \times EC_i \times EF_{i,j} \times f_i \times F_{eq,j} \times 10^{-6}$$

여기서, $E_{i,j}$: 연료(i)의 연소에 따른 온실가스(j)의 배출량(tCO_2-eq)

Q_i : 연료(i)의 사용량(측정값)(t-연료)

EC_i : 연료(i)의 열량계수(연료 순발열량)(MJ/kg-연료)

$EF_{i,j}$: 연료(i)의 온실가스(j)의 배출계수(kg-GHG/TJ-연료)

f_i : 연료(i)의 산화계수(CH_4, N_2O는 미적용)

$F_{eq,j}$: 온실가스별 CO_2 등가계수(CO_2=1, CH_4=21, N_2O=310)

$$33{,}000\,\text{t} \times \frac{26.7\,\text{MJ}}{\text{L}} \times \frac{10^3\text{kg}}{\text{t}} \times \frac{\text{TJ}}{10^6\text{MJ}} = 881.1\,\text{TJ}$$

$$\therefore\ 881.1\,\text{TJ} \times \frac{\left(\begin{array}{c} 98{,}300\text{kgCO}_2/\text{TJ} \times \dfrac{1\text{kgCO}_2-\text{eq}}{\text{kgCO}_2} \\ +1\text{kgCH}_4/\text{TJ} \times 21\text{kgCO}_2-\text{eq/kgCH}_4 \\ +1.5\text{kgN}_2\text{O/TJ} \times 310\text{kgCO}_2-\text{eq/kgCO}_2-\text{eq} \end{array}\right)}{\text{TJ}} \times \frac{\text{tCO}_2-\text{eq}}{10^3\text{kgCO}_2-\text{eq}}$$

$$= 87{,}040.345\,\text{tCO}_2-\text{eq}$$

05 고정연소에 대하여 설명하시오.

풀이 고정연소란 내·외부 배출시설에 열을 제공하거나 공정 및 다양한 장치를 움직이는 데 이용할 에너지를 만들기 위해 화석연료를 사용하여 연소하는 형태이다.

참고

고정연소는 특정 시설에 열에너지를 제공하기 위한 목적 또는 특정 공정에 열에너지 혹은 다른 형태의 에너지(예 Mechanical Work)로 전환·제공하기 위해 설계된 연소장치로, 화석연료 등을 에너지원으로 하여 연소가 이루어지는 공정이다.

06 어느 사업장에서 경유를 사용하는 비상발전기를 보유하고 있다. 산정기간 동안 자가발전기 가동에 사용된 경유의 양은 6,000L이다. 이때 이 사업장의 온실가스 배출량을 산정하시오.

- 배출량 산정식 : $E_{i,j} = Q_i \times EC_i \times EF_{i,j} \times f_i \times F_{eq,j} \times 10^{-6}$
- 경유의 배출계수 : CO_2 = 74.1tCO_2/TJ, CH_4 = 0.003tCH_4/TJ, N_2O = 0.0006tN_2O/TJ
- 지구온난화지수(GWP) : CO_2 = 1, CH_4 = 21, N_2O = 310
- 경유의 순발열량 : 35.4MJ/L
- 연료 산화계수 : 1

풀이 $E_{i,j} = Q_i \times EC_i \times EF_{i,j} \times f_i \times F_{eq,j} \times 10^{-6}$

여기서, $E_{i,j}$: 연료(i) 연소에 따른 온실가스(j)별 배출량(tCO_2-eq)

Q_i : 연료(i)의 사용량(측정값)(kL-연료)

EC_i : 연료(i)의 열량계수(연료 순발열량)(MJ/L-연료)

$EF_{i,j}$: 연료(i)의 온실가스(j) 배출계수(kg-GHG/TJ-연료)

f_i : 연료(i)의 산화계수(CH_4, N_2O는 미적용)

$F_{eq,j}$: 온실가스(i)별 CO_2 등가계수(CO_2=1, CH_4=21, N_2O=310)

$$6{,}000\text{L} \times \frac{35.4\text{MJ}}{\text{L}} \times \frac{1\text{TJ}}{10^6\text{MJ}} = 0.2124\,\text{TJ}$$

㉮ $CO_2 : 0.2124\,\text{TJ} \times \frac{74.1\text{tCO}_2}{\text{TJ}} \times \frac{1\text{tCO}_2-\text{eq}}{1\text{tCO}_2} = 15.73884\,\text{tCO}_2-\text{eq}$

㉯ $CH_4 : 0.2124\,\text{TJ} \times \frac{0.003\text{tCH}_4}{\text{TJ}} \times \frac{21\text{tCO}_2-\text{eq}}{1\text{tCH}_4} = 0.0133812\text{tCO}_2-\text{eq}$

㉰ $N_2O : 0.2124\text{TJ} \times \frac{0.0006\text{tN}_2\text{O}}{\text{TJ}} \times \frac{310\text{tCO}_2-\text{eq}}{1\text{tN}_2\text{O}} = 0.0395064\,\text{tCO}_2-\text{eq}$

∴ ㉮ + ㉯ + ㉰ = 15.7917276 ≒ 15.79 tCO_2-eq

07 어느 회사에서 LNG 보일러를 2대 보유하고 있다. Tier 1에 의한 온실가스 배출량을 산정하시오. (단, 단위는 kgCO_2-eq로 한다.)

- 배출량 산정식 : $E_{i,j} = Q_i \times EC_i \times EF_{i,j} \times f_i \times F_{eq,j} \times 10^{-6}$
- 연간 연료 사용량 : 보일러 1 = 5,000Nm^3, 보일러 2 = 4,200Nm^3
- LNG의 순발열량 : 39.4MJ/Nm^3
- 지구온난화지수(GWP) : CO_2 = 1, CH_4 = 21, N_2O = 310
- LNG 온실가스 배출계수 : 56,100kgCO_2/TJ, 1kgCH_4/TJ, 0.1kgN_2O/TJ

풀이 $E_{i,j}=Q_i\times EC_i\times EF_{i,j}\times f_i\times F_{eq,j}\times 10^{-6}$

여기서, $E_{i,j}$: 연료(i) 연소에 따른 온실가스(j)별 배출량(tCO_2-eq)

Q_i : 연료(i) 사용량(측정값)(천m^3-연료)

EC_i : 연료(i)의 열량계수(연료 순발열량)(MJ/m^3-연료)

$EF_{i,j}$: 연료(i)의 온실가스(j) 배출계수(kg-GHG/TJ-연료)

f_i : 연료(i)의 산화계수(CH_4, N_2O는 미적용)

$F_{eq,j}$: 온실가스(j)별 CO_2 등가계수(CO_2=1, CH_4=21, N_2O=310)

보일러1 발열량 $=5{,}000\,Nm^3\times\frac{39.4\,MJ}{Nm^3}\times\frac{TJ}{10^6MJ}=0.197\,TJ$

㉮ 보일러1 배출량 $=0.197\,TJ\times\frac{(56{,}100\times1+1\times21+0.1\times310)\,kgCO_2-eq}{TJ}$

$=11{,}061.944\,kgCO_2-eq$

보일러2 발열량 $=4{,}200\,Nm^3\times\frac{39.4\,MJ}{Nm^3}\times\frac{TJ}{10^6MJ}=0.16548\,TJ$

㉯ 보일러 2 배출량 $=0.16548\,TJ\times\frac{(56{,}100\times1+1\times21+0.1\times310)kgCO_2-eq}{TJ}$

$=9292.03296\,kgCO_2-eq$

∴ ㉮ + ㉯ = 총 온실가스 배출량 $=20{,}353.98\,kgCO_2-eq$

08 휘발유 차량을 이용하여 연간 20,000L의 연료를 소비한다고 할 때, 온실가스 배출량을 Tier 1을 적용하여 산정하시오. (단, 단위는 tCO_2-eq이다.)

- 휘발유 순발열량 : 44.3MJ/L
- 배출계수 : CO_2 = 69,300, CH_4 = 25, N_2O = 8.0
- 지구온난화지수(GWP) : CO_2 = 1, CH_4 = 21, N_2O = 310

풀이 $E_{i,j}=\Sigma(Q_i\times EC_i\times EF_{i,j}\times f_i\times F_{eq,j}\times 10^{-6})$

여기서, $E_{i,j}$: 연료(i)의 연소에 따른 온실가스(j)의 배출량(tCO_2-eq)

Q_i : 연료(i)의 사용량(측정값)(kL-연료)

EC_i : 연료(i)의 열량계수(연료 순발열량)(MJ/L-연료)

$EF_{i,j}$: 연료(i)의 온실가스(j)의 배출계수(kg-GHG/TJ-연료)

f_i : 연료(i)의 산화계수(CH_4, N_2O는 미적용)

$F_{eq,j}$: 온실가스(j)의 CO_2 등가계수(CO_2=1, CH_4=21, N_2O=310)

i : 연료 종류

$$\therefore\ 20{,}000\,L\times\frac{44.3\,MJ}{L}\times\frac{TJ}{10^6MJ}\times\frac{(69{,}300\times1+25\times21+8\times310)kg\,CO_2-eq}{TJ}\times\frac{tCO_2-eq}{10^3kg\,CO_2-eq}=64.06\,tCO_2-eq$$

09 **휘발유 1,500L의 발열량(MJ)을 계산하시오.**
- 휘발유의 순발열량 : 30.3MJ/L
- 휘발유의 총발열량 : 32.6MJ/L

풀이 $1{,}500\text{L} \times \dfrac{32.6\,\text{MJ}}{\text{L}} = 48{,}900\,\text{MJ}$

10 **어느 회사에서 사업활동을 위한 승용차량(경유 사용) 7대와 지게차(경유 사용) 3대를 보유하고 있다. 산정기간 동안 3대의 지게차에 주유한 경유의 총값은 12,655L이고, 승용차에 주유한 경유의 총값은 22,345L이다. 이 사업장에서 발생하는 이동배출의 온실가스 배출량을 산정하시오. (단, 단위는 tCO_2-eq로 한다.)**
- 배출량 산정식 : $E_{i,j} = Q_i \times EC_i \times EF_{i,j} \times f_i \times F_{eq,j} \times 10^{-6}$
- 경유의 배출계수 : CO_2 = 74,100kgCO_2/TJ, CH_4 = 3.9kgCH_4/TJ, N_2O = 3.9kgN_2O/TJ
- 지구온난화지수(GWP) : CO_2 = 1, CH_4 = 21, N_2O = 310
- 경유의 순발열량 : 35.3MJ/L(국가 고유발열량)

풀이 $E_{i,j} = Q_i \times EC_i \times EF_{i,j} \times f_i \times F_{eq,j} \times 10^{-6}$

여기서, $E_{i,j}$: 연료(i)의 연소에 따른 온실가스(j)의 배출량(tCO_2-eq)

Q_i : 지상에서 사용되는 연료 사용량을 포함한 연료(i)의 사용량(측정값)(kL-연료)

EC_i : 연료(i)의 순발열량(MJ/L-연료)

$EF_{i,j}$: 연료(i)의 온실가스(j)의 배출계수(kg/TJ)

f_i : 연료(i)의 산화계수(CH_4, N_2O는 미적용)

$F_{eq,j}$: 온실가스별 CO_2 등가계수(CO_2=1, CH_4=21, N_2O=310)

i : 연료 종류

연료의 총 사용량 = 12,655+22,345 = 35,000L

$$\therefore\ 35{,}000\,\text{L} \times \frac{35.3\,\text{MJ}}{\text{L}} \times \frac{\text{TJ}}{10^6\text{MJ}} \times \frac{(74{,}100 \times 1 + 3.9 \times 21 + 3.9 \times 310)\,\text{kg}\,CO_2-\text{eq}}{1\text{TJ}} \times \frac{\text{t}CO_2-\text{eq}}{10^3\text{kg}\,CO_2-\text{eq}} = 93.15\,\text{t}CO_2-\text{eq}$$

11 고체연료 연소의 산정에 필요한 매개변수 3가지와 그 세부변수를 쓰시오.

풀이
- 활동자료 – 공정에 투입되는 각 연료 사용량
- 열량계수 – 순발열량
- 배출계수 – 연료별 온실가스의 배출계수
- 산화계수 – 연료별 산화계수

※ 위 4가지 중 3가지를 작성한다.

12 철도 운행시 아역청탄 12,000t을 가지고 이동한다. 이때 온실가스 배출량을 Tier 1을 이용하여 산정하시오.

- 아역청탄 순발열량 : 18.9MJ/kg
- 배출계수 : CO_2 = 96,100, CH_4 = 2, N_2O = 1.5
- 지구온난화지수(GWP) : CO_2 = 1, CH_4 = 21, N_2O = 310

풀이
$$E_{i,j} = \sum(Q_i \times EC_i \times EF_{i,j} \times f_i \times F_{eq,j} \times 10^{-6})$$

여기서, $E_{i,j}$: 연료(i)의 연소에 따른 온실가스(j)의 배출량(tCO_2-eq)

Q_i : 연료(i)의 사용량(측정값)(kL-연료)

EC_i : 연료(i)의 열량계수(연료 순발열량)(MJ/L-연료)

$EF_{i,j}$: 연료(i)의 온실가스(j)의 배출계수(kg-GHG/TJ-연료)

f_i : 연료(i)의 산화계수(CH_4, N_2O는 미적용)

$F_{eq,j}$: 온실가스(j)의 CO_2 등가계수(CO_2=1, CH_4=21, N_2O=310)

i : 연료 종류

$$\therefore\ 12{,}000\,\text{t} \times \frac{18.9\,\text{MJ}}{\text{kg}} \times \frac{10^3\text{kg}}{\text{t}} \times \frac{\text{TJ}}{10^6\text{MJ}} \times \frac{(96{,}100 \times 1 + 2 \times 21 + 1.5 \times 310)\,\text{kg}\,\text{CO}_2-\text{eq}}{\text{TJ}}$$

$$\times \frac{\text{tCO}_2-\text{eq}}{10^3\text{kg}\,\text{CO}_2-\text{eq}}$$

$$= 21{,}910.468\,\text{tCO}_2-\text{eq}$$

13 고정연소의 관한 다음 각 물음에 답하시오.

① 고정연소공정의 정의를 쓰시오.
② 고정연소 중 고체연료 연소공정의 종류를 쓰시오.

풀이 ① 고정연소공정의 정의
고정연소공정은 특정 시설에 열에너지를 제공하기 위하여, 또는 특정 공정에 열에너지 혹은 다른 형태의 에너지로 전환·제공하기 위해 설계된 연소장치로서 에너지원인 화석연료 등의 연소가 이루어지는 공정이다.
② 고체연료 연소공정의 종류
유연탄 연소, 무연탄 연소, 갈탄 연소

14 휘발유 185L의 발열량을 계산하시오. (단, 단위는 MJ로 한다.)

- 순발열량 : 30.3MJ/L
- 총발열량 : 32.6MJ/L

풀이 $185L \times 32.6MJ/L = 6,031MJ$

참고

[연료 사용량 × 총발열량]으로 발열량을 구한다.

15

어느 업체의 CRJ-100ER 제트기의 운행정보가 다음과 같을 때, Tier 2 산정등급에 의한 온실가스 배출량을 산정하시오. (단, 단위는 tCO_2-eq로 표시한다.)

- 노선 : 서울~부산
- LTO 횟수 : 3회
- 연료 사용량 : 항공용 가솔린 100t
- LTO 모드 연료 사용량 : 0.33t
- 지구온난화지수(GWP) : CO_2 = 1, CH_4 = 21, N_2O = 310
- 항공순항 과정 배출계수(kg/t-fuel) : CO_2 = 3,150, CH_4 = 0, N_2O = 0.1
- LTO 배출계수(kg/LTO) : CO_2 = 1,060, CH_4 = 0.06, N_2O = 0.03

풀이

$$E_{i,j} = \sum(E_{i,j,LTO} + E_{i,j,cruise}) \times F_{eq,j}$$

$$E_{i,j,LTO} = N_{i,j,LTO} \times EF_{i,j,LTO}$$

$$E_{i,j,cruise} = \sum[(Q_i \times D_i) - Q_{i,LTO}] \times EF_j \times 10^{-6}$$

여기서, $E_{i,j}$: 연료(i) 사용에 따른 온실가스(j) 배출량(tCO_2-eq)

$E_{i,j,LTO}$: 연료(i) 사용에 따른 온실가스(j)의 LTO 배출량(t)
(=LTO 횟수×LTO 배출계수)

$E_{i,j,cruise}$: 연료(i) 사용에 따른 온실가스(j)의 순항 과정 배출량(t)

$N_{i,j,LTO}$: 기종별 이착륙 횟수

$EF_{i,j,LTO}$: 기종별 이착륙 온실가스 배출계수

Q_i : 연료(i)의 사용량(측정값)(kL-연료)

D_i : 연료(i)의 밀도(g-연료/L-연료)

$Q_{i,LTO}$: 연료(i)의 LTO 사용량(L-연료)
(=LTO 횟수×(연료 사용량/LTO))

EC_i : 연료(i)의 열량계수(연료 순발열량)(MJ/L-연료)

$EF_{i,j}$: 연료(i)에 대한 온실가스(j)의 배출계수(kg-GHG/TJ-연료)

$F_{eq,j}$: 온실가스(j)의 CO_2 등가계수(CO_2=1, CH_4=21, N_2O=310)

㉮ 이착륙시 배출량

$$= 3\text{LTO} \times \left(\frac{1{,}060\,\text{kg}\,CO_2}{\text{LTO}} \times \frac{1\,\text{kg}\,CO_2-\text{eq}}{1\,\text{kg}\,CO_2} + \frac{0.06\,\text{kg}\,CH_4}{\text{LTO}} \times \frac{21\,\text{kg}\,CO_2-\text{eq}}{1\,\text{kg}\,CH_4} + \frac{0.03\,\text{kg}\,N_2O}{\text{LTO}} \times \frac{310\,\text{kg}\,CO_2-\text{eq}}{1\,\text{kg}\,N_2O}\right) = 3211.68\,\text{kg}\,CO_2-\text{eq}$$

㉯ 순항운행시 배출량

$$= \left(100\text{t}-\text{fuel} - 3\text{LTO} \times \frac{0.33\text{t}}{\text{LTO}}\right) \times \left(\frac{3{,}150\,\text{kg}\,CO_2}{\text{t}-\text{fuel}} \times \frac{1\,\text{kg}\,CO_2-\text{eq}}{1\,\text{kg}\,CO_2} + \frac{0\text{kg}\,CH_4}{\text{t}-\text{fuel}} \times \frac{21\text{kg}\,CO_2-\text{eq}}{1\text{kg}\,CH_4} + \frac{0.1\text{kg}\,N_2O}{\text{t}-\text{fuel}} \times \frac{310\,\text{kg}\,CO_2-\text{eq}}{1\,\text{kg}\,N_2O}\right) = 314{,}950.81\,\text{kg}$$

$$\therefore ㉮ + ㉯ = 318{,}162.49\,\text{kg}\,CO_2-\text{eq} \times \frac{tCO_2-\text{eq}}{10^3\text{kg}\,CO_2-\text{eq}} = 318.16\,tCO_2-\text{eq}$$

16 A사업장에서는 건조시설 운영을 위해 하루에 경유 5,000L를 사용한다. 이때 A사업장의 연간 온실가스 배출량을 산정하시오. (단, 보일러 가동일수는 연간 200일이며, 이산화탄소 배출계수만을 적용하여 산정한다. 결과값은 정수(tCO_2-eq/yr)로 기입한다.)
- 경유 순발열량 : 35.2MJ/L
- 경유 이산화탄소 배출계수 : 73,200kgCO_2/TJ

풀이 고정연소(경유) 배출량 산정

$$E_{i,j} = Q_i \times EC_i \times EF_{i,j} \times f_i \times 10^{-6}$$

여기서, $E_{i,j}$: 연료(i)의 연소에 따른 온실가스(j)의 배출량(tGHG)

Q_i : 연료(i)의 사용량(측정값)(kL－연료)

EC_i : 연료(i)의 열량계수(연료 순발열량)(MJ/L－연료)

$EF_{i,j}$: 연료(i)에 따른 온실가스(j)의 배출계수(kgGHG/TJ－연료)

f_i : 연료(i)의 산화계수(CH_4, N_2O는 미적용)

온실가스 배출량 $= 5\text{kL/d} \times 200\text{d/yr} \times 35.2\text{MJ/L} \times 73,200\text{kgCO}_2\text{/TJ} \times 10^{-6} \times 1$

$= 2,576.64 \fallingdotseq 2,577\text{tCO}_2-\text{eq/yr}$

∴ $2,577\text{tCO}_2-\text{eq/yr}$

17 경유의 발열량이 10,620TJ일 때, 경유 사용량(kL)을 구하시오.
- 경유 순발열량 : 35.3MJ/L
- 경유 총발열량 : 37.7MJ/L

풀이 $x(\text{kL}) \times \dfrac{37.7\,\text{MJ}}{\text{L}} \times \dfrac{10^3\,\text{L}}{\text{kL}} \times \dfrac{\text{TJ}}{10^6\,\text{MJ}} = 10,620\,\text{TJ}$

∴ $x = 281,697.613\,\text{kL}$

18

다음의 조건에서 등유의 발열량(MJ)을 구하시오.

- 등유 사용량 : 300L
- 등유의 순발열량 : 34.3MJ/L
- 등유의 총발열량 : 36.8MJ/L

풀이 $300\,\mathrm{L} \times \dfrac{36.8\,\mathrm{MJ}}{\mathrm{L}} = 11{,}040\,\mathrm{MJ}$

참고

발열량은 연료의 사용량과 총발열량계수를 곱하여 구한다.
단, 문제에서 요구하는 단위를 확인해야 한다.

19

다음의 조건에서 에너지 환산량의 합(TJ)을 구하시오.

- 휘발유 사용량 : 300L
- 등유 사용량 : 800L
- 경유 사용량 : 650L
- 휘발유의 총발열량 : 32.6MJ/L
- 등유의 총발열량 : 36.8MJ/L
- 경유의 총발열량 : 37.7MJ/L

풀이 $300\,\mathrm{L} \times \dfrac{32.6\,\mathrm{MJ}}{\mathrm{L}} + 800\,\mathrm{L} \times \dfrac{36.8\,\mathrm{MJ}}{\mathrm{L}} + 650\,\mathrm{L} \times \dfrac{37.7\,\mathrm{MJ}}{\mathrm{L}}$

$= 63{,}725\,\mathrm{MJ} \fallingdotseq 0.064\,\mathrm{TJ}$

참고

에너지 환산량은 발열량을 뜻하며, 발열량은 연료의 사용량과 총발열량계수의 곱으로 구한다.

20 A 사업장은 경유를 사용하는 비상발전기를 보유하고 있다. 온실가스 산정 해당기간 내 이 사업장의 총 전력 사용량은 6,252,864kWh이며, 이 중 자가발전한 전력량은 45,705kWh이다. 산정 해당기간 동안 자가발전기 가동에 사용된 경유의 양은 5,620L이다. 이때 A 사업장의 온실가스 배출량을 산정하시오. (단, 단위는 tCO_2-eq로 한다.)

구 분	CO_2	CH_4	N_2O
한전의 전력 배출계수	$0.468tCO_2/MWh$	$0.0052kgCH_4/MWh$	$0.0026kgN_2O/MWh$
경유 배출계수	$74.1tCO_2/TJ$	$0.003tCH_4/TJ$	$0.0006tN_2O/TJ$
지구온난화지수	1	21	310
경유 순발열량	35.4MJ/L		
연료 산화계수	1.0		

외부전력 사용량 : 6,252,864kWh−45,705kWh=6,207,159kWh

전력 사용 온실가스 배출량 : $6,207.159MWh \times (0.468 \times 1 + 0.0052 \times 10^{-3} \times 21 + 0.0026 \times 10^{-3} \times 310) = 2,910.63tCO_2-eq$

경유 사용 온실가스 배출량 : $5,620L \times 35.4MJ/L = 198,948MJ$

$0.198948TJ \times (74.1 \times 1 + 0.003 \times 21 + 0.0006 \times 310) = 14.79tCO_2-eq$

$\therefore\ 2,910.63 + 14.79 = 2,925.42tCO_2-eq$

참고

각각의 사용량에 따라 배출계수와 온난화지수를 곱해주면 된다. 내부생산 전력 사용량의 경우 외부전력 사용량에서 내부생산 전력량을 제외하고 연료의 온실가스 배출량을 구한다.

21 A 회사는 사업장 내에서 스팀을 생산하기 위하여 LNG 및 경유 보일러를 각각 1대씩 가동하고 있다. 사용연료 현황이 다음과 같을 경우 Simple Method에 의한 온실가스 배출량을 산정하시오. (단, 단위는 $kgCO_2-eq$로 표기한다.)

- 연간 연료 사용량 : LNG = 50,000Nm^3, 경유 = 30kL
- 연료별 발열량 : LNG = 40.0MJ/Nm^3, 경유 = 35.4MJ/L
- 온난화지수 : 이산화탄소 = 1, 메탄 = 21, 아산화질소 = 310
- 연료원별 온실가스 배출계수
  - LNG : $56,100kgCO_2/TJ$, $1kgCH_4/TJ$, $0.1kgN_2O/TJ$
  - 경유 : $74,100kgCO_2/TJ$, $3kgCH_4/TJ$, $0.6kgN_2O/TJ$

풀이 ㉮ LNG의 경우

$$50,000Nm^3 \times 40.0MJ/Nm^3 \times (56,100 \times 1 + 1 \times 21 + 0.1 \times 310)kgCO_2\text{-}eq/TJ \times \frac{1TJ}{10^6MJ}$$

$= 112,304kgCO_2\text{-}eq$

㉯ 경유의 경우

30kL = 30,000L

$$30,000L \times 35.4MJ/L \times (74,100 \times 1 + 3 \times 21 + 0.6 \times 310)kgCO_2\text{-}eq/TJ \times \frac{1TJ}{10^6MJ}$$

$= 78,958.638kgCO_2\text{-}eq$

$\therefore$ $112,304 + 78,958.638 = 191,262.64kgCO_2\text{-}eq$

참고

Simple Method에 의한 온실가스 배출량 산정방법은 연료 사용량과 연료 발열량, 배출계수와 온난화지수를 곱하여 구할 수 있다.

22 이동연소 중 항공부문과 도로부문의 국내 목표관리제 보고대상 온실가스 및 산정방법(Tier)을 쓰시오.

풀이 ① 항공부문 보고대상 온실가스는 CO_2, CH_4, N_2O이며, 산정방법으로는 CO_2, CH_4, N_2O 전부 Tier 1, 2를 사용한다.

② 도로부문 보고대상 온실가스는 CO_2, CH_4, N_2O이며, 산정방법으로는 CO_2의 경우 Tier 1, 2를, CH_4, N_2O의 경우에는 Tier 1, 2, 3을 사용한다.

참고

〈항공부문 보고대상 온실가스와 산정방법〉

	CO_2	CH_4	N_2O
산정방법론	Tier 1, 2		

〈도로부문 보고대상 온실가스와 산정방법〉

	CO_2	CH_4	N_2O
산정방법론	Tier 1, 2	Tier 1, 2, 3	

23 오존파괴물질의 대체물질 사용공정의 보고대상 배출시설의 종류 중 3가지를 쓰시오.

풀이

- 비에어로졸 용매
- 에어로졸
- 발포제
- 냉동 및 냉방
- 소방부문
- 전기설비
- 기타 사용

※ 위 배출시설 중 3가지를 작성한다.

24 다음의 조건에서 온실가스 배출량(tCO_2-eq)을 구하시오.

- 유입폐수량 : 10,000m^3
- 유입폐수의 COD : 38g/L
- 슬러지로 제거된 COD : 20g/L
- 메탄 회수 : 없음
- 배출계수 : 0.2
- 산정식 : $CH_4\ Emissions = [(COD_{in} - COD_{out}) \times Q_{in} \times EF \times 10^{-6} - R] \times F_{eq,j}$

여기서, $CH_4\ Emissions$: CH_4 배출량(tCO_2-eq)

COD_{in} : 유입폐수의 COD 농도(mg/L)

COD_{out} : 유출폐수의 COD 농도(mg/L)

Q_{in} : 유입폐수량(m^3)

EF : 배출계수($tCH_4/t-COD$)

R : 메탄 회수량

$F_{eq,j}$: 온실가스별 지구온난화지수

풀이

$$CH_4\ Emissions = [(COD_{in} - COD_{out}) \times 10^{-3} \times Q_{in} \times EF - R] \times F_{eq,j} \times 10^{-3}$$

$COD_{in} = 38g/L = 38,000mg/L$

$COD_{out} = 38 - 20g/L = 18g/L = 18,000mg/L$

$Q_{in} = 10,000m^3$

$EF = 0.2$

$R = 0$

$F_{eq,j} = 21$

$$\therefore\ [(38,000 - 18,000) \times 10,000 \times 0.2 \times 10^{-6} - 0] \times 21 = 840\,tCO_2 - eq$$

25 이동연소(도로)의 Tier 3 산정방법을 설명하고, 수식과 요소들에 대한 설명을 기술하시오.

풀이 Tier 3 산정방법은 차량의 주행거리를 활동자료로 하고, 차종별, 연료별, 배출제어기술별 고유배출계수를 개발 · 적용하여 산정하는 방법이다. 다만, 이 산정법은 CH_4, N_2O에 대해서 유효하다.

$$E_{CH_4/N_2O} = Distance_{i,k,l,m} \times EF_{i,j,k,l,m} \times 10^{-6}$$

여기서, E_{CH_4/N_2O} : CH_4 또는 N_2O 배출량(tGHG)

$Distance_{i,k,l,m}$: 주행거리(km)

$EF_{i,j,k,l,m}$: 배출계수(g/km)

i : 연료 종류(휘발유, 경유, LPG 등)

k : 차량 종류

l : 제어기술 종류(또는 차량 제작연도)

m : 운전조건(이동 시 평균 차속)

26 조건이 다음과 같을 때 온실가스 배출량을 구하시오.

- 배출원 : LNG 보일러 2대
- 연료 사용량 : 보일러1 = 3,000Nm^3, 보일러2 = 23,000Nm^3
- 발열량 : LNG 39.4MJ/Nm^3
- 산화계수 : 1
- 온실가스 배출계수(LNG) : 56,100kgCO_2/TJ, 1kgCH_4/TJ, 0.1kgN_2O/TJ
- 산정식 : $E_{i,j} = Q_i \times EC_i \times EF_{i,j} \times f_i \times F_{eq,j} \times 10^{-6}$

여기서, $E_{i,j}$: 연료(i)의 연소에 따른 온실가스(j)의 배출량(tCO_2-eq)

Q_i : 연료(i) 사용량(측정값)(천m^3-연료)

EC_i : 연료(i)의 열량계수(연료 순발열량)(MJ/m^3-연료)

$EF_{i,j}$: 연료(i)의 온실가스(j) 배출계수(kg-GHG/TJ-연료)

f_i : 연료(i)의 산화계수(CH_4, N_2O는 미적용)

$F_{eq,j}$: 온실가스별 지구온난화지수

풀이 온실가스 배출량($E_{i,j}$) $= Q_i \times EC_i \times EF_{i,j} \times f_i \times F_{eq,j} \times 10^{-6}$

$Q_i = 3,000 + 23,000\text{Nm}^3 = 26,000\text{Nm}^3$

$EC_i = 39.4\text{MJ/Nm}^3$

$f_i = 1$

$EF_{i,j} \times F_{eq,j} = (CO_2 \times CH_4 \times N_2O) = (56,100 \times 1 + 1 \times 21 + 0.1 \times 310) = 56,152\text{kg}CO_2\text{/TJ}$

$\therefore \ E_{i,j} = 26,000 \times 39.4 \times 56,152 \times 1 \times 10^{-9} = 57.52\text{t}CO_2\text{-eq}$

27 다음 고정연소반응식에서 각 요소의 의미를 작성하시오. (단, 액체연료인 경우)

$E_{i,j} = \Sigma(Q_i \times EC_i \times EF_{i,j} \times f_i \times F_{eq,j} \times 10^{-6})$

풀이

$E_{i,j}$: 연료(i)의 연소에 따른 온실가스(j)의 배출량(tCO_2-eq)

Q_i : 연료(i)의 사용량(측정값)(kL-연료)

EC_i : 연료(i)의 열량계수(연료 순발열량)(MJ/L-연료)

$EF_{i,j}$: 연료(i)의 온실가스(j)의 배출계수(kg-GHG/TJ-연료)

f_i : 연료(i)의 산화계수(CH_4, N_2O는 미적용)

$F_{eq,j}$: 온실가스(j)의 CO_2 등가계수(CO_2=1, CH_4=21, N_2O=310)

28 조건이 다음과 같을 때 온실가스 배출량을 구하시오.

- 배출공정 : 수소 제조공정
- 원료 투입량 : 에탄(C_2H_6, MW : 30kg) 105,000m^3
- 배출계수 : 2.9tCO_2/t-에탄
- 산정식 : $E_i = FR_i \times EF_i$

여기서, E_i : 수소 제조공정에서 CO_2 배출량(tCO_2-eq)

FR_i : 원료 투입량(t)

EF_i : 원료의 CO_2 배출계수

풀이

$E_i = FR_i \times EF_i$

$FR_i = 105,000m^3 \times 30kg/22.4m^3 \times 1t/1,000kg = 140.63t$

$EF_i = 2.9$

$\therefore E_i = 140.63t \times 2.9 = 407.83tCO_2\text{-eq}$

29 휘발유 차량을 이용하여 연료를 소비하였을 때 온실가스의 배출량이 64.06tCO_2-eq이었다. 이때 소비한 연료의 양(kL)을 구하시오.

- 휘발유 순발열량 : 44.3MJ/L
- 배출계수 : CO_2 = 69,300, CH_4 = 25, N_2O = 8.0
- GWP : CO_2 = 1, CH_4 = 21, N_2O = 310

풀이 $E_{i,j} = \Sigma(Q_i \times EC_i \times EF_{i,j} \times f_i \times F_{eq,j} \times 10^{-6})$

여기서, $E_{i,j}$: 연료(i)의 연소에 따른 온실가스(j)의 배출량(tCO₂-eq)

Q_i : 연료(i)의 사용량(측정값)(kL-연료)

EC_i : 연료(i)의 열량계수(연료 순발열량)(MJ/L-연료)

$EF_{i,j}$: 연료(i)의 온실가스(j)의 배출계수(kg-GHG/TJ-연료)

f_i : 연료(i)의 산화계수(CH_4, N_2O는 미적용)

$F_{eq,j}$: 온실가스(j)의 CO_2 등가계수(CO_2=1, CH_4=21, N_2O=310)

i : 연료 종류

$$x(\mathrm{L}) \times \frac{44.3\,\mathrm{MJ}}{\mathrm{L}} \times \frac{\mathrm{TJ}}{10^6\mathrm{MJ}} \times \frac{(69{,}300 \times 1 + 25 \times 21 + 8 \times 310)\mathrm{kg\,CO_2-eq}}{\mathrm{TJ}}$$

$$\times \frac{\mathrm{tCO_2-eq}}{10^3\mathrm{kg\,CO_2-eq}} = 64.06\,\mathrm{tCO_2-eq}$$

$\therefore\ x = 20{,}000\,\mathrm{L} = 20\,\mathrm{kL}$

30

조건이 다음과 같을 때 온실가스 배출량을 구하시오.

- 배출원 : 비상발전기
- 사용연료 : 경유 5,000L
- 발열량 : 35.3MJ/L 경유
- 연료 산화계수 : 1
- 배출계수(t-GHG/TJ-경유) : 74,100kgCO_2/TJ, 3kgCH_4/TJ, 0.6kgN_2O/TJ
- 산정식 : $E_{i,j} = Q_i \times EC_i \times EF_{i,j} \times f_i \times F_{eq,j} \times 10^{-6}$

  여기서, E_{ij} : 연료(i) 연소에 따른 온실가스(j)별 배출량(tCO_2-eq)

  Q_i : 연료(i)의 사용량(L-연료)

  EC_i : 연료(i)의 열량계수(연료 순발열량)(MJ/L-연료)

  $EF_{i,j}$: 연료(i)의 온실가스(j) 배출계수(kg-GHG/TJ-연료)

  f_i : 연료(i)의 산화계수

  $F_{eq,j}$: 온실가스별 지구온난화지수

풀이 $E_{i,j} = Q_i \times EC_i \times EF_{i,j} \times f_i \times F_{eq,j} \times 10^{-6}$

Q_i = 5,000L

EC_i = 35.3MJ/L

$EF_{i,j}$ = 74,100kgCO_2/TJ, 3kgCH_4/TJ, 0.6kgN_2O/TJ

f_i = 1

$F_{eq,j}$ = CO_2 1, CH_4 21, N_2O 310

$\therefore\ E_{i,j} = 5{,}000 \times 35.3 \times 1 \times (74{,}100 \times 1 + 3 \times 21 + 0.6 \times 310) \times 10^{-9} = 13.12\mathrm{tCO_2-eq}$

31 발전소에서 발생한 온실가스 배출량이 120,000tCO_2-eq일 때, 발전소에서 사용한 무연탄의 양(t)을 구하시오. (단, 배출량 산정법으로 Tier 1을 이용한다.)

- 무연탄 순발열량 : 26.7MJ/L
- 온실가스 배출계수 : CO_2 = 98,300, CH_4 = 1, N_2O = 1.5
- GWP : CO_2 = 1, CH_4 = 21, N_2O = 310
- 산정식 : $E_{i,j} = Q_i \times EC_i \times EF_{i,j} \times f_i \times F_{eq,j} \times 10^{-6}$

여기서, $E_{i,j}$: 연료(i)의 연소에 따른 온실가스(j)의 배출량(tCO_2-eq)
Q_i : 연료(i)의 사용량(측정값)(t-연료)
EC_i : 연료(i)의 열량계수(연료 순발열량)(MJ/kg-연료)
$EF_{i,j}$: 연료(i)의 온실가스(j)의 배출계수(kg-GHG/TJ-연료)
f_i : 연료(i)의 산화계수
$F_{eq,j}$: 온실가스별 CO_2 등가계수(CO_2=1, CH_4=21, N_2O=310)

풀이 $E_{i,j} = Q_i \times EC_i \times EF_{i,j} \times f_i \times F_{eq,j} \times 10^{-6}$

㉮ 발열량 : $x \times \dfrac{(98{,}300 \times 1) + (1 \times 21) + (1.5 \times 310)\,\text{kg}\,CO_2-\text{eq}}{\text{TJ}} \times \dfrac{tCO_2-\text{eq}}{10^3\text{kg}\,CO_2-\text{eq}}$

$= 120{,}000\,tCO_2-\text{eq}$

$\therefore\ x = 1{,}214.7470\,\text{TJ}$

㉯ 사용량 : $x \times \dfrac{26.7\,\text{MJ}}{\text{L}} \times \dfrac{10^3\text{L}}{\text{t}} \times \dfrac{\text{TJ}}{10^6\text{MJ}} = 1214.7470\,\text{TJ}$

$\therefore\ x = 45496.14\,\text{t} \fallingdotseq 45{,}496\,\text{t}$

32 철도 운영시 아역청탄을 사용하여 이동하는데, 이때 온실가스의 배출량이 21,900tCO_2-eq이며, 온실가스 배출량을 Tier 1으로 산정하였다. 이때 사용한 아역청탄의 양(t)은?

- 아역청탄 순발열량 : 18.9MJ/kg
- 배출계수 : CO_2 = 96,100 CH_4 = 2, N_2O = 1.5
- GWP : CO_2 = 1, CH_4 = 21, N_2O = 310

풀이 $E_{i,j} = \Sigma(Q_i \times EC_i \times EF_{i,j} \times F_{eq,j} \times 10^{-6})$

여기서, $E_{i,j}$: 연료(i)의 연소에 따른 온실가스(j)의 배출량(tCO_2-eq)
Q_i : 연료(i)의 사용량(측정값)(kL-연료)
EC_i : 연료(i)의 열량계수(연료 순발열량)(MJ/L-연료)
$EF_{i,j}$: 연료(i)의 온실가스(j)의 배출계수(kg-GHG/TJ-연료)
$F_{eq,j}$: 온실가스(j)의 CO_2 등가계수(CO_2=1, CH_4=21, N_2O=310)
i : 연료 종류

$x(\text{t}) \times \dfrac{18.9\,\text{MJ}}{\text{kg}} \times \dfrac{10^3\text{kg}}{\text{t}} \times \dfrac{\text{TJ}}{10^6\text{MJ}} \times \dfrac{(96{,}100 \times 1 + 2 \times 21 + 1.5 \times 310)\,\text{kg}\,CO_2-\text{eq}}{\text{TJ}}$

$\times \dfrac{tCO_2-\text{eq}}{10^3\text{kg}\,CO_2-\text{eq}} = 21{,}910\,tCO_2-\text{eq}$

$\therefore\ x = 12{,}000\text{t}$

33 어느 사업장에서 배출된 온실가스량이 92.12t이며, 조건이 다음과 같을 때, 경유의 사용량(kL)을 구하시오.

- 경유를 사용하는 비상발전기를 보유하고 있음
- 배출량 산정식 : $E_{i,j} = Q_i \times EC_i \times EF_{i,j} \times f_i \times F_{eq,j} \times 10^{-6}$
- 경유의 배출계수 : CO_2 = 74.1tCO_2/TJ, CH_4 = 0.003tCH_4/TJ,
  N_2O = 0.0006tN_2O/TJ
- 지구온난화지수(GWP) : CO_2 = 1, CH_4 = 21, N_2O = 310
- 경유의 순발열량 : 35.4MJ/L
- 연료 산화계수 : 1
- 각 온실가스의 배출량

CO_2 배출량	CH_4 배출량	N_2O 배출량
91.81tCO_2-eq	0.08tCO_2-eq	0.23tCO_2-eq

풀이 $E_{i,j} = Q_i \times EC_i \times EF_{i,j} \times f_i \times F_{eq,j} \times 10^{-6}$

여기서, $E_{i,j}$: 연료(i) 연소에 따른 온실가스(j)별 배출량(tCO_2-eq)

Q_i : 연료(i)의 사용량(측정값)(kL-연료)

EC_i : 연료(i)의 열량계수(연료 순발열량)(MJ/L-연료)

$EF_{i,j}$: 연료(i)의 온실가스(j) 배출계수(kg-GHG/TJ-연료)

f_i : 연료(i)의 산화계수(CH_4, N_2O는 미적용)

$F_{eq,j}$: 온실가스(j)별 CO_2 등가계수(CO_2=1, CH_4=21, N_2O=310)

㉮ 발열량

CO_2 배출량 + CH_4 배출량 + N_2O 배출량 = 92.12t

- CO_2 배출량 $= x\,(\mathrm{TJ}) \times \dfrac{74.1\,\mathrm{tCO_2}}{\mathrm{TJ}} \times \dfrac{1\,\mathrm{tCO_2-eq}}{1\,\mathrm{tCO_2}} = 91.81\,\mathrm{tCO_2-eq}$
- CH_4 배출량 $= x\,(\mathrm{TJ}) \times \dfrac{0.003\,\mathrm{tCH_4}}{\mathrm{TJ}} \times \dfrac{21\,\mathrm{tCO_2-eq}}{1\,\mathrm{tCH_4}} = 0.08\,\mathrm{tCO_2-eq}$
- N_2O 배출량 $= x\,(\mathrm{TJ}) \times \dfrac{0.0006\,\mathrm{tN_2O}}{\mathrm{TJ}} \times \dfrac{310\,\mathrm{tN_2O-eq}}{1\mathrm{tN_2O}} = 0.23\,\mathrm{tCO_2-eq}$

$\therefore$ x(발열량) = 1.239TJ

㉯ 경유 사용량

$x\,(\mathrm{L}) \times \dfrac{35.4\mathrm{MJ}}{\mathrm{L}} \times \dfrac{1\mathrm{TJ}}{10^6\mathrm{MJ}} = 1.239\,\mathrm{TJ}$

$\therefore$ x = 35,000L = 35kL

CHAPTER 06

에너지와 간접 배출

제6장 합격 포인트

- **간접 배출의 정의**
  외부로부터 공급받은 전기 또는 열을 사용하여 온실가스가 배출되는 형태
- **간접 배출공정의 종류**
  ① 외부에서 공급된 전기 : 조명설비, 기계설비, 환기설비, 냉난방설비
  ② 외부에서 공급된 열 : 냉난방설비
- **간접 배출공정 중 배출되는 온실가스 종류 및 산정기준**
  ① 온실가스 종류 : CO_2, CH_4, N_2O
  ② 산정기준 : Tier 1

1 간접 배출의 개요

온실가스 간접 배출은 관리업체가 외부로부터 공급된 전기 또는 열(연료 또는 전기를 열원으로 하는 것만 해당)을 사용함으로써 발생하는 온실가스 배출을 말한다. 즉, 특정 부문의 일상적인 활동에 의해 온실가스가 직접 배출되는 것이 아닌 간접 배출원의 조직경계 외부에서 온실가스를 배출하는 직접 활동에 의해 생성된 것(전기 또는 스팀)을 간접 배출원의 조직경계 내에서 활용 또는 처리하는 과정에서 온실가스 배출을 간접적으로 유도하는 배출활동이다.

그 외 폐기물을 조직경계 밖에서 처리하여 온실가스가 배출되는 경우도 폐기물을 발생하는 입장에서는 간접 배출이라고 할 수 있다.

(1) 외부에서 공급된 전기

관리업체가 소유 및 통제하는 설비와 사업활동에 의한 외부로부터 공급된 전력 사용으로 인해 발생하는 간접적 온실가스 배출은 연료 연소, 원료 사용 등으로 인한 직접적 온실가스 배출과 함께 관리업체의 온실가스 배출량에 포함되어야 한다.

단, 관리업체의 조직경계 내에 발전설비가 위치하여 생산된 전력을 자체적으로 사용할 경우에는 간접적 온실가스 배출량 산정에서 제외하도록 한다. 이는 발전설비에서 전력 생산으로 인해 배출된 직접적 온실가스가 해당 관리업체의 배출량으로 이미 산정되었고 자체 생산한 전력의 자체 사용에 따른 간접적 온실가스 배출량을 포함할 경우 직접적 온실가스 배출량과 함께 중복 산정을 초래하기 때문이다.

(2) 외부에서 공급된 열

모든 사업장에서는 제품 생산공정 또는 이와 관련된 각종 장치 및 설비(Unit) 등을 가동하기 위하여 열에너지를 사용하고 있으며, 이에 따라 온실가스 간접 배출이 발생한다. 보고수준과 관련하여, 이 지침의 다른 배출활동에서 규정하는 온실가스 배출시설에 대해서는 외부로부터 공급된 열 사용에 따른 온실가스 간접 배출도 해당 배출시설의 배출량에 포함하여 보고하여야 한다. 이를 제외한 장치 및 설비(Unit) 등의 외부 열 사용에 따른 온실가스 간접 배출은 사업장 단위로 보고할 수 있다.

2 배출특성

(1) 외부에서 공급된 전기

〈전기 배출공정에 따른 온실가스 종류 및 배출원인〉

배출공정	온실가스	배출원인
조명설비	CO_2 CH_4 N_2O	전기에너지를 빛에너지로 전화하는 설비로 전기 사용시 CO_2, CH_4, N_2O가 간접 발생함
기계설비		전기에너지를 운동에너지로 전환하는 설비로 전기 사용시 CO_2, CH_4, N_2O가 간접 발생함
환기설비		전기를 이용하여 에어컨을 가동하는 설비로 CO_2, CH_4, N_2O가 간접 발생함
냉난방설비		전기에너지를 열에너지로 전환하거나 히트펌프를 이용하여 냉난방함으로써 CO_2, CH_4, N_2O가 간접 발생함

(2) 외부에서 공급된 열

〈열 사용시설에서의 온실가스 배출원, 온실가스 종류 및 배출원인〉

배출공정	온실가스	배출원인
냉난방설비	CO_2 CH_4 N_2O	사업장에서 외부로부터 공급된 열(스팀)을 냉난방설비에 사용함으로써 온실가스 간접 배출 발생

3 배출량 산정방법

(1) 외부에서 공급된 전기 〈Tier 1〉

	CO_2	CH_4	N_2O
산정방법론	Tier 1	Tier 1	Tier 1

외부에서 공급된 전기의 배출량 산정방법으로는 Tier 1을 사용한다.

① 산정식

$$CO_2 - \text{eq}\, Emissions = \sum(Q \times EF_j \times F_{eq,j})$$

$CO_2 - \text{eq}\ Emissions$: 전력 사용에 따른 온실가스 배출량(tCO_2-eq)
Q : 외부에서 공급받은 전력 사용량(MWh)
EF_j : 전력 간접 배출계수(국가 고유값 적용)(tGHG/MWh)
$F_{eq,j}$: 온실가스(j)의 CO_2 등가계수(CO_2=1, CH_4=21, N_2O=310)
j : 배출 온실가스 종류

② 산정방법 특징

㉠ 활동자료로서 공정에 투입되는 전력 사용량을 적용하며, 배출계수는 전력 사용량에 대비한 온실가스 배출량으로 국가 고유값을 적용한다.

㉡ 활동자료 수집방법은 Tier 1 기준에 준한 전력량계 등 법정계량기로 측정된 사업장별 총량 단위의 전력 사용량을 활용한다.

㉢ 산정대상 온실가스는 CO_2, CH_4, N_2O이다.

③ 산정에 필요한 변수들의 관리기준 및 결정방법

매개변수	세부변수	관리기준 및 결정방법
활동자료	외부에서 공급되는 전력 사용량(MWh)	Tier 1 : 전력량계 등 법정계량기로 측정된 사업장별 총량 단위의 전력 사용량을 활용(측정불확도 Tier 1 : ±7.5% 이내)
배출계수	전력 간접 배출계수 (t-GHG/MWh)	• Tier 2 : 산정방법에서 전력 간접 배출계수는 아래에 제시된 기준연도에 해당하는 3개년도(2014~2016년) 평균값을 적용 • 배출계수는 3년간 고정하여 적용하며 향후 한국전력거래소에서 제공하는 전력 간접 배출계수를 센터에서 확인·공표한 값을 적용

④ 국가 고유 전력 배출계수(2014~2016년 3개년 평균)

	CO_2(tCO_2/MWh)	CH_4($kgCH_4$/MWh)	N_2O(kgN_2O/MWh)
3개년 평균 (2014~2016년)	0.4567	0.0036	0.0085

(2) 외부에서 공급된 열 〈Tier 1〉

	CO_2	CH_4	N_2O
산정방법론	Tier 1	Tier 1	Tier 1

외부에서 공급된 열의 배출량 산정방법으로는 Tier 1을 사용한다.

① 산정식

$$CO_2 - eq\,Emissions = \sum_j (Q \times EF_j \times F_{eq,j})$$

$CO_2 - eq$ *Emissions* : 열(스팀) 사용에 따른 온실가스 배출량(tCO₂-eq)
Q : 외부에서 공급받은 열(스팀) 사용량(TJ)
EF_j : 열(스팀) 간접 배출계수(국가 고유값 적용)(t-GHG/TJ)
$F_{eq,j}$: 온실가스(j)의 CO_2 등가계수(CO_2=1, CH_4=21, N_2O=310)
j : 배출 온실가스

② 산정방법 특징

㉠ 열병합발전설비를 통하여 열(스팀)을 공급받을 경우에는 전력 간접 배출과 구분하여 열(스팀) 간접 배출계수를 개발하여 사용한다.

㉡ 폐기물 소각시설에서의 열회수를 통하여 열(스팀)을 공급받을 경우에는 열(스팀) 간접 배출계수를 개발하여 사용한다.

㉢ 다만 열(스팀)을 생산하여 외부로 공급하는 업체가 자체적으로 열(스팀) 간접 배출계수를 제공할 수 없는 경우에는 센터가 검증·공표하는 국가 고유의 열(스팀) 간접 배출계수 등을 활용한다.

③ 산정에 필요한 변수들의 관리기준 및 결정방법

매개변수	세부변수	관리기준 및 결정방법
활동자료	열(스팀) 사용량(Q)	열(스팀) 사용량은 Tier 2 기준(측정불확도 ±5.0% 이내)에 준하여 측정을 통해 결정
배출계수	간접 배출계수(EF_j)	• 열(스팀) 공급자*가 개발하여 제공한 열(스팀) 간접 배출계수를 사용(Tier 3) • 열(스팀) 공급자가 간접 배출계수 또는 이와 관련된 자료를 관리업체에게 제공할 수 없는 경우에는 제46조제2항에 따라 센터가 고시하는 간접 배출계수(Tier 2)를 사용

* 열병합발전설비를 이용한 열(스팀) 공급자

〈열(스팀) 배출계수〉

구분	시설 종류	배출계수	단위
열(스팀) 배출계수	열전용	56,452	$kgCO_2-eq/TJ$
	열병합	60,974	
	평균	59,685	

적중 예·상·문·제

01 어느 회사의 전력 사용량 4,689,204kWh에 대한 온실가스 배출량을 산정하시오. (단, 단위는 tCO_2-eq로 나타낸다.)

- 산정식 : $CO_2-\text{eq}\ Emissions = \Sigma(Q \times EF_j \times F_{eq,j})$
- 배출계수 : CO_2 = 0.4567tCO_2/MWh, CH_4 = 0.0036$kgCH_4$/MWh, N_2O = 0.0085kgN_2O/MWh
- GWP : CO_2 = 1$kgCO_2$-eq/$kgCO_2$, CH_4 = 21$kgCO_2$-eq/$kgCH_4$, N_2O = 310$kgCO_2$-eq/kgN_2O

풀이 $CO_2-\text{eq}\,Emissions = \Sigma(Q \times EF_j \times F_{eq,j})$

$$\therefore \text{배출량} = 4,689,204\,\text{kWh} \times \frac{\text{MWh}}{10^3\text{kWh}} \times \frac{(456.7 \times 1 + 0.0036 \times 21 + 0.0085 \times 310)\text{t}\,CO_2-\text{eq}}{\text{MWh}} \times \frac{\text{t}CO_2-\text{eq}}{10^3\text{kg}\,CO_2-\text{eq}} = 2,154.270\,\text{t}CO_2-\text{eq}$$

참고

배출계수 × GWP = (tCO_2-eq/MWh)

02 간접 배출공정 중 외부에서 공급된 전기의 온실가스 배출량 산정기준을 쓰시오.

풀이 산정대상 온실가스인 CO_2, CH_4, N_2O는 Tier 1으로 산정한다.

참고

산정대상 온실가스는 CO_2, CH_4, N_2O이며, 대상 배출시설은 배출시설단위로 한다.

03 **조건이 다음과 같을 때 온실가스 배출량(tCO_2-eq)을 구하시오.**

- 1년간 전력 사용량 : 4,321,987kWh
- 국가 고유 전력 배출계수 : $0.4567tCO_2/MWh$, $0.0036kgCH_4/MWh$, $0.0085kgN_2O/MWh$
- 배출량 산정식 : $CO_2-\text{eq}\ Emissions = \sum(Q \times EF_j \times F_{eq,j})$

  여기서, $CO_2-\text{eq}\ Emissions$: 온실가스 총 배출량(tCO_2-eq)

  EF_j : 전력 배출계수(t-GHG/MWh)

  $F_{eq,j}$: 온실가스별 지구온난화지수

풀이

$Q = 4,321,987\text{kWh} = 4,321.987\text{MWh}$

$EF_j = 0.4567tCO_2/MWh,\ 0.0036kgCH_4/MWh,\ 0.0085kgN_2O/MWh$

$F_{eq,j} = CO_2 : 1,\ CH_4 : 21,\ N_2O : 310$

$\therefore\ 4,321.987MWh \times (0.4567tCO_2/MWh \times 1 + 0.0000036tCH_4/MWh \times 21 + 0.0000085tN_2O/MWh \times 310) = 1,985.567tCO_2-eq$

04 **어느 회사의 전력 사용량 정보이다. 전력 사용량을 구하시오.**

- 산정식 : $CO_2-\text{eq}\ Emissions = \sum(Q \times EF_j \times F_{eq,j})$
- 온실가스 배출량 : $3,000tCO_2-eq$
- 배출계수 : $CO_2 = 0.4567tCO_2/MWh$, $CH_4 = 0.0036kgCH_4/MWh$, $N_2O = 0.0085kgN_2O/MWh$
- 지구온난화지수(GWP) : $CO_2 = 1kgCO_2-eq/kgCO_2$, $CH_4 = 21kgCO_2-eq/kgCH_4$, $N_2O = 310kgCO_2-eq/kgN_2O$

풀이

$CO_2-\text{eq}\ Emissions = \sum(Q \times EF_j \times F_{eq,j})$

배출계수 × GWP = (tCO_2-eq)

$$x\,(\text{kWh}) \times \frac{\text{MWh}}{10^3\text{kWh}} \times \frac{(456.7 \times 1 + 0.0036 \times 21 + 0.0085 \times 310)\text{kgCO}_2-\text{eq}}{\text{MWh}}$$

$$\times \frac{\text{tCO}_2-\text{eq}}{10^3\text{kg CO}_2-\text{eq}} = 3{,}000\text{tCO}_2-\text{eq}$$

$\therefore\ x = 6,530,106.184\text{kWh} = 6,530.106\text{MWh}$

CHAPTER 07

암모니아 생산공정

제7장 합격 포인트

이 단원에서는 배출량의 산정방법별 산정식에 따라, 온실가스의 배출량을 계산하여 제시하는 것이 주요 목표입니다.
암모니아 생산공정의 각 세부공정별 연소 및 화학 반응으로 온실가스가 배출되는 화학식을 통해 온실가스가 배출됨을 확인할 수 있어야 합니다.

1 개요

① 암모니아 생산공정은 수소와 질소를 고온·고압에서 촉매반응을 통해 암모니아로 합성하는 과정이다.

② 암모니아 생산을 위해서는 원료물질인 질소와 수소를 안정적이고 저렴하게 확보하는 방안이 필요하며, 질소는 대기로부터 분리·정제하여 사용하거나 직접 공기 사용이 가능한 반면에 수소는 탄화수소(예 나프타, 천연가스, LPG)를 부분 산화하여 생성·확보해야 한다($N_2 + 3H_2 \rightarrow 2NH_3$).

2 공정의 원리 및 특징

암모니아 생산공정은 크게 합성원료 제조공정, 정제공정, 암모니아 합성공정의 세 단계로 이루어진다.

(1) 합성원료 제조공정 : 탈황공정, 개질공정, 변성공정

① 탈황공정 : 수소화를 위한 전처리공정으로 원료유와 수소를 혼합하여 고온·고압하에서 촉매(주로 Co-Mo계 또는 Ni-Mo계)와 접촉시켜 나프타 등의 원료물질에 포함되어 있는 황 성분을 제거하는 공정이다.

② **개질공정** : 수증기개질법(메탄과 나프타까지의 경질 유분에 적용하는 가압식 방법)과 부분산화법(중질유분, 콜타르, 석탄까지 사용 가능한 상압식 방법)으로 구분하며, 암모니아 합성을 위한 수소를 제조하는 공정이다.

③ **변성공정** : 개질공정의 부산물로 생성된 CO는 수증기와 촉매하에 반응하여 CO_2와 H_2를 생산한다.

(2) 정제공정 : 흡수탑, 메탄화공정

① **흡수탑** : 수증기 개질공정 및 변성공정에서 발생한 CO_2를 제거하는 과정으로 과거에는 가압(10~20atm)하에서 물을 흡수·제거하는 고압수 세정방식을 이용하였으나, 현재는 탄산가스의 고순도·고농도의 회수방식을 사용한다.

② **메탄화공정(수소의 순도를 높이는 공정)** : 탄산가스 제거장치에서 나온 가스에 포함된 미량의 CO와 CO_2는 암모니아 합성촉매에 피독작용을 하므로 수소와 반응시켜 메탄올로 전환시켜 제거하는 공정이다.

(3) 암모니아 합성공정 : 합성탑, 암모니아 분리공정

① **합성탑(합성공정)** : 고온·고압에서 철을 촉매로 수소와 질소를 3 : 1의 혼합비로 맞추어 암모니아를 합성하는 공정이다.

② **암모니아 분리공정**

㉠ **고압법** : 300atm 이상에서 합성탑 출구가스 중의 암모니아 농도가 높음에 따라 반응가스를 열회수한 다음 물로 냉각하여 암모니아를 냉각·분리한다.

㉡ **저압법** : 압력과 농도가 낮아 고압법의 회수과정을 수행한 후에 다시 저온(약 −20℃) 처리가 필요하다.

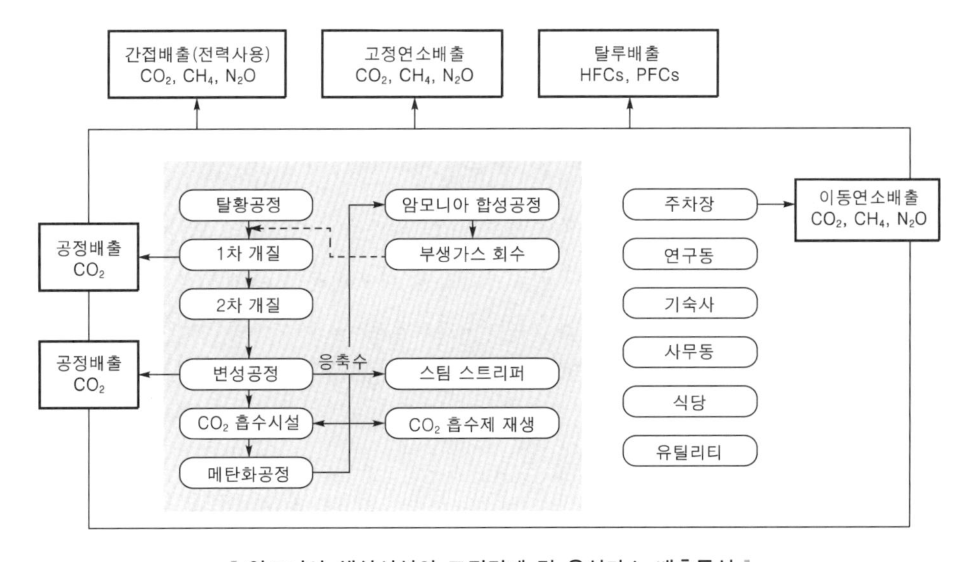

암모니아 생산시설의 조직경계 및 온실가스 배출특성

3 배출특성

〈암모니아 생산시설에서의 배출공정별 온실가스 종류 및 배출원인〉

배출공정	온실가스	배출원인
수증기 개질공정	CO_2	• 나프타의 개질공정을 통하여 수소 분리시 배출 • $7C_7H_{15} + 14H_2O \rightarrow 14CO + 29H_2$ • $CO + H_2O \rightarrow CO_2 + H_2$
변성공정		• 개질공정의 공정가스 중 CO를 수증기(H_2O)와 반응시 배출 • $CO + H_2O \rightarrow CO_2 + H_2$
CO_2 제거 및 회수공정 (CO_2 흡수용액 재사용공정)		• 수증기 제조 및 변성공정에서 배출된 CO_2를 회수 후 탄산칼륨과 모노에탄올아민(MEA) 수용액 재사용과정에서 CO_2 배출 • $2KHCO_3 \rightarrow K_2CO_3 + H_2O + CO_2$ • $(C_2H_5ONH_2)_2 + H_2CO_3 \rightarrow 2C_2H_5ONH_2 + H_2O + CO_2$

4 배출량 산정방법

	CO_2	CH_4	N_2O
산정방법론	Tier 1, 2, 3, 4	−	−

■ Tier 1~3

① 산정식 : 산정식의 활동자료는 원료 사용량(암모니아 생산량에 암모니아 생산량당 원료 사용량의 곱으로 표현하며, 단위는 발열량)이며, 배출계수는 천연가스, 나프타 등 원료 중의 단위발열량당 탄소함량과 탄소산화계수의 곱으로 표현된다.

$$E_{CO_2} = \sum_i \left(\sum_j AP_{i,j} \times AEF_{i,j} \right) - R_{CO_2}$$

E_{CO_2} : 암모니아 생산량당 CO_2의 배출량(t-CO_2/t-암모니아)

$AP_{i,j}$: 공정(j)에서 원료(i)(CH_4 및 나프타 등) 사용에 따른 암모니아 생산량(t)

$AEF_{i,j}$: 공정(j)에서 암모니아 생산량당 CO_2 배출계수(t-CO_2/t-NH_3)

R_{CO_2} : 요소 등 부차적 제품 생산에 의한 CO_2 회수·포집·저장량(t)

② 산정방법 특징

㉠ 활동자료로서 원료 사용량을 발열량 단위로 사용하고 있으며, 이를 계산하기 위해 암모니아 생산량에 암모니아 생산량당 연료의 사용량을 곱하여 결정한다.

㉡ 산정대상 온실가스는 CO_2이다.

③ 산정에 필요한 변수들의 관리기준 및 결정방법

매개변수	세부변수	결정방법
활동자료	암모니아 생산량	Tier 1, Tier 2, Tier 3는 각각 측정불확도 ±7.5%, ±5.0%, ±2.5% 이내의 암모니아 생산량의 중량 측정

〈암모니아 생산량당 CO_2 배출계수〉

생산공정(j) 구분	CO_2 배출계수($tCO_2/t-NH_3$)
전통적 개질공정(천연가스)	1.694
과잉 개질공정(천연가스)	1.666
자열 개질공정(천연가스)	1.694
부분 산화	2.772

적중 예·상·문·제

01 전통적 개질공정을 사용하여 암모니아 250t을 생산하였다. 이 과정에서 발생되는 온실가스의 배출량(tCO_2-eq)은 얼마인가?

– 배출계수 : 1.694tCO_2/tNH_3

풀이

$$E_{CO_2} = \sum_i \left(\sum_j AP_{i,j} \times AEF_{i,j} \right) - R_{CO_2}$$

여기서, E_{CO_2} : 암모니아 생산량당 CO_2의 배출량(tCO_2/t암모니아)

$AP_{i,j}$: 공정(j)에서 원료(i)(CH_4 및 나프타 등) 사용에 따른 암모니아 생산량(t)

$AEF_{i,j}$: 공정(j)에서 암모니아 생산량당 CO_2 배출계수(tCO_2/tNH_3)

R_{CO_2} : 요소 등 부차적 제품 생산에 의한 CO_2 회수·포집·저장량(t)

$$\therefore\ E_{CO_2} = \left(250\text{t} \times \frac{1.694\text{tCO}_2}{\text{tNH}_3} \right) - 0 = 423.5\text{tCO}_2 - \text{eq}$$

02 수증기 개질방법으로 암모니아를 생성하는 공정의 순서를 작성하시오.

풀이 천연가스 탈황 → 수증기 1차 개질 → 공기로 2차 개질 → CO의 전환 → CO_2 제거 → 메탄화 → 암모니아 합성

03 암모니아 생산시설의 온실가스 배출공정 중 수증기 개질공정에 대하여 설명하고 배출되는 온실가스를 쓰시오.

풀이 수증기 개질공정은 나프타의 개질공정을 통하여 수소를 분리할 때 온실가스가 배출되며, 이때 배출되는 온실가스는 CO_2이다.

참고

$7C_7H_{15} + 14H_2O \rightarrow 14CO + 29H_2$

$CO + H_2O \rightarrow CO_2 + H_2$

04 암모니아 생산공정의 순서를 쓰고, 그 특징을 간략하게 설명하시오.

풀이 ① 합성원료 제조공정 : 크게 탈황공정, 개질공정, 변성공정으로 분류한다.
② 정제공정 : 흡수탑, 메탄화공정 등이 있으며, 수소의 순도를 높이는 공정이다.
③ 암모니아 합성공정 : 합성탑, 암모니아 분리공정으로, 암모니아를 고온·고압에서 합성 후 분리하는 과정이다.

05 전통적 개질공정을 사용하여 암모니아를 생산하였을 때, 발생되는 온실가스 배출량(tCO_2-eq)이 10,320tCO_2-eq였다. 이때 생산된 암모니아의 양(t)을 구하시오. (단, 소수점 첫째 자리에서 반올림하시오.)

– 배출계수 : 1.694tCO_2/tNH_3

풀이 $E_{CO_2} = \sum_i \left(\sum_j (AP_{i,j} \times AEF_{i,j}) \right) - R_{CO_2}$

여기서, E_{CO_2} : 암모니아 생산량당 CO_2의 배출량(tCO_2/t암모니아)

$AP_{i,j}$: 공정(j)에서 원료(i)(CH_4 및 나프타 등) 사용에 따른 암모니아 생산량(t)

$AEF_{i,j}$: 공정(j)에서 암모니아 생산량당 CO_2 배출계수(tCO_2/tNH_3)

R_{CO_2} : 요소 등 부차적 제품 생산에 의한 CO_2 회수·포집·저장량(t)

$$\left(x(\mathrm{t}) \times \frac{1.694\mathrm{tCO_2}}{\mathrm{tNH_3}} \right) - 0 = 10{,}320\mathrm{tCO_2} - \mathrm{eq}$$

$\therefore\ x = 6{,}092.08973 \fallingdotseq 6{,}092.090\mathrm{t}$ – 암모니아

06 암모니아 합성에서 촉매로 작용하는 루테늄(Ruthenium)의 역할을 기술하시오.

풀이 철 성분의 촉매를 대체하여 온실가스 배출의 감소를 유도할 수 있다.

참고

암모니아 합성에서 철 성분의 촉매를 루테늄 성분 촉매로 대체하게 되면 사용되는 촉매의 양과 부피가 감소하기 때문에 저압 운전이 가능하며, 변환율이 높아져 에너지를 절감할 수 있다. 반응성이 높은 소립자 촉매를 적용하여 촉매공정의 에너지 사용을 절감하여 온실가스 배출 감소를 유도할 수 있다.

07 암모니아 생산에서 수증기 개질법 반응식 중 2차 개질시의 반응식을 작성하시오.

풀이 CH_4 + 공기 → $CO + 2H_2 + 2N_2$

참고

2차 개질은 1차 개질보다 고온으로 공기가 주입되며 메탄을 제거한다.

CH_4 + 공기 → $CO + 2H_2 + 2N_2$

08 암모니아 합성공정에 영향을 미치는 인자를 기술하시오.

풀이 온도, 압력, 공간속도, 촉매

참고

암모니아 합성공정의 영향인자

① 온도 : 온도가 높을수록 반응속도가 빨라지지만 평형 암모니아 농도가 낮아지며 장치 재료 부식의 발생가능성이 증가하므로 촉매에 대한 최적온도를 제한하여 합성탑의 온도를 500±50℃의 범위에서 유지하는 방법을 주로 사용한다.
② 압력 : 압력이 높을수록 원료가스로부터 얻어지는 암모니아 수율이 높아지며, 300atm에서는 25~30%, 150atm에서는 10~15%의 수율이 얻어진다.
③ 공간속도 : 일정 온도 조건에서 공간속도가 크면 합성탑 출구가스 중 암모니아 농도가 감소하지만 단위촉매량(시간당 암모니아 생성량)은 증가한다.
공간속도로는 15,000~50,000m^3/m^3-촉매/hr을 주로 사용한다.
④ 촉매 : 암모니아 합성공정 중 가장 큰 비중을 차지하며, 가능한 저온에서 반응속도를 촉진할 수 있는 촉매를 사용하여야 한다.

09 암모니아 생산공정 중 이산화탄소 제거 및 회수 공정에 관한 반응식을 쓰시오.

풀이 $CO_2 + H_2O + K_2CO_3 \rightarrow 2KHCO_3$

참고

이산화탄소 제거 및 회수 공정은 수증기 개질공정 및 변성공정에서 발생한 이산화탄소를 제거하는 공정이다.

CHAPTER 08

질산 생산공정

제8장 합격 포인트

- 이 단원에서는 배출량의 산정방법별 산정식에 따라, 온실가스의 배출량을 계산하여 제시하는 것이 주요 목표입니다.
  질산 생산공정의 각 세부공정별 연소 및 화학 반응으로 온실가스가 배출되는 화학식을 통해 온실가스가 배출됨을 확인할 수 있어야 합니다.

1 개요

질산(HNO_3) 생산은 질소비료 제조뿐만 아니라 아디프산, 폭발물 생산, 비철금속 공정 등 다양한 부문에서 이용되고 있다.

2 공정의 원리 및 특징

질산 생산공정은 크게 산화공정(제1산화공정, 제2산화공정)과 흡수공정으로 구분된다.

(1) 산화공정 : 제1산화공정, 제2산화공정

1) 제1산화공정

암모니아를 산화시켜 일산화질소(NO)를 생산하는 공정이다.

① 주반응 : 암모니아 산화반응

$4NH_3 + 5O_2 \rightarrow 4NO(g) + 6H_2O$

② 부반응

㉠ N_2O 생성반응

$NH_3 + O_2 \rightarrow NO + H_2O$

$NH_3 + 4NO \rightarrow 2.5N_2O + 1.5H_2O$

$NH_3 + NO + 0.75O_2 \rightarrow N_2O + 1.5H_2O$

㉡ N_2 생성반응

$2NH_3 \rightarrow N_2 + 3H_2$

$2NO \rightarrow N_2 + O_2$

$4NH_3 + 3O_2 \rightarrow 2N_2 + 6H_2O$

$4NH_3 + 6NO \rightarrow 5N_2 + 6H_2O$

2) 제2산화공정

일산화질소를 산화시켜 이산화질소(NO_2)를 생산하는 공정이다.

① NO_2 생성반응 : $NO(g) + 0.5O_2 \rightarrow NO_2(g) + 13.45\text{kcal}$

② N_2O_4 생성반응 : $2NO_2 \rightarrow N_2O_4 + 13.8\text{kcal}$

(2) 흡수공정

산화질소를 물에 용해시켜 질산을 생산하는 공정이다.

■ HNO_3 생성반응

$3NO_2(g) + H_2O(\ell) \rightarrow 2HNO_3(aq) + NO(g) + 32.3\text{kcal}$

$3N_2O_4(g) + 2H_2O(\ell) \rightarrow 4HNO_3(aq) + 2NO(g) + 64.4\text{kcal}$

공정 특성상 NO_x의 생산이 높기 때문에 배가스 처리시설로서 SCR(Selective Catalytic Reduction, 선택적 촉매환원법)이 설치·운영되고 있다.

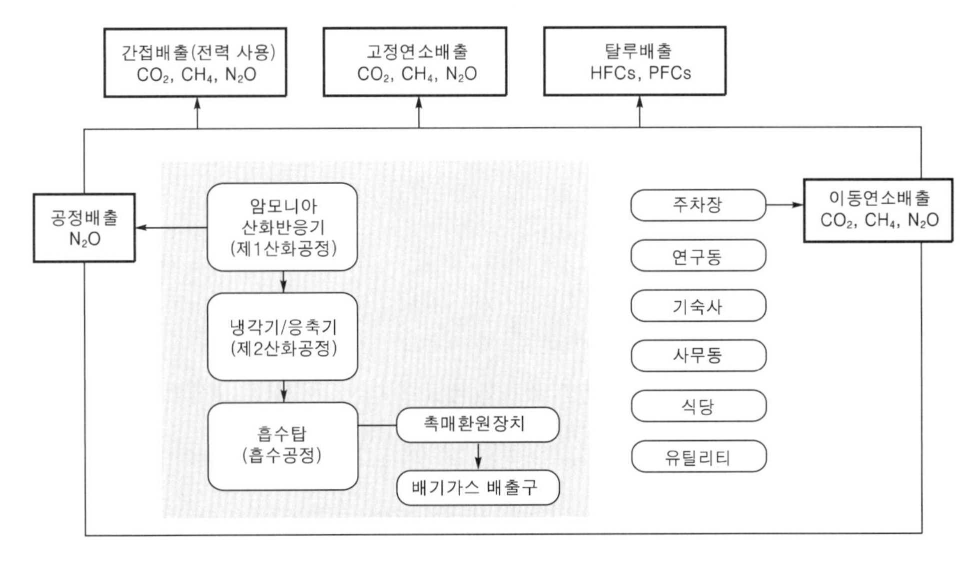

‖ 질산 생산시설의 조직경계 및 온실가스 배출특성 ‖

3 배출특성

〈질산 생산공정에서 배출공정별 온실가스 종류 및 배출원인〉

배출공정	온실가스	배출원인
질산 제조시설 (제1산화공정)	N_2O	• 암모니아(NH_3)의 촉매 산화과정에서 부반응으로 다음 반응식에 의해 N_2O 생성·배출 $NH_3 + O_2 \rightarrow 0.5NO_2 + 1.5H_2O$ $NH_3 + 4NO \rightarrow 2.5N_2O + 1.5H_2O$ $NH_3 + NO + 0.75O_2 \rightarrow N_2O + 1.5H_2O$ • 위 반응은 저산소 조건과 일산화질소 농도가 높은 경우에 반응이 잘 이루어지므로 과잉공기 주입과 생성가스(NO)를 신속히 배출시켜 부반응 조건 형성을 가능한 낮춰야 함

4 배출량 산정방법

	CO_2	CH_4	N_2O
산정방법론	–	–	Tier 1, 2, 3

■ Tier 1~3

국내 목표관리제에서 적응토록 요구하고 있는 질산 생산시설의 온실가스 배출량 산정방법은 Tier 1, 2, 3 모두 공통된 하나의 산정식을 사용하나 활동자료 및 배출계수는 Tier별로 구분하여 각각의 변수를 결정하고 있다.

① 산정식

$$E_{N_2O} = \sum_{k,h}[EF_{N_2O} \times NAP_k \times (1 - DF_h \times ASUF_h) \times F_{eq,j} \times 10^{-3}]$$

E_{N_2O} : N_2O 배출량(tCO_2-eq)

EF_{N_2O} : 질산 1t당 N_2O 배출량(kgN_2O/t-질산 생산량)

NAP_k : 생산기술(k)별 질산 생산량(t-질산)

k : 생산기술

DF_h : 감축기술(h)별 분해계수(0에서 1 사이의 소수)

h : 감축기술

$ASUF_h$: 감축기술(h)별 저감시스템의 이용계수(0에서 1 사이의 소수)

$F_{eq,j}$: 온실가스(j)의 CO_2 등가계수(N_2O=310)

② 산정방법 특성

㉠ 활동자료로서 질산 생산량을 기본적으로 적용하고 있으나, 여러 생산기술이 적용된 경우에는 각 생산기술별로 구분하여 질산 생산량을 결정한 다음에 합산토록 하고 있다.

㉡ 배출계수는 생산기술에 따른 단위 질산 생산량에 대비한 N_2O 배출량이다.

㉢ 산정방법 중에서 특이한 점은 N_2O 감축기술의 적용 정도를 고려하여 감축량을 제하도록 하고 있으나, 감축량을 배출량에서 빼주는 것이 아니라 배출계수에 감축비율을 고려하여 적용토록 하는 것이다.

㉣ 감축기술별 분해계수(기술별로 제공된 계수값)와 그 감축기술의 적용비율을 종합적으로 고려하여 감축비율을 결정하고, 이를 배출계수에 적용한 다음에 활동자료와 곱하여 배출량을 최종 결정한다.

③ 산정에 필요한 변수들의 관리기준 및 결정방법

<table>
<tr><th>매개변수</th><th>세부변수</th><th>관리기준 및 결정방법</th></tr>
<tr><td>활동자료</td><td>생산기술(k)별
질산 생산량
(NAP_k)</td><td>• Tier 1 : 측정불확도 ±7.5% 이내
• Tier 2 : 측정불확도 ±5.0% 이내
• Tier 3 : 측정불확도 ±2.5% 이내
각 Tier별 기준에 준하여 측정을 통해 결정</td></tr>
<tr><td>배출계수</td><td>질산 1t당
N_2O 배출량
(EF_{N_2O})</td><td>• Tier 1 : IPCC에서 제공하는 기본배출계수 활용
<table>
<tr><th>생산공정(k) 구분</th><th>N_2O 배출계수
(100% Pure Acid)</th></tr>
<tr><td>NSCR(비선택적 촉매환원법)을 사용하는 모든 공정</td><td>2kgN_2O/t-질산</td></tr>
<tr><td>통합공정이나 배출가스 N_2O 분해를 사용하는 공정</td><td>2.5kgN_2O/t-질산</td></tr>
<tr><td>대기압 공정(낮은 압력)</td><td>5kgN_2O/t-질산</td></tr>
<tr><td>중간압력 연소공정</td><td>7kgN_2O/t-질산</td></tr>
<tr><td>고압력 공정</td><td>9kgN_2O/t-질산</td></tr>
</table>
• Tier 2 : 국가 고유배출계수를 적용하며, 이는 온실가스 종합정보센터(GIR)에서 고시한 값을 사용
• Tier 3 : 사업장 고유배출계수를 이용하고, 이는 GIR에서 검토 및 검증을 통해 확정 고시</td></tr>
<tr><td>이용계수</td><td>감축기술(h)별
저감시스템 이용계수
($ASUF_h$)</td><td rowspan="2">감축기술별로 저감시스템 이용계수와 분해계수로서 활용 가능한 값이 있으면 적용하되 값이 없으면 각각 "0"을 적용</td></tr>
<tr><td>분해계수</td><td>감축기술(h)별
분해계수(DF_h)</td></tr>
</table>

적중 예·상·문·제

01 **NSCR(비선택적 촉매환원법)을 사용하여 질산 100t 을 생산하였다. 발생되는 온실가스 배출량(tCO_2-eq)은 얼마인지 산정하시오.**

- NSCR의 N_2O 배출계수 : $2kgN_2O/t$-질산
- 분해계수 및 이용계수는 각각 0을 적용한다.

풀이 $$E_{N_2O} = \sum_{k,h}[EF_{N_2O} \times NAP_k \times (1 - DF_h \times ASUF_h) \times F_{eq,j} \times 10^{-3}]$$

여기서, E_{N_2O} : N_2O 배출량(tCO_2-eq)

EF_{N_2O} : 질산 1ton당 N_2O 배출량(kgN_2O/t-질산 생산량)

NAP_k : 생산기술(k)별 질산 생산량(t-질산)

k : 생산기술

DF_h : 감축기술(h)별 분해계수(0에서 1 사이의 소수)

h : 감축기술

$ASUF_h$: 감축기술(h)별 저감시스템의 이용계수(0에서 1 사이의 소수)

$F_{eq,j}$: 온실가스(j)의 CO_2 등가계수(N_2O=310)

$$\therefore\ 100\,\mathrm{t} \times \frac{2\,\mathrm{kg\,N_2O}}{\mathrm{t-질산}} \times 1 \times \frac{310\,\mathrm{kg\,CO_2-eq}}{\mathrm{kg\,N_2O}} \times \frac{\mathrm{tCO_2-eq}}{10^3\mathrm{kg\,CO_2-eq}} = 62\,\mathrm{tCO_2-eq}$$

02 **질산 생산공정을 순서대로 쓰시오.**

풀이 제1산화공정 → 제2산화공정 → 흡수공정 → 배가스 처리공정

03 질산 생산공정의 제1산화공정 중 암모니아 촉매산화반응에서 일어나는 부반응의 반응식을 기술하시오.

풀이

$NH_3 + O_2 \rightarrow 0.5N_2O + 1.5H_2O$

$NH_3 + 4NO \rightarrow 2.5N_2O + 1.5H_2O$

$NH_3 + NO + 0.75O_2 \rightarrow N_2O + 1.5H_2O$

참고

암모니아의 촉매산화과정에서 부반응으로 N_2O가 생성되는 반응식이다. 이 반응은 저산소 조건과 일산화질소 농도가 높을 경우 반응이 잘 이루어지는 형태이므로 과잉공기 주입과 생성가스(NO)를 신속히 배출하여 부반응 조건 형성을 가능한 낮추어야 한다.

04 NSCR(비선택적 촉매환원법)을 사용하여 질산을 생산하였다. 발생한 온실가스의 양이 $500tCO_2-eq$일 경우, 생산된 질산의 양을 구하시오. (단, 질산의 양은 kg으로 나타낸다.)

- NSCR의 N_2O 배출계수 : $2kgN_2O$/t-질산
- 분해계수 및 이용계수는 각각 0을 적용한다.

풀이

$$E_{N_2O} = \sum_{k,h}[EF_{N_2O} \times NAP_k \times (1 - DF_h \times ASUF_h) \times F_{eq,j} \times 10^{-3}]$$

여기서, E_{N_2O} : N_2O 배출량(tCO_2-eq)

EF_{N_2O} : 질산 1t당 N_2O 배출량(kgN_2O/t-질산 생산량)

NAP_k : 생산기술(k)별 질산 생산량(t-질산)

k : 생산기술

DF_h : 감축기술(h)별 분해계수(0에서 1 사이의 소수)

h : 감축기술

$ASUF_h$: 감축기술(h)별 저감시스템의 이용계수(0에서 1 사이의 소수)

$F_{eq,j}$: 온실가스(j)의 CO_2 등가계수(N_2O=310)

$$x(t) \times \frac{2\,kg\,N_2O}{t-\text{질산}} \times 1 \times \frac{310\,kg\,CO_2-eq}{kg\,N_2O} \times \frac{tCO_2-eq}{10^3 kg\,CO_2-eq} = 500\,tCO_2-eq$$

$\therefore\ x = 806.451613t = 806451.613kg \fallingdotseq 806,451.61\,kg-\text{질산}$

05 질산 생산공정 중 제1산화공정에 대하여 설명하시오.

풀이 제1산화공정이란 700~1,000℃에서 백금 또는 5~10%의 로듐이 포함된 촉매 존재하에 산소와 암모니아가 반응하는 것이며, 이외에도 여러 부반응을 동반하고 부반응에서 N_2O가 발생하기도 한다.

참고

질산 생산공정은 제1산화공정, 제2산화공정, 흡수공정, 농축공정으로 이루어진다.
제1산화공정이란 700~1,000℃에서 백금 또는 5~10%의 로듐이 포함된 촉매 존재하에 산소와 암모니아가 반응하는 것이며, 이외에도 여러 부반응을 동반하고 부반응에서 N_2O가 발생하기도 한다.
제2산화공정에서는 제1산화공정에서 생성된 NO와 과잉산소가 반응하여 NO_2를 생성한다.
흡수공정은 이산화질소 또는 사산화질소 함유가스가 물에 흡수되어 질산이 생성되는 공정이다.
농축공정은 흡수공정에서 얻어진 68% 이하의 질산농도를 98~100%로 농축하는 과정이다.

CHAPTER 09

석유 정제공정

제9장 합격 포인트

- 이 단원에서는 배출량의 산정방법별 산정식에 따라, 온실가스의 배출량을 계산하여 제시하는 것이 주요 목표입니다.
  석유 정제공정의 각 세부공정별 연소 및 화학 반응으로 온실가스가 배출되는 화학식을 통해 온실가스가 배출됨을 확인할 수 있어야 합니다.

1 개요

석유 정제공정은 비등점 차이를 이용하여 원유를 휘발유, 등유, 경유 등과 같은 석유제품과 나프타와 같은 반제품으로 제조하는 공정이다.

2 공정의 원리 및 특징

석유의 정제공정은 증류, 전환·정제, 배합의 세 단계로 구분하고 있다.

(1) 증류단계

원유 중에 포함된 염분을 제거하는 탈염장치 등 전처리과정을 거친 후 가열된 원유를 상압증류탑에 투입하여, 증류탑에서 비등점 차이에 의해 성분이 가벼운 순서로 상부로부터 분리하는 단계이다.

① **상압증류공정** : 원유 증류의 제1단계이며 정유공정 중 가장 중요하고 기본이 되는 공정으로, 대기압하에서 증류를 의미한다. 원유를 상압증류, 냉각, 응축과 같은 물리적 변화과정을 통해 일정한 범위의 비점을 가진 석유 유분을 분리하는 공정이다.

② **감압증류공정** : 감압하에서 증류하는 방식으로 진공증류라고 하며, 비점이 높은 윤활유와 같은 유분을 안정적으로 얻기 위해서 보다 낮은 온도에서 증류하는 공정이다.

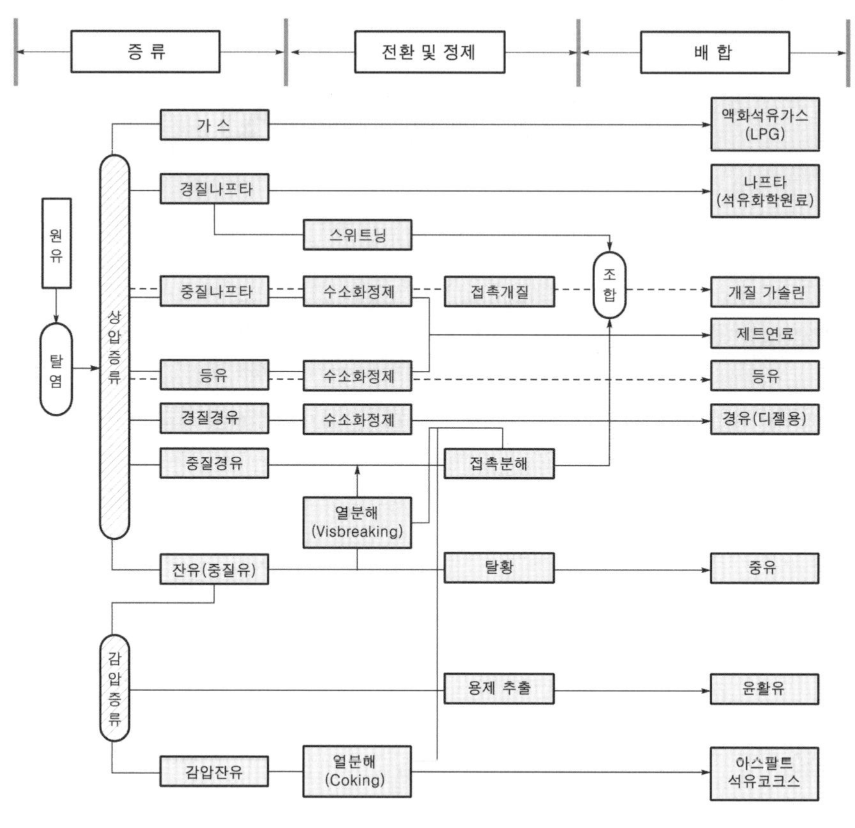

▌석유 정제공정도▌

(2) 전환 및 정제 단계

1) 전환단계

활용가치가 낮은 석유 유분을 여러 방법으로 화학적 변화를 주어 활용성이 우수한 석유제품으로 전환하는 과정이다. 그 예로는 크래킹, 개질, 수소화 분해 등이 있다.

2) 정제단계

증류탑으로부터 유출된 유분 중의 불순물을 제거하고, 생산 목표 제품별 특성을 충족시키기 위해 증류 분리된 성분을 2차 처리하여 품질을 향상시키는 과정이다. 정제공정의 예로는 메록스공정, 접촉개질공정, 수첨탈황공정 등이 있다.

① 메록스공정 : 가스나 유분에 포함한 머캡탄(Mercaptan)류의 황 성분을 무취의 이황화물(Disulfide)로 변환하는 공정이다.

② 접촉개질공정 : 탄화수소의 구조를 바꾸어 옥탄가를 높이는 공정이다.

③ 수첨탈황공정 : 조나프타(Raw Naphtha), 조등유(Raw Kerosene), 경질가스유(LGO) 등을 고온·고압하에서 촉매를 사용하여 수소와 반응시켜, 황화합물을 황화수소의 형태로 만들어 탄화수소에서 분리시키는 탈황공정이다.

(3) 배합단계

각종 유분을 제품별 규격에 맞게 적당한 비율로 혼합하거나 첨가제를 주입하여 배합하는 단계이다.

3 배출특성

〈석유 정제시설에서의 배출공정별 온실가스 종류〉

배출공정	온실가스
수소 제조시설	CO_2
촉매 재생시설	
코크스 제조시설	

4 배출량 산정방법

석유 정제공정의 보고대상 배출시설은 다음과 같이 수소 제조공정, 촉매 재생공정, 코크스 제조공정의 3개로 구분되며, 배출시설별 산정방법은 다음과 같다.

구 분	CO_2	CH_4	N_2O
수소 제조공정	Tier 1, 2, 3, 4	–	–
촉매 재생공정	Tier 1, 3, 4	–	–
코크스 제조공정	Tier 1	–	–

(1) 수소 제조공정

수소 제조공정에서 온실가스 배출량 산정방법은 Tier 1, 2, 3의 세 가지 방법이 있다.

1) Tier 1

① 산정식 : Tier 1은 활동자료인 경질나프타, 부탄, 부생연료 등 원료(i) 투입량에 IPCC 기본배출계수를 곱하여 결정하는 가장 단순한 방법이다.

$$E_{i,CO_2} = FR_i \times EF_i$$

E_{i,CO_2} : 수소 제조공정에서의 CO_2 배출량(tCO_2)

FR_i : 경질나프타, 부탄, 부생연료 등 원료(i) 투입량(t 또는 천m^3)

EF_i : 원료(i)별 CO_2 배출계수

② 산정방법 특징 : 활동자료는 경질타프타, 부탄, 부생연료 등 원료 투입량이고, 배출계수는 유입원료물질의 원료별 CO_2 배출계수이다.

③ 산정에 필요한 변수들의 관리기준 및 결정방법

매개변수	세부변수	관리기준 및 결정방법
활동자료	원료 투입량(FR)	Tier 1 기준인 측정불확도 ±7.5% 이내에서 투입된 경질 나프타, 부탄, 부생연료 등 원료의 투입량 중량을 측정
배출계수	-	IPCC에서 제공하는 기본배출계수(이 경우 보수적 배출량을 산정하기 위해 에탄(C_2H_6) 기준 배출계수 적용)

2) Tier 2

① 산정식 : Tier 2는 활동자료인 수소 생산량에 대비한 CO_2 배출량을 다음과 같은 화학양론반응을 통해 결정하며, 수소 1mole당 CO_2 발생 mole수는 $\frac{n}{(3n+1)}$ 이다.

$$C_nH_{2n+2}(\text{나프타}) + 2nH_2O \rightarrow nCO_2 + (3n+1)H_2$$

$$E_{CO_2} = Q_{H_2} \times \frac{n\,\text{mole}\,CO_2}{(3n+1)\text{mole}\,H_2} \times 1.963$$

E_{CO_2} : 수소 제조공정에서의 CO_2 배출량(tCO_2)

Q_{H_2} : 수소 생산량(천m^3)

$\frac{n\,\text{mole}\,CO_2}{(3n+1)\text{mole}\,H_2}$: 수소 1mole 생산량당 CO_2 발생 mole수

1.963 : CO_2 분자량(44.010)/표준상태시 몰당 CO_2의 부피(22.414)

② 산정방법 특징

㉠ 활동자료로서 수소 생산량을 적용하고, CO_2 배출량은 화학양론관계에 의해 결정하는 방식으로 배출계수를 적용하고 있지 않다.

㉡ 공정배출로서 산정대상 온실가스는 CO_2뿐이고, 다른 온실가스는 공정과정에서 배출되지 않고 있다.

③ 산정에 필요한 변수들의 관리기준 및 결정방법

매개변수	세부변수	관리기준 및 결정방법
활동자료	수소 생산량	Tier 2 기준인 측정불확도 ±5.0% 이내에서 생산된 수소량 측정
배출계수	-	수소 생산반응식[C_nH_{2n+2}(나프타)$+2nH_2O \rightarrow nCO_2 + (3n+1)H_2$]에 따라 수소 1mole 생산시 발생되는 CO_2 양의 비율$\left(\frac{n}{3n+1}\right)$을 사용

3) Tier 3

① **산정식** : Tier 3는 활동자료인 원료 투입량에 투입원료의 탄소함량비를 결정하여 CO_2 배출량을 산정한다. 이때 주의할 사항은 수소 제조공정에 투입되는 원료에 대한 성분의 무게비와 탄소함량을 토대로 투입원료의 탄소함량비를 산정해야 하는 것이다. 원료 중 성분의 무게비는 투입원료의 성분함유비(mole비)와 분자량, 투입원료의 평균 분자량을 토대로 산정하고 원료 중 성분의 탄소함량은 원료 중 성분의 분자량과 성분의 탄소수를 토대로 산정한다.

$$E_{i,CO_2} = FR_i \times EF_i \times 10^{-3}$$

E_{i,CO_2} : 수소 제조공정에서의 CO_2 배출량(tCO_2)
FR_i : 수소 제조공정 가스(i) 투입량(단, H_2O는 제외)(m^3)
EF_i : 수소 제조공정 가스(i)의 CO_2 배출계수(tCO_2/천m^3)

② 산정방법 특징

㉠ 활동자료로서 원료(예 나프타) 투입량을 적용하고, 배출계수는 투입원료의 탄소함량비로서 단위는 부피당 중량(tCO_2/천m^3)이다.

㉡ 공정배출로서 산정대상 온실가스는 CO_2뿐이고, 다른 온실가스는 공정과정에서 배출되지 않고 있다.

③ 산정에 필요한 변수들의 관리기준 및 결정방법

매개변수	세부변수	관리기준 및 결정방법
활동자료	원료 투입량	Tier 3 기준인 측정불확도 ±2.5% 이내에서 투입된 원료의 중량 측정
배출계수	• 투입원료(i)의 탄소함량비 • 원료(i) 중 성분(j)의 무게비 • 원료(i) 중 성분(j)의 탄소함량 • 원료(i) 중 성분(j)의 함유비 • 원료(i) 중 성분(j)의 분자량 • 투입원료(i)의 평균 분자량 • 성분(j)의 탄소수	Tier 3인 사업장 고유값은 GIR에서 검토 및 검증을 통해 확정 고시

(2) 촉매 재생공정

촉매 재생공정에서의 온실가스 배출량 산정방법은 Tier 1, 3의 두 가지 방법이 있다.

1) Tier 1

Tier 1 산정방법은 투입공기 중 산소와 코크스가 화학양론반응($C + O_2 \rightarrow CO_2$)에 의해 CO_2가 생성·배출된다는 가정에 기초하고 있다.

① 산정식 : Tier 1은 활동자료인 공기 투입량에 투입공기 중 산소함량비(=0.21)를 곱하여 결정하는 가장 단순한 방법이다.

$$E_{CO_2} = AR \times CF \times 1.963$$

E_{CO_2} : CO_2 배출량(tCO_2)

AR : 공기 투입량(천m^3)

CF : 투입공기 중 산소함량비(=0.21)

1.963 : CO_2 분자량(44.010)/표준상태시 몰당 CO_2의 부피(22.414)

② 산정방법 특징

㉠ 활동자료로서 공기 투입량을 적용하고, 배출계수를 특별히 적용하지 않으며, 공기량 중의 산소량으로 전환하기 위해 투입공기 중 산소함량비(=0.21)를 적용하여 산소 투입량을 결정하고 이를 CO_2 양으로 환산하였다.

㉡ 반응식 $C + O_2 \rightarrow CO_2$를 이용하여 화학양론관계식으로부터 O_2 1mole에 CO_2 1mole이 생성되는 관계식을 이용하여 결정하고, 이를 CO_2 분자량(44g/mole)을 곱하여 배출량을 중량단위로 환산하였다.

㉢ 본 방법은 화학양론에 근거하여 공기를 공급할 수 있는 방법이 없기 때문에 CO_2 배출량이 과다 또는 과소 산정될 소지가 있으며, 대부분의 경우 과잉공기를 불어 넣어 침착된 코크스의 완전 산화연소 제거 가능성이 높으므로 과다 산정될 개연성이 높다.

㉣ 공정배출로서 산정대상 온실가스는 CO_2뿐이고, 다른 온실가스는 공정과정에서 배출되지 않고 있다.

③ 산정에 필요한 변수들의 관리기준 및 결정방법

매개변수	세부변수	관리기준 및 결정방법
활동자료	공기 투입량	Tier 1 기준인 측정불확도 ±7.5% 이내에서 투입된 공기량 측정
산소함량비	-	투입공기 중 산소함량비(=0.21)

2) Tier 3

① Tier 3A 산정식 : 점착된 코크스의 양을 파악할 수 있으며, 연소된 코크스 중 탄소가 모두 CO_2로 배출된다고 가정한다.

$$E_{CO_2} = CC \times CF$$

E_{CO_2} : CO_2 배출량(t)

CC : 연소된 코크스 양(t)

CF : 연소된 코크스의 배출계수(tCO_2/t-Coke)

② Tier 3B 산정식 : 촉매재생공정이 연속재생공정으로 운영되어 산소함량 변화 및 코크스 함량의 측정이 불가능한 경우는 배출시설의 규모와 상관없이 다음 방법론을 적용하여 배출량을 산정하도록 한다.

$$E_{CO_2} = AR \times CF \times 1.963$$

E_{CO_2} : 촉매재생 공정에서의 CO_2 배출량(tCO_2)

AR : 공기투입량(천m^3)

CF : 배기가스 중 CO, CO_2 농도비의 합

1.963 : CO_2의 분자량(44.010)/표준상태 시 몰당 CO_2의 부피(22.414)

③ 산정방법 특징 : 본 산정방법은 촉매에 침착된 코크스의 양으로 침착된 코크스 중의 탄소가 모두 CO_2로 전환 배출된다는 가정을 도입한 것으로 다음과 같은 문제점을 갖고 있다.

㉠ 침착된 코크스의 양을 결정하는 데 어려움이 예상되므로 표준화된 방법의 적용이 필요하다.

㉡ 촉매 재생 전후의 중량 차이로 코크스 양을 결정할 것으로 예상되나, 촉매 중량에 비해 코크스 양이 상당히 적기 때문에 오차가 클 개연성이 있다.

㉢ 침착된 모든 코크스가 산화 분해된다는 가정은 과다 산정될 소지가 있으므로 CO_2 배출량도 과다 산정될 여지가 높다.

㉣ 코크스의 연소에 의해 배출되는 온실가스 중에서 CO_2만 산정하는 것으로 되어 있으나, 에너지부문의 고정연소에서는 CH_4 배출도 산정토록 하고 있으므로 향후 CH_4 배출에 대한 것도 일관성 차원에서 고려할 필요가 있다.

④ 산정에 필요한 변수들의 관리기준 및 결정방법

매개변수	세부변수	관리기준 및 결정방법
활동자료	침착된 코크스의 양	Tier 3 기준인 측정불확도 ±2.5% 이내에서 촉매에 침착된 코크스의 중량 측정
배출계수	-	• Tier 3는 사업장 고유 코크스 중의 탄소함량비(CF) 이용 • Tier 3인 사업장 고유 코크스 중의 탄소함량비(CF)는 온실가스 종합정보센터(GIR)에서 검토 및 검증을 통해 확정 고시

(3) 코크스 제조공정

① 산정식 : 국내 목표관리제에서 적용되도록 하는 코크스 제조공정의 온실가스 배출량 산정방법은 다음의 산정식(Tier 1)만을 제공하고 있으며, 활동자료인 버너에서 연소되는 코크스 양에 연소된 코크스의 배출계수를 곱하여 결정토록 하고 있다.

$$E_{CO_2} = CC \times EF$$

E_{CO_2} : CO_2 배출량(t)

CC : 버너에서 연소된 코크스 양(t)

EF : 연소된 코크스의 배출계수(tCO_2/t-Coke)

② 산정방법 특징

㉠ 활동자료는 버너에서 연소된 코크스의 양으로 이에 대한 측정 결정이 필요하고, 배출계수는 버너에서 연소되는 코크스 중의 탄소함량비로서 공정시험법 등을 통해 결정해야 할 필요가 있다.

㉡ 공정배출로서 산정대상 온실가스는 CO_2뿐이라고 가정했으나, 에너지부문의 고정연소에서는 CH_4 배출을 산정토록 하고 있으므로 향후 CH_4 배출에 대한 것도 일관성 차원에서 고려할 필요가 있다.

③ 산정에 필요한 변수들의 관리기준 및 결정방법

매개변수	세부변수	관리기준 및 결정방법
활동자료	코크스의 양	• Tier 1 : 측정불확도 ±7.5% 이내 • Tier 2 : 측정불확도 ±5.0% 이내 • Tier 3 : 측정불확도 ±2.5% 이내 각 Tier별 기준에 준해 버너에 의해 연소 처리된 코크스의 양을 측정하여 결정
배출계수	석유코크스 연소에 의한 CO_2 배출량	• Tier 1 : IPCC에서 제공하는 기본배출계수 • Tier 1은 목표관리지침 [별표 17]에서의 석유코크스에 대한 CO_2 배출계수와 [별표 18]의 석유코크스의 기본발열량값 사용 • Tier 2는 코크스의 국가 고유 탄소함량비, Tier 3는 코크스의 사업장 고유 탄소함량비 이용 • Tier 2는 국가 고유값으로 온실가스 종합정보센터(GIR)에서 고시한 값을 사용하며, Tier 3인 사업장 고유값을 GIR에서 검토 및 검증을 통해 확정 고시

적중 예·상·문·제

01 석유 정제공정에서 수소를 제조하기 위한 나프타의 사용량이 1,600t 이다. 온실가스 배출량을 Tier 1 산정방법을 이용하여 산정하시오. (단, 단위는 tCO_2-eq로 한다.)

풀이 $E_{i,CO_2} = FR_i \times EF_i$

여기서, E_{i,CO_2} : 수소 제조공정에서의 CO_2 배출량(tCO_2)

FR_i : 경질나프타, 부탄, 부생연료 등 원료(i) 투입량(t 또는 천m^3)

EF_i : 원료(i)별 CO_2 배출계수

$$\therefore \text{배출량} = 1,600\,\text{t} \times \frac{44.5\text{MJ}}{\text{kg}} \times \frac{\text{TJ}}{10^6\text{MJ}} \times \frac{10^3\text{kg}}{\text{t}} \times \frac{73,000\text{kgCO}_2-\text{eq}}{\text{TJ}} \times \frac{\text{tCO}_2-\text{eq}}{10^3\text{kgCO}_2-\text{eq}}$$

$$= 5,197.6 \fallingdotseq 5,198\,\text{tCO}_2-\text{eq}$$

02 정유사에서 원유를 정제하는 과정에서 비정상운전으로 인하여 탈루성 배출이 발생하였다. 이에 대한 온실가스 배출량을 Tier 1 수준으로 구하시오.

- 코크스의 양 : 350t
- 산정식 : $E_i = Q_i \times CCF_i \times 3,664$

여기서, E_i : 원유 정제과정에서 정상운전 중, 혹은 비정상운전 및 사고 등으로 인해 배기되는 가스의 탈루성 배출(tCO_2-eq)

Q_i : 석유 정제과정에서 촉매 재생을 위해 연소되는 코크스(i)의 양(t) (가능할 경우, 열원으로 사용되는 코크스를 제외한다)

CCF_i : 촉매 재생을 위해 연소되는 코크스(i)의 탄소함량

- 배출계수 : 탄소함량계수 = 0.789tC/t-코크스

풀이 $E_i = Q_i \times CCF_i \times 3.664$

$= 350\text{t} \times 0.789 \times 3.664$

$= 1,011.8136\,\text{tCO}_2-\text{eq} \fallingdotseq 1,011.81\,\text{tCO}_2-\text{eq}$

03 석유 정제공정의 순서를 작성하시오.

풀이 증류 → 전환 및 정제 → 배합

04 촉매 재생공정에서 발생한 온실가스 배출량이 3,200tCO_2-eq일 때, 투입되는 공기량(천m^3)을 구하시오.

- 산정식 : $E_{CO_2} = AR \times CF \times 1.963$

풀이 $E_{CO_2} = AR \times CF \times 1.963$

여기서, E_{CO_2} : CO_2 배출량(t)

AR : 공기 투입량(천m^3)

CF : 투입공기 중 산소함량비(=0.21)

x(천m^3) $\times 0.21 \times 1.963 = 3{,}200\,tCO_2-eq$

$\therefore\ x = 7{,}762.657$ 천m^3

05 석유 정제공정에서 수소를 제조하기 위해 나프타를 사용하고 있다. 이때 발생한 온실가스 배출량이 6,000tCO_2-eq일 때, 사용한 나프타의 양(t)을 구하시오.

- 나프타 발열량 : 44.5MJ/kg
- CO_2 배출계수 : 73,000kgCO_2-eq/TJ

풀이 $E_{i,CO_2} = FR_i \times EF_i$

여기서, E_{i,CO_2} : 수소 제조공정에서의 CO_2 배출량(tCO_2)

FR_i : 경질나프타, 부탄, 부생연료 등 원료(i) 투입량(t 또는 천m^3)

EF_i : 원료(i)별 CO_2 배출계수

$$x(\mathrm{t}) \times \frac{44.5\,\mathrm{MJ}}{\mathrm{kg}} \times \frac{\mathrm{TJ}}{10^6\,\mathrm{MJ}} \times \frac{10^3\,\mathrm{kg}}{\mathrm{t}} \times \frac{73{,}000\,\mathrm{kg\,CO_2-eq}}{\mathrm{TJ}} \times \frac{\mathrm{tCO_2-eq}}{10^3\,\mathrm{kg\,CO_2-eq}}$$

$= 6{,}000\,tCO_2-eq$

$\therefore\ x = 1{,}847.006311\,t ≒ 1{,}847.01\,t$ - 나프타

06

석유 정제시설 중 수소 제조공정에서의 수소 제조로 인한 온실가스 배출량을 Tier 2 기준으로 산정하시오. (단, 소수점 5째 자리에서 반올림하시오.)

- 수소 생산량 : 1,000m^3
- 원료 조성 : 메탄 80%, 에탄 10%, 부탄 10%
- 산정식 : $E_{CO_2} = H_2R \times \dfrac{x \text{ mole } CO_2}{(3x+1) \text{mole } H_2} \times 1.963$

여기서, E_{CO_2} : CO_2 배출량(t)

H_2R : 수소 생산량(천m^3)

$\dfrac{x \text{ mole } CO_2}{(3x+1) \text{mole } H_2}$: CO_2 발생비(수소 1몰 생산에 따른 CO_2 발생 몰수)

* 반응식 : $C_xH_{(2x+2)} + 2x \cdot H_2O \rightarrow (3x+1)H_2 + xCO_2$

풀이

$$E_{CO_2} = H_2R \times \frac{x \text{ mole } CO_2}{(3x+1) \text{mole } H_2} \times 1.963$$

메탄(CH_4) : $x = 1$

에탄(C_2H_6) : $x = 2$

부탄(C_4H_{10}) : $x = 4$

$$\therefore E_{CO_2} = 1 \text{천m}^3 \times \left(\frac{1}{3+1} \times 0.8 + \frac{2}{3 \times 2 + 1} \times 0.1 + \frac{4}{3 \times 4 + 1} \times 0.1 \right) \times 1.963$$

$$= 0.509086 \fallingdotseq 0.5091 \, tCO_2$$

07

석유 정제공정 중 상압증류공정에 관하여 설명하시오.

풀이 상압증류공정이란 증류의 원리에 의해 원유를 가열, 냉각 및 응축과 같은 물리적 변화과정을 통하여 일정한 범위의 비점을 가진 석유 유분을 분리시키는 공정을 말한다. 석유 정제공정 중 가장 중요하고 기본이 되는 공정이다.

08 수소 제조공정에서 조건이 다음과 같을 때 온실가스 배출량을 구하시오. (단, 단위는 tCO_2-eq이며, Tier 1 산정식을 이용한다.)
- 원료 투입량 : 에탄 3,500t
- 배출계수(원료 투입량) : 2.9tCO_2/t-원료(원료는 에탄임)

풀이

$E_{i,CO_2} = FR_i \times EF_i$

여기서, E_{i,CO_2} : 수소 제조공정에서의 CO_2 배출량(tCO_2-eq)

FR_i : 경질나프타, 부탄, 부생연료 등 원료(i) 투입량(t 또는 천m^3)

EF_i : 원료(i)별 CO_2 배출계수

$$\therefore \text{배출량} = 3{,}500\,\text{t-에탄} \times \frac{2.9\,tCO_2-eq}{\text{t-에탄}} = 10{,}150\,tCO_2-eq$$

09 수소 제조공정에서 온실가스 배출량이 29,000tCO_2-eq일 때, 사용하는 에탄의 양(t)을 구하시오. (단, Tier 1 산정식을 이용하여 구한다.)
- 배출계수(원료 투입량) : 2.9tCO_2/t-원료(원료는 에탄임)
- 계산식 : $E_{i,CO_2} = FR_i \times EF_i$

풀이

$E_{i,CO_2} = FR_i \times EF_i$

여기서, E_{i,CO_2} : 수소 제조공정에서의 CO_2 배출량(tCO_2-eq)

FR_i : 경질나프타, 부탄, 부생연료 등 원료(i) 투입량(t 또는 천m^3)

EF_i : 원료(i)별 CO_2 배출계수

$$x(\text{t-에탄}) \times \frac{2.9\,tCO_2-eq}{\text{t-에탄}} = 29{,}000\,tCO_2-eq$$

$$\therefore x = 10{,}000\,\text{t-에탄}$$

10 촉매 재생공정에서 온실가스 배출량을 산출하시오. (단, 단위는 tCO_2-eq이다.)
- 산정식 : $E_{CO_2} = AR \times CF \times 1.963$
- 공기 투입량 : 4,658,000m^3

풀이

$E_{CO_2} = AR \times CF \times 1.963$

여기서, E_{CO_2} : CO_2 배출량(t)

AR : 공기 투입량(천m^3)

CF : 투입공기 중 산소함량비(=0.21)

$$\therefore \text{온실가스 배출량} = 4{,}658\,\text{천}m^3 \times 0.21 \times 1.963 = 1{,}920.167 \fallingdotseq 1{,}920.17\,tCO_2$$

CHAPTER 10

아디프산 생산공정

제10장 합격 포인트

- 이 단원에서는 배출량의 산정방법별 산정식에 따라, 온실가스의 배출량을 계산하여 제시하는 것이 주요 목표입니다.
  아디프산 생산공정의 각 세부공정별 연소 및 화학 반응으로 온실가스가 배출되는 화학식을 통해 온실가스가 배출됨을 확인할 수 있어야 합니다.

1 개요

① 아디프산($C_6H_{10}O_4$) 생산공정은 유기산의 일종으로 케톤(Ketone)인 사이클로헥사논(Cyclohexanone[$(CH_2)_5CO$])과 알코올(Alcohol)인 사이클로헥사놀(Cyclohexanol[$(CH_2)_5CHOH$]), 그리고 질산을 반응시켜 아디프산과 아산화질소가 생성되는 공정이다.

$$(CH_2)_5CO + (CH_2)_5CHOH + wHNO_3 \rightarrow HOOC(CH_2)_4COOH + xN_2O + yH_2O$$

② 아디프산은 유화제, 안정제, pH조정제, 향료고정제로 사용되며, 나일론, 폴리우레탄, 가소제 등의 화학제품의 기초 원료로도 이용되는 백색 결정의 고체이다.

2 공정의 원리 및 특징

아디프산의 생산공정은 반응공정, 결정화공정, 정제공정, 건조공정으로 구분된다.

(1) 반응공정

1차 반응기에서 Cyclohexanone과 Cyclohexanol을 6 : 4의 비율로 투입·혼합하고, 130~170℃에서 산화시켜 Ketone-Alcohol Oil을 제조한 다음 2차 반응기에 옮겨 질산과 촉매(질산동과 바나듐, 암모니아염의 혼합물)와 반응시켜 아디프산을 생산한다.

(2) 결정화공정

생성된 아디프산은 결정화과정을 통해 고체상태의 아디프산이 생산된다.

(3) 정제공정

고체상 결정화된 아디프산을 정제하여 순도가 일정하도록 유지·관리한다.

(4) 건조공정

정제된 아디프산은 조립공정을 거쳐 건조공정으로 이송되고, 수분 및 기타 불순물을 제거하기 위해 고온에서 건조한다. 최종 생산된 아디프산은 일정 크기로 선별한 후 저장 및 포장된다.

※ 아디프산 생산반응

㉮ : $(CH_2)_5CO + w HNO_3 \rightarrow HOOC(CH_2)_4COOH + x N_2O + y H_2O$

㉯ : $(CH_2)_5CHOH + w' HNO_3 \rightarrow HOOC(CH_2)_4COOH + x' N_2O + y' H_2O$

㉮ + ㉯ : $(CH_2)_5CO + (CH_2)_5CHOH + w'' HNO_3$

$\rightarrow HOOC(CH_2)_4COOH + x'' N_2O + y'' H_2O$

반응식에서도 알 수 있듯이 N_2O는 반응생성물로서 상당량이 생성되므로 적절한 처리과정을 통해 배출해야 하며, 일반적으로 N_2O는 열분해(Thermal Destruction Process)공정을 통해 99% 이상 분해되고, 분해하는 과정에서 CO_2가 발생된다. 한편 이외에도 아디프산 제조공정에서는 대기오염물질인 NO_x, VOCs 등이 배출된다.

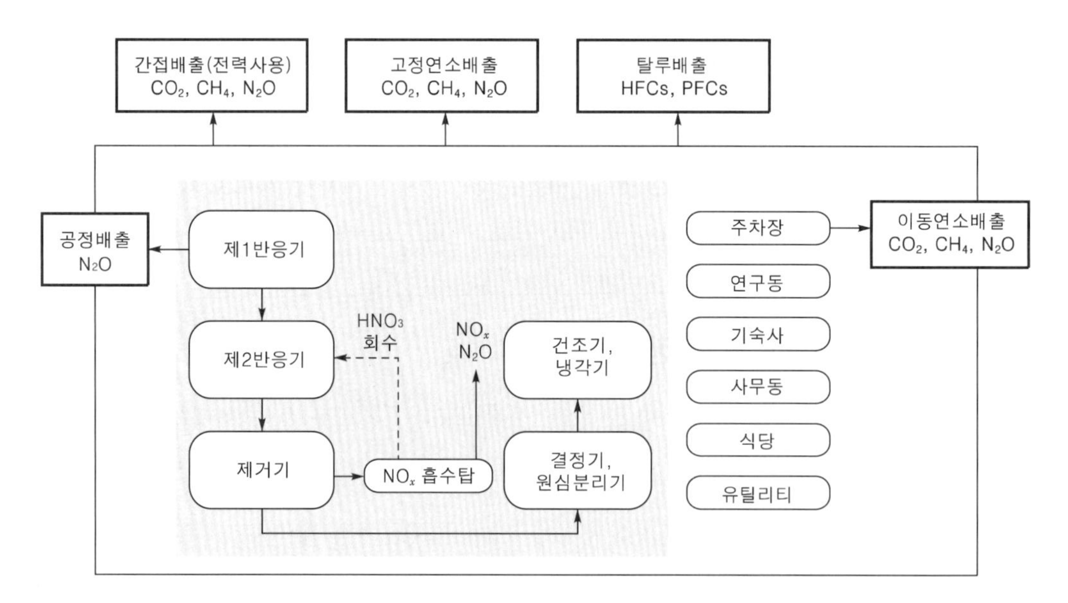

‖ 아디프산 생산시설의 조직경계와 온실가스 배출특성 ‖

3 배출특성

〈아디프산 생산시설에서의 온실가스 종류 및 배출원인〉

배출공정	온실가스	배출원인
아디프산 생산시설 (반응공정)	N_2O	질산과 촉매(질산동과 바나듐, 암모니아염의 혼합물) 존재하에 700~1,000℃에서 KA Oil 용액의 산화반응에 의해 N_2O 배출 $(CH_2)_5CO + (CH_2)_5CHOH + wHNO_3 \rightarrow HOOC(CH_2)_4COOH + xN_2O + yH_2O$

4 배출량 산정방법

	CO_2	CH_4	N_2O
산정방법론	–	–	Tier 1, 2, 3

■ Tier 1~3

국내 목표관리제에서 적용토록 요구하고 있는 아디프산 생산시설의 온실가스 배출량 산정방법은 Tier 1, 2, 3 세 가지이지만, 공통된 하나의 산정식을 사용하고 있다. Tier 별로 활동자료 및 배출계수는 구분하여 각각의 변수를 결정하고 있다.

① 산정식 : 질산의 경우와 동일하며, 활동자료, 배출계수, 감축비율 등을 고려하여 산정하고 있다.

$$E_{N_2O} = \sum_{k,h}[EF_k \times AAP_k \times (1 - DF_h \times ASUF_h)] \times 10^{-3}$$

E_{N_2O} : N_2O 배출량(tN_2O)

EF_k : 기술유형(k)별 아디프산의 N_2O 배출계수(kgN_2O/t-아디프산)

AAP_k : 기술유형(k)별 아디프산 생산량(t-아디프산)

k : 기술유형

DF_h : 저감기술(h)별 분해계수(0에서 1 사이의 소수)

h : 저감기술

$ASUF_h$: 저감기술(h)별 저감시스템의 이용계수(0에서 1 사이의 소수)

② 산정방법 특성

㉠ 활동자료로서 질산 생산량을 기본적으로 적용하고 있으나, 여러 생산기술이 적용된 경우에는 각 생산기술별로 구분하여 질산 생산량을 결정한 다음 합산토록 하고 있다.

㉡ 배출계수는 생산기술에 따른 단위 질산 생산량에 대비한 N_2O 배출량이다.

㉢ 산정방법 중에서 특이한 점은 N_2O 감축기술의 적용 정도를 고려하여 감축량을 제하도록 하고 있으나, 감축량을 배출량에서 빼주는 것이 아니라 배출계수에 감축비율을 고려하여 적용토록 하고 있는 점이다.

㉣ 감축기술별 분해계수(기술별로 제공된 계수값)와 그 감축기술의 적용비율을 종합적으로 고려하여 감축비율을 결정하고, 이를 배출계수에 적용한 다음 활동자료와 곱하여 배출량을 최종 결정한다.

③ 산정에 필요한 변수들의 관리기준 및 결정방법

<table>
<tr><th>매개변수</th><th>세부변수</th><th>관리기준 및 결정방법</th></tr>
<tr><td>활동자료</td><td>생산기술(k)별
아디프산 생산량(AAP_k)</td><td>• Tier 1 : 측정불확도 ±7.5% 이내
• Tier 2 : 측정불확도 ±5.0% 이내
• Tier 3 : 측정불확도 ±2.5% 이내
각 Tier별 기준에 준하여 측정을 통해 결정</td></tr>
<tr><td>배출계수</td><td>기술유형(k)에 따른
아디프산의 N_2O 배출계수
(EF_{N_2O})</td><td>• Tier 1 : IPCC에서 제공하는 기본배출계수, 이용계수, 분해계수 활용
– 배출계수(질산 산화공정) : 300kgN_2O/t–아디프산(저감기술 미적용시)
– 기술(h)별 분해계수 및 이용계수
<table>
<tr><th>감축기술</th><th>분해계수</th><th>이용계수</th></tr>
<tr><td>촉매 분해</td><td>0.925</td><td>0.89</td></tr>
<tr><td>열분해</td><td>0.985</td><td>0.97</td></tr>
<tr><td>질산으로 재활용</td><td>0.985</td><td>0.94</td></tr>
<tr><td>아디프산 원료로 재활용</td><td>0.940</td><td>0.89</td></tr>
</table>
• Tier 2 : 국가 고유배출계수를 적용하며, 이는 온실가스 종합정보센터(GIR)에서 고시한 값을 사용
• Tier 3 : 사업장 고유배출계수를 이용하고, 이는 GIR에서 검토 및 검증을 통해 확정 고시</td></tr>
<tr><td>이용계수</td><td>감축기술(h)별
저감시스템 이용계수
($ASUF_h$)</td><td rowspan="2">감축기술별로 저감시스템 이용계수와 분해계수로서 활용 가능한 값이 있으면 적용하되, 값이 없으면 각각 “0”을 적용</td></tr>
<tr><td>분해계수</td><td>감축기술(h)별
분해계수(DF_h)</td></tr>
</table>

적중 예·상·문·제

01 아디프산 생산량이 320t 일 때, 발생되는 배출량(tCO_2)을 구하시오. (단, 감축기술은 촉매 분해방법을 이용한다.)
- 배출계수 : $300kgN_2O/t$-아디프산
- 촉매 분해시 분해계수 : 92.5%, 이용계수 : 89%

풀이 $E_{N_2O} = \sum_{k,h}[EF_k \times AAP_k \times (1 - DF_h \times ASUF_h)] \times 10^{-3}$

여기서, E_{N_2O} : N_2O 배출량(tN_2O)

EF_k : 기술유형(k)별 아디프산의 N_2O 배출계수(kgN_2O/t-아디프산)

AAP_k : 기술유형(k)별 아디프산 생산량(t-아디프산)

k : 기술유형

DF_h : 저감기술(h)별 분해계수(0에서 1 사이의 소수)

h : 저감기술

$ASUF_h$: 저감기술(h)별 감축시스템의 이용계수(0에서 1 사이의 소수)

$$\therefore\ 320t \times \frac{300kg\,N_2O}{t-\text{아디프산}} \times (1 - 0.925 \times 0.89) \times \frac{tCO_2 - eq}{10^3 kg\,CO_2 - eq} = 16.968N_2O$$

문제에서 원하는 답은 CO_2 기준의 발생 배출량이므로 N_2O의 GWP를 통해 환산한다.

$$\therefore\ 16.968tN_2O \times \frac{310tCO_2}{tN_2O} = 5{,}260.08tCO_2$$

02 아디프산 생산공정의 순서를 작성하시오.

풀이 반응공정 → 결정화공정 → 정제공정 → 건조공정

03 **아디프산 생산량이 600t 일 때, 발생되는 온실가스 배출량을 구하시오. (단, 감축기술은 촉매 분해방법을 이용하며, 단위는 tN_2O이다.)**

- 배출계수 : $300kgN_2O$/t-아디프산
- 촉매 분해시 분해계수 : 92.5%, 이용계수 : 89%
- 계산식 : $E_{N_2O} = \sum_{k,h}[EF_{N_2O} \times AAP_k \times (1 - DF_h \times ASUF_h)] \times F_{eq,j} \times 10^{-3}$

풀이

$$E_{N_2O} = \sum_{k,h}[EF_{N_2O} \times AAP_k \times (1 - DF_h \times ASUF_h)] \times F_{eq,j} \times 10^{-3}$$

여기서, E_{N_2O} : N_2O 배출량(tN_2O)

EF_{N_2O} : 기술유형(k)별 아디프산의 N_2O 배출계수(kgN_2O/t-아디프산)

AAP_k : 기술유형(k)별 아디프산 생산량(t-아디프산)

k : 기술유형

DF_h : 저감기술(h)별 분해계수(0에서 1 사이의 소수)

h : 저감기술

$ASUF_h$: 저감기술(h)별 저감시스템의 이용계수(0에서 1 사이의 소수)

$$\therefore\ 600t \times \frac{300kg\,N_2O}{t-\text{아디프산}} \times (1 - 0.925 \times 0.89) \times \frac{tCO_2-eq}{10^3kg\,CO_2-eq} = 31.815tN_2O \fallingdotseq 31.82tN_2O$$

04 **아디프산 생산시 온실가스 배출량이 $3,000tCO_2$일 때, 아디프산 생산량을 구하시오. (단, 감축기술은 촉매 분해방법을 이용하고, 아디프산 생산량의 단위는 t 으로 하며, 소수점 둘째 자리에서 반올림한다.)**

- 배출계수 : $300kgN_2O$/t-아디프산
- 촉매 분해시 분해계수 : 94%, 이용계수 : 85%

풀이

$$E_{N_2O} = \sum_{k,h}[EF_{N_2O} \times AAP_k \times (1 - DF_h \times ASUF_h)] \times F_{eq,j} \times 10^{-3}$$

여기서, E_{N_2O} : N_2O 배출량(tN_2O)

EF_{N_2O} : 기술유형(k)별 아디프산의 N_2O 배출계수(kgN_2O/t-아디프산)

AAP_k : 기술유형(k)별 아디프산 생산량(t-아디프산)

k : 기술유형

DF_h : 저감기술(h)별 분해계수(0에서 1 사이의 소수)

$ASUF_h$: 저감기술(h)별 저감시스템의 이용계수(0에서 1 사이의 소수)

h : 저감기술

$$3,000tCO_2 \times \frac{tN_2O}{310tCO_2} = 9.677419tN_2O$$

$$x(t) \times \frac{300kg\,N_2O}{t-\text{아디프산}} \times (1 - 0.94 \times 0.85) \times \frac{tCO_2-eq}{10^3kg\,CO_2-eq} = 9.677419tN_2O$$

$$\therefore\ x = 160.4878773 \fallingdotseq 160.5t-\text{아디프산}$$

CHAPTER 11

합금철 생산공정

제11장 합격 포인트

이 단원에서는 배출량의 산정방법별 산정식에 따라, 온실가스의 배출량을 계산하여 제시하는 것이 주요 목표입니다.
합금철 생산공정의 각 세부공정별 연소 및 화학 반응으로 온실가스가 배출되는 화학식을 통해 온실가스가 배출됨을 확인할 수 있어야 합니다.

1 개요

① 합금철(Ferro Alloy)은 철 이외의 금속(망간, 실리콘, 크롬, 니켈 등)의 혼합물로 이루어져 있으며, 철강 제련과정에서 용탕(금속이 녹은 쇳물)의 황 성분 등 불순물을 제거하거나, 철 이외의 성분원소 첨가를 목적으로 제조·사용된다.

② 합금철 제조는 초기단계에는 고로에서 이뤄졌으나, 고로에서 생산 가능한 품종 및 제품규격이 한정되어 있으므로 전기로가 개발된 이후에는 주로 전기로에서 제조된다.

③ 합금철은 특성 및 용도에 따라 페로망간(FeMn), 실로콘망간(SiMn), ULPC(극저인탄소, FeMn), 페로크롬(FeCr), 페로실리크롬(FeSiCr), 페로니켈(FeNi) 등으로 분류하고 있다.

2 공정의 원리 및 특징

합금철의 생산공정은 원자재의 투입, 원료의 배합, 정련 및 출탕, 기계적 파쇄로 구분된다.

(1) 원자재 투입

원자재 투입공정은 철광석, 철 이외의 금속(실리콘, 망간, 크롬, 몰리브덴, 바나듐, 텅스텐 등), 탄소성 환원제(석탄, 코크스, 일부에서는 목탄과 나무 등 사용) 등을 혼합 투입하는 공정이다.

(2) 원료 배합

투입된 원자재가 균일하게 혼합될 수 있도록 배합하는 공정이다.

(3) 정련 및 출탕

전기아크로에서 전기의 양도체인 전극(탄소봉)에 전류를 통하여 전극 사이에 아크열을 발생시키고 이 전기열을 이용하여 철과 여타 금속을 산화 정련하며, 산화 정련 후 환원제를 이용하여 환원 정련함으로써 탈산 및 탈황 과정을 거쳐 합금철이 생산되는 공정이다.

(4) 기계적 파쇄

출탕공정 이후 생산된 합금철을 제품규격에 맞추어 기계적으로 파쇄하는 공정이다.

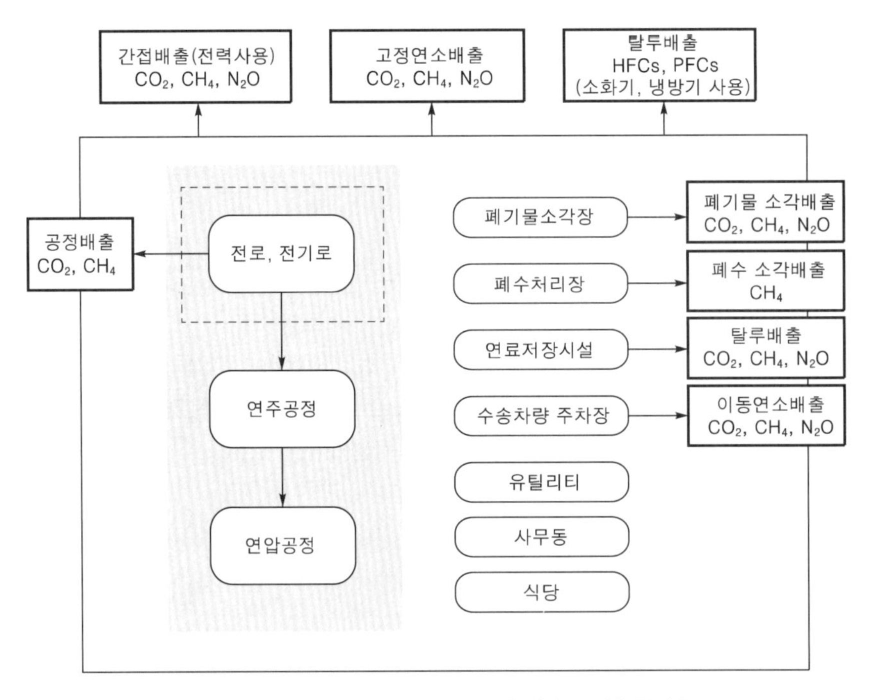

‖ 합금철 생산시설의 조직경계 및 온실가스 배출특성 ‖

3 배출특성

〈철강 생산시설에서의 배출공정별 온실가스 종류 및 배출원인〉

배출공정	온실가스	배출원인
전로	CO_2 CH_4	• 코크스와 같은 환원제의 야금환원(Metallurgical Reduction) 과정에서 CO_2가 발생 • 실리콘(Si)계 합금철을 생산할 경우 CH_4가 발생
전기로 (전기아크로)		• 전기로는 전기양도체인 전극(탄소봉)에 전류를 통하여 고철과 전극 사이에 발생하는 아크열을 이용하여 고철 등 내용물을 산화 정련하며, 그 이후에 탄소봉에 의해 금속산화물이 환원되면서 탈산과정에 의해 CO_2가 발생 • 실리콘(Si)계 합금철을 생산할 경우 CH_4가 발생

4 배출량 산정방법

합금철 생산공정의 보고대상 배출시설은 다음과 같이 총 2개이다.

① 전로

② 전기아크로

	CO_2	CH_4	N_2O
산정방법론	Tier 1, 2, 3, 4	Tier 1, 2	–

(1) Tier 1

① 산정식

$$E_{i,j} = Q_i \times EF_{i,j} \times F_{eq,j}$$

$E_{i,j}$: 각 합금철(i) 생산에 따른 CO_2 및 CH_4 배출량(tCO_2-eq)

Q_i : 합금철 제조공정에 생산된 각 합금철(i)의 양(t)

$EF_{i,j}$: 합금철(i) 생산량당 배출계수(tCO_2/t-합금철, tCH_4/t-합금철)

$F_{eq,j}$: 온실가스(CO_2, CH_4)의 CO_2 등가계수(CO_2=1, CH_4=21)

② 산정방법 특징

㉠ 활동자료로서 합금철 생산량을 적용한다.

㉡ 배출계수는 합금철 생산량에 대비한 온실가스 배출량으로 한다.

㉢ 산정대상 온실가스는 CO_2, CH_4이며 CO_2는 환원제에 의해 금속산화물이 환원되면서 생성 배출되고, CH_4는 실리콘계 합금철을 생산하는 과정에서 배출된다.

③ 산정에 필요한 변수들의 관리기준 및 결정방법

매개변수	세부변수	관리기준 및 결정방법
활동자료	합금철의 생산량 자료(Q_i)	합금철 생산량을 Tier 1 기준인 측정불확도 ±7.5% 이내에서 중량을 측정하여 결정
배출계수	-	IPCC에서 제공하는 기본배출계수 활용

(2) Tier 2

① 산정식

$$E_{CO_2} = \Sigma(M_{ra} \times EF_{ra}) + \Sigma(M_{ore} \times EF_{ore}) + \Sigma(M_{sfm} \times EF_{sfm}) - \Sigma(M_p \times EF_p) - \Sigma(M_{npos} \times EF_{npos})$$

E_{CO_2} : 합금철 생산에 따른 CO_2 배출량(tCO_2-eq)
M_{ra} : 환원제(Reducing Agent)의 무게(t)
EF_{ra} : 환원제의 배출계수(tCO_2/t-환원제)
M_{ore} : 원석(Ore)의 무게(t)
EF_{ore} : 원석(Ore)의 탄소함량(tCO_2/t-원석)
M_{sfm} : 슬래그 형성물질(Slag Forming Material)의 양(t)
EF_{sfm} : 슬래그 형성물질 내 탄소함량(tCO_2/t-슬래그 형성물질)
M_p : 생산제품(Product)의 무게(t)
EF_p : 생산제품 내 탄소함량(tCO_2/t-제품)
M_{npos} : 부산물(Non-product Outgoing Stream)의 반출량(t)
EF_{npos} : 부산물 중 탄소함량(tCO_2/t-비제품)

$$E_{CH_4} = Q \times EF_{CH_4}$$

E_{CH_4} : 각 합금철(i) 생산에 따른 CH_4 배출량(tCH_4)
Q : 합금철 제조공정에 생산된 각 합금철(i)의 양(t)
EF_{CH_4} : 합금철 생산량당 배출계수(tCH_4/t-합금철)

② 산정방법 특징

㉠ 환원제의 경우는 철강산업의 경우와 다르게 탄소함량 변화(전기로의 경우는 탄소봉에서의 탄소 소모량)에 따른 CO_2 배출량을 산정하지 않고, 환원제 중량에 대비한 배출계수를 결정·적용토록 하고 있다.

㉡ 환원제를 제외한 다른 유·출입 물질은 탄소의 물질수지를 토대로 CO_2 배출량을 산정하였다.

㉢ 산정대상 온실가스는 CO_2, CH_4이며, CH_4는 실리콘계열 합금철 생산시에 배출되는 것이다.

③ 산정에 필요한 변수들의 관리기준 및 결정방법

매개변수	세부변수	관리기준 및 결정방법
활동자료	• 환원제의 무게(M_{ra}) • 원석의 무게(M_{ore}) • 슬래그 형성물질의 양(M_{sfm}) • 생산제품의 무게(M_p, Q) • 부산물 외부 반출량(M_{npos})	Tier 2 관리기준(측정불확도 ±5.0% 이내) 이내에서 환원제, 원석, 슬래그 형성물질, 생산제품, 외부 반출된 비제품의 중량 측정
배출계수	환원제의 배출계수(EF_{ra})	국가 고유배출계수 사용(다만, 한시적으로 국가 고유배출계수가 고시되지 않은 경우에는 IPCC 지침서의 기본배출계수 사용)
탄소함량계수	• 환원제의 탄소함량 • 원석의 탄소함량 • 슬래그 형성물질의 탄소함량 • 생산제품의 탄소함량 • 부산물의 탄소함량	Tier 2 기준(측정불확도 ±5.0% 이내)에 적합한 국내·외적으로 공인된 표준화 방법으로 사업장 고유값을 측정·결정

(3) Tier 3

① 산정식

$$E_{CO_2} = \Sigma(M_i \times EF_i) - \Sigma(M_p \times EF_p) - \Sigma(M_{npos} \times EF_{npos})$$

E_{CO_2} : 합금철 생산에 따른 CO_2 배출량(tCO_2-eq)
M_i : 원료(i)의 투입량(t)
EF_i : 투입되는 원료(i)의 배출계수(tCO_2/t-원료)
M_p : 제품(p)의 생산량(t)
EF_p : 생산된 제품(p)의 탄소함량(tCO_2/t-제품)
M_{npos} : 부산물(non-product outgoing stream)의 반출량(t)
EF_{npos} : 부산물의 탄소함량(tCO_2/t-부산물)

② 산정방법 특징

㉠ 유출·입 물질의 탄소 물질수지를 이용하여 온실가스 배출량을 산정한다.

㉡ 반응로에 투입된 물질의 유기탄소 총량에서 유출되는 유기탄소 총량의 차이가 모두 CO_2로 배출된다는 가정에 의해 CO_2 배출량을 산정한다.

㉢ Tier 2에서는 환원제의 배출계수를 적용하여 온실가스 배출량을 산정하였으나, Tier 3에서는 환원제의 경우도 탄소물질수지를 적용하여 배출량을 산정한다.

㉣ Tier 1, 2와 달리 CH_4의 배출량을 산정하지 않는다.

③ 산정에 필요한 변수들의 관리기준 및 결정방법

매개변수	세부변수	관리기준 및 결정방법
활동자료	• 환원제의 무게(M_{ra}) • 원석의 무게(M_{ore}) • 슬래그 형성물질의 양(M_{sfm}) • 생산제품의 무게(M_p, Q) • 비제품 외부 반출량(M_{npos})	Tier 3 관리기준(측정불확도 ±2.5% 이내) 이내에서 환원제, 원석, 슬래그 형성물질, 생산제품, 외부 반출된 비제품의 중량 측정
탄소함량계수	• 환원제의 탄소함량 • 원석의 탄소함량 • 슬래그 형성물질의 탄소함량 • 생산제품의 탄소함량 • 외부 반출되는 비제품의 탄소함량	Tier 3 관리기준(측정불확도 ±2.5% 이내)에 적합한 국내·외적으로 공인된 표준화 방법으로 사업장 고유값을 측정·결정

적중 예·상·문·제

01 합금철 생산공정에서 280t 이 생산되고 있다. 합금철의 종류는 45% Si이며, 전기로 작동방식은 흩뿌림 충진방식으로 750℃ 이상으로 적용하였다. 온실가스 배출량(tCO_2-eq)을 구하시오.
- 합금철 생산량당 CO_2 기본배출계수 : 합금철 45% Si, 2.5tCO_2/t-합금철
- 합금철 생산량당 CH_4 기본배출계수 : 0.7tCH_4/t-합금철
- 전기로(EAF) 작동방식 중 흩뿌림 충진, 750℃ 이상

풀이 $E_{i,j} = Q_i \times EF_{i,j} \times F_{eq,j}$

여기서, $E_{i,j}$: 각 합금철(i) 생산에 따른 CO_2 및 CH_4 배출량(tCO_2-eq)

Q_i : 합금철 제조공정에 생산된 각 합금철(i)의 양(t)

$EF_{i,j}$: 합금철(i) 생산량당 배출계수(tCO_2/t-합금철, tCH_4/t-합금철)

$F_{eq,j}$: 온실가스의 CO_2 등가계수(CO_2=1, CH_4=21)

흩뿌림 충진, 750℃ 이상일 경우 합금철 생산량당 CH_4 배출계수는 0.7이다.

$\therefore\ 280\,t \times (2.5 \times 1 + 0.7 \times 21) = 4{,}816\ tCO_2-eq$

02 철강 생산공정과 합금철 생산공정의 과정을 쓰시오.

풀이 ① 철강 생산공정 : 제선공정 → 제강공정 → 연주공정 → 압연공정

② 합금철 생산공정 : 원자재 투입 → 원료 배합 → 정련 및 출탕 → 기계적 파쇄

03 선철의 불순물을 제거하기 위해 생석회를 생산하는 화학식 및 반응의 이름을 쓰시오.

풀이 ① $CaCO_3 \rightarrow CaO + CO_2$

② 소성반응

04 **합금철 생산공정에서 760t 이 생산되고 있다. 합금철의 종류는 45% Si이며, 전기로 작동방식은 흩뿌림 충진방식으로 750℃ 이상으로 적용하였다. 이 중 온실가스 배출량은 어느 정도인가? (단, 이때 온실가스 배출량은 tCO_2 기준이다.)**

- 합금철 생산량당 CO_2 기본배출계수 : 합금철 45% Si, 2.5tCO_2/t-합금철
- 전기로(E_{AF}) 작동방식 중 흩뿌림 충진, 750℃ 이상
- 계산식 : $E_{i,j} = Q_i \times EF_{i,j} \times F_{eq,j}$

풀이 $E_{i,j} = Q_i \times EF_{i,j} \times F_{eq,j}$

여기서, $E_{i,j}$: 각 합금철(i) 생산에 따른 CO_2 및 CH_4 배출량(tCO_2-eq)

Q_i : 합금철 제조공정에 생산된 각 합금철(i)의 양(t)

$EF_{i,j}$: 합금철(i) 생산량당 배출계수(tCO_2/t-합금철, tCH_4/t-합금철)

$F_{eq,j}$: 온실가스의 CO_2 등가계수(CO_2=1, CH_4=21)

$\therefore\ 760\text{t} \times (2.5 \times 1 + 0.7 \times 21) = 13{,}072\ \text{tCO}_2 - \text{eq}$

05 **합금철 생산공정에서 합금철의 종류는 45% Si이며, 전기로 작동방식은 흩뿌림 충진 방식으로 하여 750℃ 이상으로 적용하였다. 이때 발생하는 온실가스의 배출량이 20,000tCO_2-eq일 때, 생산되는 합금철의 양(t)을 구하시오.**

- 합금철 생산량당 CO_2 기본배출계수 : 합금철 45% Si, 2.5tCO_2/t-합금철
- 전기로(EAF) 작동방식 중 흩뿌림 충진, 750℃ 이상
- 계산식 : $E_{i,j} = Q_i \times EF_{i,j} \times F_{eq,j}$

풀이 $E_{i,j} = Q_i \times EF_{i,j} \times F_{eq,j}$

여기서, $E_{i,j}$: 각 합금철(i) 생산에 따른 CO_2 및 CH_4 배출량(tCO_2-eq)

Q_i : 합금철 제조공정에 생산된 각 합금철(i)의 양(t)

$EF_{i,j}$: 합금철(i) 생산량당 배출계수(tCO_2/t-합금철, tCH_4/t-합금철)

$F_{eq,j}$: 온실가스의 CO_2 등가계수(CO_2=1, CH_4=21)

$x(\text{t}) \times (2.5 \times 1 + 0.7 \times 21) = 20{,}000\text{tCO}_2 - \text{eq}$

$\therefore\ x = 1{,}162.790698 \fallingdotseq 1{,}162.79\text{t} - \text{합금철}$

06 철강 생산공정에 대하여 설명하시오.

풀이 철강 생산공정은 철강석을 원료로 하는 일관제철공정과 고철을 원료로 하는 전기로공정으로 구분하며, 제조공정은 제선공정, 제강공정, 연주공정, 압연공정의 순으로 진행된다. 제선공정의 경우 철광석에서 선철을 만드는 과정으로 원료공정, 소결공정, 코크스공정, 고로공정으로 구분하고, 제강공정은 선철을 이용하여 강을 제조하는 전로공정과 철스크랩을 이용하여 강을 제조하는 전기로공정으로 나눌 수 있다. 연주공정은 액체 형태의 용강이 주형에 주입되고 연속주조기를 통과하면서 냉각·응고되어 슬래브, 블룸, 빌릿 등 중간소재로 만드는 공정이다. 압연공정은 중간소재를 늘리거나 얇게 만드는 공정을 의미한다. 철강 생산에서는 유연탄을 사용하는데, 이는 환원제, 열원, 통기성 및 통액성을 확보하기 위함이다.

07 철강 생산공정에서 유연탄의 역할을 기술하시오.

풀이 철광석의 용융 및 환원에 필요한 열량을 공급하기 위한 열원이 되며 고로 내부의 가스 흐름을 균일하게 하고 고로 하부에 쇳물과 슬래그가 원활하게 흐르도록 통기성 및 통액성을 확보한다.

08 철강 생산공정에서 석회를 사용하는 이유를 쓰시오.

풀이 선철의 불순물을 제거하기 위함이다.

참고

철강 생산공정에서 석회를 사용함으로써 선철의 불순물이 석회석과 반응하여 슬래그를 형성하고 형성된 슬래그는 철에 비하여 비중이 낮으므로 고로 상부로 부상 분리할 수 있다.

$CaO + SiO_2 \rightarrow CaSiO_3$

09 철강 생산공정 중 고로공정에서 이산화탄소가 발생하는 직접환원과 간접환원 반응식을 각각 쓰시오.

풀이 ① 직접환원반응 : $FeO + C$(코크스) → $Fe + CO$
② 간접환원반응 : $FeO + CO$ → $Fe + CO_2$

10 합금철 생산공정 중 정련 및 출탕 공정의 반응식을 작성하시오.

풀이 ① $FeO + C$ → $Fe + CO$
② $FeO + CO$ → $Fe + CO_2$
③ $MnO_2 + 2C$ → $Mn + 2CO$

11 합금철 제조공정 중 정련 및 출탕 공정에 대해 설명하시오.

풀이 정련 및 출탕 공정은 전기아크로에서 전기의 양도체인 전극(탄소봉)에 전류를 통하여 전극 사이에 아크열을 발생시키고 이 전기열을 이용하여 철과 여타 금속을 산화 정련하며, 산화 정련 후 환원제를 이용하여 환원 정련함으로써 탈산 및 탈황 과정을 거쳐 합금철이 생산되는 공정이다.

CHAPTER 12

아연 생산공정

제12장 합격 포인트

- 이 단원에서는 배출량의 산정방법별 산정식에 따라, 온실가스의 배출량을 계산하여 제시하는 것이 주요 목표입니다.
  아연 생산공정의 각 세부공정별 연소 및 화학 반응으로 온실가스가 배출되는 화학식을 통해 온실가스가 배출됨을 확인할 수 있어야 합니다.

1 개요

(1) 아연의 특징

아연은 유리된 금속상태로 존재하지 않고 화합물의 형태로 존재하며, 제련에 주로 이용되는 광석은 일반금속(산화물)과 달리 황화합물인 섬아연광(Sphalerite, 황화아연, [ZnS])이다.

(2) 아연의 생산방법

아연 생산방법에는 원광석을 사용하는 1차 생성공정과 재활용 아연을 사용하는 2차 생성공정이 있다.

2 공정의 원리 및 특징

(1) 1차 생성공정 : 습식 아연 제련법, 건식 제련법

1) 습식 아연 제련법(전해법)

희석황산에 용해되어 있는 황산아연으로부터 전기분해를 통해 아연을 생산하는 방법으로 전 세계 80% 이상의 아연 제련소에서 도입하고 있다.

습식 아연의 제련법은 배소공정 → 용융·용해 공정 → 정액공정 → 전해공정 → 주조공정의 순서로 이루어진다.

① **배소공정** : 아연광석을 전처리하여 만든 아연정광이 컨베이어를 타고 배소로에 투입되어 950℃에서 공기 중의 산소와 반응하여 소광(ZnO)을 생성하는 과정이다. 여기서 만들어진 소광은 용융·용해 공정에 사용된다.

$ZnS + 1.5O_2 \rightarrow ZnO + SO_2$

② **용융·용해공정** : 배소공정에서 생성된 소광을 황산으로 용해시켜 황화아연용액인 아연중성액을 만드는 공정이다.

③ **정액공정** : 용해공정을 통해 생성된 중성액에서 금속류 불순물을 제거하는 공정이다.

④ **전해공정** : 전해질용액, 용융전해질 등의 이온전도체에 전류를 통해서 화학 변화를 일으키는 전해액 냉각을 위해 냉각탑을 설치·운영한다.

⑤ **주조공정** : 박리된 아연 음극판을 저주파 유도로에 용융시켜 여러 종류의 아연 제품을 생산하는 공정이다.

2) 건식 제련법

① **증류법** : 정광을 배소시켜 산화아연으로 환원하는 배소공정, 가열 증류시켜 아연증기를 생성하는 증류공정, 아연증기를 응축하여 금속아연을 제조하는 농축 공정으로 구성된다.

② **건식 야금법** : ISF(Imperial Smelting Furnace)로 고로에서 코크스를 환원제로 활용하여 아연정광과 산화물 형태의 납을 환원시켜 아연과 납을 동시에 생산하는 방식이다.

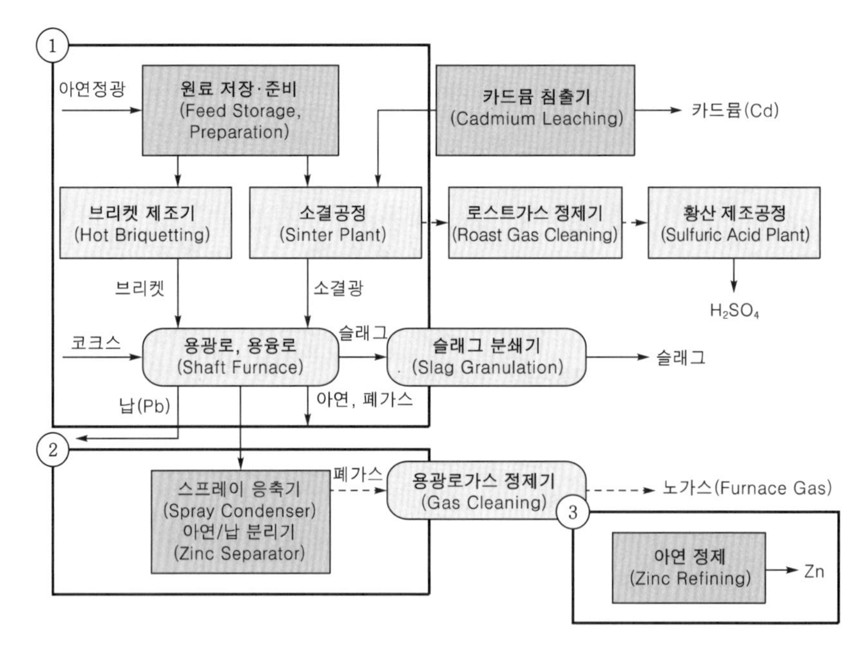

‖ ISF 건식 야금 생산공정로 ‖

(2) 2차 생성공정 : Waelz Kiln 공정 / Fuming 공정

① Waelz Kiln 공정 : 20세기 초에 아연산화광을 처리하기 위하여 개발되었으나 현재는 아연 함유 2차 원료, 특히 전기로 제강분진을 처리하기 위하여 사용된다.

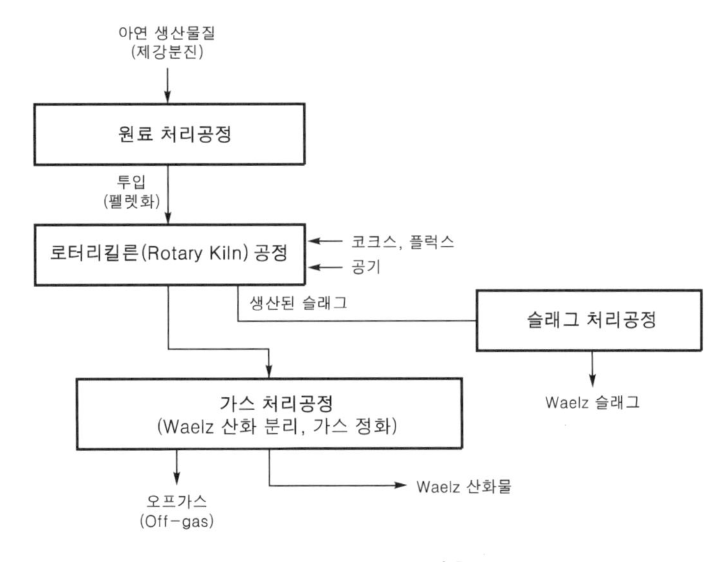

‖ Waelz Kiln 공정 ‖

② Fuming 공정 : Zn(아연), Fe(철), Pb(납), Au(금), Cu(구리), In(인듐) 등의 금속을 함유한 비철 제련공정 부산물을 용융로와 휘발로의 상부에 설치된 TSL을 이용하여 분해·용융·환원하는 공정이다.

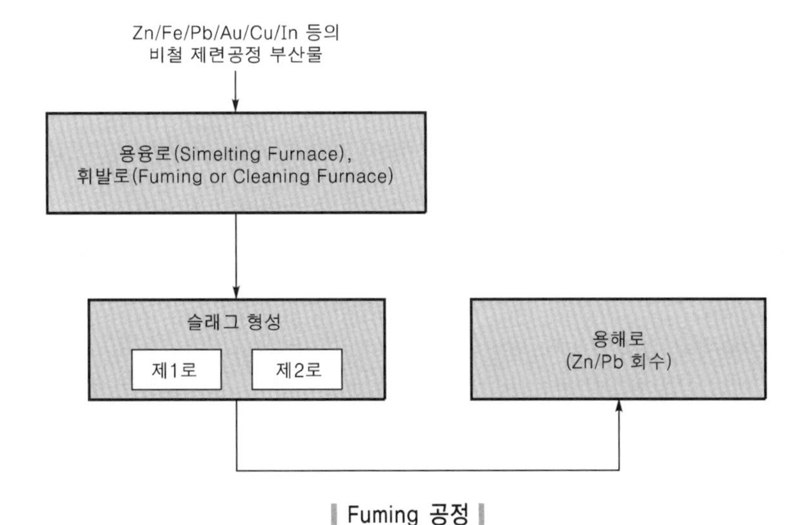

‖ Fuming 공정 ‖

3 배출특성

〈아연 생산시설에서의 배출공정별 온실가스 종류 및 배출원인〉

배출공정	온실가스	배출원인
배소로	CO_2	배소된 광석과 2차 아연 생산물을 융합하여 Sinter Feed를 생성하기 위한 과정에서 생성된 결정을 환원시키기 위해 투입된 환원제의 사용으로 인해 CO_2 배출
용융·융해로		소광(ZnO)을 환원시켜 Zn를 생산하는 과정에서 CO_2 배출 ($ZnO + CO \rightarrow Zn + CO_2$)

4 배출량 산정방법

아연 생산공정의 보고대상 배출시설은 다음과 같이 총 3개이다.

① 배소로

② 용융 · 융해로

③ 기타 제련공정(TSL 등)

	CO_2	CH_4	N_2O
산정방법론	Tier 1, 2, 3, 4	−	−

(1) Tier 1A

① 산정식

$$E_{CO_2} = Zn \times EF_{default}$$

E_{CO_2} : 아연 생산으로 인한 CO_2 배출량(tCO_2)

Zn : 생산된 아연의 양(t)

$EF_{default}$: 아연 생산량당 배출계수(tCO_2/t-생산된 아연)

② 산정방법 특징

㉠ 활동자료로서 아연 생산량을 적용한다.

㉡ CO_2만 산정 및 보고 대상 온실가스이다.

③ 산정에 필요한 변수들의 관리기준 및 결정방법

매개변수	세부변수	관리기준 및 결정방법
활동자료	아연 생산량	아연 생산량을 Tier 1 기준인 측정불확도 ±7.5% 이내에서 중량을 측정하여 결정
배출계수	−	IPCC에서 제공하는 기본배출계수 • CO_2 : 1.72tCO_2/t-아연

(2) Tier 1B

① 산정식

$$E_{CO_2} = ET \times EF_{ET} + PM \times EF_{PM} + WK \times EF_{WK}$$

E_{CO_2} : 아연 생산으로 인한 CO_2 배출량(tCO_2)

ET : 전기 열 증류법에 의해 생산된 아연의 양(t)

EF_{ET} : 전기 열 증류법 CO_2 배출계수(tCO_2/t-생산된 아연)

PM : 건식 야금과정에 의해 생산된 아연의 양(t)

EF_{PM} : 건식 야금과정의 배출계수(tCO_2/t-생산된 아연)

WK : Waelz Kiln 과정에 의해 생산된 아연의 양(t)

EF_{WK} : Waelz Kiln 공정 배출계수(tCO_2/t-생산된 아연)

② 산정방법 특징

㉠ 활동자료로서 생산공정별 아연 생산량을 적용한다.

㉡ 배출계수는 생산공정별 아연 생산량에 대비한 온실가스 배출량으로 IPCC 기본값을 적용한다.

㉢ CO_2만 산정 및 보고 대상 온실가스이다.

③ 산정에 필요한 변수들의 관리기준 및 결정방법

매개변수	세부변수	관리기준 및 결정방법
활동자료	생산공정별 아연 생산량	공정별 아연 생산량을 Tier 1 기준인 측정불확도 ±7.5% 이내에서 중량을 측정하여 결정
배출계수	-	IPCC에서 제공하는 기본배출계수 • Waelz Kiln : 3.66tCO_2/t-생산된 아연 • 건식 야금법 : 0.43tCO_2/t-생산된 아연

(3) Tier 2

① 산정식

$$E_{CO_2} = ET \times EF_{ET} + PM \times EF_{PM} + WK \times EF_{WK}$$

E_{CO_2} : 아연 생산으로 인한 CO_2 배출량(tCO_2)

ET : 전기 열 증류법에 의해 생산된 아연의 양(t)

EF_{ET} : 전기 열 증류법 CO_2 배출계수(tCO_2/t-생산된 아연)

PM : 건식 야금과정에 의해 생산된 아연의 양(t)

EF_{PM} : 건식 야금과정의 배출계수(tCO_2/t-생산된 아연)

WK : Waelz Kiln 과정에 의해 생산된 아연의 양(t)

EF_{WK} : Waelz Kiln 공정 배출계수(tCO_2/t-생산된 아연)

② 산정방법 특징

㉠ 활동자료로서 생산공정별 아연 생산량을 적용한다.

㉡ 배출계수는 생산공정별 아연 생산량에 대비한 온실가스 배출량으로 국가 고유배출계수를 적용한다.

㉢ 산정 및 보고 대상 온실가스는 CO_2이다.

③ 산정에 필요한 변수들의 관리기준 및 결정방법

매개변수	세부변수	관리기준 및 결정방법
활동자료	생산공정별 아연 생산량	공정별 아연 생산량을 Tier 2 기준인 측정불확도 ±5.0% 이내에서 중량을 측정하여 결정
배출계수	–	운영지침에 따른 국가 고유배출계수 활용

(4) Tier 3

① 산정식

$$E_{CO_2} = \Sigma(Z_i \times EF_i) - \Sigma(Z_o \times EF_o)$$

E_{CO_2} : 아연 생산으로 인한 CO_2 배출량(tCO_2)

Z_i : 아연 생산을 위하여 투입된 원료(i)의 양(t)

EF_i : 투입된 원료의 배출계수(tCO_2/t-원료)

Z_o : 아연 생산에 의하여 생산된 생산물(o)의 양(t)

EF_o : 생산된 생산물의 배출계수(tCO_2/t-생산물)

Tier 3은 2차 아연 생산공정에 대한 것으로 두 생산공정인 Waelz Kiln과 Fuming에 대한 산정방법을 제공하고 있다. 두 공정에 투입되는 물질의 유기탄소 전량이 모두 CO_2로 전환된다고 가정하였으며 Waelz Kiln 공정의 활동자료는 아연 함유물질, 용제(석회석과 백운석), 탄소전극 소비량, 탄소계 환원제인 반면에 Fuming 공정의 활동자료는 고형 잔류물질(Residues), 환원제, 탄산염류, 기타 부원료이다.

사업자가 자체적으로 분석한 투입원료와 배출산물의 탄소질량분율을 측정 · 분석하여 고유배출계수를 개발한다.

$$EF_x = x\text{물질의 탄소질량분율} \times 3.664$$

EF_x : x물질의 배출계수(tCO_2/t)

3.664 : CO_2의 분자량(44.010)/C의 원자량(12.011)

② 산정방법 특징

㉠ 탄소의 물질수지를 바탕으로 CO_2 배출량을 산정한다.

㉡ 반응로에 투입된 물질의 유기탄소 총량이 모두 CO_2로 배출된다는 가정에 의해 CO_2 배출량을 산정하였으나, 일부는 유출물에 잔류하고, CO, CH_4, 유기탄소 등으로 배출될 개연성이 있으므로 과대평가될 소지가 있다.

③ 산정에 필요한 변수들의 관리기준 및 결정방법

매개변수	세부변수	관리기준 및 결정방법
활동자료	• 아연 생산에 투입된 원료의 양(Z_i) • 생산물의 양(Z_o)	유입되는 물질의 사용량은 Tier 3 기준(측정불확도 ±2.5% 이내)에 준해 측정을 통해 결정
배출계수	• 투입원료의 배출계수(EF_i) • 생산물의 배출계수(EF_o)	Tier 3 기준(측정불확도 ±2.5% 이내)에 적합한 국내·외적으로 공인된 표준화 방법으로 사업장 고유값을 측정·결정

적중 예·상·문·제

01 아연 생산공정에서 생성된 아연의 양은 400t 이었다. 이때 발생하는 온실가스 배출량(tCO_2)을 구하시오. (단, Tier 1A를 적용한다.)

- 배출계수 : CO_2 = 1.72tCO_2/t-아연

풀이 $E_{CO_2} = Zn \times EF_{default}$

여기서, E_{CO_2} : 아연 생산으로 인한 CO_2 배출량(tCO_2)

Zn : 생산된 아연의 양(t)

$EF_{default}$: 아연 생산량당 배출계수(tCO_2/t-생산된 아연)

$$\therefore\ 400\text{t} \times \frac{1.72\text{tCO}_2}{\text{t}-\text{아연}} = 688\text{tCO}_2 \fallingdotseq 690\text{tCO}_2$$

02 습식 아연 제련방법 중 정액공정의 화학식을 기술하시오.

풀이 $MeSO_4 + Zn \rightarrow ZnSO_4 + Me$

참고

Me에는 Cu, Cd, Co 등이 있다.

03 아연 생산시 용융·용해로에서의 화학반응식을 작성하시오.

풀이 $ZnO + CO \rightarrow Zn + CO_2$

04 아연 생산공정에서 발생하는 온실가스의 양이 1,500tCO$_2$일 때, 생성된 아연의 양을 구하시오. (단, Tier 1A를 적용한다.)

- 배출계수 : CO_2 = 1.72tCO_2/t-아연

풀이 $E_{CO_2} = Zn \times EF_{default}$

여기서, E_{CO_2} : 아연 생산으로 인한 CO_2 배출량(tCO_2)

Zn : 생산된 아연의 양(t)

$EF_{default}$: 아연 생산량당 배출계수(tCO_2/t-생산된 아연)

$$x \times \frac{1.72tCO_2}{t-아연} = 1{,}500\,tCO_2$$

$$\therefore\ x = 872.093023 \fallingdotseq 872.09t-아연$$

05 습식 아연 제련 생산공정의 순서를 작성하시오.

풀이 배소공정 → 용융·용해 공정 → 정액공정 → 전해공정 → 주조공정

참고

습식 아연 제련법(전해법)의 공정은 배소공정 → 용융·용해 공정 → 정액공정 → 전해공정 → 주조공정의 순서로 이루어진다. 배소공정은 아연정광을 소광(ZnO)으로 변형시키는 공정이고, 용융·용해 공정은 소광을 황산으로 용해하는 공정으로, 용액을 아연중성액($ZnSO_4$)이라고 한다. 정액공정은 아연중성액에서 구리, 카드뮴, 코발트, 니켈 등의 불순물을 제거하는 공정이며, 전해공정은 아연중성액을 전기분해하는 공정으로 음극에 아연이 점착·생산된다. 주조공정은 음극에 생산된 아연을 주조로에서 최종 제품인 아연괴를 생산하는 공정이다.

06 습식 아연제련 생산공정 중 주조공정에 관하여 설명하시오.

풀이 주조공정에서는 아연 음극판을 저주파 유도로에 용융시켜 각각의 종류에 따라 아연제품을 생산하며, 최종 제품인 아연괴 및 정액공정에서 불순물 제거를 위한 아연말을 생산한다. 부산물 중 아연 산화물인 드로스는 배소공정으로 이송하여 아연을 회수한다.

07 아연 생산공정 중 용융·용해 공정에 대해서 설명하시오.

풀이 용융·용해 공정이란 배소공정 중 생산된 소광을 황산으로 용해하는 공정으로, 아연 중성액($ZnSO_4$)을 전기분해하여 아연 캐소드(Cathod)를 생산하는 공정이다.

CHAPTER 13

시멘트 생산공정

제13장 합격 포인트

- 이 단원에서는 배출량의 산정방법별 산정식에 따라, 온실가스의 배출량을 계산하여 제시하는 것이 주요 목표입니다.
  시멘트 생산공정의 각 세부공정별 연소 및 화학 반응으로 온실가스가 배출되는 화학식을 통해 온실가스가 배출됨을 확인할 수 있어야 합니다.

1 개요

(1) 시멘트의 정의

시멘트는 주로 석회질 원료와 점토질 원료를 적당한 비율로 혼합하여 미분쇄한 후 약 1,450℃의 고온에서 소성하여 얻어지는 클링커에 적당량의 석고(응결조절제)를 가하여 분말로 만든 제품이다.

(2) 시멘트의 특징

시멘트는 물과 반응하여 경화하는 성질을 갖고 있으며, 주성분은 석회(CaO)·실리카(SiO_2)·알루미나(Al_2O_3)·산화철(Fe_2O_3)로, 이들 화합물의 적절한 조합이나 양적 비율을 변화시킴에 따라 성질이 크게 달라지므로 여러 가지 용도에 적합한 물성을 갖는 시멘트가 제조될 수 있다.

(3) 시멘트의 종류

시멘트의 종류는 크게 포틀랜드 시멘트, 고로슬래그 시멘트, 포틀랜드포졸란 시멘트, 플라이애쉬 시멘트, 특수 시멘트의 5종으로 구분하며 국내에서는 포틀랜드 시멘트와 일부 고로슬래그 시멘트를 생산한다.

2 공정의 원리 및 특징

시멘트 제조공정은 원분공정, 소성공정, 제품공정의 순서로 이루어진다.

(1) 원분공정 : 채광공정 / 원료 분쇄공정

1) 채광공정

① **석회석 채굴공정** : 자연적으로 생성된 석회석, 이회석 같은 석회질 광물이 탄산칼슘($CaCO_3$)을 공급하며 이 광물들은 대개 시멘트공장 인근에 위치한 광산에서 발파효율이 좋은 계단식 노철 채굴방식에 의해 채광된다.

② **1·2차 조쇄공정** : 석회석 과정에서 채굴된 대형 석회를 30mm 크기로 분쇄하여, 총 3차 분쇄공정을 거쳐 분쇄된 후 컨베이어에 의해 생산공정으로 이송된다.

2) 원료 분쇄공정(원분공정)

컨베이어에 의해 운반된 석회석은 품질별로 석회석 저장소에 1차 저장되고, 석회석 및 분원료를 각 배합비에 맞게 정확히 조합하여 혼합한 후 Raw Mill에서 킬른 폐열을 이용하여 건조함과 동시에 분쇄된다.

① **석회석 혼합기** : 분쇄기를 통과한 석회석을 평균 화학조성을 갖도록 Stacker로 적재하며, Reclaimer로 긁어내려 벨트 컨베이어로 다음 공정에 투입한다.

② **부원료 치장** : 시멘드 원료 중 주원료인 석회석을 제외한 점토질 원료와 신화철 원료 등을 저장·공급한다.

③ **원료 분쇄기** : 석회석, 점토질 원료, 산화철 원료 등이 혼합된 조합원료를 약 100μm 이하의 크기로 미분쇄한다.

④ **원료 저장기** : 미분쇄된 원료를 콘크리트 대형 원기둥 저장소에 보관하며, 일정량을 다음 공정에 공급한다.

(2) 소성공정 : 예열기 / 소성로 / 냉각기 / 클링커 저장

① **예열기** : 미분쇄된 시멘트 원료를 주가열로인 소성로(Kiln)에 투입하기 전에 약 900℃까지 열교환과정을 거쳐 예열하는 설비로서 열효율 및 생산성을 거친다.

② **소성로** : 시멘트 제조공정 중 주공정이 이루어지는 부분으로, 예열기에서 1차 가열된 원료를 최고 1,500℃까지 가열하여 시멘트의 중간제품인 클링커를 생산한다.

③ **냉각기** : 1,200℃ 정도의 클링커를 냉각하고 연소용 2차 공기를 가열함으로써 소성효율을 향상시키는 데 쓰이는 일종의 열교환기로, 대부분 강제 냉각이 가능한 공기급랭식을 사용한다.

④ **클링커 저장** : 냉각된 클링커를 저장·공급한다.

(3) 제품공정 : 시멘트 분쇄 / 시멘트 저장 / 제품 출하

① **시멘트 분쇄** : 소성로에서 생산된 클링커를 주원료로 하고, 첨가제인 석고를 혼입·미분쇄하여 최종 제품인 시멘트를 생산한다.

② **시멘트 저장** : 최종 제품인 시멘트를 저장한다.

③ **제품 출하** : 벌크(Bulk) 및 포장(Bag) 시멘트를 자동차, 화물차, 배를 이용하여 출하기지 및 거래처, 하차장으로 수송한다.

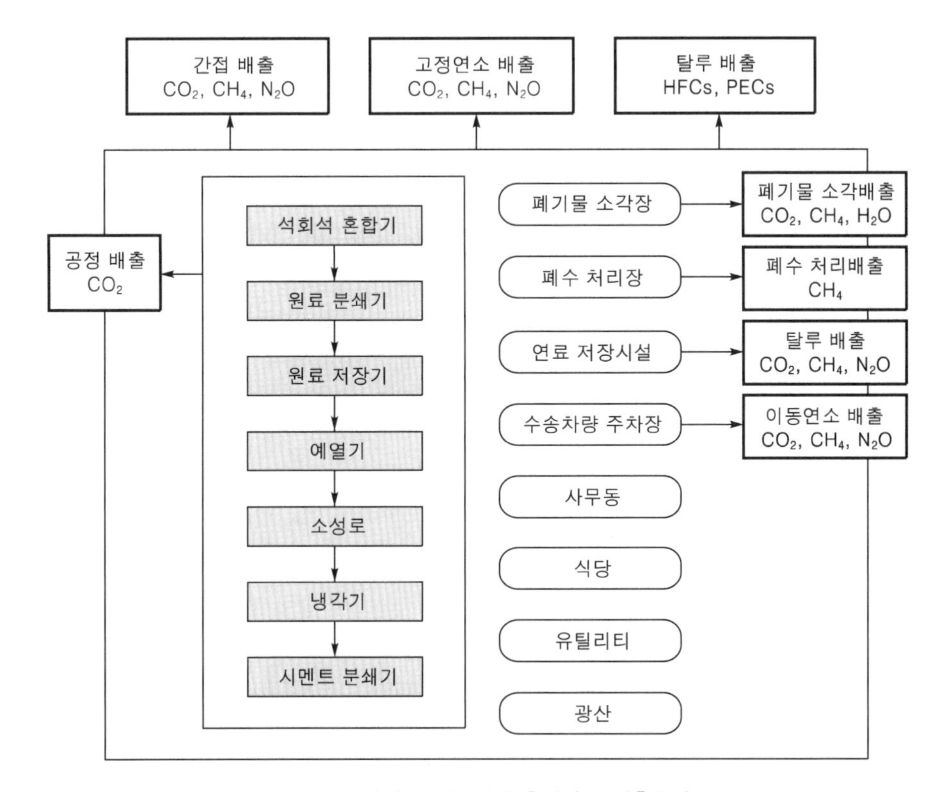

| 시멘트 생산의 조직경계와 온실가스 배출특성 |

3 배출특성

〈시멘트 생산시설에서의 배출공정별 온실가스 종류 및 배출원인〉

배출공정	온실가스	배출원인
소성시설	CO_2	• 소성시설에 전체 온실가스 배출량의 90%가 배출되며, 이 가운데 약 60%가 공정배출이며, 30%는 소성로 킬른 내 가열연료 사용분임 • 탄산칼슘의 탈탄산반응에 의하여 배출 ($CaCO_3$ + heat(열) → CaO + CO_2)

4 배출량 산정방법

	CO_2	CH_4	N_2O
산정방법론	Tier 1, 2, 3, 4	–	–

(1) Tier 1~2

① 산정식

$$E_i = (EF_i + EF_{toc}) \times (Q_i + Q_{CKD} \times F_{CKD})$$

E_i : 클링커(i) 생산에 따른 CO_2 배출량(tCO_2)

EF_i : 클링커(i) 생산량당 CO_2 배출계수(tCO_2/t-Clinker)

EF_{toc} : 투입원료(탄산염, 제강슬래그 등) 중 탄산염 성분이 아닌 기타 탄소성분에 기인하는 CO_2 배출계수(기본값으로 0.010tCO_2/Clinker를 적용한다)

Q_i : 클링커(i) 생산량(t)

Q_{CKD} : 킬른에서 시멘트킬른먼지(CKD)의 반출량(t)

F_{CKD} : 킬른에서 유실된 시멘트킬른먼지(CKD)의 하소율(0에서 1 사이의 소수)

② 산정방법 특성

㉠ 활동자료로서 클링커 생산량을 적용한다.

㉡ 배출계수는 클링커 생산량에 대비한 온실가스(CO_2) 배출량이다.

㉢ 산정대상 온실가스는 CO_2이다.

③ 산정에 필요한 변수들의 관리기준 및 결정방법

매개변수	세부변수	관리기준 및 결정방법	
활동자료	클링커 생산량(Q_i)	Tier 1	• 측정불확도 ±7.5% 이내여야 함 • 소성공정에서의 클링커 생산량 측정
		Tier 2	• 측정불확도 ±5.0% 이내여야 함 • 소성공정에서의 클링커 생산량 측정
	킬른에서 시멘트킬른먼지(CKD)의 유실량(Q_{CKD})	Tier 1	• 측정불확도 ±7.5% 이내여야 함 • 소성공정에서의 시멘트킬른먼지 유실량 측정
		Tier 2	• 측정불확도 ±5.0% 이내여야 함 • 소성공정에서의 시멘트킬른먼지 유실량 측정
	하소율(F_{CKD})	Tier 1	• 측정불확도 ±7.5% 이내여야 함 • 공장 내 측정값을 사용하고, 측정값이 없을 경우 1.0(100%) 적용
		Tier 2	• 측정불확도 ±5.0% 이내여야 함 • 공장 내 측정값을 사용하고, 측정값이 없을 경우 1.0(100%) 적용

매개변수	세부변수	관리기준 및 결정방법	
배출계수	• 클링커 생산량당 CO_2 배출계수(EF_i) • 탄산염이 아닌 기타 탄소 성분에 의한 CO_2 배출계수(EF_{toc})	Tier 1	2006 IPCC 가이드라인 기본배출계수 사용
		Tier 2	국가 고유배출계수 적용(국가 고유배출계수가 없을 경우 클링커의 성분 분석을 통해 간접적으로 결정)

(2) Tier 3

① 산정식

$$E_i = (Q_i \times EF_i) + (Q_{CKD} \times EF_{CKD}) + (Q_{toc} \times EF_{toc})$$

E_i : 클링커(i) 생산에 따른 CO_2 배출량(tCO_2)

Q_j : 클링커(i) 생산량(t)

EF_i : 클링커(i) 생산량당 CO_2 배출계수(tCO_2/t-Clinker)

Q_{CKD} : 시멘트킬른먼지(CKD) 반출량(t)

EF_{CKD} : 시멘트킬른먼지(CKD) 배출계수(tCO_2/t-CKD)

Q_{toc} : 원료 투입량(t)

EF_{toc} : 투입원료(탄산염, 제강슬래그 등) 중 탄산염 성분이 아닌 기타 탄소성분에 기인하는 CO_2 배출계수(기본값으로 0.0073tCO_2/t-원료를 적용)

② 산정방법의 특성

㉠ 클링커 생산량을 기반으로 산정하는 방법이다.

㉡ 클링커, 시멘트, 킬른먼지, 탄산염 이외 탄소성분 원료물질을 토대로 이산화탄소 배출량을 결정한다.

③ 활동자료 및 배출계수의 세부변수와 관리기준 및 결정방법

매개변수	세부변수	관리기준 및 결정방법
활동자료	• 클링커 생산량(Q_i) • 원료 투입량(Q_{toc}) • 킬른에서 시멘트킬른먼지(CKD) 반출량 (Q_{CKD})	• 측정불확도 ±2.5% 이내어야 함 • 클링커 생산량, 시멘트킬른먼지 생산량, 클링커 생산공정에 투입된 탄산염 성분 이외 탄소 함유 원료의 투입량을 측정하여 결정
배출계수	순수 탄산염 원료의 소송에 따른 CO_2 배출계수(EF_i)	사업자가 클링커 및 킬른먼지의 CaO, MgO의 성분을 측정·분석하여 배출계수를 개발하고, 각 성분은 산업체 최적관행(Best Practice)에 따라 분석*
	킬른에 유실된 시멘트킬른먼지의 기본배출계수(EF_{CKD})	
	투입원료(탄산염, 제강슬래그 등) 중 탄산염 성분이 아닌 기타 탄소성분에 기인하는 CO_2 배출계수(EF_{toc})	기본값으로 0.0073tCO_2/t-원료 적용

* 클링커 배출계수 개발(EF_i)

$$EF_i = (Cli_{CaO} - Cli_{nCaO}) \times 0.785 + (Cli_{MgO} - Cli_{nMgO}) \times 1.092$$

EF_i : 클링커(i) 생산량당 배출계수(tCO_2/t-Clinker)

Cli_{CaO} : 생산된 클링커(i)에 함유된 CaO의 질량분율(0에서 1 사이의 소수)

Cli_{nCaO} : $Cli_{미소성nCaO}$와 $Cli_{비탄산염nCaO}$를 합한 CaO의 질량분율(0에서 1 사이의 소수)

$Cli_{미소성nCaO}$: $CaCO_3$ 중 소성되지 못하고 클링커(i)에 잔존하여 분석된 CaO의 질량분율

$Cli_{비탄산염nCaO}$: 비탄산염 원료가 소성되어 클링커(i)에 함유된 CaO의 질량분율

Cli_{MgO} : 생산된 클링커(i)에 함유된 MgO의 질량분율(0에서 1 사이의 소수)

Cli_{nMgO} : $Cli_{미소성nMgO}$와 $Cli_{비탄산염nMgO}$를 합한 MgO의 질량분율(0에서 1 사이의 소수)

$Cli_{미소성nMgO}$: $MgCO_3$ 중 소성되지 못하고 클링커(i)에 잔존하여 분석된 MgO의 질량분율

$Cli_{비탄산염nMgO}$: 비탄산염 원료가 소성되어 클링커(i)에 함유된 MgO의 질량분율

* 시멘트킬른먼지 배출계수 개발(EF_{CKD})

$$EF_{CKD} = (CKD_{CaO} - CKD_{nCaO}) \times 0.785 + (CKD_{MgO} - CKD_{nMgO}) \times 1.092$$

EF_{CKD} : 시멘트킬른먼지(CKD) 배출계수(tCO_2/t-CKD)

CKD_{CaO} : 킬른에 재활용되지 않는 CKD의 CaO의 질량분율(0에서 1 사이의 소수)

CKD_{nCaO} : $CKD_{미소성nCaO}$와 $CKD_{비탄산염nCaO}$를 합한 CaO의 질량분율(0에서 1 사이의 소수)

$CKD_{미소성nCaO}$: 탄산염 중 소성되지 못하고 CKD에 잔존하여 분석된 CaO의 질량분율

$CKD_{비탄산염nCaO}$: 비탄산염 원료가 소성되어 CKD에 함유된 CaO의 질량분율

CKD_{MgO} : 킬른에 재활용되지 않는 CKD의 MgO의 질량분율(0에서 1 사이의 소수)

CKD_{nMgO} : $CKD_{미소성nMgO}$와 $CKD_{비탄산염nMgO}$를 합한 MgO의 질량분율(0에서 1 사이의 소수)

$CKD_{미소성nMgO}$: 탄산염 중 소성되지 못하고 CKD에 잔존하여 분석된 MgO의 질량분율

$CKD_{비탄산염nMgO}$: 비탄산염 원료가 소성되어 CKD에 함유된 MgO의 질량분율

적중 예·상·문·제

01 석회 생산공정에서 생산량이 1,500t 일 때, 온실가스 배출량(tCO_2−eq)을 구하시오. (단, Tier 1 산정방법을 이용한다.)
– 배출계수 : 0.750tCO_2/t−생석회

풀이 $CO_2\ Emissions = Q_i \times EF_i$

여기서, $CO_2\ Emissions$: 석회 생산공정에서의 CO_2의 배출량(t)

Q_i : 석회(i) 생산량(t)

EF_i : 석회(i) 생산량당 CO_2 배출계수(tCO_2/t−석회 생산량)

$$\therefore\ 1{,}500\,t \times \frac{0.750\,tCO_2}{t-\text{생산량}} \times \frac{tCO_2-eq}{tCO_2} = 1{,}125\,tCO_2-eq$$

02 석회 제조공정의 순서를 알맞게 쓰시오.

풀이 석회석 채광 → 원료 석회석 준비 → 연료 준비 및 저장 → 소성공정 → 석회공정 → 저장 및 이송

03 세라믹 생산공정 중 원료공정에 관하여 설명하시오.

풀이 원료공정에서는 원료의 성형밀도를 조정하여 치밀한 조성을 갖도록 하기 위하여 원료 분말을 특성에 적합하도록 균일하게 혼합해준다.

04 시멘트 생산공정의 특징을 기술하시오.

풀이 시멘트는 주로 석회질 원료와 점토질 원료를 적당한 비율로 혼합하여 미분쇄 한 후 약 1,450℃의 고온에서 소성하여 얻어지는 클링커에 적당량의 석고(응결조절제)를 가하여 분말로 만든 제품이다. 시멘트의 생산공정은 크게 원분공정, 소성공정, 제품공정의 3단계로 구분된다.

05 시멘트 생산시 공정의 순서를 작성하시오.

풀이 석회석 혼합기 → 원료 분쇄기 → 원료 저장기 → 예열기 → 소성로 → 냉각기 → 시멘트 분쇄기

06 시멘트 생산시설 중 폐수처리장에서 배출되는 온실가스를 쓰시오.

풀이 시멘트 생산시설 중 폐수처리장에서 배출되는 온실가스는 CH_4이다.

07 세라믹 생산공정의 순서를 작성하시오.

풀이 원료공정 → 성형공정 → 소성공정 → 가공공정 → 검사공정 → 제품공정

08 시멘트 제조공정과 석회 생산공정의 과정을 쓰시오.

풀이 ① 시멘트 제조공정 : 원분공정 → 소성공정 → 제품공정
② 석회 생산공정 : 석회석 채광 → 원료 석회석 준비 → 연료 준비 및 저장 → 소성공정 → 석회공정 → 저장 및 이송

09 석회 생산공정에서 생산량이 6,800t 일 때 온실가스 배출량을 산정하면 어느 정도인지 구하시오. (단, Tier 1 산정방법을 이용하여 구한다.)
- 배출계수 : 0.750tCO_2/t-생석회

풀이 $CO_2\ Emissions = Q_i \times EF_i$

여기서, $CO_2\ Emissions$: 석회 생산공정에서의 CO_2의 배출량(t)

Q_i : 석회(i) 생산량(t)

EF_i : 석회(i) 생산량당 CO_2 배출계수(tCO_2/t-석회 생산량)

$$\therefore\ 6{,}800\,\text{t} \times \frac{0.750\,\text{tCO}_2}{\text{t}-\text{생산량}} \times \frac{\text{tCO}_2-\text{eq}}{\text{tCO}_2} = 5{,}100\,\text{tCO}_2-\text{eq}$$

10 시멘트 생산공정에서 온실가스 배출량의 90%를 차지하고 탄산칼슘이 탈탄산반응이 나타나는 공정은 무엇인가?

풀이 소성공정

11

석회 생산공정에서 온실가스 배출량을 산정하였더니 2,700tCO_2-eq이었다. 이때 생산된 시멘트의 양을 구하시오. (단, Tier 1 산정방법을 이용한다.)
- 배출계수 : 0.750tCO_2/t-생석회

풀이 $CO_2\ Emissions = Q_i \times EF_i$

여기서, $CO_2\ Emissions$: 석회 생산공정에서의 CO_2의 배출량(t)

Q_i : 석회(i) 생산량(t)

EF_i : 석회(i) 생산량당 CO_2 배출계수(tCO_2/t-석회 생산량)

$$x \times \frac{0.750\,tCO_2}{t-\text{생산량}} \times \frac{tCO_2-eq}{tCO_2} = 2{,}700\,tCO_2-eq$$

$\therefore\ x = 3,600$t-시멘트

12

시멘트 생산공정 중 소성공정에 대하여 설명하시오.

풀이 시멘트 생산공정 중 가장 중요한 부분으로, 예열기를 거친 원료가 1,350~ 1,450℃ 정도의 열에 의해 용융·소성된 후 냉각기에서 냉각되고 20~60mm 정도로 동그란 덩어리의 시멘트 반제품인 클링커를 생산하는 공정이다.

참고

시멘트 제조공정은 채굴공정, 원분공정, 소성공정, 제품공정으로 나눌 수 있다. 채굴공정은 석회석을 채굴하여 분쇄·혼합하는 공정이며, 원분공정은 석회석을 포함한 원료를 조합·건조·분쇄·저장시키는 공정이다. 소성공정은 원료를 가열하여 분해·소성한 후 냉각하여 반제품인 클링커를 생산하는 공정이고, 제품공정은 클링커에 석고와 분쇄 조제를 가하여 분쇄된 시멘트를 저장 및 출하하는 공정이다.

CHAPTER 14

납 생산공정

제14장 합격 포인트

- 이 단원에서는 배출량의 산정방법별 산정식에 따라, 온실가스의 배출량을 계산하여 제시하는 것이 주요 목표입니다.
  납 생산공정의 각 세부공정별 연소 및 화학 반응으로 온실가스가 배출되는 화학식을 통해 온실가스가 배출됨을 확인할 수 있어야 합니다.

1 개요

납은 자동차용 축전지, 연화합물, 방사선 차폐재, 도료 첨가제, 합금 등 다양한 용도로 활용되고 있다.

2 공정의 원리 및 특징

(1) 1차 생산공정(원광석 사용)

산화상태로 존재하는 연정광을 환원하여 미가공 조연(Bullion)을 생산하는 공정으로 소결과 제련공정을 거치는 소결·제련 공정이 납 생산공정의 약 78%를 차지한다.

① **원료 준비공정** : 1차 원료(황화물 형태의 연정광)와 2차 원료(재활용 납)를 소결·제련 공정에 적합하도록 원료를 분쇄·전처리하는 공정이다.

② **소결공정** : 용융점 이하의 온도 구간에서 가열하여 분말형태의 연정광을 소결광으로 전환·제조하는 공정이다.

③ **제련공정** : 일반적인 고로 또는 ISF(Imperial Smelting Furnace)를 이용하고 납산화물의 환원과정에서 CO_2가 형성된다.

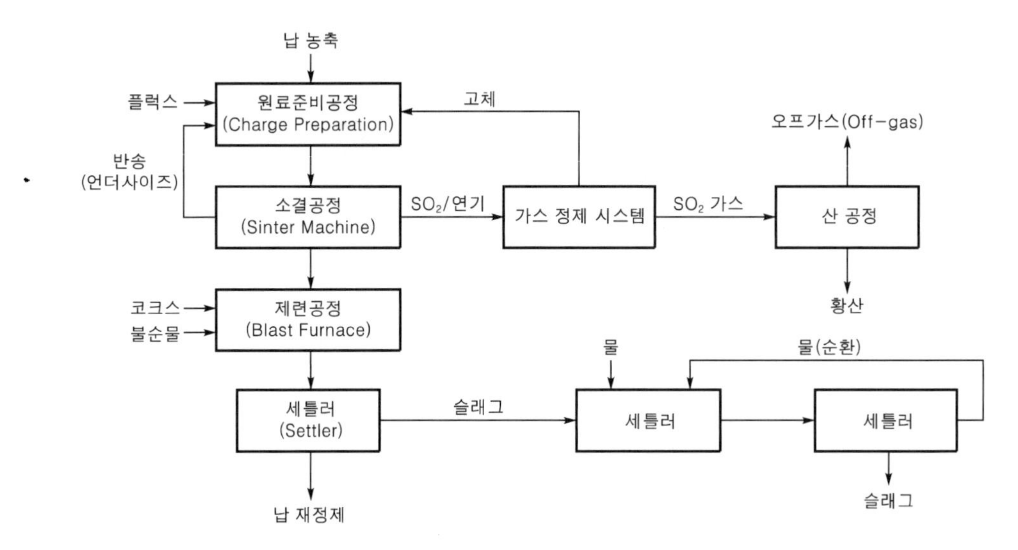

‖ 납 생산공정도 ‖

(2) 2차 생산공정(재활용 납 제련)

납을 함유하고 있는 스크랩으로부터 납이나 납 합금을 생산하며 납의 60% 이상이 자동차 배터리의 스크랩으로부터 생신된다.

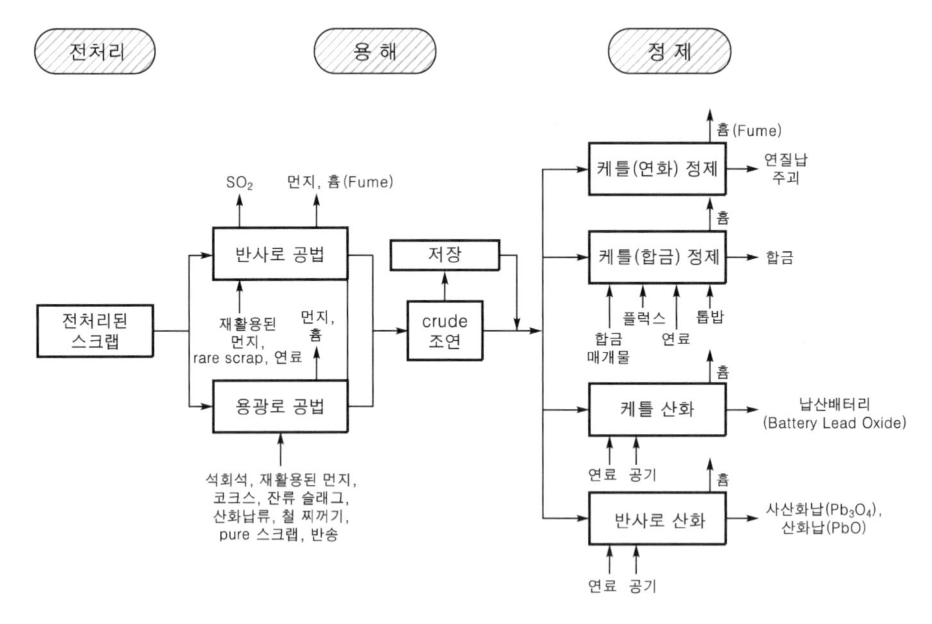

‖ 2차 납 생산공정 ‖

3 배출특성

〈납 생산시설에서의 배출공정별 온실가스 종류 및 배출원인〉

배출공정	온실가스	배출원인
소결로	CO_2	분말형태 연정광을 야금코크스 등과 혼합한 다음 연소 환원반응을 거쳐 소결광을 제조하는 과정에서 CO_2 발생
용융·융해로		코크스가 공기와 반응하여 연소되면서 CO가 발생하고 발생된 CO가 화학반응을 통해 산화납을 환원시키면서 CO_2가 배출됨

4 배출량 산정방법

납 생산공정의 보고대상 배출시설은 다음과 같이 총 3개의 시설이다.

① 배소로

② 용융·융해로

③ 기타 제련공정(TSL 등)

	CO_2	CH_4	N_2O
산정방법론	Tier 1, 2, 3, 4	–	–

(1) Tier 1

① 산정식

$$E_{CO_2} = Pb \times EF_{default}$$

E_{CO_2} : 납 생산으로 인한 CO_2 배출량(tCO_2)

Pb : 생산된 납의 양(t)

$EF_{default}$: 납 생산량당 배출계수(tCO_2/t-생산된 납)

② 산정방법 특징

㉠ 활동자료로서 납 생산량을 적용한다.

㉡ 배출계수는 납 생산량에 대비한 온실가스 배출량으로 IPCC 기본값을 적용한다.

㉢ CO_2만 산정 및 보고 대상 온실가스이다.

③ 산정에 필요한 변수들의 관리기준 및 결정방법

매개변수	세부변수	관리기준 및 결정방법
활동자료	납 생산량	납 생산량을 Tier 1 기준인 측정불확도 ±7.5% 이내에서 중량을 측정하여 결정
배출계수	납 생산량당 CO_2 배출계수	IPCC에서 제공하는 기본배출계수 • CO_2 : 0.52tCO_2/t-생산된 납

(2) Tier 2

① 산정식

$$E_{CO_2} = DS \times EF_{DS} + ISF \times EF_{ISF} + S \times EF_S$$

E_{CO_2} : 납 생산으로 인한 CO_2 배출량(tCO_2)

DS : 직접 제련에 의해 생산된 납의 양(t)

EF_{DS} : 직접 제련의 국가 고유배출계수(tCO_2/t-생산된 납)

ISF : ISF(Imperial Smelting Furnace)에서 생산된 납의 양(t)

EF_{ISF} : ISF의 배출계수(tCO_2/t-생산된 납)

S : 2차 생산공정에서의 납 생산량(t)

EF_S : 2차 생산공정의 국가 고유배출계수(tCO_2/t-생산된 납)

② 산정방법 특징

㉠ 활동자료로서 생산공정별 납 생산량 적용한다.

㉡ 배출계수는 생산공정별 납 생산량 대비한 온실가스 배출량으로 IPCC 기본값을 적용한다.

㉢ CO_2만 산정 및 보고 대상 온실가스이다.

③ 산정에 필요한 변수들의 관리기준 및 결정방법

매개변수	세부변수	관리기준 및 결정방법
활동자료	생산공정별 납 생산량	공정별 납 생산량을 Tier 1 기준인 측정불확도 ±7.5% 이내에서 중량을 측정하여 결정
배출계수	납 생산량당 CO_2 배출계수	운염지침 제46조제2항에 따른 국가 고유배출계수를 활용하도록 되어있으나, 공시되지 않은 경우는 다음과 같은 IPCC 기본값 적용을 허용 • ISF 공정 : 0.59tCO_2/t-생산된 납 • DS 공정 : 0.25tCO_2/t-생산된 납 • 2차 생산공정 : 0.2tCO_2/t-생산된 납

(3) Tier 3

① 산정식 : Tier 3 산정방법은 반응로에 유입되는 물질의 탄소함량을 기준하여 CO_2 배출량을 결정하는 방법이다. 공정에 투입되는 물질로는 연정광, Residue 또는 Cake, 환원제, 탄산염류로 규정하고 있다. 각 물질의 투입량, 즉 활동자료에 각 물질의 사업장 고유 탄소함량계수를 곱하여 CO_2 배출량을 산정한다.

$$E_{CO_2} = \Sigma(P_i \times EF_i) - \Sigma(P_o \times EF_o)$$

E_{CO_2} : 납 생산으로 인한 CO_2 배출량(tCO_2)
P_i : 납 생산을 위하여 투입된 원료(i)의 양(t)
EF_i : 투입된 원료의 배출계수(tCO_2/t-원료)
P_o : 납 생산에 의하여 생산된 생산물(o)의 양(t)
EF_o : 생산된 생산물의 배출계수(tCO_2/t-생산물)

※ 투입 원료와 배출산물의 탄소 질량분율을 측정·분석하여 고유배출계수 개발

$$EF_x = x \text{ 물질의 탄소 질량분율} \times 3.664$$

EF_x : x물질의 배출계수(tCO_2/t)
3.664 : CO_2의 분자량(44.010)/C의 원자량(12.011)

② 산정방법 특징

㉠ 탄소의 물질수지를 바탕으로 CO_2 배출량을 산정한다.

㉡ 반응로에 투입된 물질의 유기탄소 총량이 모두 CO_2로 배출된다는 가정에 의해 CO_2 배출량을 산정하였으나, 일부는 유출물에 잔류하고, CO, CH_4, 유기탄소 등으로 배출될 개연성이 있으므로 과대평가될 소지가 있다.

③ 산정에 필요한 변수들의 관리기준 및 결정방법

매개변수	세부변수	관리기준 및 결정방법
활동자료	• 연정광 투입량(P_k) • Residue 또는 Cake 등의 투입량(S_k) • 환원제 사용량(R_k) • 탄산염류 사용량(C_k)	연정광, 환원제 등의 양은 Tier 3 기준(측정불확도 ±2.5% 이내)에 준하여 측정을 통해 결정
탄소함량계수	• 연정광 투입량의 탄소함량($C_{P,k}$) • Residue 또는 Cake 등의 탄소함량($C_{S,k}$) • 환원제의 탄소함량($R_{E,k}$) • 탄산염류의 탄소함량($C_{C,k}$)	Tier 3 기준(측정불확도 ±2.5% 이내)에 적합한 국내·외적으로 공인된 표준화방법으로 사업장 고유값을 측정·결정

적중 예·상·문·제

01 납 생산공정에 관하여 간단하게 설명하시오.

풀이 납은 자동차용 축전지, 연화합물, 방사선 차폐재, 도료 첨가제, 합금 등 다양한 용도로 활용되고 있다. 1차 생산공정은 산화상태로 존재하는 연정광을 환원하여 미가공 조연(Bullion)을 생산하는 공정이다. 소결·제련 공정에서는 납 광석을 용광로 제련에 적합하도록 괴상으로 만들고 용광로에서 2회 소결함으로써 유해한 이온을 제거하며 연료와 코크스, 석회석, 설철 등을 투입하고 측면에서 송풍하여 제련한다. 소결과 제련을 연속적으로 거치는 소결·제련 공정이 납 생산공정의 약 78%를 차지한다.

02 1차 납 생산공정의 순서를 쓰시오.

풀이 원료 준비 → 소결 → 제련 → 침전

03 납 생산공정의 보고대상 온실가스를 쓰시오.

풀이 납 생산공정의 보고대상 온실가스는 CO_2이다.

04 **납 생산공정에서 납이 생산되는 양이 500t 일 때, 온실가스 배출량을 산출하시오. (단, Tier 1을 적용한다.)**
- 배출계수 : CO_2 = 0.52tCO_2/t-납
- 계산식 : $E_{CO_2} = Pb \times EF_{default}$

풀이 $E_{CO_2} = Pb \times EF_{default}$

여기서, E_{CO_2} : 납 생산으로 인한 CO_2 배출량(tCO_2-eq)

Pb : 생산된 납의 양(t)

$EF_{default}$: 납 생산량당 배출계수(tCO_2/t-납)

∴ $500\text{t} \times 0.52\text{tCO}_2/\text{t}-\text{납} = 260\text{tCO}_2-\text{eq}$

05 **납 생산공정에서 온실가스의 종류와 산정방법을 쓰시오.**

풀이 납 생산공정에서 발생하는 온실가스는 CO_2이고 Tier 1, 2, 3, 4를 사용해야 한다.

06 **납 생산공정에서 온실가스 배출량이 1,200tCO_2-eq일 때 납 생산량(t)을 구하시오. (단, Tier 1을 적용한다.)**
- 배출계수 : CO_2 = 0.52tCO_2/t-납
- 계산식 : $E_{CO_2} = Pb \times EF_{default}$

풀이 $E_{CO_2} = Pb \times EF_{default}$

여기서, E_{CO_2} : 납 생산으로 인한 CO_2 배출량(tCO_2-eq)

Pb : 생산된 납의 양(t)

$EF_{defalut}$: 납 생산량당 배출계수(tCO_2/t-납)

$x \times 0.52\text{tCO}_2/\text{t}-\text{납} = 1{,}200\text{tCO}_2-\text{eq}$

∴ $x = 2{,}307.69\text{t}-\text{납}$

CHAPTER 15

유리 생산공정

제15장 합격 포인트

이 단원에서는 배출량의 산정방법별 산정식에 따라, 온실가스의 배출량을 계산하여 제시하는 것이 주요 목표입니다. 유리생산공정의 특성을 이해하고 배출되는 온실가스를 산정할 수 있어야 합니다.

1 개요

유리생산공정에서 주로 원료로서 석회석($CaCO_3$), 백운석($CaMg(CO_3)_2$) 및 소다회(Na_2CO_3)이 사용되며 융해 공정 중 CO_2를 배출한다. 그 외의 유리원료로 탄산바륨($BaCO_3$), 골회(bone ash), 탄산칼륨(K_2CO_3) 및 탄산스트론튬($SrCO_3$) 등이 있다. 유리의 융해에서 이러한 탄산염의 활동은 복잡한 고온의 화학적 반응이며, 생석회 내지 가열된 경소백운석(고토석회)를 생산하기 위한 탄산염의 소성과는 직접 비교되지 않는다. 배출원 카테고리에는 유리 생산뿐만 아니라 생산공정이 유사한 글래스울(Glass wool) 생산으로 인한 배출도 포함된다. 유리의 제조에는 유리 원료뿐만 아니라 재활용된 유리 파편인 컬릿(Cullet)을 일정량 사용한다. 용기 생산에서의 컬릿 비율은 40~60%이지만, 유리품질관리 차원에서 사용이 제한되기도 한다. 절연 섬유 유리는 이보다 적은 컬릿을 사용한다.

2 공정의 원리 및 특성

(1) 용융 · 용해시설(유리 및 유리제품 제조시설 중)

고체상태의 물질을 가열하여 액체상태로 만드는 시설을 용융시설이라 하며, 기체, 액체, 또는 고체물질을 다른 기체, 액체 또는 고체물질과 혼합시켜, 균일한 상태의 혼합물 즉, 용체를 만드는 시설을 용해시설이라 한다. 유리 산업에서 사용되기 위해 탄산염 광물로 채굴되는 경우에, 그들은 주된 CO_2 생산을 나타내며 배출 산정에 포함되어야 한다.

3 배출특성

〈유리 생산공정에서의 배출공정별 온실가스 종류 및 배출원인〉

배출공정	온실가스	배출원인
용융 · 용해시설	CO_2	원료로 사용되는 광물 채굴 시 주로 CO_2가 나타나며 녹은 유리의 환원조건을 생성하기 위해 추가적으로 분쇄한 무연탄 내지 기타 유기물이 추가되고 녹은 유리의 이용가능한 산소와 결합하여 CO_2 생성

4 배출량 산정방법

유리 생산공정의 보고대상 배출시설은 총 1개의 시설로, 용융 · 용해시설이다.

구 분	CO_2	CH_4	N_2O
산정방법론	Tier 1, 2, 3, 4	–	–

(1) Tier 1, 2

① 산정식

$$E_i = \sum[M_{gi} \times EF_i \times (1 - CR_i)]$$

E_i : 유리생산으로 인한 CO_2 배출량(tCO_2)

M_{gi} : 용해된 유리(i)량(ton) (예 판유리, 용기, 섬유유리 등)

EF_i : 유리(i) 제조에 따른 CO_2 배출계수(tCO_2/t-용해된 유리량)

CR_i : 유리(i)의 제조 공정에서의 컬릿 비율(0에서 1사이의 소수)

② 산정방법 특징

㉠ 활동자료로 유리 생산량을 적용한다.

㉡ 배출계수는 용해된 유리량당 온실가스 배출량(tCO_2)으로 IPCC 기본값을 적용한다.

㉢ 산정대상 온실가스는 CO_2만이 해당된다.

③ 산정에 필요한 변수들의 관리기준 및 결정방법

매개변수	세부변수	관리기준 및 결정방법	
활동자료	• 유리 생산량(M_{gi}) • 유리 제조공정 중 컬릿 비율(CR_i)	Tier 1	측정불확도 ±7.5% 이내로 측정하여 결정(측정값이 없으면 활용하지 않음)
		Tier 2	측정불확도 ±5.0% 이내로 측정하여 결정(측정값이 없으면 활용하지 않음)
배출계수	유리 생산에 따른 CO_2 배출계수(EF_i)	Tier 1	IPCC 기본배출계수 적용
		Tier 2	국가 고유배출계수 적용

〈유리유형(i), 컬릿(파유리) 비율에 따른 CO_2 배출계수〉

유리유형(i)	CO_2 배출계수(kg CO_2/kg-유리)	컬릿 비율(%)
판유리	0.21	10~25
유리용기(납유리)	0.21	30~60
유리용기(착색유리)	0.21	30~80
유리장섬유	0.19	0~15
유리단섬유	0.25	10~50
브라운관용 유리(Panel)	0.18	20~75
브라운관용 유리(Funnel)	0.13	20~70
가정용 유리제품	0.10	20~60
실험용기, 약병	0.03	30~75
전등용 유리	0.20	40~70

(2) Tier 3

① 산정식

$$E_i = \sum_i (M_i \times EF_i \times r_i \times F_i)$$

E_i : 유리생산으로 인한 CO_2 배출량(tCO_2)

M_i : 유리제조공정에 사용된 탄산염(i) 사용량(ton)

r_i : 탄산염(i)의 순도(전체 사용량 중 순수 탄산염의 비율, 0에서 1사이의 소수)

EF_i : 순수 탄산염(i)에 대한 CO_2 배출계수(tCO_2/t-탄산염)

F_i : 탄산염(i)의 소성비율(0에서 1사이의 소수)

② 산정방법 특징

㉠ 투입원료량을 기반으로 산정하는 방법이다.

㉡ 유리제조공정에 사용된 탄산염 물질을 토대로 이산화탄소 배출량을 결정한다.

③ 산정에 필요한 변수들의 관리기준 및 결정방법

매개변수	세부변수	관리기준 및 결정방법
활동자료	유리생산공정에 사용된 탄산염(i)(M_i)	측정불확도 ±2.5% 이내로 측정하여 결정
	탄산염(i)의 소성비율(%)(F_i)	측정불확도 ±2.5% 이내로 측정하여 결정 (적용이 어려울 경우, 100% 소성을 적용)
배출계수	순수 탄산염 원료의 소성에 따른 CO_2 배출계수(EF_i)	사업자 고유 배출계수 적용

〈탄산염 사용량당 CO_2 기본 배출계수〉

탄산염(i)	광물 이름	배출계수(tCO_2/t-탄산염)
$CaCO_3$	석회석	0.4397(tCO_2/t-$CaCO_3$)
$MgCO_3$	마그네사이트	0.5220(tCO_2/t-$MgCO_3$)
$CaMg \cdot (CO_3)_2$	백운석	0.4773(tCO_2/t-$CaMg \cdot (CO_3)_2$)
$FeCO_3$	능철광	0.3799(tCO_2/t-$FeCO_3$)
$Ca(Fe, Mg, Mn)(CO_3)_2$	철백운석	0.4420(tCO_2/t-철백운석)
$MnCO_3$	망간광	0.3829(tCO_2/t-$MnCO_3$)
Na_2CO_3	소다회	0.4149(tCO_2/t-Na_2CO_3)

* 출처 : 2006 IPCC 국가 인벤토리 작성을 위한 가이드라인. 철백운석 배출계수는 IPCC 가이드라인 기본값(0.4082~0.4757)의 중간값인 0.4420을 사용한다.
* 위 표는 100% 소성을 가정한 CO_2의 배출비율을 나타낸다.
* 탄소(C)의 배출계수는 3.664 tCO_2/t으로 한다.

※ 사업자 고유 배출계수

$$EF_i = \frac{MW_{CO_2}}{(Y \times MW_X + Z \times MW_{CO_3^{2-}})}$$

* 가정 : 탄산염(i)의 분자식=$X_y(CO_3)_z$

EF_i : 원료로 투입된 순수 탄산염(i)의 CO_2 배출계수(tCO_2/t-탄산염원료)

MW_{CO_2} : CO_2의 분자량(44.010g/mol)

MW_X : X(알칼리 금속, 혹은 알칼리 토금속)의 분자량(g/mol)

$MW_{CO_3^{2-}}$: CO_3^{2-}의 분자량(60.009g/mol)

Y : X의 화학양론계수(알카리토금속류 “1”, 알카리금속류 “2”)

Z : CO_3^{2-}의 화학양론계수

적중 예·상·문·제

01 유리 생산공정의 보고대상 온실가스를 쓰시오.

풀이 유리 생산공정의 보고대상 온실가스는 CO_2이다.

02 유리 생산공정에서 발생되는 온실가스의 종류와 산정방법론을 쓰시오.

풀이 유리 생산공정에서 발생되는 온실가스는 CO_2이고 산정방법론은 Tier 1, 2, 3, 4이다.

03 유리 생산공정 중 온실가스를 배출하는 주요 공정은?

풀이 용융 · 용해시설

04 유리 생산공정의 특징을 설명하시오.

풀이 유리 생산공정에서 주로 원료로서 석회석($CaCO_3$), 백운석($CaMg(CO_3)_2$) 및 소다회(Na_2CO_3)이 사용되며 융해 공정 중 CO_2를 배출한다. 그 외의 유리원료로 탄산바륨($BaCO_3$), 골회(bone ash), 탄산칼륨(K_2CO_3) 및 탄산스트론튬($SrCO_3$) 등이 있다. 유리의 융해에서 이러한 탄산염의 활동은 복잡한 고온의 화학적 반응이며, 생석회 내지 가열된 경소백운석(고토석회)를 생산하기 위한 탄산염의 소성과는 직접 비교되지 않는다. 배출원 카테고리에는 유리 생산뿐만 아니라 생산공정이 유사한 글래스울(glass wool) 생산으로 인한 배출도 포함된다. 유리의 제조에는 유리 원료뿐만 아니라 재활용된 유리 파편인 컬릿(Cullet)을 일정량 사용한다. 용기 생산에서의 컬릿 비율은 40~60%이지만, 유리 품질관리 차원에서 사용이 제한되기도 한다. 절연 섬유 유리는 이보다 적은 컬릿을 사용한다.

05 어느 유리 생산업체에서 유리제품을 8,200t/yr을 생산하고 있다. 이 때 발생되는 온실가스 배출량(tCO_2/yr)을 구하시오.(단, 이때 생산되는 유리는 판유리이며 배출계수는 0.21tCO_2/t-유리 생산량이며 컬릿비율은 0.25, Tier 1 산정방법론 적용한다.)

풀이 $E_i = \Sigma[M_{gi} \times EF_i \times (1 - CR_i)]$

여기서, E_i : 유리생산으로 인한 CO_2 배출량(tCO_2)

M_{gi} : 용해된 유리(i)량(ton) (예 판유리, 용기, 섬유유리 등)

EF_i : 유리(i) 제조에 따른 CO_2 배출계수(tCO_2/t-용해된 유리량)

CR_i : 유리(i)의 제조공정에서의 컬릿 비율(0에서 1사이의 소수)

$E_i = 8{,}200\text{t/yr} \times 0.21\text{tCO}_2/\text{t} - \text{유리생산량} \times (1 - 0.25) = 1{,}291.5\text{tCO}_2/\text{yr}$

∴ 온실가스 배출량(CO_2 배출량)=1,291.5tCO_2/yr

CHAPTER 16

LULUCF

제16장 합격 포인트

- **LULUCF의 약어**
  토지이용(Land Use), 토지용도의 변경(Land-Use-Change), 임업(Forestry)
- **토지의 범주**
  임지/농경지/초지/습지/주거지/기타 토지
- **배출량 산정에서 임지로 유지되는 임지의 경우에만 Tier 2 산정방법 활용 / 그 외의 경우, Tier 1 이용**
- **축산부분의 경우 자연계에 순환되기 때문에 배출량을 산정할 때 고려하지 않음**
- **폐기물 매립시설에서는 매립지 내 산소 공급이 없어지면서 혐기성 분해에 의해 메탄이 배출됨**

1 개요

(1) 정의

UNFCCC에서는 흡수원을 대기에서 에어로졸, 온실가스 혹은 온실가스 생성물질을 제거할 수 있는 일련의 과정, 행동 혹은 메커니즘을 LULUCF라고 한다. 흡수원 관련 정책은 토지이용(Land Use), 토지용도의 변경(Land-Use-Change), 임업(Forestry)의 결과로 온실가스를 제거하거나 상쇄하는 것으로 발전하여 왔으며 각 용어의 머리글자를 따서 LULUCF로 통칭한다.

(2) 온실가스 관련 메커니즘

① LULUCF의 온실가스 관련 메커니즘은 산림 및 기타 토지의 용도를 변경함으로 인해 그 토지에 있는 탄소 축적의 변화로서, 농경지 또는 주거지로 사용되던 토지가 산림으로 신규 또는 재조림되었을 경우 온실가스(CO_2) 흡수량은 증가하나, 산림이 농경지 또는 주거지로 전용되었을 경우 탄소 축적량 감소에 따라 온실가스 배출량은 증가한다.

② 임업 및 기타 토지 이용부문에서는 CO_2 배출뿐만 아니라 탄소를 축적하는 저장고로는 크게 바이오매스, 고사유기물, 토양탄소로 구분된다.

2 분류형태

(1) 임업 및 기타 토지 이용에 따른 토지 분류

IPCC G/L(2006)에서는 임업 및 기타 토지 이용부문을 다음과 같이 분류하고 있으며, 국내에서는 통계구축의 한계로 인해 통합하여 분류한다.

<table>
<tr><th>구 분</th><th colspan="2">IPCC 분류</th><th>국내 분류</th></tr>
<tr><td rowspan="6">임지</td><td colspan="2">임지로 유지되는 임지</td><td>임지로 유지되는 임지</td></tr>
<tr><td rowspan="5">임지로 전환된 토지</td><td>임지로 전환된 농경지</td><td rowspan="5">임지로 전환된 토지</td></tr>
<tr><td>임지로 전환된 주거지</td></tr>
<tr><td>임지로 전환된 초지</td></tr>
<tr><td>임지로 전환된 습지</td></tr>
<tr><td>임지로 전환된 기타 토지</td></tr>
<tr><td rowspan="6">농경지</td><td colspan="2">농경지로 유지되는 농경지</td><td>농경지로 유지되는 농경지</td></tr>
<tr><td rowspan="5">농경지로 전환된 토지</td><td>농경지로 전환된 임지</td><td rowspan="5">농경지로 전환된 토지</td></tr>
<tr><td>농경지로 전환된 주거지</td></tr>
<tr><td>농경지로 전환된 초지</td></tr>
<tr><td>농경지로 전환된 습지</td></tr>
<tr><td>농경지로 전환된 기타 토지</td></tr>
<tr><td rowspan="6">초지</td><td colspan="2">초지로 유지되는 초지</td><td>초지로 유지되는 초지</td></tr>
<tr><td rowspan="5">초지로 전환된 토지</td><td>초지로 전환된 임지</td><td rowspan="5">초지로 전환된 토지</td></tr>
<tr><td>초지로 전환된 주거지</td></tr>
<tr><td>초지로 전환된 농경지</td></tr>
<tr><td>초지로 전환된 습지</td></tr>
<tr><td>초지로 전환된 기타 토지</td></tr>
<tr><td rowspan="6">습지</td><td colspan="2">습지로 유지되는 습지</td><td>습지로 유지되는 습지</td></tr>
<tr><td rowspan="5">습지로 전환된 토지</td><td>습지로 전환된 임지</td><td rowspan="5">습지로 전환된 토지</td></tr>
<tr><td>습지로 전환된 농경지</td></tr>
<tr><td>습지로 전환된 초지</td></tr>
<tr><td>습지로 전환된 주거지</td></tr>
<tr><td>습지로 전환된 기타 토지</td></tr>
<tr><td rowspan="6">주거지</td><td colspan="2">주거지로 유지되는 주거지</td><td>주거지로 유지되는 주거지</td></tr>
<tr><td rowspan="5">주거지로 전환된 토지</td><td>주거지로 전환된 임지</td><td rowspan="5">주거지로 전환된 토지</td></tr>
<tr><td>주거지로 전환된 농경지</td></tr>
<tr><td>주거지로 전환된 초지</td></tr>
<tr><td>주거지로 전환된 습지</td></tr>
<tr><td>주거지로 전환된 기타 토지</td></tr>
</table>

<table>
<tr><th>구 분</th><th colspan="2">IPCC 분류</th><th>국내 분류</th></tr>
<tr><td rowspan="6">기타 토지</td><td colspan="2">기타 토지로 유지되는 기타 토지</td><td>기타 토지로 유지되는 기타 토지</td></tr>
<tr><td rowspan="5">기타 토지로 전환된 토지</td><td>기타 토지로 전환된 임지</td><td rowspan="5">기타 토지로 전환된 토지</td></tr>
<tr><td>기타 토지로 전환된 주거지</td></tr>
<tr><td>기타 토지로 전환된 초지</td></tr>
<tr><td>기타 토지로 전환된 습지</td></tr>
<tr><td>기타 토지로 전환된 농경지</td></tr>
</table>

(2) 국내 지적공부등록지 현황

IPCC G/L(2006) 지목 분류에 따른 국내 지적공부등록지 현황의 지목은 다음과 같이 분류된다.

〈IPCC G/L과 국내 지적공부등록지 현황의 지목 분류〉

2006 IPCC G/L	지적공부등록지 현황
Forest	임야
Cropland	전, 답, 과수원
Grassland	목장용지, 공원, 묘지
Wetlands	하천, 구거, 유지, 양어장
Settlements	지대, 공장용지, 학교용지, 주차장, 주유소용지, 창고용지, 도로, 철도용지, 제방, 수도용지, 체육용지, 유원지, 종교용지, 사적지
Other Land	광천지, 염전, 잡종지

3 온실가스 배출·흡수 특성

〈토지 범주별 온실가스 배출·흡수 특성〉

구 분	배출·흡수 특성
임지	• 임지로 유지되는 임지에서의 바이오매스 및 토양탄소의 변화, 임지로 전환된 토지에 따른 탄소 축적량의 변화 • 바이오매스(지하부/지상부), 고사유기물(고사목, 낙엽층 등), 토양탄소(유기토양/무기토양)
농경지	• 농경지로 유지되는 농경지와 농경지로 전환된 토지에 의한 탄소 축적량의 변화 • 바이오매스, 토양탄소(유기토양/무기토양)
초지	• 목재 바이오매스의 수확, 방목장의 방해, 목초지화, 산불, 재건, 목초지 경영 등을 포함하는 인간활동과 자연적 장애요인, 지하부 바이오매스 및 토양유기물에 의한 탄소 축적량의 변화 • 바이오매스, 토양탄소(유기토양/무기토양)

구 분	배출·흡수 특성
습지	• 1년 내내 혹은 일부 기간 동안 물을 흡수하거나 배수된 토지 또는 다른 토지로 용도가 변경된 토지에 따른 탄소 축적량 변화 • 습지로 전환된 토지에서 이탄 추출물로 인한 탄소 축적량의 변화와 침수지로 전환된 토지에서의 탄소 축적량 변화 • 이탄지의 배수와 침수지에서 배출된 N_2O와 침수지에서 배출된 CH_4 배출 • 침수지로 전환된 토지에서 살아 있는 바이오매스에 의한 탄소 축적
주거지	• 모든 형태의 도시림과 마을 근교의 숲 포함 • 주거지로 전환된 토지의 살아 있는 바이오매스에 의한 탄소 축적
기타 토지	기타 토지로 전환된 토지에서 살아 있는 바이오매스와 토양 탄소에 의한 탄소 축적량 변화

4 배출량 산정방법

구 분	산정방법
임지로 유지되는 임지	Tier 2
임지로 전환된 토지, 농경지로 유지되는 농경지, 농경지로 전환된 토지, 초지로 유지되는 초지, 초지로 전환된 토지, 습지로 유지되는 습지, 습지로 전환된 토지	Tier 1

(1) 임지로 유지되는 임지 〈Tier 2〉

임지로 유지되는 임지의 온실가스 배출량·흡수량을 산정하기 위해 산정해야 할 항목으로는 바이오매스 탄소 축적 변화량, 고사유기물의 탄소 축적 변화량, 무기 토양의 유기탄소 축적 변화량이 있으며, 다음과 같이 고려되어야 한다.

① 산정식

㉠ 바이오매스 탄소 축적 변화량(ΔC) : 바이오매스는 상당한 양의 탄소를 축적하며(특히, 목본 바이오매스) 용재, 연료 생산 및 산불, 병충해 등과 같은 교란으로 인한 탄소 손실도 발생하게 된다.

본 과정에서는 임지로 유지되는 임지에서의 바이오매스 증가 및 손실이 고려된 탄소 축적 변화량을 산정하게 되며, 증가량이 클 경우에는 흡수원으로서, 손실량이 클 경우에는 배출원으로서 작용하게 된다.

임지로 유지되는 임지의 온실가스 배출량 산정방법은 바이오매스 탄소 축적량의 변화량을 산정하기 위해 2006 IPCC G/L Tier 2 방법인 비축차 방법을 적용하여 산정한다.

$$\Delta C = \frac{(C_{t_2} - C_{t_1})}{t_2 - t_1} \times D \times BEF \times CF \times (1+R)$$

ΔC : 연간 탄소 축적 변화량(tC/yr)
C_{t_2} : t_2년도에서의 임목 축적(m^3/yr)
C_{t_1} : t_1년도에서의 임목 축적(m^3/yr)
D : 목재 기본밀도(t/m^3)
BEF : 바이오매스 확장계수
CF : 바이오매스 건중량의 탄소 비율(tC/t dry-mass)
R : 지상부 바이오매스에 대한 지하부 바이오매스 비율
(t dry-mass 지하부/t dry-mass 지상부)

㉡ **고사유기물의 탄소 추적 변화량(ΔC_{DOM})** : 2006 IPCC G/L Tier 1 가정에 따르면, 임지로 유지되는 임지에서는 고사유기물의 증가와 분해가 평형을 이루며 이로 인해 탄소 축적량의 변화는 발생하지 않는다. 따라서 임지로 유지되는 임지에서는 산정을 제외한다.

㉢ **무기토양의 유기탄소 축적 변화량($\Delta C_{Mineral}$)** : 2006 IPCC G/L Tier 1 가정에 따르면, 동일한 지목으로 유지되는 토지에서는 토양 내 유기탄소(SOC ; Soil Carbon)가 평형상태에 이르게 된다. 결국 SOC의 차이는 '0'이 되며 이에 따라 임지로 유입되는 임지에서는 산정을 제외한다.

② 산정방법 특성

㉠ 20년간 유지된 임지에서의 임목 축적 변화 자료를 사용해야 한다.

㉡ 임지로 유지되는 임지와 임지로 전환된 기타 토지의 임목 축적량을 추정하기 위해 영급을 기준으로 하며, 영급이 3 이상인 임목 축적량을 임지로 유지되는 임지에서의 임목 축적량이라 추정한다.

㉢ 영급이 1, 2인 임목 축적량을 임지로 전환을 겪은 토지의 임목 축적량으로 추정할 수 있으나, 본 산정에서는 통합하여 산정한다.

③ 산정에 필요한 변수들의 관리기준 및 결정방법

매개변수	세부변수	관리기준 및 결정방법
활동자료	• t_1년도에서의 임목 축적(C_{t_1}) • t_2년도에서의 임목 축적(C_{t_2})	• 시군구별·임상별 임목 축적량은 임업통계연보 또는 지자체 통계연보를 통해 획득할 수 있으나 영급별 분리를 위해서는 추정방법을 사용 • 다만, '산림청'의 'Green 정보'의 '통계자료방'에서 시군구별·임상별·영급별 임목 축적량 획득 가능

매개변수	세부변수	관리기준 및 결정방법
배출계수	• 목재 기본밀도(D) • 바이오매스 확장계수(BEF) • 바이오매스 건중량의 탄소 비율(CF) • 지상부 바이오매스에 대한 지하부 바이오매스 비율(R)	국내에 적용 가능한 개발값이 존재하는 경우 이를 우선 적용하며, 그 외에 대하여는 2006 IPCC G/L에 제시된 '기본값'을 적용

(2) 임지로 전환된 토지 〈Tier 1〉

임지로 전환된 토지의 온실가스 배출량·흡수량을 산정하기 위해 산정해야 할 항목으로는 바이오매스 탄소 축적 변화량, 고사유기물의 탄소 축적 증가량 및 토지용도 전환에 의한 탄소 손실량, 무기토양의 유기탄소 축적 변화량이 있으며, 다음과 같이 고려되어야 한다. 단, 바이오매스에 의한 탄소 축적량 변화량은 임지로 유지되는 임지에서 통합하여 산정되었으므로 산정에서 제외된다. 또한 고사유기물의 경우, 임지 외의 토지에는 고사유기물이 존재하지 않기 때문에 임지에서만 고려된다.

① 산정식

㉠ 고사유기물의 탄소 축적 증가량

$$\Delta C_{DOM} = \frac{(C_n - C_0) \times A_{on}}{T_{on}}$$

ΔC_{DOM} : 고사유기물의 탄소 축적 증가량(tC/yr)
C_n : 전환 이후 토지에서 고사유기물의 탄소 축적량(tC/ha)
C_0 : 전환 이전 토지에서 고사유기물의 탄소 축적량(tC/ha)
A_{on} : 임상별 전환된 면적(ha)
T_{on} : 토지이용 전환에 소요되는 기간(기본값 20년)(yr)

㉡ 토지용도 전환에 따른 고사유기물의 탄소 손실량

$$\Delta C_{DOM-LOSS} = -(C_{DOM} + A_{FOREST})$$

$\Delta C_{DOM-LOSS}$: 토지이용 카테고리의 전환에 따른 고사유기물의 탄소 손실량(tC/yr)
C_{DOM} : 고사유기물의 탄소 축적량(tC/yr)
A_{FOREST} : 임상별 임지 감소면적(ha)

㉢ 무기토양의 유기탄소 축적 변화량

$$\Delta C_{Mineral} = \frac{(SOC_0 - SOC_{(0-T)})}{D}$$

$$SOC = \sum_{c,s,i}(SOC_{REF_{c,s,i}} \times F_{LU_{c,s,i}} \times F_{MG_{c,s,i,}} \times F_{I_{c,s,i}} \times A_{c,s,i})$$

$\Delta C_{Mineral}$: 무기토양에서 연간 탄소(C) 축적량의 변화(tC/yr)

SOC_0 : 인벤토리 기간 중 마지막 해의 토양 유기탄소(C) 축적량(tC)

$SOC_{(0-T)}$: 인벤토리 기간 중 첫 해의 토양 유기탄소(C) 축적량(tC)

T : 단일 인벤토리 기간의 연수(yr)

D : 평형 SOC 값 사이의 전환에 관한 기본값 기간인 저장변화계수의 시간의존도(yr)

c, s, i : c는 기후지대, s는 토양유형, i는 각 나라에 존재하는 관리 시스템

SOC_{REF} : 탄소(C) 축적량 인용값(tC/yr)

F_{LU} : 토지이용 시스템이나 특정 토지이용 하부시스템의 저장변화계수

※ 체계(Regine)의 영향을 산정하기 위한 산림토양 탄소(C) 계산에서 F_{ND}는 F_{LU}로 대체된다.

F_{MG} : 관리체계에 대한 저장변화계수

F_I : 유기물 투입에 대한 저장변화계수

A : 산정된 층의 토지면적(층)

㉣ 임지의 과거 20년 전 면적 : 무기토양에 의한 탄소 축적량의 변화량을 산정하기 위해 사용되는 활동자료는 국토교통부의 '지적공부' 자료를 통해 획득할 수 있다(1971년 이후 현재까지 자료를 제공 중이다).

② 산정방법 특성

㉠ 임지로 전환된 임상별 산림면적에서 영급이 2영급 이하인 산림면적을 임지로 전환된 토지의 면적, 3영급 이상을 임지로 유지된 임지면적으로 구분한다.

㉡ SOC_0과 $SOC_{(0-T)}$는 탄소(C) 축적량 인용값과 저장변화계수가 각 시점(시간 '0'과 시간 '0−T')에서 토지이용과 관리방법, 그리고 이에 해당하는 토지면적에 따라 정해지는 SOC 공식을 이용해서 계산할 수 있다.

㉢ 평형 SOC값 사이의 전환에 관한 기본값 기간인 저장변화계수의 시간은 대개 20년이며 계수 F_{LU}, F_{MG}, F_I를 계산하여 성립된 가정에 기초한다.

㉣ T가 D를 초과하는 경우 인벤토리 기간(0−T)에 대한 연간 변화율을 구하기 위해 T값을 사용한다.

㉤ 산정된 층의 토지면적층의 경우, 이 층의 모든 토지는 일반적인 생화학적 상황(즉, 기후나 토양유형)과 인벤토리 기간 동안 분석을 위해 종합적으로 다루어진 관리 이력에 포함해야 한다.

③ 산정에 필요한 변수들의 관리기준 및 결정방법

<table>
<tr><th>매개변수</th><th>세부변수</th><th>관리기준 및 결정방법</th></tr>
<tr><td rowspan="3">활동자료</td><td>임상별 전환된 면적
(A_{on})</td><td>• 임업 통계연보의 행정구역별·임상별·영급별 산림면적 자료를 획득할 수 있으나 이는 광역 지자체 단위이므로 지자체 단위 추정시 자료의 불확도가 높음
• 단, '산림청'의 'Green 정보'의 통계자료를 통해 시군구별·임상별·영급별 산림면적 자료 획득 가능</td></tr>
<tr><td>임상별 임지 감소면적
(A_{FOREST})</td><td>-</td></tr>
<tr><td>산정된 층의
토지면적층(A)</td><td>• '한국 토양정보 시스템(흙토람)'의 '토지이용 통계'를 통해 시군구별·지목별·성분별 면적 획득 가능
• 단, 이 자료는 지적공부의 지목별 면적과 차이가 있기 때문에 각 토양성분별 비율을 구하여 지적공부의 면적을 곱한 후 토양성분별 면적을 구해야 함
• '한국 토양정보 시스템'에서 제공하는 토양 성분과 IPCC G/L에서 제공하는 토양성분을 매칭하기 위하여 다음과 같이 공단 지침을 따름
<table>
<tr><th>USDA 분류</th><th>IPCC 분류</th></tr>
<tr><td>Inceptisol,
Alfisol,
Mollisol</td><td>고활성 토양(HAC)</td></tr>
<tr><td>Andisol</td><td>화산토</td></tr>
<tr><td>Ultisol,
Entisol</td><td>저활성 토양(LAC)</td></tr>
</table></td></tr>
<tr><td>배출계수</td><td>• 전환 이후 토지에서의 고사유기물 탄소 축적량(C_n)
• 무기토양에 대한 토양 유기탄소 축적량(SOC_{REF})
• 토양의 축적량 변화계수
(F_{LU}, F_{MG}, F_I)</td><td>2006 IPCC G/L에 제시된 '기본값'을 적용한다.</td></tr>
</table>

(3) 농경지로 유지되는 농경지 〈Tier 1〉

농경지로 유지되는 농경지의 온실가스 흡수량을 산정하기 위해 산정해야 할 항목으로는 바이오매스 탄소 축적 증가량, 바이오매스 탄소 손실량, 고사유기물의 탄소 축적 변화량, 무기토양의 유기탄소 축적 변화량이 있으며, 다음과 같이 고려되어야 한다.

① 산정식

㉠ 바이오매스 탄소 축적 증가량(ΔC_G) : 20년 동안 유지된 과수원의 임목 성장에 따른 탄소 축적 증가량을 산정한다. 2006 IPCC G/L Tier 1을 산정원칙으로 하며 다음의 식을 이용하여 농경지로 유지되는 농경지에서의 바이오매스 탄소 축적 증가량을 산정한다.

$$\Delta C_G = \Sigma(A \times G_c)$$

ΔC_G : 총 면적을 고려한 각 토지의 하부 카테고리에 대한 바이오매스의 성장에 따른 연간 탄소(C) 축적량의 증가량(t/yr)
A : 농경지 토지이용 카테고리 내에 남아 있는 농경지의 면적(ha)
G_c : 바이오매스 탄소 축적 증가량(tC/ha·yr)

㉡ 바이오매스 탄소 손실량(ΔC_L) : 바이오매스 손실은 농경지 내의 화재로 인해 발생될 수 있으나, 현재 국내에 이용이 용이한 통계자료가 없으므로 산정시 제외한다.

㉢ 고사유기물의 탄소 축적 변화량(ΔC_{DOM}) : 2006 IPCC G/L Tier 1 가정에 따라, 농경지 내에 존재하는 고사유기물은 없기 때문에 산정시 제외한다.

㉣ 무기토양의 유기탄소 축적 변화량($\Delta C_{Mineral}$) : 2006 IPCC G/L Tier 1 가정에 따라, 농경지로 유지되는 농경지에서는 토양유기탄소(SOC) 변화량이 없으므로 산정시 제외한다.

② 산정방법 특성

㉠ 2006 IPCC G/L에 따라 일년생 작물이 처음 심어지는 해에만 고려된다.

㉡ 다음 해부터는 바이오매스의 증가와 수확 등으로 인한 바이오매스의 손실이 평형을 이루어 실질적인 변화는 없다고 가정되기 때문에 영년생(과수원)만 고려된다.

㉢ 산정에 필요한 변수들의 관리기준 및 결정방법

매개변수	세부변수	관리기준 및 결정방법
활동자료	농경지 토지이용 카테고리 내 남아 있는 농경지의 면적(A)	'지적공부등록지 현황'에서 획득 가능하며, 인벤토리 산정 해당 연도와 20년 전의 면적을 고려
배출계수	바이오매스 축적 증가량(G_C)	2006 IPCC G/L의 기본값 중 '온대 습윤' 지역의 배출계수 적용을 원칙으로 함 • 일년생(전·답) : 5.0tC/ha·yr • 영년생(과수원) : 2.1tC/ha·yr

(4) 농경지로 전환된 토지 〈Tier 1〉

농경지로 전환되는 토지의 온실가스 흡수량을 산정하기 위해 산정해야 할 항목으로는 바이오매스 탄소 축적 증가량, 바이오매스 탄소 손실량, 고사유기물의 탄소 축적 변화량, 무기토양의 유기탄소 축적 변화량이 있다.

① 산정식

㉠ **토지용도 전환에 따른 바이오매스 탄소 축적 초기 변화량(ΔC_B)** : 토지이용 카테고리의 전환에 따른 바이오매스의 연간 탄소 축적량의 변화를 산정한다.

$$\Delta C_B = \Delta C_G + \Delta C_{CONVERSION} - \Delta C_L$$

ΔC_B : 토지이용 카테고리 전환에 따른 바이오매스의 연간 탄소(C) 축적량의 변화(tC/yr)

ΔC_G : 토지이용 카테고리 전환에 따른 바이오매스의 증가에 의한 연간 탄소(C) 축적량의 증가(tC/yr)

$\Delta C_{CONVERSION}$: 토지이용 카테고리 전환에 따른 바이오매스의 탄소(C) 축적량의 초기 변화(tC/yr)

ΔC_L : 산림 수확, 연료재 수집, 토지이용 카테고리의 전환에 따른 교란으로 감소한 바이오매스의 연간 탄소(C) 축적량의 감소(tC/yr)

$$\Delta C_{CONVERSION} = \sum_i (B_{AFTER_i} - B_{BEFORE_i}) \times \Delta A_{TO\,OTHERS_i} \times CF$$

$\Delta C_{CONVERSION}$: 토지이용 카테고리 전환에 따른 바이오매스의 탄소(C) 축적량의 초기 변화(tC/yr)

$\Delta A_{TO\,OTHERS_i}$: 토지이용 카테고리가 전환된 해의 토지이용 유형(i)의 면적(ha/yr)

B_{AFTER_i} : 토지이용 카테고리의 전환 직후 토지이용 유형(i)에서 바이오매스의 탄소(C) 축적량(Tier 1에서는 0으로 가정)(t dry-mass/ha)

B_{BEFORE_i} : 토지이용 카테고리의 전환 전 토지이용 유형(i)에서 바이오매스의 탄소(C) 축적량(t dry-mass/ha)

CF : 건중량의 탄소(C) 비율(tC/t dry-mass)

㉡ **바이오매스 탄소 축적 증가량(ΔEC_G)** : 20년 이내에 과수원으로 전환을 겪은 토지의 임목 성장에 따른 탄소 축적 증가량 및 해당 연도 전·답으로 전환을 겪은 토지의 바이오매스에 따른 탄소 축적량을 산정한다. 바이오매스 탄소 축적 증가량은 농경지로 유지되는 농경지에서 사용된 산정방법과 동일하다.

㉢ **바이오매스 탄소 손실량(ΔC_L)** : 농경지로 유지되는 농경지와 동일한 이유로 산정에서 제외된다.

㉣ **고사유기물의 탄소 축적 변화량(ΔC_{DOM})** : 농경지로 유지되는 농경지와 동일한 이유로 산정에서 제외된다.

㉤ **무기토양의 유기탄소 축적 변화량($\Delta C_{Mineral}$)** : 임지로 전환된 토지에서 사용된 산정방법과 동일하다.

② **산정방법 특성** : 전과 답의 경우 일년생 작물이기 때문에 심어지는 해에만 고려되며, 그 다음 해부터는 바이오매스의 증가와 수확 등으로 인한 바이오매스의 손실이 평형을 이루어 실질적인 증가가 없으므로, 인벤토리 산정 해당 연도와 바로 전년도의 차이를 고려해야 한다.

③ **산정에 필요한 변수들의 관리기준 및 결정방법**

<table>
<tr><th>매개변수</th><th>세부변수</th><th>관리기준 및 결정방법</th></tr>
<tr><td>활동자료</td><td>농경지 토지이용 카테고리 내에 남아 있는 농경지의 면적(A)</td><td>• 과수원으로 전환된 과수원 면적의 경우 '지적공부 등록지 현황'의 해당연도 면적 자료와 20년 전 면적을 고려하여 과수원으로 전환된 면적을 산정하여 적용
(예 2000년도 과수원 면적~1980년도 과수원 면적)
• 전·답으로 전환된 면적의 경우 해당 연도와 전년도의 면적을 고려하여 전·답으로 전환된 면적을 산정하여 적용
(예 2000년도 전·답 면적~1999년도 전·답 면적)
• 과수원, 전 및 답과 같은 농경지의 면적이 모두 동일하거나 감소하였을 경우에는 농경지로 전환된 토지가 없는 것이므로 산정에서 제외</td></tr>
<tr><td rowspan="4">배출계수</td><td>무기토양에 대한 토양 유기탄소 축적량 (SOC_{REF})</td><td>2006 IPCC G/L에 제시된 '기본값'을 적용하며, 무기토양에 대한 토양 유기탄소 축적량과 동일</td></tr>
<tr><td>토양의 축적량 변화계수 (F_{MG}, F_{LU}, F_I)</td><td>2006 IPCC G/L에 제시된 '기본값'을 적용
<table><tr><th>토지 분류(지목)</th><th>F_{LU}</th><th>F_{MG}</th><th>F_I</th></tr><tr><td>전</td><td>0.69</td><td>1.0</td><td>1.0</td></tr><tr><td>답</td><td>1.1</td><td>제시하지 않음</td><td>–</td></tr><tr><td>과수원</td><td>1.0</td><td>1.15</td><td>1.11</td></tr></table></td></tr>
<tr><td>전환 후 토지이용 유형(i)에서 바이오매스의 탄소 축적량(B_{AFTER_i})</td><td>Tier 1 가정에 따라 토지용도 전환 전 토지에서의 바이오매스는 전환 해당 연도에 모두 제거되며, 전환 직후 남아 있는 바이오매스는 없으므로, 전환 직후 남아 있는 바이오매스 축적량은 '0'임</td></tr>
<tr><td>• 전환 후 토지이용 유형(i)에서 바이오매스의 탄소 축적량(B_{BEFORE_i})
• 전환된 해의 토지이용유형(i)의 면적 ($\Delta A_{TO\ OTHERS_i}$)</td><td>• 2006 IPCC G/L에 제시된 '기본값'을 적용
<table><tr><th>구 분</th><th>과수원</th><th>전/답</th></tr><tr><td>$B_{BEFORE} \times CF$ (tC/ha)</td><td>63</td><td>4.7</td></tr></table>• 농경지의 경우 값이 바로 주어져, 지상부 바이오매스(B_w) 및 지하부 바이오매스 비율(R)을 고려할 필요가 없으며, 탄소 비율(CF)까지 포함되어 있어 산정식에 전환을 겪은 토지면적($\Delta A_{TO\ OTHERS_i}$)만을 고려</td></tr>
</table>

(5) 초지로 유지되는 초지

초지로 유지되는 초지의 온실가스 배출량·흡수량을 산정하는 것을 기본적으로 2006 IPCC G/L Tier 1의 방식을 적용하여 산정한다. 보통 초지의 경우 IPCC Tier 1 가정에 따라 초지로의 전환 첫 해에 바이오매스가 안정상태에 도달하기 때문에 비록 20년을 고려하여 카테고리를 구분한다 하더라도 전환 첫 해 이후 바이오매스 증가와 손실로 인한 변화량은 고려되지 않는다. 이는 농경지의 일년생 작물과 동일한 내용이며, 온실가스 배출량·흡수량을 산정하기 위한 산정방법과 동일하며, 농경지의 일년생 작물과 마찬가지로 본 카테고리에서는 산정할 항목이 없다.

(6) 초지로 전환된 토지 〈Tier 1〉

초지로 전환되는 토지의 온실가스 흡수량을 산정하기 위해 산정해야 할 항목으로는 바이오매스 탄소 축적 증가량, 바이오매스 탄소 손실량, 고사유기물의 탄소 축적 변화량, 무기토양의 유기탄소 축적 변화량, 토지용도 전환에 따른 바이오매스 탄소 축적 초기 변화량이 있으며, 다음과 같이 고려되어야 한다.

① 산정식

㉠ 바이오매스 탄소 축적 증가량(ΔC_G) : 해당 연도에 초지로의 전환을 겪은 토지의 바이오매스에 따른 탄소 축적량을 산정한다.

$$\Delta C_G = \sum_{i,j}(A_{i,j} \times G_{TOTAL_{i,j}} \times CF)$$

ΔC_G : 연간 바이오매스 탄소 축적 증가량(tC/yr)
$\Delta A_{i,j}$: 초지로 전환된 토지의 면적(ha)
$G_{TOTAL_{i,j}}$: 바이오매스 연평균 증가량(t dry-mass/ha·yr)
i : 생태지대
j : 기후지대
CF : 건중량의 탄소(C) 비율(tC/t dry-mass)

㉡ 바이오매스 탄소 손실량(ΔC_L) : 농경지로 유지되는 농경지와 동일한 이유로 산정에서 제외된다.

㉢ 고사유기물의 탄소 축적 변화량(ΔC_{DOM}) : 농경지로 유지되는 농경지와 동일한 이유로 산정에서 제외된다.

㉣ 무기토양의 유기탄소 축적 변화량($\Delta C_{Mineral}$) : 임지로 전환된 토지에서 사용된 산정방법과 동일하다.

㉤ 토지용도 전환에 따른 바이오매스 탄소 축적 초기 변화량(ΔC_B) : 임지로 전환된 토지에서 사용된 산정방법과 동일하다.

② 산정방법 특성 : 초지는 농경지의 전·답과 같이 초지로 전환된 해당 연도와 바로 전년도의 차이(1년)를 고려하여 산정한다.

③ 산정에 필요한 변수들의 관리기준 및 결정방법

매개변수	세부변수	관리기준 및 결정방법
활동자료	초지로 전환된 토지의 면적($\Delta A_{i,j}$)	• '지적공부등록지 현황'의 '목장용지', '공원', '묘지'의 면적을 고려하여 산정 가능 • 전년도 면적과 비교하여 증가하였을 경우만 초지로 전환된 토지가 있는 것이므로, 그렇지 않은 경우 산정에서 제외
배출계수	바이오매스 연평균 증가량 (G_{TOTAL})	• 2006 IPCC G/L에 제시된 '기본값'을 적용 – 지상부 바이오매스 증가량(G_w) 〔t dry-mass /ha·yr〕= 2.7 – 지상부 바이오매스에 대한 지하부 바이오매스 비율 (R)=4.0 • 바이오매스 건중량의 탄소 비율(CF) 〔t dry-mass /ha·yr〕=13.5
	토양의 축적량 변화계수 (F_{LU}, F_{MG}, F_I)	• 2006 IPCC G/L에 제시된 '기본값'을 적용 • 초지(목장용지, 공원, 묘지) – $F_{LU} = 1.00$ – $F_{MG} - 1.14$ – $F_I = 1.11$

(7) 습지로 유지되는 습지 〈Tier 1〉

2006 IPCC G/L에서는 습지를 크게 '이탄 추출을 위한 이탄 습지'와 '침수지'로 구분한다. 국내에는 '이탄 습지'가 존재하긴 하지만 그 면적이 매우 적고 이탄을 추출하지 않기 때문에 '침수지'만을 고려한다.
본 과정에서 온실가스의 배출량을 산정하기 위한 방법론은 현재까지 제시되어 있지 않으며 미래의 온실가스 배출량 평가를 위한 대략적인 방법만 제시되어 있다. 따라서 본 산정시에는 2006 IPCC G/L에 제시된 대략적인 방법을 사용하며, 습지로 유지되는 습지의 온실가스 배출량을 산정하기 위해 침수지에서의 CO_2 배출, 침수지에서의 CH_4 배출로 구분하여 산정한다.

① 산정식

㉠ **침수지에서의 CO_2 배출** : 침수지에서의 CO_2 배출은 10년이 지나면 안정화 단계에 도달하기 때문에 침수지로 전환된 이전 10년에 대해서만 배출량을 산정한다. 따라서 10년 이상 침수지로 유지되어 온 침수지에서는 고려될 사항이 없으므로 산정에서 제외한다.

㉡ 침수지에서의 CH_4 배출 : 침수지에서는 침수 이전의 토지용도, 기후, 관리방법 등 다양한 요인에 따라 상당한 양의 CH_4를 배출하며, 수면에서의 확산배출과 기포배출로 구분되나 Tier 1 가정에서는 수면에서의 확산배출만 고려하도록 한다.

$$CH_4 Emission_{WWflood} = P \times E(CH_4)_{diff} \times A_{flood\_total\_surface} \times 10^{-6}$$

$CH_4\ Emission_{WWflood}$: 침수지역에서의 총 메탄 배출량($GgCH_4/yr$)
P : 해빙기(day/yr)
$E(CH_4)_{diff}$: 확산을 통한 일평균 배출량($kgCH_4/ha \cdot day$)
$A_{flood\_total\_surface}$: 침수된 땅, 호수, 강 등을 포함한 침수된 지역의 표면적(ha)

② 산정방법 특성 : 해빙기의 경우, 대부분 연간 365일을 이용하거나 결빙기가 있는 지역에서는 365일보다 적다.

③ 산정에 필요한 변수들의 관리기준 및 결정방법

매개변수	세부변수	관리기준 및 결정방법
활동자료	침수된 지역의 표면적 ($A_{flood\_total\_surface}$)	• '지적공부등록지 현황'의 '하천', '구거', '유지', '양어장'의 면적을 고려하여 산정 • 하천의 경우 자연적으로 형성되었기 때문에 산정 대상에서 제외
	해빙일수(P)	• 기상청에서 제공하는 '기상연보'를 통해 획득 가능 • '기상연보'에서는 지역 기상청이 있는 지역에 한해서만 자료를 제공하며, 기상청이 없는 지역은 각 지자체 통계연보의 '토지 및 기후' 파트에 명시되어 있는 기상청의 자료를 활용하여 해빙일수를 측정 • 기상연보에서 제공되지 않은 지역에 한하여 기상청에 문의하여 2000~2008년까지의 자동 기상관측시스템(AWS)의 관측결과를 획득 • 자동 기상관측시스템은 지자체마다 1개 이상의 관측대가 설치되어 있으므로, 해당 지자체의 지점별 관측결과의 평균값을 사용
배출계수	확산을 통한 일평균 배출량($E(CH_4)_{diff}$)	• 2006 IPCC G/L에 제시된 기본값 중 '온대 습윤' 지역 배출계수를 적용 • 확산을 통한 메탄의 일평균 배출계수 $E(CH_4)_{diff} = 0.15kgCH_4/ha \cdot day$

(8) 습지로 전환된 토지 〈Tier 1〉

습지로 전환된 토지의 온실가스 배출량을 산정하기 위한 방법론은 현재까지 제시되어 있지 않으며 미래의 온실가스 배출량 평가를 위한 대략적인 방법만이 제시된 2006 IPCC G/L 방법을 사용한다.

하천의 경우 자연적으로 형성된 것이기 때문에 산정에서 제외되며, 10년 이내의 침수지로의 전환을 겪은 토지에 한해서 Tier 1 가정에 따라 수면에서 확산·배출되는 CO_2 및 CH_4를 산정해야 한다.

① 산정식

㉠ 침수지에서의 CO_2 배출

$$CH_4 Emission_{WWflood} = P \times E(CH_4)_{diff} \times A_{flood\_total\_surface} \times 10^{-6}$$

$CH_4\ Emission_{WWflood}$: 침수지역에서의 총 메탄 배출량($GgCH_4/yr$)

P : 해빙기(day/yr)

$E(CH_4)_{diff}$: 확산을 통한 일평균 배출량($kgCH_4/ha \cdot day$)

$A_{flood\_total\_surface}$: 침수된 땅, 호수, 강 등을 포함한 침수된 지역의 표면적(ha)

㉡ 침수지에서의 CH_4 배출 : 침수지에서의 CH_4 배출량 산정방법은 2006 IPCC G/L에서 대략적으로 제시하는 방법을 사용하며, 산정식은 위의 침수지로 유지되는 침수지에서의 CH_4 배출량 산정을 위한 식과 같다.

② 산정방법 특성

㉠ 산정방법 중 하천의 경우 자연적으로 형성되므로 산정대상에서 제외된다.

㉡ 해빙기의 경우 대부분 연간 추정에서는 365일을 이용하거나, 결빙기가 있는 지역에서는 365일보다 적다.

③ 산정에 필요한 변수들의 관리기준 및 결정방법

매개변수	세부변수	관리기준 및 결정방법
활동자료	침수지로 전환된 면적 ($A_{flood\_total\_surface}$)	• '지적공부등록지 현황'의 '하천', '구거', '유지', '양어장'의 면적을 고려하여 산정 • 침수지로 전환된 토지면적의 기준값은 10년 이므로, 1990~1998년, 2000~2008년의 '구거', '유지', '양어장'의 면적을 획득
	해빙일수(P)	침수지로 유지되는 침수지에서 사용된 관리기준 및 결정방법과 동일
배출계수	• 확산을 통한 일평균 배출량 ($E(CH_4)_{diff}$) • 확산을 통한 일평균 배출량 ($E(CO_2)_{diff}$)	2006 IPCC G/L에 제시된 기본값 중 '온대 습윤' 지역 배출계수를 적용 • $E(CO_2)_{diff}$ = 8.1$kgCO_2/ha \cdot day$ • $E(CH_4)_{diff}$ = 0.15$kgCH_4/ha \cdot day$

적중 예·상·문·제

01 임업 및 기타 토지 이용(LULUCF) 부문 중 Tier 1 산정방법을 사용하는 부문을 쓰시오.

풀이
- 임지로 전환된 토지
- 농경지로 전환된 토지
- 초지로 전환된 토지
- 습지로 전환된 토지
- 농경지로 유지되는 농경지
- 초지로 유지되는 초지
- 습지로 유지되는 습지

※ 위 7가지 부분 중 3가지를 작성한다.

참고

임지로 유지되는 임지의 경우 Tier 2를 적용하고, 나머지는 Tier 1 산정방법을 적용한다.

구 분	산정방법
임지로 유지되는 임지	Tier 2
임지로 전환된 토지, 농경지로 유지되는 농경지, 농경지로 전환된 토지, 초지로 유지되는 초지, 초지로 전환된 토지, 습지로 유지되는 습지, 습지로 전환된 토지	Tier 1

02 축산부문에서 이산화탄소(CO_2)를 온실가스 배출로 취급하지 않는 이유를 쓰시오.

풀이 가축의 호흡을 통해서 CO_2 역시 배출되기는 하지만 사료작물 등의 식물이 광합성으로 CO_2를 흡수하여 자연계에서 순환되기 때문에 배출량 산정시 고려되지 않는다.

03 폐기물 매립시설의 매립공정에서 배출되는 온실가스와 배출원인을 쓰시오.

풀이 매립지 내 산소의 공급이 없어지면서 혐기성 분해에 의한 CH_4가스가 생성·배출된다.

04 LULUCF에 대하여 설명하시오.

풀이 LULUCF는 Land Use, Land Use Change, Forestry의 약자로 토지이용, 토지용도의 변경, 임업의 결과로 온실가스를 제거하거나 상쇄하는 것을 말한다.

05 다음 조건에서 A씨가 500ha의 벼농사를 지을 경우, 온실가스 배출량을 산정하시오.

- 벼농사에 의한 메탄 배출계수, GWP 21 적용
- 보정계수 : 0.2
- 수정계수 : 2
- 작기종합배출계수 : $20g/m^2$
- 배출량 산정식 : 논면적×보정계수×수정계수×작기종합배출계수

풀이 $500 \times 0.2 \times 2 \times 20 = 4,000ha \cdot g/m^2$

$$= 4,000ha \cdot g/m^2 \times 10,000m^2/ha \times 1tCH_4/10^6g = 40tCH_4$$

$$\therefore \ 40tCH_4 \times \frac{21tCO_2-eq}{tCH_4} = 840tCO_2-eq$$

06 매립지에서 발생하는 가스의 이름과 특징을 기술하시오.

풀이 매립가스-LFG(Landfill Gas) : 폐기물의 혐기성 분해로 안정화 과정에서 발생하며, 일반적으로 CH_4, CO_2, N_2, O_2, NH_3 등으로 구성되며, 대표적인 온실가스는 CH_4이다.

참고

폐기물 매립지에서 주로 발생하는 온실가스로는 CH_4가 있으며, 메탄 발효단계에서 많이 발생하며 시간적으로 가장 긴 단계이다. LFG를 포집·회수하여 단순 소각 처리하다가 LFG의 연료로서 활용가치와 신재생에너지원으로서의 중요성이 부각되어 활용방안이 적극적으로 검토되고 있다.

CHAPTER 17

온실가스 보고서 작성

제17장 합격 포인트

명세서의 작성원칙 5가지
적절성/완전성/일관성/정확성/투명성

사업장 일반정보 중 조직경계 항목 4가지
사진/시설배치도/전체 공정도/공정배출공정도

명세서의 작성절차 7단계
조직경계 설정 → 배출활동의 확인·구분 → 모니터링 유형 및 방법 설정 → 배출량 산정 및 모니터링 체계 구축 → 배출활동별 배출량 산정방법론 선택 → 배출량 산정 → 명세서의 작성

추진일정
① 관리업체 지정 : 6월 30일까지
② 감축목표 설정 : 9월 30일까지
③ 이행계획 제출 : 12월 31일까지
④ 이행실적보고서 및 명세서 제출 : 차년도 3월 31일까지

검증보고서 작성시 포함사항 5가지
검증 개요 및 검증의 내용/검증과정에서 발견된 사항 및 그에 따른 조치내용/최종 검증 의견 및 결론/내부심의 과정 및 결과/기타 검증과 관련된 사항

1 보고시스템 파악하기

(1) 국가 온실가스 종합정보시스템 및 목표관리제의 정의

① 국가 온실가스 종합정보시스템(NGMS ; National GHG Emission Total Information System) : 관리업체 선정 및 지정시 제출되는 온실가스 목표관리 이행실적 및 명세서 등을 기준으로 하여 국가 온실가스 정보를 종합적으로 관리하는 시스템이다.

② 온실가스 목표관리제 : 관리업체의 온실가스 감축 등에 대한 목표를 설정하고 그 이행을 관리하는 제도를 말한다.

(2) 명세서 작성 및 제출

1) 명세서의 작성원칙

명세서의 작성은 「온실가스 배출권거래제의 배출량 보고 및 인증에 관한 지침」 제7조(배출량 등의 산정원칙) 및 [별표 20] 모니터링 계획 작성방법(제24조 관련)에 따라 다음의 원칙을 적용한다.

① **적절성** : 지침에서 정하는 방법 및 절차에 따라 온실가스 배출량 등을 산정한다.

② **완전성** : 정해진 범위 내에서 모든 배출활동과 배출시설에서 온실가스 배출량 등을 산정하고 제외되는 배출활동과 배출시설에 대해 사유를 명확하게 제시한다.

③ **일관성** : 시간경과에 따른 배출량 변화를 비교·분석할 수 있는 일관된 자료와 산정방법론 등을 사용해야 하며, 산정과 관련된 요소의 변화에 대해 명확히 기록·유지한다.

④ **정확성** : 배출량 등을 과대 또는 과소 산정하는 등의 오류가 발생하지 않도록 지침에서 정하는 방법 및 절차에 따라 정확하게 산정한다.

⑤ **투명성** : 온실가스 배출량 등의 산정에 활용된 방법론, 관련 자료와 출처 및 적용된 가정 등을 명확하게 제시한다.

2) 배출량 산정범위

관리업체는 온실가스 직접 배출과 간접 배출로 온실가스 배출유형을 구분하여 온실가스 배출량 등을 산정하여야 한다.

① **산정대상 온실가스 배출활동** : 관리업체의 조직경계 내 모든 온실가스 배출활동에 대하여 배출활동 구분에 따라 배출량을 산정하여야 하며 지침에서 제시하지 않은 배출활동은 기타 배출활동으로 보고하여야 한다.

㉠ **고정연소시설** : 고체연료 연소, 기체연료 연소, 액체연료 연소

㉡ **이동연소시설** : 항공, 도로수송, 철도수송, 선박

㉢ **탈루성 온실가스 배출(2013년부터 산정, 2014년부터 보고)** : 석탄의 채굴 · 처리 및 저장, 원유(석유) 및 천연가스 시스템

㉣ **제품 생산공정 및 제품 사용 등** : 시멘트 생산, 석회 생산, 탄산염의 기타 공정 사용, 인산 생산, 암모니아 생산, 질산 생산, 아디프산 생산, 카바이드 생산, 소다회 생산, 석유 정제활동, 석유화학제품 생산, 불소화합물 생산, 카프로락탐 생산, 철강 생산, 합금철 생산, 아연 생산, 납 생산, 마그네슘 생산, 전자산업, 연료전지, 오존층 파괴물질(ODS)의 대체물질 사용, 기타 공정 배출(지구온난화물질 사용 등)

㉤ **폐기물 처리과정** : 고형폐기물의 매립, 고형폐기물의 생물학적 처리, 하 · 폐수 처리 및 배출, 폐기물의 소각

㉥ **외부로부터 공급된 전기, 열, 증기 등에 따른 간접 온실가스 배출** : 외부로부터 공급된 전기 사용, 외부로부터 공급된 열 및 증기 사용

② 보고대상 배출시설 중 연간 배출량(배출권 거래제의 경우 기준연도 온실가스 배출량의 연평균 총량)이 100tCO_2-eq 미만인 소규모 배출시설이 동일한 배출활동 및 활동자료인 경우 부문별 관장기관의 확인을 거쳐 배출시설 단위로 구분하여 보고하지 않고 시설군으로 보고할 수 있다.

3) 명세서의 작성방법

지침 제8조(배출량 등의 산정절차) 및 [별표 2] 배출량 등의 산정절차에 따른 명세서 작성 및 제출 절차는 아래와 같다.

절차 구분	세부내용	지침 관련 조문
〈STEP 1〉 조직경계 설정	산업집적활성화 및 공장 설립에 관한 법률, 건축법, 수도법, 하수도법, 폐기물관리법 등 관련 법률에 따라 정부에 허가받거나 신고한 문서(사업자등록증, 사업보고서, 허가신청서 등)를 이용하여 사업장의 부지경계를 식별	제10조(조직경계 결정방법)
〈STEP 2〉 배출활동의 확인·구분	• [별표 3] 산정대상 온실가스 배출활동(제9조 제4항 관련)에서 제시하는 산정대상 온실가스 배출활동에 따라 사업장 내 온실가스 배출활동 확인 • [별표 6] 배출활동별 온실가스 배출량 등의 세부 산정방법 및 기준(제11조 관련)에서 제시하는 배출활동별 배출시설 확인 • 보고대상 배출활동의 파악시 활용 가능한 자료는 공정의 설계자료, 설비의 목록, 연료 등의 구매전표 등이 있음	제7조(배출량 등의 산정원칙) 제8조(배출량 등의 산정절차) 제9조(배출량 등의 산정범위)
〈STEP 3〉 모니터링 유형 및 방법의 설정	• [별표 8] 활동자료의 수집방법론(제12조 관련)을 참조하여 활동자료의 모니터링 유형을 선정 • 해당 활동자료가 [별표 6] 배출활동별 온실가스 배출량 등의 세부산정방법 및 기준(제87조 관련)의 불확도 수준을 충족하는지 확인 • 시료의 채취, 분석 주기 및 방법 등이 [별표 13] 시료채취 및 분석의 최소주기 등(제16조 제1항 관련), [별표 14] 시료채취 및 성분 분석·시험 기준(제16조 제2항 관련)에서 요구하는 기준을 충족하는지 확인	제11조(배출량 등의 산정방법 및 적용기준) 제12조(활동자료의 수집방법) 제13조(불확도 관리 기준 및 방법)
〈STEP 4〉 배출량 산정 및 모니터링 체계의 구축	• 사업장 내 온실가스 산정 책임자(최고 책임자) 및 산정 담당자와 모니터링 지점의 관리 책임자, 담당자 등을 결정 • [별표 19] 품질관리(QC) 및 품질보증(QA) 활동(제23조 제3항 관련)에 따라 '누가', '어떤 방법으로' 활동자료 혹은 배출가스 등을 감시하고 산정하는지, 세부적인 방법론, 역할 및 책임을 결정	제24조(모니터링 계획의 작성 등) 제23조(품질관리 및 품질보증)

절차 구분	세부 내용	지침 관련 조문
〈STEP 5〉 배출활동별 배출량 산정방법론의 선택	• 배출량 산정방법론(계산법 혹은 연속측정방법) 및 [별표 5] 배출활동별·시설규모별 산정등급(Tier) 최소적용기준(제11조 관련) 요구기준에 따라 사업자는 배출활동별로 배출량 산정방법론을 선택 • [별표 6] 배출활동별 온실가스 배출량 등의 세부 산정방법 및 기준(제11조 관련)에서 정하는 활동자료, 배출계수, 배출가스 농도, 유량 등 각 매개변수에 대하여 자료의 수집방법을 정하고 자료를 모니터링	제11조(배출량 등의 산정방법 및 적용기준) 제15조(배출계수 등의 활용) 제16조(사업장 고유배출계수의 개발 및 활용 등) 제17조(연속측정방법에 따른 배출량 산정방법 및 기준) 제18조(바이오매스 등) 제19조(열(스팀)의 외부 열 공급시 배출계수의 개발·활용) 제21조(기타 부생연료 발생시설에서 외부 기타 부생연료 등의 공급시 배출계수의 개발·활용) 제22조(배출계수의 적용 특례)
〈STEP 6〉 배출량 산정 (계산법 혹은 연속측정방법)	수집한 데이터를 이용하여 [별표 6] 배출활동별 온실가스 배출량 등의 세부산정방법 및 기준(제11조 관련)에 따라 온실가스 배출량 등을 산정	제28조(명세서의 작성) 제17조(연속측정방법에 따른 배출량 산정방법 및 기준)
〈STEP 7〉 명세서 작성 및 제출	• 지침 제28조(명세서의 작성)에 따라 관리업체는 [변지 제11호 서식] 온실가스 배출량 등 명세서 양식(제28조 관련) 서식에 따라 온실가스 배출량 등의 명세서를 작성 • 지침 제30조(자료의 기록관리 등)에 따라 배출량 등의 산정과 관련된 자료 등은 차기년도 배출량의 산정과 검증단계에서 활용하기 위하여 내부적으로 기록·관리	제28조(명세서의 작성) 제30조(자료의 기록관리 등)

4) 명세서의 항목 구성

명세서의 항목은 다음과 같다.

① 관리업체 총괄정보

㉠ 정의 : 일반정보, 사업장 목록, 온실가스 배출량 및 에너지 사용량

㉡ 주요 항목 : 소량배출사업장 여부, 할당대상 여부, 온실가스 배출량, 에너지 사용량, 연간 생산량 또는 처리량 등

② 사업장 일반정보

㉠ 정의 : 사업장 일반정보 및 배출량 산정·보고를 위한 조직경계

㉡ 주요 항목 : 사업장 정보, 사업장 조직경계(사진, 시설배치도, 전체 공정도 및 공정배출공정도), 조직경계 관련 설명 등

③ 사업장별 배출시설 현황
  ㉠ 정의 : 사업장별 배출시설 현황
  ㉡ 주요 항목 : 배출시설별 시설 용량, 세부시설 용량, 가동 일수·시간, 부하율, 자체 배출시설명, 배출활동, 활동자료 등
④ 사업장 배출량 현황
  ㉠ 정의 : 사업장의 온실가스 배출량 및 에너지 사용량
  ㉡ 주요 항목 : 사업장 온실가스·에너지 배출량 총괄 현황, 바이오매스 사용에 따른 산정 제외 배출량, 사업장 CDM 온실가스 배출량 정보, 배출시설·산정방법 변동 현황 등
⑤ 배출활동별 배출량 현황
  ㉠ 정의 : 배출활동별 배출량 현황, 산정방법, 매개변수 등 세부 현황
  ㉡ 주요 항목 : 배출활동별 세부 배출량 현황, 배출활동, 활동자료, 매개변수값, 적용 Tier, 불확도, 온실가스별 배출량, Tier 4 등
⑥ 사업장 생산품 및 공정별 원단위
  ㉠ 정의 : 생산품 및 공정별 원단위
  ㉡ 주요 항목 : 공정·생산품명, 에너지·온실가스 정보, 연간 생산량, 원단위 등
⑦ 사업장 온실가스·에너지 이동 등의 정보
  ㉠ 정의 : 온실가스·에너지에 대한 구매, 판매, 이동 등
  ㉡ 주요 항목 : 온실가스 종류, 공급 및 수급 대상업체명(할당대상업체, 관리업체, 비관리업체), 발열량, 배출계수 등
⑧ 사업장 배출시설별 온실가스 감축실적
  ㉠ 정의 : 사업장 배출시설별 온실가스 감축실적
  ㉡ 주요 항목 : 감축실적, 사업 현황, 감축효과, 투자실적, 기술공정도 첨부 등
  ㉢ 참고사항 : 할당대상업체에 한하여 온실가스 감축실적 변경 서식이 적용되며, 관리업체는 이행실적보고서에 온실가스 감축실적을 작성한다.
⑨ 기타 온실가스 사용실적
  ㉠ 정의 : 기타 온실가스 사용실적 현황
  ㉡ 주요 항목 : 활동자료 종류, 사용목적, 활동자료, 계산계수, 온실가스 배출량 등
⑩ 사업장 고유(Tier 3)배출계수 개발 결과
  ㉠ 정의 : 사업장 고유배출계수 개발의 결과(직접(자가소비), 직접(외부판매), 간접(외부판매))
  ㉡ 주요 항목 : 매개변수명, 시료 채취지점·규격, 계수 산정방법론, 계수값, 계수 산정식, 세부분석항목, 분석기준, 측정항목, 증빙자료 등

⑪ 사업장 굴뚝 연속자동측정기에 의한 월간 온실가스 배출량 정보 확인
   ㉠ 정의 : 사업장 굴뚝의 연속자동측정기에 의한 월간 온실가스 배출량 현황
   ㉡ 주요 항목 : 배출구(굴뚝) 번호, 자체관리번호, 월별 측정값, 엑셀 자료 등

⑫ 명세서 작성 관련 기타 참고사항
   ㉠ 주요 항목 : 해당 명세서 서식명, 추가설명 내용, 첨부파일 등
   ㉡ 참고사항 : 해당 명세서 서식을 선택하여 추가설명 작성 및 파일 첨부

5) 국가 온실가스 종합정보시스템상 명세서의 작성절차 흐름도

국가 온실가스 종합정보시스템(NGMS) 사이트에서 관리업체로 지정된 업체는 아래의 순서에 맞게 전자명세서를 작성할 수 있다.

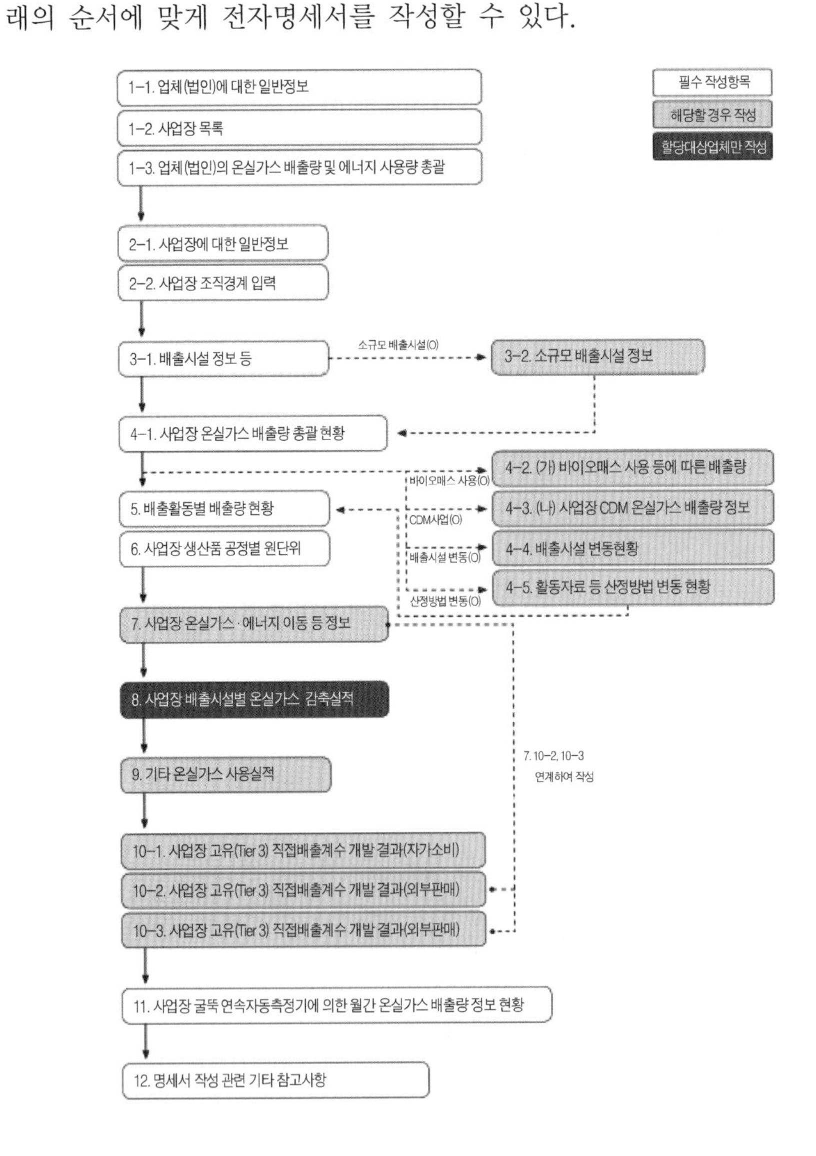

6) 명세서의 작성 및 제출시 유의사항

① 할당대상업체

㉠ 관리업체/할당대상업체는 매년 3월 31일까지 명세서(모니터링 계획 포함)를 검증받아 전자적 방식으로 제출해야 한다.

㉡ 명세서는 모니터링 계획에 따라 작성되어야 하며, 명세서를 수정하고자 하는 경우, 모니터링 계획서 변경이 선행되어야 한다.

② **관리업체** : 탄소중립기본법 시행령 제32조(명세서의 보고·관리 등)에 따라 관리업체로 지정된 최초 연도의 경우에는 과거 3년간 온실가스 배출량에 관한 명세서를 작성하고, 검증기관의 검증결과를 첨부하여 전자적 방식으로 다음 연도 3월 31일까지 제출하여야 한다.

③ 온실가스 목표관리 운영 등에 관한 지침과 온실가스 배출권거래제의 배출량 보고 및 인증에 관한 지침에 따라, 명세서 작성, 배출량 산정 등에 관한 내용을 수록하고 있어 이에 따라 세부산정방법 및 매개변수 관련 변경사항을 확인하여 반영해야 한다.

④ **시스템** : "국가 온실가스 종합관리시스템(NGMS)"에서 명세서의 작성화면(서식) 구현시 자동 기입되는 항목은 업체의 편의성을 고려하여 입력된 사항으로 반드시 세부내용을 확인하여야 한다.

(3) 관리업체 지정대상 선정

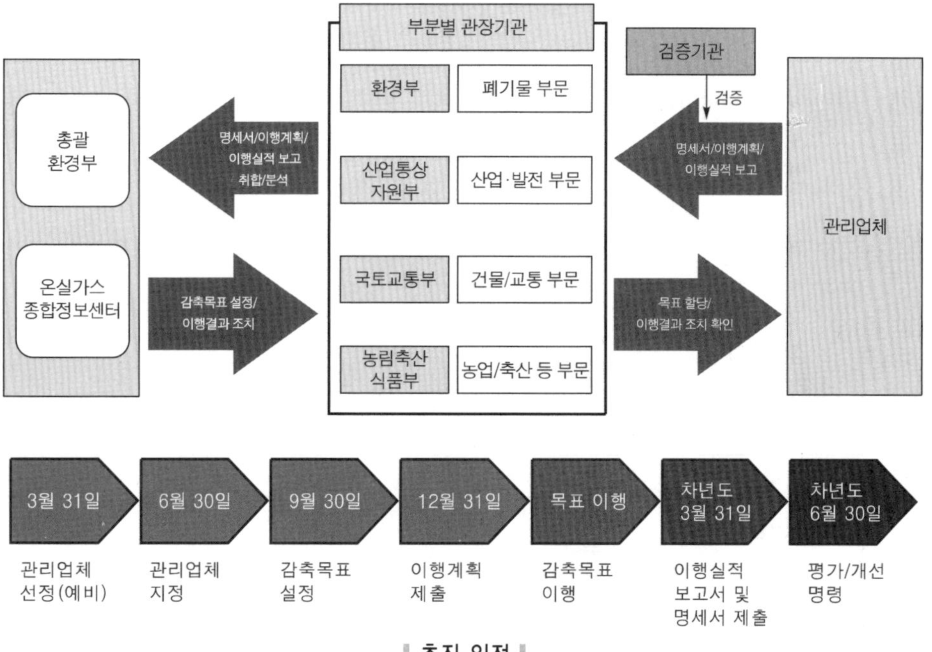

‖ 추진 일정 ‖

2 검증보고서 작성하기

(1) 목적

일정 경계 내의 온실가스 배출량 정보에 대하여 이해관계자에게 신뢰성과 객관성을 제공하기 위함이다.

(2) 검증보고서 작성 절차

▌검증보고서의 작성 및 제출▐

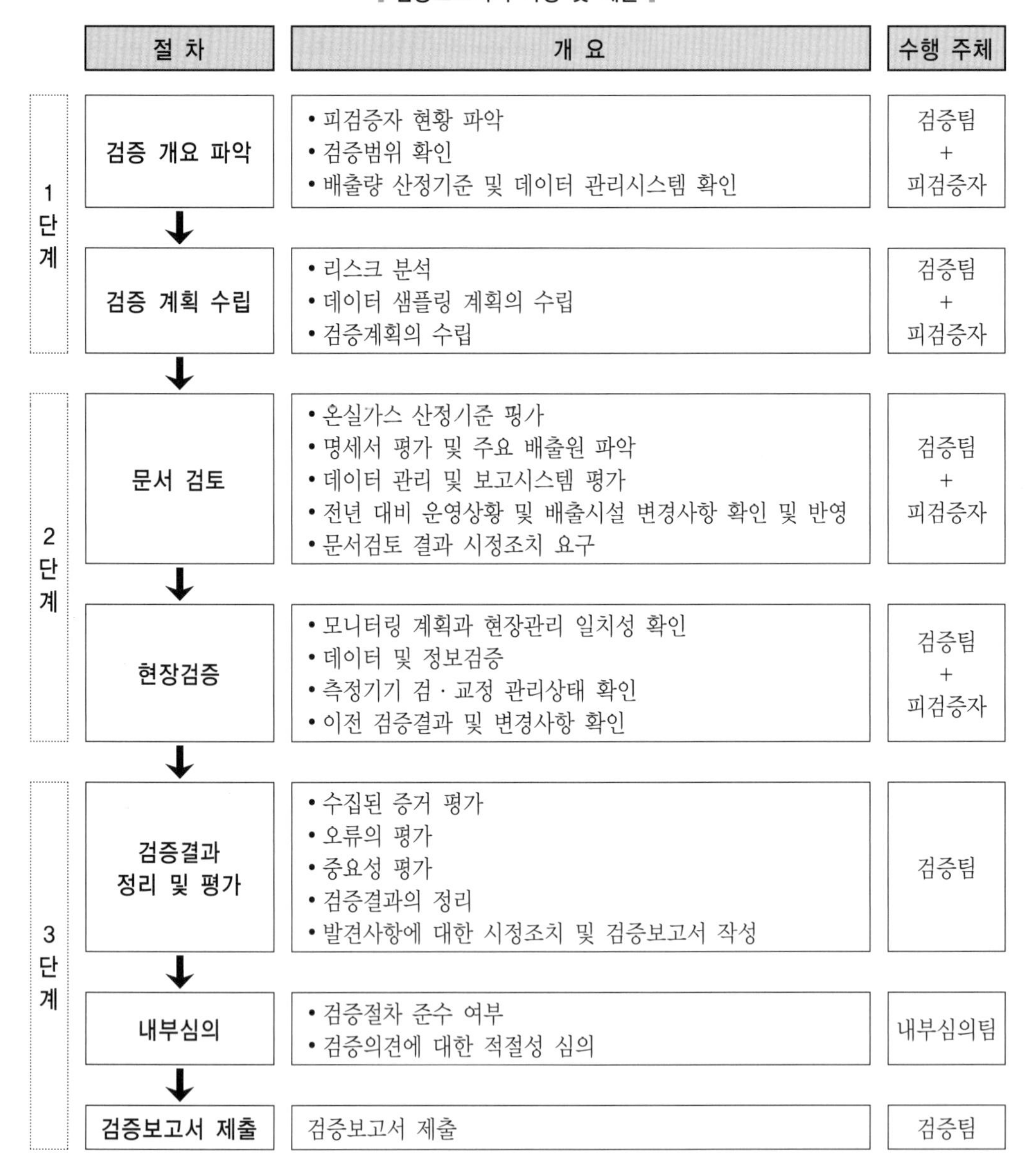

단계	절 차	개 요	수행 주체
1단계	검증 개요 파악	• 피검증자 현황 파악 • 검증범위 확인 • 배출량 산정기준 및 데이터 관리시스템 확인	검증팀 + 피검증자
1단계	검증 계획 수립	• 리스크 분석 • 데이터 샘플링 계획의 수립 • 검증계획의 수립	검증팀 + 피검증자
2단계	문서 검토	• 온실가스 산정기준 평가 • 명세서 평가 및 주요 배출원 파악 • 데이터 관리 및 보고시스템 평가 • 전년 대비 운영상황 및 배출시설 변경사항 확인 및 반영 • 문서검토 결과 시정조치 요구	검증팀 + 피검증자
2단계	현장검증	• 모니터링 계획과 현장관리 일치성 확인 • 데이터 및 정보검증 • 측정기기 검 · 교정 관리상태 확인 • 이전 검증결과 및 변경사항 확인	검증팀 + 피검증자
3단계	검증결과 정리 및 평가	• 수집된 증거 평가 • 오류의 평가 • 중요성 평가 • 검증결과의 정리 • 발견사항에 대한 시정조치 및 검증보고서 작성	검증팀
3단계	내부심의	• 검증절차 준수 여부 • 검증의견에 대한 적절성 심의	내부심의팀
3단계	검증보고서 제출	검증보고서 제출	검증팀

(3) 검증결과의 정리 및 평가

① **수집된 증거 평가** : 검증팀은 문서 검토 및 현장검증 완료 후 수집된 증거가 검증의견을 표명함에 있어 충분하고 적절한지를 평가하고, 미흡한 경우 추가적인 증거 수집절차를 실시하여야 한다.

② **오류의 평가** : 검증팀에 의해 수집된 증거에 오류가 포함된 경우 그 오류의 영향을 평가해야 한다.

오류 발생분야	오류 점검시험 및 관리방법	
입력	• 기록 카운트 시험 • 유효 특성 시험 • 소실데이터 시험	• 한계 및 타당성 시험 • 오류 재보고 관리
변환	• 바탕시험 • 일관성 시험	• 한계 및 타당성 시험 • 마스터파일 관리
결과	• 결과 분산 관리	• 입·출력 시험

측정기기의 불확도와 관련하여 아래의 사항이 발견되는 경우 배출량 산정에 끼치는 영향을 종합적으로 평가하여 검증보고서에 반영해야 한다.

㉠ 불확도 관리가 되지 않은 계량기를 사용한 경우

㉡ 모니터링 계획과 실제 모니터링 방법 간에 차이가 발생한 경우

ⓐ 활동자료와 관련된 측정기기가 누락된 경우

ⓑ 계획과 다른 측정기기를 사용하는 경우

ⓒ 측정기기에 대한 불확도 관리(검교정 등)가 되지 않은 경우

③ **검증결과의 정리** : 검증팀은 문서 검토 및 현장검증 결과 수집된 자료에 대한 평가를 완료한 후, 조치요구사항과 개선권고사항으로 분류하고 발견사항을 정리한다.

㉠ **조치요구사항** : 온실가스 산정지침 및 모니터링 계획 작성방법의 기준에 의거하여 적절하지 않은 발견사항

㉡ **개선권고사항** : 온실가스 관련 데이터 관리 및 보고 시스템의 개선 및 효율적인 운영을 위한 개선요구사항(즉각적인 조치를 요구하지 않으며 시스템의 정착 및 효율적 운영을 위해 조직 차원에서 개선활동을 추진할 수 있음)

④ **발견사항에 대한 시정조치 및 검증보고서 작성**

㉠ 온실가스 산정지침 및 모니터링 계획 작성방법의 기준에 의거하여 적절하지 않은 조치요구사항을 피검증자에 즉시 통보하여 수정조치를 요구하여야 한다.

㉡ 개선권고사항은 온실가스 산출 및 관리방안 개선을 위한 제안사항으로, 피검증자는 향후 지속적인 개선을 실시하여야 한다.

㉢ 검증팀장은 검증 개요 및 내용, 검증과정에서 발견된 사항 및 그에 따른 조치내용 등을 고려한 최종 검증의견이 포함된 검증보고서를 작성하여야 한다.

㉣ 검증보고서 작성시 포함사항
ⓐ 검증 개요 및 검증의 내용
ⓑ 검증과정에서 발견된 사항 및 그에 따른 조치내용
ⓒ 최종 검증 의견 및 결론
ⓓ 내부심의 과정 및 결과
ⓔ 기타 검증과 관련된 사항

(4) 내부심의

① 개요 : 검증보고서 제출 이전에 검증기관은 검증절차 준수 여부 및 검증결과에 대한 내부심의를 실시하여야 하며 검증팀은 내부심의에 필요한 자료를 내부심의팀에 제출하여야 하고, 내부심의가 종료되면 검증보고서를 제출하여야 한다.
② 내부심의 확인사항
㉠ 검증계획의 적절성
㉡ 산정방법 검토의 적절성
㉢ 활동자료 등 정보확인의 적절성
㉣ 검증의견의 적절성

(5) 검증보고서 제출

검증기관은 검증의 보증수준이 합리적 보증수준 이상이라고 판단되는 경우에 최종 검증보고서를 피검증자에게 제출하여야 한다.

3 모니터링 실적보고서 작성하기

모니터링 실적보고서의 작성 순서는 다음과 같다.

(1) 사업 개요

① 사업목적 및 적용기술
② 사업 전·후 공정
③ 감축량 계산방법
㉠ 베이스라인 개념 및 계산방법
㉡ 사업 후 배출량 계산방법
㉢ 감축량 계산방법

(2) 온실가스 배출량 산정

① 베이스라인 온실가스 배출량 산정
② 사업 후 온실가스 배출량 산정
③ 누출량 산정
④ 온실가스 배출 감축량 산정
⑤ 온실가스 배출 감축실적 요약

(3) 모니터링 결과

① 모니터링 실적
② 계수 정리(Emission Factor, Combustion Factor)
③ QA/QC(Quality Assurance / Quality Control)

(4) 주요 변동사항

(5) 모니터링 책임 및 담당자

4 이행계획서·실적보고서 작성하기

(1) 이행계획서

1) 관리업체 총괄정보
① 업체(법인)에 대한 일반정보
② 사업장 목록
2) 사업장별 온실가스 배출량 등 현황
① 사업장별 온실가스 배출량 등 현황
② 일부 시설의 기타 목표
3) 사업장 일반정보
① 사업장에 대한 일반정보
② 사업장 조직경계 입력
4) 배출시설별 활동자료의 측정지점 등
5) 활동자료의 모니터링(측정) 방법
① 활동자료의 모니터링 방법 개요 작성방법
② 정도검사 미실시 측정기기의 실시계획 등(해당시)
6) 에너지 외부 유입 및 구매 계획
7-1) 사업장 고유(Tier 3) 직접 배출계수 개발계획(자가소비)
7-2) 사업장 고유(Tier 3) 직접 배출계수 개발계획(외부판매)
7-3) 사업장 고유(Tier 3) 간접 배출계수 개발계획(외부판매)
8) 배출활동별 산정등급 적용계획
① 산정등급 적용계획 총괄
② 최소산정등급 미충족 사유 등(해당시)
9) 품질관리/품질보증(QA/QC) 활동
① 해당 조직의 경영시스템 인증 현황
② 해당 조직의 배출량 산정·보고 등 담당자 현황
③ 품질관리(QC)/품질보증(QA) 업무 실시계획

10) 사업장별 연차별 목표
① 사업장별·연차별 목표
② 사업장별·연차별 기타 목표
③ 일부 시설의 연차별 기타 목표
11) 기존 배출시설의 가동률 등의 운영계획 등
12) 배출시설의 신설 및 증설계획
① 배출시설의 신설 및 증설계획
② 배출시설의 폐쇄계획
13) 배출시설별 온실가스 감축목표 등의 이행계획
14) 개선명령에 따른 이행계획
15) 이행계획 작성 관련 기타 사항

(2) 실적보고서

1) 개선명령에 따른 이행계획 작성방법
① 개선명령 : 해당 연도의 이행계획 작성 전년도의 이행실적에 대해 관장기관에서 내린 개선명령 기재
② 이행실적 : 해당 개선명령에 대한 조치 및 이행실적을 기재(개선계획, 구체적인 일정, 소요비용 등을 포함
2) 실적보고서 작성 순서
① 개요
㉠ 기관 개요
㉡ 연혁
② 조직 및 인력 현황
㉠ 조직도
㉡ 대표자 및 임원 현황(이사, 운영위원, 심의위원 포함)
㉢ 주주 현황
㉣ 직원 현황(심사원, 기술전문가, 행정직원) 및 고용계획
㉤ 교육 실적 및 계획
㉥ 해당 조직 내 타당성 평가 및 검증활동과 관련이 없는 부서명 및 상세업무
③ 타당성 평가 및 검증계획(실적 및 계획)
㉠ 타당성 평가 및 검증업무 추진실적
㉡ 연도별 타당성 평가 및 검증계획
④ 재무계획
㉠ 재무현황
㉡ 향후 수익전망

적중 예·상·문·제

01 명세서 작성원칙 중 완전성에 대한 설명을 작성하시오.

풀이 완전성이란 정해진 범위 내에서 모든 배출활동과 배출시설에서 온실가스 배출량 등을 산정하고 제외되는 배출활동과 배출시설에 대해 사유를 명확하게 제시하는 것이다.

02 명세서 작성원칙을 모두 작성하시오.

풀이 명세서 작성원칙은 모두 5가지로, 적절성, 완전성, 일관성, 정확성, 투명성이 적용되어야 한다.

03 명세서 작성순서를 쓰시오.

풀이 조직경계의 설정 → 배출활동의 확인·구분 → 모니터링 유형 및 방법 설정 → 배출량 산정 및 모니터링 체계 구축 → 배출활동별 배출량 산정방법론의 선택 → 배출량 산정(계산법 혹은 연속측정방법) → 명세서 작성 및 제출

04 명세서 항목 구성에 대해 작성하시오.

풀이 명세서는 9가지 항목으로 구성되어 있으며, 관리업체 총괄정보 → 사업장 일반정보 → 사업장별 배출시설 현황 → 사업장 배출량 현황 → 배출활동별 배출량 현황 → 사업장 생산품 및 공정별 원단위 → 사업장 온실가스·에너지 이동 등 정보 → 사업장 배출시설별 온실가스 감축실적 → 기타 온실가스 사용실적으로 나타낼 수 있다.

05 명세서 항목 중에서 관리업체 총괄정보에 들어가야 할 주요 항목을 작성하시오.

풀이 주요 항목으로는 소량배출사업장 여부, 할당대상 여부, 온실가스 배출량, 에너지 사용량, 연간 생산량 또는 처리량 등이 포함될 수 있다.

06 명세서 항목 중 사업장 일반정보에 해당하는 사업장 조직경계에서 포함되어야 할 4가지 항목을 작성하시오.

풀이 사업장 조직경계에 해당하는 사항은 사진, 시설배치도, 전체공정도, 공정배출공정도가 있다.

07 이행계획서를 제출하는 시기는 언제인가?

풀이 매년 12월 31일이다.

08 **내부심의 확인사항을 작성하시오.**

풀이 내부심의 확인사항은 검증계획의 적절성, 산정방법 검토의 적절성, 활동자료 등 정보확인의 적절성, 검증의견의 적절성이 있다.

09 **검증결과 정리 및 평가의 절차를 작성하시오.**

풀이 검증결과 정리 및 평가의 순서는 수집된 증거 평가 → 오류의 평가 → 중요성 평가 → 검증결과의 정리 → 발견사항에 대한 시정조치 및 검증보고서 작성이다.

10 **측정기기의 불확도와 관련된 사항 중 배출량 산정에 끼치는 영향을 종합적으로 평가하여 검증보고서상에 반영해야 할 사항을 작성하시오.**

풀이 검증보고서에 반영해야 할 사항은 크게 2가지로, 불확도 관리가 되지 않은 계량기를 사용한 경우와 모니터링이 계획과 실제 모니터링 방법 간에 차이가 발생한 경우이다. 두 번째 사항은 활동자료와 관련된 측정기기가 누락된 경우, 계획과 다른 측정기기를 사용하는 경우, 측정기기에 대한 불확도 관리(검교정 등)가 되지 않은 경우의 3가지로 분류할 수 있다.

11 **검증결과 정리 및 평가의 절차 중 오류의 평가에 관한 부분에서 입력의 오류가 발생하였을 때 오류 점검시험 및 관리방법을 작성하시오.**

풀이 입력 오류분야에서 점검시험 및 관리방법은 기록카운트 시험, 유효특성 시험, 소실데이터 시험, 한계 및 타당성 시험, 오류 재보고·관리가 있다.

12 검증결과의 정리에서 검증팀에서 발견사항을 정리하게 되는데, 두 가지에 대해 작성하고 이를 설명하시오.

풀이 발견사항은 두 가지로 조치요구사항과 개선권고사항이 있다. 조치요구사항은 온실가스 산정지침 및 모니터링 계획 작성방법의 기준에 의거하여 적절하지 않은 발견사항이고 개선권고사항은 온실가스 관련 데이터 관리 및 보고시스템의 개선 및 효율적인 운영을 위한 개선요구사항(즉각적인 조치를 요구하지 않으며, 시스템의 정착 및 효율적 운영을 위해 조직 차원에서 개선활동을 추진할 수 있음)이다.

13 검증보고서 작성시 포함사항을 작성하시오.

풀이
- 검증 개요 및 검증의 내용
- 검증과정에서 발견된 사항 및 그에 따른 조치내용
- 최종 검증의견 및 결론
- 내부심의 과정 및 결과
- 기타 검증과 관련된 사항

CHAPTER 18

품질보증·품질관리(QA/QC) 및 불확도 평가

제18장 합격 포인트

품질보증(QA)의 절차
검증 개요 파악 → 문서 검토 → 리스크 분석 → 데이터 샘플링 계획 수립 → 검증계획 → 현장검증 → 검증결과 정리

품질보증(QA) 항목 5가지
배출원 및 흡수원에서 배출량 결과의 불확도가 정확하게 결정되었는지 여부 점검/내부 보고서 검토/산정방법론 및 자료의 일관성 여부 점검/완성도 점검/기존 산정결과와 비교

품질관리(QC) 항목 4가지
기초자료의 수집 및 정리/산정과정의 적절성/산정결과의 적절성/보고의 적절성

배출원 고유 품질관리(QC)의 주요사항 3가지
배출량 산정의 정도관리/활동자료의 정도관리/불확도의 정도관리

측정 불확도의 산정 절차
사전 검토 → 매개변수의 불확도 산정 → 배출시설에 대한 불확도 산정 → 사업장 또는 업체에 대한 불확도 산정

1 품질보증 · 품질관리의 개요

① 온실가스 배출량 결과에 대한 품질보증(QA ; Quality Assurance) 및 품질관리(QC ; Quality Control)를 위한 방법론을 개발 적용하여 온실가스 배출량 결과의 신뢰도를 제고해야 한다.

② QA/QC의 목적은 온실가스 국가 인벤토리의 기본항목인 TACCC(Transparency, Accuracy, Comparability, Completeness, Consistency), 즉 투명성, 정확성, 상응성, 완전성, 일관성을 제고하기 위한 것이다.

③ QA/QC 과정을 거치게 되면 인벤토리의 재산정과 배출원별 배출량 결과의 불확도를 파악하게 된다.

④ QA/QC를 수행하기에 앞서서 QA/QC를 어떻게 적용하고 어느 곳에 어떤 시점에 적용해야 하는가를 결정해야 한다. 이러한 결정을 내리기 위해서는 기술적·현실적으로 고려할 사항이 있고, 국가의 고유한 상황(자료와 정보수준, 전문성, 인벤토리와 관련된 국가별 고유특성)도 고려해야 한다.
⑤ QA/QC의 적용수준이 배출량 산정의 적용수준과 비슷해야 한다.

(1) 품질관리(QC)의 정의

① QC는 인벤토리의 질적 수준을 조사·관리하기 위해 정기적으로 일관성 있게 행해지는 기술적인 점검과정으로, QC의 목적은 다음과 같다.
㉠ 자료의 신뢰도, 정확성과 완성도를 조사하기 위한 조사
㉡ 오류와 누락된 부분의 발견
㉢ 모든 QC 작업에 대한 문서화와 기록
② QC 활동은 자료수집과 계산과정에 대한 정확성 검사와 배출량 산정과 측정, 불확도 산정, 정보와 보고에 대한 문서화와 같은 일반적인 방법을 포함하고 있다. 높은 단계 QC 활동은 배출원 범위, 활동자료와 배출계수, 방법론에 대한 기술적 검토를 포함하고 있다.

(2) 품질보증(QA)의 정의

QA는 QC 과정을 거친 최종 온실가스 배출량 결과에 대해 인벤토리 작업에 직접 관여하지 않은 제3의 전문가 또는 기관에 의한 점검과정으로 정의할 수 있다. 점검 과정은 자료의 질적 수준이 목표수준을 만족하고 있는가, 인벤토리 결과가 현재의 과학적 지식과 자료 범위 내에서 산정할 수 있는 최선인지의 여부를 조사하는 것이며, 또한 이러한 일련의 QA 과정이 QC 효과를 보완할 수 있게 된다.

2 품질보증 및 품질관리 시스템 구축

QA/QC 시스템의 개발 및 구축을 위해 준비해야 할 사항은 다음과 같다.
① QA/QC를 책임지고 수행할 수 있는 인벤토리 기관
② QA/QC 수행계획
③ 일반 품질관리방법론(Tier 1)
④ 배출원 고유 품질관리방법론(Tier 2)
⑤ 품질보증 점검방법론
⑥ 보고, 문서화, 기록 및 보관에 대한 체제 구축

(1) 인벤토리 총괄관리기관

① 인벤토리 총괄관리기관에서 QA/QC에 대해서 총괄적으로 책임을 져야 한다.
② 총괄기관에서는 다른 기관의 QA/QC의 역할을 조정하고 관리·감독해야 한다.
③ 인벤토리 산정과 관련된 여타 기관에서 적정한 QA/QC 방법론을 적용하고 있는지의 여부 등을 점검하고, 정보 교환, 교육 및 훈련 등의 지원업무도 수행해야 한다.
④ 가능하면 QA/QC 총괄책임자를 임명하여, 모든 QA/QC 업무에 대해서 책임지고 수행할 수 있도록 권한을 부여할 필요가 있다.

(2) QA/QC 계획

① QA/QC 계획은 QA/QC 활동의 순서도와 QA/QC 진행시간표를 작성하는 것이다.
② QA/QC 작업이 온실가스 배출의 전체 산정과정에서 이루어질 수 있도록 계획해야 하며, 모든 배출원에 대한 QA/QC 작업이 이루어질 수 있도록 작업공정과 일정을 설정해야 한다.
③ QA/QC 계획은 QA/QC 활동을 단계별로 계획·추진하는 내부계획이지만, 한 번 수립되면 최소한의 보완·개선 과정을 거치면서 지속적으로 사용될 개연성이 높기 때문에 외부의 자문을 통해서 확정짓는 것이 필요하다.
④ QA/QC 계획을 수립·추진하기 위해서는 국제표준화기구(ISO ; International Organization for Standardization)의 자료관리에 대한 표준화된 방법을 참고할 필요가 있다. ISO의 방법론이 직접적으로 온실가스 배출과 관련되어 있지는 않지만 자료관리의 방법 및 원칙은 온실가스 배출자료의 질적 수준을 관리하는 데 무리 없이 적용할 수 있으며, 다음과 같은 ISO 자료가 온실가스 인벤토리 QA/QC 계획을 설정하고 실행하는 데 도움이 될 수 있다고 여겨진다.

〈ISO 자료에 따른 온실가스 인벤토리 QA/QC 계획〉

ISO 항목	내 용
ISO 9004-1	질적 수준이 우수한 시스템을 만들기 위한 일반적 품질관리 지침서
ISO 9004-4	자료 수집과 분석에 기초한 방법을 활용하여 지속적으로 품질을 향상시키기 위한 지침서
ISO 10005	프로젝트의 품질관리계획 수립방법에 대한 지침서
ISO 10011-1	시스템의 질적 수준 검수 지침서
ISO 10011-2	시스템의 질적 수준 검수인으로서의 자격조건에 대한 지침서
ISO 10011-3	시스템의 질적 수준을 검수하는 프로그램 관리 지침서
ISO 10012	측정결과가 목표 정확도의 수준의 만족 여부를 확인하기 위한 보정 시스템과 통계처리방법에 대한 지침서
ISO 10013	특정 목적을 달성하기 위한 품질관리 매뉴얼을 개발·작성 및 관리하는 데 필요한 지첨서

(3) 일반 품질관리

① 일반 품질관리는 모든 배출원에 적용 가능한 일반적인 사항으로 자료 수집 및 분석, 문서화, 기록 및 보관, 보고 등에 대한 부분을 다루고 있다.

② 대부분의 품질관리는 교차점검, 재산정, 시각적 검사과정으로 해석할 수 있다.

※ 시각적 검사 과정 : 일반적인 점검과정으로 전반적으로 자료를 살펴보면서 이상치가 있는지 복사, 붙이기 등의 과정에서 문제가 없었는지 등의 품질관리과정

③ 매년 모든 인벤토리 입력자료, 변수, 산정결과 등을 상세하게 점검하기는 사실상 어렵다.

④ 주요 배출원에 대한 인벤토리 관련 자료와 산정과정에 대해 선택적으로 매년 점검해야 하나, 그 외의 배출원에 대해서는 품질관리 빈도수를 줄여도 큰 문제는 없으며, 몇 년을 주기로 강도 높은 품질관리를 수행해야 하는가를 결정해야 한다.

〈인벤토리에 대한 일반 품질관리 검토항목〉

품질관리 항목	내 용
활동자료와 배출계수 선택의 가정 및 기준이 보고서에 적절하게 기술되었는지 확인	배출원의 활동자료와 배출계수에 대한 정보 및 이 정보의 기록과 보존이 적절하게 이루어졌는가를 점검
입력자료와 참고문헌의 인용 및 복사 과정에서 오류가 없는지 점검	• 참고문헌 및 문헌자료가 원문에서 올바르게 인용되었는지 확인 • 배출원별 입력자료(계산에 사용된 변수나 측정결과)의 복사 및 기록 오류에 대한 점검
배출량이 올바르게 산정되었는지 점검	• 주요 배출량 산정결과의 재산정 및 비교 • 복잡한 계산과정 및 모델을 통해 결정한 배출량 산정결과를 단순화한 산정방법을 이용하여 산정해 보고 이를 비교하여 산정결과의 정확성을 점검
변수 및 배출량 결과의 단위와 전환계수가 올바르게 사용되었는지 여부 조사	• 단위가 올바르게 표시되었는지 확인 • 단위들이 계산 전 과정을 통해서 일관성 있게 사용되었는지 여부 점검 • 단위 전환계수 등이 올바르게 사용되었는지 확인 • 보정계수 등이 올바르게 사용되었는지 점검
DB 파일의 정확성 조사	• DB의 자료 처리과정 등이 정확하게 이루어졌는지 여부 점검 • DB에서 자료 간의 관계가 정확하게 기술되어 있는지 여부 확인 • DB 설계가 적절하게 이루어져 있고 자료의 선택 및 활용이 적합한지 점검 • DB에 대한 설명이 적합하고, DB 모델의 구조 및 사용에 대한 기록이 잘 되어있고, DB 접근 및 활용이 용이하도록 정리 및 관리가 잘 되어있는지 여부 점검

품질관리 항목	내 용
배출원 간 자료의 일관성 조사	여러 배출원에서 공히 사용되는 변수(예 활동자료, 상수)를 파악하고, 배출량 산정과정에서 이 변수들이 일관성을 갖고 계산되었는지 여부 점검
배출량 결과의 여러 산정과정(결과를 옮기고 계산하는 과정) 오류가 없었는지 여부 확인	• 기초 계산단계에서부터 최종 계산단계의 전 과정 동안에 배출량 관련 자료 등이 단계별로 이동하는 과정에서 올바르게 옮겨지고 계산되었는지 확인 점검 • 중간 계산단계에서 배출량 관련 자료가 정확하게 산정되었는지 확인 점검

〈인벤토리에 대한 일반 품질보증 검토항목〉

품질보증 항목	내 용
배출원 및 흡수원에서의 배출량 결과의 불확도가 정확하게 결정되었는지 여부 점검	• 불확도를 결정한 전문가 자질에 대한 평가 • 가정, 전문가 평가, 불확도 방법론의 적정성 등에 대해 기술되었는지 여부를 확인하고 산정된 불확도의 정확성과 완성도 점검
내부 보고서 검토	배출량 산정결과를 보증하고, 그 결과와 불확도 결과를 재현할 수 있을 정도로 자세한 내부 보고서 및 자료가 있는지 확인
산정방법론 및 자료 일관성 여부 점검	• 연도별(또는 특정 시기 동안) 입력자료의 일관성(자료 결정 및 산정방법 등) 조사 • 모든 산정시기 동안의 배출 산정 알고리즘 및 방법의 일관성 점검
완성도 점검	• 모든 배출원에 대해서 배출량 산정이 이루어졌는지 여부 확인 • 자료 등이 부족하여 배출량을 산정하지 못한 배출원을 확인하고 이에 대해 기술하고 있는지 여부 확인
기존 산정결과와 비교	기존에 산정한 결과와 비교하여 큰 차이가 목격되면 배출량을 재산정하고, 그 차이에 대해 기술하고 원인을 규명

(4) 배출원 고유 품질관리

배출원별로 온실가스 배출특성이 다르기 때문에 배출원에 적합한 고유 품질관리의 개발·적용이 필요하며, 배출원의 특성을 반영한 세 가지 주요사항(배출량 산정의 품질관리, 활동자료의 품질관리, 불확도의 품질관리)에 대한 품질관리는 다음과 같이 구분한다.

1) 배출량 산정을 위한 방법

배출원 결과의 품질관리는 산정방법에 따라 달라질 수 있으며, 일반적으로 배출량을 산정하기 위한 방법은 다음과 같다.

① IPCC 기본배출계수를 사용하는 경우

㉠ 인벤토리 관리 책임기관에서는 우선적으로 IPCC의 기본배출계수값이 자국 상황을 반영하고 있는지 여부를 판단해야 하며 이를 위해서는 IPCC에서 배출계수 산정할 때 도입한 가정 및 방법이 자국 상황에 적합한지 여부를 살펴보아야 한다.

㉡ IPCC의 기본배출계수값의 결정 배경 등에 대한 설명 및 정보가 부족한 경우는 이를 이용하여 산정한 배출량 결과의 불확도 분석을 실시해야 한다. 특히, 주요 배출원에 대해서는 자국의 상황을 제대로 반영할 수 있는 배출계수인지의 여부에 대해 조사 평가하고, 이를 보고서에 기술해야 한다.

㉢ 가능하다면 IPCC 기본배출계수값을 현장에 적용하여 기본값 적용의 타당성을 검증할 필요가 있다.

② 국가 고유배출계수를 사용하는 경우

㉠ 배출원의 국가 고유배출계수는 배출원의 보편적이고 대표적 특성을 반영해야 하고, 단위배출원의 특성을 반영할 필요는 없다.

㉡ 품질관리의 첫 번째 단계는 배출계수를 도출하는 데 사용된 자료에 대한 부분이며 배출계수와 배출계수 도출 과정에서 수행한 QA/QC의 적절성에 대한 검토가 이루어져야 한다. 배출계수가 현장조사에 의해 이루어졌다면 조사 과정에 대해 품질관리가 이루어졌는가를 점검해야 한다.

국가 고유배출계수는 이미 발표된 연구결과 또는 다른 문헌자료, 즉 2차 자료에 근거하여 결정하는 사례가 많다. 이러한 경우는 자료 결정과정을 조사 분석하고, 이 과정에서 품질관리가 이루어졌는지 여부를 파악하여 자료의 신뢰도에 대한 평가가 이루어져야 하고 자료의 한계를 밝히고 이를 보고서에 기술해야 한다.

㉢ 인벤토리 관장기관에서는 전문가로 하여금 2차 자료의 적정성 등에 대해 검토할 수 있도록 시스템을 갖추어야 한다.

2차 자료의 QA/QC 과정이 적합한 것으로 판명나면 인벤토리 관장기관에서는 품질관리에 대한 자료 출처 등을 명시하고 배출량 산정의 적절성 등에 대해 기술하면 충분하다. 만약 그렇지 않다고 결론을 내리게 되면 인벤토리 관장기관에서는 2차 자료에 대한 QA/QC를 실시해야 한다. 또한 불확도 분석도 실시해야 하고, 대안자료의 존재 여부도 파악하며, 대안자료(IPCC 기본배출계수도 포함)의 활용 가능성을 검토하고, 어느 자료가 보다 신뢰성 있는 배출량 결과를 가져다주는지 조사 분석해야 한다.

㉣ 국가 고유배출계수에 의해 결정한 배출량 결과와 IPCC의 기본배출계수를 적용하여 산정한 결과와 비교 검토해야 한다. 이 비교의 목적은 국가 고유배출계수의 타당성을 검증하기 위한 것으로 두 결과 사이에 5% 이상의 차이가 존재하는 경우에는 그 이유를 밝히고 기술해야 한다. 가능할 경우 국가 고유배출계수값을 단위 사업장에서 산출한 배출계수(사업장 고유배출계수)와 비교하는 것이며 단위 사업장의 배출계수와 국가 고유배출계수를 비교하여 국가 고유배출계수의 타당성과 대표성을 검증할 필요가 있다.

③ 배출량을 직접 측정하는 경우

㉠ 배출원으로부터의 온실가스 배출량을 직접 측정하여 배출계수와 배출량을 결정하는 방법으로 다음과 같이 두 가지 접근법을 고려할 수 있다.

ⓐ 배출시설로부터의 온실가스 배출량을 대표성으로 가질 수 있는 빈도수로 측정한(간헐적 또는 주기적 측정) 배출원 또는 전체 배출원의 배출계수를 결정한다.

ⓑ 배출원으로부터의 온실가스 배출량을 연속 측정(CEMS ; Continuous Emissions Monitoring System)하여 배출계수와 연간 배출량을 결정한다.

㉡ 배출량을 직접 측정하는 경우에도 인벤토리 관리기관에서는 측정결과에 대해 품질관리를 실시해야 한다. 표준화된 측정방법을 적용하는 것이 자료의 일관성을 유지하고, 자료의 통계적 의미를 해석하는 데 도움을 줄 수 있으며, 배출원에 따라 표준화된 측정방법이 없는 경우에는 대내·외적으로 공인된 표준화 방법(예 ISO 10012)을 활용하여 측정에 적용하고, 측정장치를 보정 관리하는 것이 필요하다.

㉢ ISO는 대기와 관련된 측정에 대해 표준화된 방법을 제안하고 있으나, 이러한 방법이 특정 온실가스의 경우에는 적용되지 못하는 사례도 있다. 그렇지만 최소한 ISO의 표준화 방법에서는 측정과 관련된 품질관리방법을 제안하고 있어 이를 활용할 필요가 있다.

㉣ 배출원으로부터의 직접 측정결과의 신뢰도가 떨어진다고 판단되면 배출원의 대기환경 담당자와 협의하여 현장에서의 QA/QC 활동을 제고하는 방안을 모색해야 한다. 현장 결과에 기초하여 결정한 배출계수의 불확도가 높은 경우에는 기본 품질관리 이외에 추가로 품질관리를 수행할 필요가 있다.

㉤ 특정 시설에서의 온실가스 배출을 측정하여 결정한 배출계수는 다른 시설 결과와 비교할 뿐만 아니라 IPCC 기본값, 국가 고유배출계수와도 비교하여 배출량 산정결과를 검증할 필요가 있으며 다른 배출계수 결과와 차이가 있는 경우에는 그 이유를 밝히고, 문서화할 필요가 있다.

2) 배출량 비교

① 배출량 산정결과에 대한 표준화된 품질관리는 기존 배출량 결과, 과거 배출량 추세, 다른 방법에 의해 산정된 결과와 비교하는 것이다. 기존 결과와 비교하는 목적은 배출량 산정결과의 신뢰성을 점검하기 위한 것으로 예상할 수 있는 합리적인 배출량 범위 내에 속해 있는가를 확인하는 것이며, 배출량 산정결과가 예상했던 것과 달리 상당히 많은 차이를 보이게 되면 배출계수와 활동자료를 재평가할 필요가 있다.

② 배출량 결과를 비교하는 첫 번째 단계는 과거 배출량의 일관성과 완성도를 조사하는 것이다. 대부분의 배출원의 경우 배출량이 갑자기 증가하는 경우는 거의 없으며, 활동자료와 배출계수가 점진적으로 변화되는 양상을 보인다. 배출량의 연간 변화폭은 대부분 10% 이내이므로 전년도와 비교하여 배출량이 크게 변하는 경우 입력자료 또는 산정과정에서의 오류에 기인한 것이라 할 수 있다. 큰 차이를 나타내는 시점은 이를 표식하고 이를 시각적으로 표현하는 것이 필요하다. 전년도와 비교하여 10% 이상의 온실가스 배출량 차이를 보이는 배출원에 대해서 면밀한 조사가 필요하며, 전년도와 온실가스 배출량 차이가 큰 배출원을 서열화하여 변화양상을 관찰할 필요가 있다.

㉠ **Order-of-Magnitude(OM) 조사** : OM 조사는 산정 계산의 큰 오류와 온실가스의 주요 상위 배출원 또는 하위 배출원이 누락되지 않았는가를 밝히기 위한 것으로, 보고된 온실가스 배출량 산정방법과 다른 접근방식을 택하여 온실가스를 산정하고 이를 비교한다(예 특정 배출원에서의 온실가스 배출량 산정을 위해서 Bottom-up 방식을 택했다면, Top-down 방식과 IPCC 기본배출계수를 적용하여 산정하고 이를 비교).

방법론에 따라서 발생량의 커다란 차이가 관찰되면 배출원 고유 품질관리를 실시해야 하며, 다음의 사항을 점검해야 한다.

ⓐ 부정확한 결과가 특정 단위 배출원에 의한 것인가를 점검(특정 1~2개의 배출원에서 비정상적으로 높은 배출량으로 인하여 Top-down 방식과 비교하여 큰 배출량 차이 초래)

ⓑ 특정 단위 배출원의 배출계수가 다른 단위 배출원의 배출계수와 상당히 다른지 여부 점검

ⓒ 단위 배출원들에서 보고한 활동자료가 국가차원에서 보고한 활동자료와 일치하는지 여부 조사

ⓓ 다른 원인은 없는지 조사(예 산정에 사용된 가정이 보고되지 않은 경우, 활동자료를 결정하는 방법의 차이 등)

㉡ 기초 비교 계산(Reference Calculation) : Reference 계산은 화학양론적인 관계식 또는 온실가스를 함유한 제품의 소비자료에 근거하여 배출량을 산정하는 기초 계산방식이다(IPCC Tier 1에서 이러한 계산방식을 적용하는 사례도 있음). 기초 계산방식에 의해 산출한 결과는 국가 배출량 결과와 비교하는 데 종종 사용되며, 국가 배출량 결과의 신뢰도를 파악 및 점검하기 위한 출발점이 된다. Reference 계산은 특정 국가의 특성을 반영하지 않고, 단순한 계산식에 기초하고 있으므로 높은 불확도가 있음을 유념해야 한다.

3) 활동자료 품질관리

배출원에서의 온실가스 배출량 산정결과의 정확도는 활동자료와 이와 관련된 변수를 얼마나 정확하게 결정하느냐에 달려 있다.

활동자료는 국가차원에서 수집한 문헌 등에서 보고된 2차 자료형태이거나, 단위 배출원에서 측정 또는 산정에 의해 결정한 활동자료를 합하여 전체 활동자료를 결정하는 방식이다.

① 국가 차원에서의 활동자료(Top-down 방식)

㉠ 2차 자료를 토대로 활동자료를 결정하는 경우에는 인벤토리 관리기관에서 활동자료에 대한 QA/QC를 실시하여 활동자료의 정확도와 신뢰도를 평가해야 한다. 2차 자료는 대부분의 경우 온실가스 배출량 산정을 위해 수집한 것이 아니므로 자료 특성상 온실가스 활동자료로 활용하는 데 문제점을 갖고 있을 개연성이 있다.

㉡ 기본적으로 통계 관련 정부 부치에서는 통계자료의 질적 수준을 조사 파악하기 위한 방안을 마련하고 이를 적용하고 있으며, 인벤토리 관리기관에서는 통계부처와의 협의를 통해 온실가스 배출량의 QA/QC에 대한 역할분담을 추진할 필요가 있다.

㉢ 인벤토리 관리기관에서 2차 자료의 품질관리가 적절하다고 여겨지면 자료의 출처를 밝히고, 배출량 산정의 활동자료로 어떻게 활용했는지를 밝혀야 한다. 만약, 품질관리가 적절하지 못하다고 여겨지면 인벤토리 관리기관은 2차 자료에 대한 QA/QC를 통해 검증해야 하며 QA/QC와 연계하여 불확도 분석도 다시 이루어져야 한다.

㉣ 활동자료는 전년도 값과 비교 평가하며 변화양상을 살펴볼 필요가 있다. 안정적인 조건에서의 활동자료는 일반적으로 완만한 변화양상을 보이므로 연간 변화가 큰 시점에서는 활동자료의 오류 가능성을 예상하여 면밀히 점검할 필요가 있다.

㉤ 가능하다면 다양한 문헌으로부터 활동자료를 도출하고, 이를 서로 비교 평가해야 하며, 특히 불확도가 높은 배출원의 경우에는 여러 경로를 통해 활동자료를 추정하고, 비교 평가하여 가장 적합한 활동자료를 선정할 필요가 있다.

② 단위 배출원 차원에서의 활동자료(Bottom-up 방식)

㉠ 단위 배출원 차원에서 활동자료를 결정하는 경우의 품질관리에서는 단위 배출원 간의 활동자료가 일관성을 유지하고 있는지의 여부가 중요하다.

㉡ 단위 배출원에서 활동자료는 대부분 측정을 통해 결정하고 있으며 이 경우에는 결정방법이 대내·외적인 표준방법에 근거하여 QA/QC가 수행되었는지 여부의 파악이 필요하다.

㉢ 대내·외적으로 표준화된 방법을 적용한 경우에는 사용한 방법의 적용 여부를 보고서 등에서 밝혀야 하며 만약 그렇지 않은 경우에는 활동자료의 채택 여부를 면밀히 조사 분석하여 결정하고, 불확도와 자료의 신뢰도에 대해 밝힐 필요가 있다.

㉣ 여러 문헌 및 자료로부터 활동자료 결과를 결정할 수 있다면 이를 비교 평가함으로써 활동자료의 품질관리를 할 수 있으며, Top-down과 Bottom-up 방식에 의해 결정된 활동자료 결과를 비교 평가하고, 큰 차이가 목격되는 경우에는 이유를 밝히고, 이에 대해 설명해야 한다.

4) 불확도의 품질관리

① 온실가스 배출량 산정결과가 정확하게 이루어져 있는가를 판단하는 것이 불확도 품질관리의 목적이므로 불확도에 대한 품질관리는 필수적으로 수행되어야 한다.

② 불확도에 대한 품질관리는 일반적으로 배출량 산정이 거의 종결된 마지막 단계에서 이루어지며 이 과정을 통해서 배출량 결과의 신뢰도에 대한 평가가 이루어진다.

③ 불확도 분석은 다음의 두 가지 측면에서 접근이 가능하다.

㉠ 측정에 의해 배출량을 산정한 경우

㉡ IPCC의 기본배출계수 또는 문헌 등의 2차 자료 등을 활용하여 배출량을 산정한 경우

첫 번째 경우는 통계적인 방법에 의한 불확도 분석이 가능하고 IPCC에서도 Tier 1과 Tier 2 방법을 제안하여 배출량 결과에 대한 불확도 결정방법을 제안하고 있다. 그러므로 측정에 의해 배출량을 산정한 경우에는 통계적 방법에 의해 불확도 결정이 가능한 반면에 IPCC의 기본배출계수와 문헌자료 등을 활용한 경우에는 전문가 판단에 의해 불확도를 결정할 수밖에 없다. 이런 경우에는 전문성 여부를 근거로 전문가의 자질을 판단해야 하고, 1~2명이 아닌 여러 전문가의 의견을 수렴하여 불확도를 결정해야 한다.

(5) 품질보증

품질보증의 목적은 인벤토리 결과의 질적 수준을 평가하는 데 있을 뿐만 아니라 정확도와 완성도 등이 떨어지는 분야를 파악하고 개선해야 할 부분을 지적하는 데 있다. 이를 위해서는 인벤토리 작업에 참여하지 않은 전문가에 의한 분석과 평가가

이루어져야 하며 전문가에 의한 점검(Tier 1 QA)은 전 배출원에 대해서 모두 수행하는 것이 바람직하다. 그러나 상당한 시간과 노력이 수반되므로 주요 배출원과 방법 또는 관련 자료가 전년도와 비교하여 바뀐 배출원에 대해서는 품질보증을 우선적으로 수행해야 한다. 또한 면밀한 조사 분석이 필요한 배출원에 대해서는 Tier 2 품질보증과 심도 있는 전문가 분석이 이루어져야 한다.

① 전문가에 의한 품질보증

㉠ 전문가 품질보증의 주 목적은 배출량 결과, 가정, 방법 등이 적절한지를 판단하는 데 있다. 그러므로 전문가 검토는 배출량 산정과 관련된 기술적인 부분에 대해 이루어지며, 산정을 위해 도입된 가정의 타당성과 계산의 정확성을 중심적으로 점검하게 된다. 이 과정은 보고서와 계산 근거 서류 등을 검토하는 것이며, 공인된 자료의 여부 등에 대한 면밀한 조사 분석은 본격적인 검증과정에서 이루어진다.

㉡ 전문가에 의한 검토에는 표준화된 방법과 메커니즘은 없으며 경우에 따라서 접근방법론이 달라진다. 불확도가 높은 배출원에 대해서 전문가는 배출량 산정결과의 신뢰도 제고방안을 제시하고, 불확도를 정량화하여 제시하는 것이 필요하다.

② 점검

㉠ 배출량 결과에 대한 점검은 인벤토리 관리기관이 얼마나 효과적으로 품질관리를 수행하고 있는가를 파악하는 것이다.

㉡ 점검 수행기관은 인벤토리 작업에 참여하지 않은 기관에서 독립적으로 수행해야 한다. 새로운 방법의 적용 또는 방법론 개선으로 인해 배출량을 재산정하는 경우 점검과정은 필수적으로 이루어져야 한다.

㉢ 점검은 배출량 산정단계별로 수행하는 것이 바람직하다. 즉, 자료 수집단계, 측정단계, 자료 정리단계, 계산단계, 그리고 보고서 작성단계의 순으로 점검이 이루어져야 한다.

(6) 배출량 결과의 검증

배출량 결과에 대한 점검은 배출량 산정과정과 산정결과를 정리하여 종합하는 과정에서 이루어진다. 다른 독립된 산정결과가 존재한다면 이 결과와 비교하여 산정의 완성도, 산정수준, 배출원의 분류체계 등의 정확성 등을 검증할 수 있다. 또한 관련 유사자료를 수집 분석하고 이를 통해 결정한 산정결과와 비교하고 차이가 발생하면 그 이유를 설명할 필요가 있다.

검증과정 또한 인벤토리 결과의 불확도를 평가하는 데 도움을 줄 뿐만 아니라 인벤토리 결과의 질적 수준을 제고한다.

3 불확도의 개요

(1) 불확도의 개념

계측에 의한 값이나 계산에 의한 값 등 어떠한 자료를 이용해 도출된 추정치는 계측기에 의한 불확실성, 계측 당시 환경조건에 의해 표준조건과 차이가 생기는 경우의 불확실성, 산정식에 의한 불확실성 등 다양한 불확실성 요인에 의해 영향을 받게 된다. 이에 따라 추정치는 미지의 참값과의 편차(bias)를 보이게 되며, 추정치가 반복측정값인 경우는 평균값을 중심으로 무작위(random)로 분산되는 양상을 보인다. 이러한 편차와 분산을 유발하는 불확실성 요인을 정량화하여 불확도(uncertainty)로 표현하고 있다.

(2) 불확도 관리 목적 및 범위

불확도는 온실가스 배출량의 신뢰도 관리와 제도 운영과정에서 배출량 산정과 관련된 방법론 및 방법 변경의 타당성을 입증하는 목적으로 평가 · 관리된다.
온실가스 배출량은 활동자료, 배출계수 등 매개변수의 함수로 표현되며 배출량 불확도는 활동자료와 배출계수 불확도를 합성하여 결정한다.

(3) 불확도의 종류

불확도는 표준불확도, 합성불확도, 확장불확도, 상대불확도 등으로 구분할 수 있다. 표준불확도는 반복측정값의 표준오차로 표현되고, 합성불확도는 여러 불확도 요인이 존재하는 경우 각 인자에 대한 표준불확도를 합성하여 결정한 불확도며, 확장불확도는 합성불확도에 신뢰구간을 특정짓는 포함인자를 곱하여 결정하는 것으로 포함인자값은 관측값이 어떤 신뢰구간을 택하느냐에 따라 달라진다. 상대불확도는 불확도를 비교 가능한 값으로 환산하기 위해 불확도를 최적추정값(평균)으로 나누고 100을 곱하여 백분율로 표현하고 있다. 일반적으로 여러 배출원의 불확도를 비교하기 위해 상대불확도를 많이 사용한다.
일반적으로 온실가스 배출량 불확도 산정에서는 특정 확률분포(t-분포)에서 95% 신뢰수준의 포함인자를 합성불확도에 곱한 확장불확도를 사용하고 있다. 한편 할당대상업체에서 보고해야 할 불확도는 확장불확도를 최적 추정값(평균)으로 나누고 100을 곱하여 백분율로 표현한 상대불확도(%)이다.

4 불확도 산정절차

일반적인 온실가스 배출량의 측정불확도 산정절차는 다음과 같으며, 할당대상업체는 온실가스 측정불확도 산정절차 중 2단계까지의 불확도를 산정하여 보고한다.

측정을 외부기관에 의뢰하는 경우 측정값에 대한 불확도가 함께 제시되므로, 산정절차의 2단계는 생략될 수 있다. 불확도 산정 시 이 절차를 우선 적용하나 사업장 현황에 따라 아래 제시된 방법을 우선순위로 적용 가능하다.

① 시험성적서상의 불확도

② 입증된 자료(측정기 성적서, 제작사 규격, 핸드북 등의 오차율, 정확도, 편차, 분해능 등 참고자료)를 이용할 경우 관련 가이드라인을 적용하여 해당 수치를 $\sqrt{3}$으로 나눈 값

③ **지침의 불확도 :** 〈Tier 1〉 7.5%, 〈Tier 2〉 5%, 〈Tier 3〉 2.5%

〈온실가스 측정불확도 산정절차〉

〈1단계〉 사전검토	→	〈2단계〉 매개변수의 불확도 산정	→	〈3단계〉 배출시설에 대한 불확도 산정	→	〈4단계〉 사업장 또는 업체에 대한 불확도 산정
• 매개변수 분류 및 검토, 불확도 평가대상 파악 • 불확도 평가체계 수립		• 활동자료, 배출계수 등의 매개변수에 대한 불확도 산정 • 매개변수에 대한 확장불확도 또는 상대불확도 산정		배출시설별 온실가스 배출량에 대한 상대불확도 산정		배출시설별 배출량의 상대불확도를 합성하여 사업장 또는 업체의 총 배출량에 대한 상대불확도 산정

(1) 사전검토(1단계)

할당대상업체 내 배출시설 및 배출활동에 대하여 배출량 산정과 관련한 매개변수의 종류, 측정이 필요한 자료, 불확도를 발생시키는 요인 등을 파악하고 규명하는 단계이다. 예를 들면 배출량 산정시 실측법을 활용할 경우 농도, 배출가스 유량 등이 불확도와 연관되는 자료이며, 계산법을 적용할 경우 활동자료와 발열량, 배출계수, 산화계수 등 각각의 변수들이 온실가스의 측정불확도와 연관된 변수들이다. 불확도 산정을 위한 사전검토 단계에서 각 매개변수별 자료값의 취득방법(예 단일계측기, 다수계측기, 외부시험기관 분석 등)을 검토하여 불확도값을 구하기 위한 체계를 수립한다.

(2) 매개변수의 불확도 산정(2단계)

불확도 산정은 신뢰구간에 의해 접근된다. 따라서 매개변수의 불확도는 보통 통계학적 방법으로 시료 수, 측정값 등을 통하여 신뢰구간과 오차범위 형태로 제시된다. 일반적으로 온실가스 배출량 산정과 관련한 불확도의 산정에서는 표본채취에 대한 확률분포가 정규분포를 따른다는 가정하에 95%의 신뢰구간에서 불확도를 추정하는 것을 요구한다.

특정 매개변수와 관련된 반복측정에 의한 불확도의 추정절차는 다음과 같으며, 반복측정 외의 불확도 요인을 고려하는 경우에는 국제적으로 신뢰할 수 있는 방법에 따라 불확도가 추정되어야 한다.

① **활동자료 표본수에 따른 확률분포값을 계산**

'표본수(n)에 따른 포함인자(t)를 구하기 위한 t-분포표'를 활용하여 활동자료 등의 측정횟수(표본횟수)에 따른 포함인자(t)를 결정한다. 이는 표본의 확률밀도함수가 t-분포를 따른다는 가정하에 표본으로부터 얻은 측정값이 특정 구간에 존재할 때의 포함인자(t)는 신뢰수준과 표본수(n)에 의해 결정된다.

② **측정값에 대한 통계량(표본평균과 표본표준편차), 표준불확도, 확장불확도 계산**

표본평균($\overline{x}$)과 표본표준편차(s)를 「식-1」, 「식-2」에 따라 각각 구한다.

$$\overline{x} = \frac{1}{n}\sum_{k=1}^{n} x_k \quad \cdots\cdots \text{(식-1)}$$

$$s = \sqrt{\frac{1}{n-1}\sum_{k=1}^{n}(x_k - \overline{x})^2} \quad \cdots\cdots \text{(식-2)}$$

측정값이 정규분포를 따른다고 가정하면 표준불확도(표준오차)는 평균($\overline{x}$)의 표준편차로서 「식-3」에 따라 구한다.

$$U_s = \frac{s}{\sqrt{n}} \quad \cdots\cdots \text{(식-3)}$$

매개변수(p)의 확장불확도는 95% 신뢰수준에서의 포함인자(t)와 표본수(n), 표준편차(s)를 이용하여 「식-4」에 의해 구한다.

$$U_p = t \times \frac{s}{\sqrt{n}} \quad \cdots\cdots \text{(식-4)}$$

여기서, $\overline{x}$: 표본측정값의 평균

n : 표본채취(샘플링) 횟수

x_k : 개별 표본의 측정값

s : 표본측정값의 표준편차

U_s : 표본측정값의 표준불확도(표준오차)

U_p : 95% 신뢰수준에서의 확장불확도

t : t-분포표에 제시된 95% 신뢰수준에서의 포함인자

③ 각 매개변수에 대한 상대불확도(U_i) 계산

t-분포표에 제시된 95% 신뢰수준에서의 포함인자(t)와 표본수(n), 표본측정값의 표준편차(s)를 이용하여 「식-5」에 따라 매개변수의 상대불확도($U_{r,p}$)를 구한다.

$$U_{r,p} = \frac{U_p}{\bar{x}} \times 100 \quad \cdots\cdots (식-5)$$

여기서, $U_{r,p}$: 매개변수 p의 상대불확도(%)

U_p : 매개변수 p의 확장불확도

$\bar{x}$: 표본측정값의 평균

할당대상업체가 보고해야 할 불확도는 「식-5」의 상대불확도로서 표준불확도(식-3), 확장불확도(식-4)를 단계별로 산정한 다음에 결정해야 한다. 다양한 불확도의 요인이 존재하는 경우 각 요인에 대한 표준불확도를 산정하고 이를 합성하여 합성불확도를 산정한 후 확장불확도와 상대불확도를 산정한다.

(3) 배출시설에 대한 불확도 산정(3단계)

2단계에서 산정된 매개변수의 상대불확도를 이용하여 배출시설의 온실가스 배출량에 대한 상대불확도로 산정한다. 온실가스 배출량을 산정하는 방법은 일반적으로 활동자료와 배출계수를 곱하여 산정하며, 경우에 따라서는 두 매개변수 이외에 다른 매개변수가 배출량 산정에 관여하는 경우도 있다. 배출량이 여러 매개변수의 곱으로 표현되는 경우 합성방법 중의 하나인 승산법에 따라 각 매개변수의 상대불확도를 합성하여 「식-6」에서 보는 것처럼 배출량의 불확도를 결정한다. 이 경우 개별 매개변수가 서로 독립적인 경우에 유효하다.

$$U_{r,E} = \sqrt{U_{r,A}^2 + U_{r,B}^2 + U_{r,C}^2 + U_{r,D}^2 + \cdots} \quad \cdots\cdots (식-6)$$

여기서, $U_{r,E}$: 배출량(E)의 상대불확도(%)

$U_{r,A}$: 활동자료(A)의 상대불확도(%)

$U_{r,B}$: 배출계수(B)의 상대불확도(%)

$U_{r,C}$: 매개변수 C의 상대불확도(%)

$U_{r,D}$: 매개변수 D의 상대불확도(%)

(4) 사업장 또는 업체에 대한 불확도 산정(4단계)

사업장 혹은 할당대상업체의 온실가스 배출량은 개별 배출원 혹은 배출시설의 합으로 표현되며, 합으로 표현되는 값에 대한 불확도는 가감법에 따라 개별 불확도를 합성하여 산정한다. 즉 3단계의 「식-6」에 따라 개별 배출원 혹은 배출시설별 온실가스 배출량에 대한 불확도를 산정한 이후, 개별 배출원의 불확도로부터 사업장 혹은 할당대상업체의 총 배출량에 대한 불확도는 「식-7」에 의해 계산한다.

$$U_{r,E_T} = \frac{\sqrt{\Sigma (E_i \times U_{r,E_i} / 100)^2}}{E_T} \times 100 \cdots\cdots\cdots\cdots \text{(식-7)}$$

여기서, U_{r,E_T} : 사업장/배출시설 총 배출량(E_T)의 상대불확도(%)

E_T : 사업장/배출시설의 총 배출량(이산화탄소 환산톤)

E_i : E_T에 영향을 미치는 배출시설/배출활동(i)의 배출량(이산화탄소 환산톤)

U_{r,E_i} : E_T에 영향을 미치는 배출시설/배출활동(i)의 상대불확도(%)

적중 예·상·문·제

01 온실가스 인벤토리의 QA/QC 계획와 관련된 ISO 항목을 3가지 쓰시오.

풀이
- ISO 9004-1
- ISO 9004-4
- ISO 10005
- ISO 10011-1
- ISO 10011-2
- ISO 10011-3
- ISO 10012
- ISO 10013

※ 위 항목 중 3가지를 쓰시오.

참고

온실가스 인벤토리의 QA/QC 계획과 관련된 ISO 항목은 다음과 같다.

① ISO 9004-1 : 질적 수준이 우수한 시스템을 만들기 위한 일반적 품질관리 지침서
② ISO 9004-4 : 자료 수집과 분석에 기초한 방법을 활용하여 지속적으로 품질을 향상시키기 위한 지침서
③ ISO 10005 : 프로젝트의 품질관리계획의 수립방법에 대한 지침서
④ ISO 10011-1 : 시스템의 질적 수준 검수 지침서
⑤ ISO 10011-2 : 시스템의 질적 수준 검수인으로서의 자격조건에 대한 지침서
⑥ ISO 10011-3 : 시스템의 질적 수준을 검수하는 프로그램 관리 지침서
⑦ ISO 10012 : 측정결과가 목표 정확도의 수준의 만족 여부를 확인하기 위한 보정 시스템과 통계처리방법에 대한 지침서
⑧ ISO 10013 : 특정 목적을 달성하기 위한 품질관리 지침서를 개발하기 위한 지침서

02 불확도 산정 절차를 쓰시오.

풀이 사전 검토 → 매개변수의 불확도 산정 → 배출시설에 대한 불확도 산정 → 사업장 또는 업체에 대한 불확도 산정

03 품질보증 항목을 3가지 쓰시오.

풀이
- 배출원 및 흡수원에서 배출량 결과의 불확도가 정확하게 결정되었는지 여부 점검
- 내부 보고서 검토
- 산정방법론 및 자료 일관성 여부 점검
- 완성도 점검
- 기존 산정결과와 비교

※ 위 항목 중 3가지를 쓰시오.

04 품질관리(QC)의 주요 항목을 3가지 쓰시오.

풀이
- 기초 자료의 수집 및 정리
- 산정과정의 적절성
- 산정결과의 적절성
- 보고의 적절성

※ 위 항목 중 3가지를 쓰시오.

05 정규분포의 신뢰구간을 쓰시오.

풀이 95%

06 품질보증의 절차를 쓰시오.

풀이 검증개요 파악 → 문서 검토 → 리스크 분석 → 데이터 샘플링 계획 수립 → 검증계획 → 현장검증 → 검증결과의 정리

07 QA/QC의 목적을 쓰시오.

풀이 QA/QC의 목적은 온실가스 국가 인벤토리의 기본항목인 투명성, 정확성, 상응성, 완전성, 일관성을 제고하기 위한 것이다.

08 배출원의 특성을 반영한 배출원 고유 품질관리 항목을 세 가지 쓰시오.

풀이
- 배출량 산정의 품질관리
- 활동자료의 품질관리
- 불확도의 품질관리

참고

배출원별로 온실가스 배출특성이 다르기 때문에 배출원에 적합한 고유 품질관리의 개발·적용이 필요하며, 배출원의 특성을 반영한 위의 세 가지 주요사항에 대한 품질관리가 필요하다.

09 정도관리의 목적을 쓰시오.

풀이 측정 가능한 목적(자료 품질의 목적)이 만족되었는지 검증하고 주어진 과학적 지식 및 가용성이 현재 상태에서 가장 좋은 배출량 산정결과를 나타내는지 확인하며, 품질관리활동의 유효성을 지원한다.

10 불확도의 유형 중 모형 불확도에 대하여 기술하시오.

풀이 배출량을 산정하기 위한 산정방법론이 복잡성이 큰 현실 시스템을 정확하게 반영하지 못하여 발생하는 오류를 말한다.

11 불확도 산정절차 중 3단계의 명칭과 내용을 기술하시오.

풀이 불확도 산정절차의 3단계는 '배출시설에 대한 불확도 산정'으로, 배출시설별 온실가스 배출량에 대한 상대불확도를 산정하는 단계이다.

참 고

불확도 산정절차는 사전검토, 매개변수의 불확도 산정, 배출시설에 대한 불확도 산정, 사업장 또는 업체에 대한 불확도 산정의 순으로 진행된다.
1단계인 사전검토는 매개변수를 분류 및 검토하는 단계이며, 2단계에서는 매개변수의 불확도를 산정하는 단계로 매개변수에 대한 확장불확도 또는 상대불확도를 산정한다. 3단계에서는 배출시설별 온실가스 배출량에 대한 상대불확도를 산정하며, 마지막 4단계에서는 배출시설별 배출량의 상대불확도를 합성하여 사업장 또는 업체의 총배출량에 대한 상대불확도를 산정한다.

12 불확도를 줄이기 위한 방안 3가지를 쓰고 설명하시오.

풀이

- 현장 상황 및 조건 반영 제고 : 현장 상황 및 조건을 보다 충실히 반영한 정교한 가정을 도입하여 불확도 저감
- 모델 개선(Improving Models) : 현장 상황 및 조건을 보다 적합하게 반영한 변수를 적용하거나 모델 구조 개선을 통해 불확도 저감
- 대표성 제고 : 모집단의 온실가스 배출특성을 반영할 수 있도록 표본시료 수집 방법의 개선을 통한 불확도 저감
- 정밀한 측정방법 적용 : 보다 정밀한 측정방법 도입, 부적절한 가정의 개선, 측정 장치 및 방법의 적합한 검·교정을 통해 측정오차의 절감
- 자료 수 및 측정횟수의 증가 : 시료 수 증가를 통해 표본의 임의추출에 의한 오차를 줄임으로써 불확도 저감
- 규명된 계통오차의 제거 : 측정장치의 위치 선정, 측정지점 선정, 측정시기, 적합한 검·교정방법의 적용, 적합한 모델 및 산정방법 적용을 통해 불확도 저감
- 배출특성에 대한 이해 제고 : 배출원의 온실가스 배출특성에 대한 이해도를 높임으로써 오차 원인을 파악하고 이를 줄이는 데 기여할 수 있음

※ 위 내용 중 3가지를 작성한다.

13 다음 조건에서 Multiplication에 의한 합성불확도(%)를 구하시오.

- 변수 1의 불확도 : 1.5%
- 변수 2의 불확도 : 2.5%
- 변수 3의 불확도 : 1.3%
- 변수 4의 불확도 : 3.2%
- 변수 5의 불확도 : 1.8%

풀이

$U_{total} = \sqrt{1.5^2 + 2.5^2 + 1.3^2 + 3.2^2 + 1.8^2} = 4.865182422 \fallingdotseq 4.87\%$

참고

Multiplication에 의한 합성불확도를 구하는 식은 다음과 같다.

$$U_{total} = \sqrt{{U_1}^2 + {U_2}^2 + \cdots + {U_n}^2}$$

여기서, U_{total} : 합성불확도(%), U_x : 변수 x의 불확도(%)

14 **온풍기의 온실가스 배출량에 대한 불확도는 7%, 승합차의 이동연소 배출량에 대한 불확도는 3%, 폐수처리시설의 온실가스 배출량 불확도는 5%일 경우, 전체 배출량의 불확도를 가감법으로 산정하시오.**

- 온풍기의 온실가스 배출량 = 300tCO_2-eq
- 승합차의 온실가스 배출량 = 1,000tCO_2-eq
- 폐수처리시설 온실가스 배출량 = 100tCO_2-eq

풀이 가감법의 식은 다음과 같다.

$$f=\frac{\sqrt{\Sigma(C\times c)^2}}{F}$$

여기서, F : 사업장·배출시설의 배출량(t)

f : 사업장·배출시설 총 배출량(F)의 불확도(%)

C : F에 영향을 미치는 배출시설·배출활동의 배출량(t)

c : F에 영향을 미치는 배출시설·배출활동(C)의 불확도(%)

$$\therefore\ f=\frac{\sqrt{(300\times 7)^2+(1{,}000\times 3)^2+(100\times 5)^2}}{(300+1{,}000+100)}=2.6399 ≒ 2.64\%$$

참고

'온실가스 배출권거래제의 배출량 보고 및 인증에 관한 지침'의 [별표 9] 불확도 산정절차 및 방법에 의거하여 가감법을 적용하여 계산한다.

CHAPTER 19

온실가스 산정 · 보고 · 검증(MRV)

제20장 합격 포인트

MRV의 약어
산정(Measurement), 보고(Reporting), 검증(Verification)

MRV의 목적
온실가스 배출량 및 에너지 소비량의 신뢰도가 목표 보증수준을 달성하도록 계획과 지침을 제공하고, 그 계획과 지침에 의하여 산정 및 보고가 이루어졌는지의 여부 판단

MRV 산정·보고의 원칙 5가지
적절성/완전성/일관성/정확성/투명성

온실가스 배출량 검증의 원칙 4가지
독립성/윤리적 행동/공정성/전문가적 주의

MRV의 절차
조직경계 설정 → 배출활동의 확인·구분 → 모니터링 유형 및 방법 결정 → 배출량 산정 및 모니터링 체계 구축 → 배출활동별 배출량 산정방법론의 선택 → 배출량 산정 → 명세서 작성 → 검증 → 명세서 및 검증보고서 제출

검증원칙 7가지
독립성 원칙/적정한 주의/검증결과 제시/기밀 준수/공정한 의견 제시/검증의 보증수준/검증에 필요한 자료 요구

검증기관 및 검증팀의 구성
① 검증기관의 구성 : 상근 검증심사원 5명 이상
② 검증팀의 구성 : 2명 이상의 검증심사원으로 구성. 이 중 1명을 검증 팀장으로 선임

검증심사원보의 자격요건
고등학교 졸업자로 5년 이상의 실무경력 보유자/전문학사 이상으로 3년 이상의 실무경력 보유자/기술사 또는 이공계열 박사학위 소지자

검증심사원보가 검증심사원이 되기 위한 조건
2년 내 5회 이상 해당 분야 검증업무에 참여(폐기물, 농·축산, 임업 분야는 3회 이상 참여)

리스크의 종류 3가지
고유리스크/통제리스크/검출리스크

검증절차
검증 개요 파악 → 문서 검토 → 리스크 분석 → 데이터 샘플링 계획 수립 → 검증계획 수립 → 현장 검증 → 검증결과 정리 및 평가

검증기법 7가지
열람/실사/관찰/인터뷰/재계산/분석/역추적

검증결과가 적정일 때의 조건
검증기준에 따라 배출량 산정/불확도와 오류, 수집된 정보의 평가결과 등이 중요성 기준 미만으로 판단

1 MRV의 정의 및 목적

(1) MRV의 정의

산정(Measurement), 보고(Reporting), 검증(Verification)의 약자로서 온실가스 배출량 및 에너지 소비량 등이 MRV 목적에 부합되어 작성되었는지 여부를 판단하기 위한 일련의 활동 및 과정을 말한다.

(2) MRV의 목적

온실가스 배출량 및 에너지 소비량 등의 신뢰도가 목표 보증수준을 달성하도록 계획과 지침을 제공하고, 그 계획과 지침에 의하여 산정 및 보고가 이루어졌는지의 여부를 판단한다.

2 MRV의 원칙

(1) 산정·보고 원칙

원 칙	내 용
적절성 (Relevance)	MRV 지침 또는 규정에서 정하는 방법 및 절차에 따라 온실가스 배출량 등을 산정·보고해야 한다.
완전성 (Completeness)	• MRV 지침 또는 규정에 제시된 범위 내에서 모든 배출활동과 배출시설에서 온실가스 배출량 등을 산정·보고해야 한다. • 온실가스 배출량 등의 산정·보고에서 제외되는 배출활동과 배출시설이 있는 경우에는 그 제외 사유를 명확하게 제시해야 한다.
일관성 (Consistency)	• 시간의 경과에 따른 온실가스 배출량 등의 변화를 비교·분석할 수 있도록 일관된 자료와 산정방법론 등을 사용해야 한다. • 온실가스 배출량 등의 산정과 관련된 요소의 변화가 있는 경우에는 이를 명확히 기록·유지해야 한다.
정확성 (Accuracy)	배출량 등을 과대 또는 과소 산정하는 등의 오류가 발생하지 않도록 최대한 정확하게 온실가스 배출량 등을 산정·보고해야 한다.
투명성 (Transparency)	온실가스 배출량 등의 산정에 활용된 방법론, 관련 자료와 출처 및 적용된 가정 등을 명확하게 제시할 수 있어야 한다.

(2) 검증 원칙

배출량이 산정·보고 원칙에 입각하여 작성되었는지 여부를 검토 및 확정하는 일련의 활동 및 과정이다.

원 칙	내 용
독립성 (Independence)	• 검증활동은 독립성을 유지하고 편견 및 이해상충이 없어야 한다. • 발견사항 및 결론은 객관적인 증거에만 근거해야 한다.
윤리적 행동 (Ethical Conduct)	검증의 전 과정에서 신뢰, 성실, 비밀준수 등 윤리적 행동을 실천해야 한다.
공정성 (Fair Presentation)	• 검증결과를 정확하고 신뢰할 수 있게 반영하여 보고해야 한다. • 검증과정에서 해결되지 않은 중요한 불일치 및 상충되는 이견을 공정하게 보고해야 한다.
전문가적 주의 (Due Professional Care)	검증을 수행하기 위한 충분한 숙련도와 적격성을 보유해야 한다.

3 주요 국가의 MRV 제도

(1) 규제대상

주요 국가는 온실가스 규제대상 범위를 6개의 온실가스 물질로 대부분 인정하고 있다.

주요 국가 / 온실가스	미국	EU	영국	일본	호주
이산화탄소(CO_2)	○	○	○	○	○
메탄(CH_4)	○	○	○	○	○
이산화질소(N_2O)	○	○	○	○	○
과불화탄소(PFCs)	○	○	○	○	○
수소불화탄소(HFCs)	○	○	○	○	○
육불화황(SF_6)	○	○	○	○	○
기타	보고의무	–	보고의무	보고의무	보고의무

(2) 온실가스 감축 국가 목표 설정

주요 국가는 온실가스 감축 목표를 다음과 같이 설정하였다.

국 가	감축 목표	입법화	목표연도/기준연도
미국	30%	No.406/2009/EC	2030/2005
EU	20% 이상	No.406/2009/EC	2010/1990
영국	80%	기후변화법	2050/1990 (온실가스 물질별 차등)
일본	25%	지구온난화 대책 추진에 관한 법률	2020/1990
호주	25%	배출권거래법	2020/2000

4 온실가스 MRV의 절차

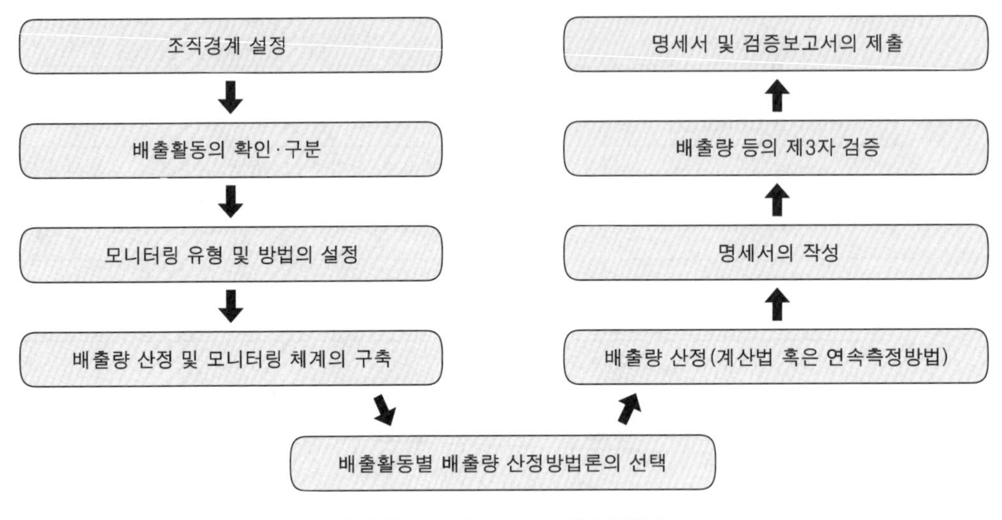

‖ 온실가스 산정·보고·검증 절차 ‖

5 검증 개요

① 환경부 장관이 지정·고시한 검증기관을 활용하여 관리업체가 작성한 명세서를 제3자가 검증을 실시한다.

② 검증은 객관적인 자료와 증거 및 관련 규정에 따라 사실에 근거해야 하고 그 내용을 정확하게 기록해야 하며, 검증을 하는 과정에서 필요한 경우에는 피검증자나 관계인의 의견을 충분히 수렴해야 한다.

6 배출량 검증

(1) 검증의 목적

조직경계 내의 온실가스 배출량에 대하여 이해관계자에게 신뢰성과 객관성을 제공하는 것을 목적으로 한다.

(2) 검증 관련 용어

① 검증 : 온실가스 배출량의 산정과 외부사업 온실가스 감축량의 산정이 '온실가스 배출권거래제 운영을 위한 검증지침'에서 정하는 절차와 기준 등에 적합하게 이루어졌는지를 검토·확인하는 체계적이고 문서화된 일련의 활동이다.

② 검증심사원 : 검증업무를 수행할 수 있는 능력을 갖춘 자로서 일정기간 해당 분야 실무경력 등을 갖추고 '온실가스 배출권거래제 운영을 위한 검증지침'에 따라 등록된 자를 말한다.

③ **검증심사원보** : 검증심사원이 되기 위해 일정한 자격과 교육과정을 이수한 자로서 '온실가스 배출권거래제 운영을 위한 검증지침'에 따라 등록된 자를 말한다.
④ **검증팀** : 검증을 수행하는 2인 이상의 검증심사원과 이를 보조하는 검증심사원보 및 기술전문가로 구성된 집단을 말한다.
⑤ **피검증자** : 검증기관으로부터 온실가스 배출량의 명세서와 외부사업 온실가스 감축량의 모니터링 보고서에 대한 검증을 받는 할당대상업체 또는 외부사업 사업자를 말한다.
⑥ **공평성** : 검증기관이 객관적인 증거와 사실에 근거한 검증활동을 함에 있어 피검증자 등의 이해관계자로부터 어떠한 영향도 받지 않는 것을 말한다.
⑦ **내부심의** : 검증기관이 검증의 신뢰성 확보 등을 위해 검증팀에서 작성한 검증 보고서를 최종 확정하기 전에 검증과정 및 결과를 재검토하는 일련의 과정을 말한다.
⑧ **리스크** : 검증기관이 온실가스 배출량의 산정과 연관된 오류를 간과하여 잘못된 검증의견을 제시할 위험의 정도 등을 말한다.
⑨ **적격성** : 검증에 필요한 기술, 경험 등의 능력을 적정하게 보유하고 있음을 말한다.
⑩ **중요성** : 온실가스 배출량의 최종 확정에 영향을 미치는 개별적 또는 총체적 오류, 누락 및 허위기록 등의 정도를 말한다.
⑪ **합리적 보증** : 검증기관(검증심사원 포함)이 검증결론을 적극적인 형태로 표명함에 있어 검증과정에서 이와 관련된 리스크가 수용 가능한 수준 이하임을 보증하는 것을 말한다.

(3) 역할과 책임

① 검증기관은 피검증자가 작성한 온실가스 배출량 산정결과를 객관적으로 검증해야 하며, 검증결과에서 피검증자가 산정한 내용이 실제로 정확하며 에러, 누락 또는 기술상 오류가 없다는 사실을 보증해야 한다.
② 피검증자가 작성한 온실가스 배출량 산정 및 보고 내용의 신뢰성을 보증하기 위해 검증을 실시하는 동안 검증기관은 객관적인 증거를 수집·평가해야 하며, 피검증자와 충분한 의사소통을 통하여 원활한 검증을 실시해야 한다.
③ 검증기관 및 피검증자의 근본적인 역할과 책임
　㉠ **검증기관** : 피검증자가 산정한 온실가스 배출량 보고서를 제3의 입장에서 내용을 검증하고, 검증결과를 계약서상에 명시된 당사자들(운영기관, 관리업체 등)에게 제출해야 한다.
　㉡ **피검증자** : 온실가스 배출권거래제 운영을 위한 검증지침에 따른 배출량 산정·보고 및 검증과정에서 요구되는 자료 및 정보를 검증기관에 제공해야 한다.

(4) 검증원칙

검증결과는 모든 이해관계자가 객관성을 확보하기 위하여 다음의 원칙을 적용한다.

① 독립성

검증기관 및 검증심사원은 그 책임을 완수하기 위해 독립성을 유지해야 하고, 피검증자와 이해관계에 있어서는 안 되며, 검증결과는 객관적인 증거에 기초하여 작성되어 객관성을 유지해야 한다.

② 적정한 주의

검증심사원은 검증계획의 수립단계부터 검증 실시 및 검증결과 도출까지 참여자가 제출한 보고서에 중요한 오류가 포함될 가능성에 대하여 주의를 기울여야 한다.

③ 검증결과 제시

검증업무의 품질유지를 위하여 검증결과에 대한 명확한 근거를 제시해야 하며, 이를 증명하기 위한 객관적 증거를 수집해야 하고, 최종적으로 검증의견의 근거가 되는 검증심사의 기록을 관리해야 한다.

④ 기밀 준수

업무를 수행하면서 취득한 정보(취득한 정보를 가공한 경우 포함)는 다른 용도로 사용되거나 외부로 유출되어서는 안 된다.

⑤ 기밀 준수 예외사항

검증심사원은 검증을 진행하는 과정에서 취득한 정보를 정당한 사유 없이 다른 곳에 누설하거나 사용하여서는 안 되며 예외의 경우는 다음과 같다.

㉠ 상대방에 의해 공개되기 전에 정보를 알고 있는 경우

㉡ 정보 공개시점에 공개적인 정보영역에 포함된 정보의 경우

㉢ 관련 법률에 따라 공공기관에 의해 정보 공개를 요구받은 경우

⑥ 공정한 의견 제시

검증결과는 신뢰성 있고 정확하게 반영해야 하며, 검증과정에서 발생한 이해관계자 간에 해결되지 않은 주요 쟁점에 대해서는 관계자별 이해 차이를 공정하게 평가하여 의견을 제시해야 한다.

⑦ 검증의 보증수준

검증팀은 검증의 수준을 최대한 완벽하게 유지할 수 있도록 노력하여 합리적인 보증수준 이상을 확보·제공해야 한다.

⑧ 검증에 필요한 자료 요구

검증기관은 검증을 위해 피검증자에게 서면 또는 전자적 방식을 통해 관련 자료 제출을 요구할 수 있다. 이 경우 피검증자는 특별한 사유가 없으면 협조해야 한다.

7 검증방법론

(1) 기본방향

피검증자가 산정한 배출량의 검증은 사전에 설정된 기준과의 일치 여부 평가일 뿐만 아니라, 산정된 배출량의 정확도와 완전성의 평가로서, 제3자의 검증을 원칙으로 한다.

(2) 접근방법

배출량 산정에 대한 검증은 배출량 산정결과와 일치하는 정보를 입증하는 과정으로 주요 검증대상 자료와 검증접근방법은 다음과 같다.

① 검증대상 자료

구분	내용
물리적(Physical) 자료	연료 측정결과(Fuel Meters), 모니터링 결과(Emission Monitors), 정도검사결과(Calibration)와 같이 직접적인 현장 조사를 통하여 확보가 가능한 자료로서 배출량 산정 입증에 실질적으로 활용
문건 및 기록(Documentary)	배출량 산정결과의 과거 이력 및 산정과정에 적용된 주요 계수를 입증할 자료로 서류, 기록(Computer), 점검기록(Inspection), 명세표(Invoices) 형태의 자료 확보가 가능하며, 배출량 산정의 근본적 기초 자료로 활용
시험(Testimonial) 자료 확보	물리적 자료 및 문건·기록 자료의 전후 관계를 입증할 수 있는 근거로 활용

② 검증접근방법

구분	내용
자료 입증(Vouching)	배출량 산정에 적용된 자료의 검증절차로서 산정방식에 적용된 자료 외의 자료를 수집하여 검증하는 방법 예 연료 사용량 산정에 유량계를 적용한 경우 연료 구입에 따른 명세표 및 관련 대장 자료를 수집·평가함으로서 비교 검토가 가능
재계산(Re-computation)	산정된 배출량 결과를 다른 방법으로 배출량을 재계산하는 방법으로 산정된 결과의 정확성을 검증하는 방법 예 계산에 의하여 산정된 배출량을 직접측정방식으로 배출량을 재산정하여 계산방식의 정확성을 평가
자료 추적(Retracing Data)	배출량 산정에 적용된 모든 자료는 적절하게 기록·유지·관리되어 보고된다는 것을 재검토하는 과정으로 자료의 생략부분을 밝히는 방법 예 각 배출원별 배출량 산정에 적용된 자료의 보고체계를 역으로 추적하여 자료의 정확성 및 신뢰성을 검증
확정(Confirmation)	배출원 산정에 적용된 자료 및 정보의 일부가 제3자에 의하여 제공된 경우 적용 자료 및 정보로 최종 확정하는 방법 예 유량계의 정도검사 등은 검증심사원이 물리적으로 관측하지 못하는 경우이므로 관련 서류 검토 등으로 확정

8 검증기관의 인력 및 조직

(1) 검증기관이 갖추어야 할 조직과 업무 구분

항 목	개 요
검증심사원 민원	상근 검증심사원을 5명 이상 갖추어야 한다.
전문분야 검증업무	소속 검증심사원이 보유한 전문분야에 한하여 검증업무를 수행할 수 있다. 다만, 상근 심사원이 전문분야를 중복하여 보유하고 있을 경우에는 이를 같이 인정한다.
조직의 구분	검증업무가 공평하고 독립적으로 수행될 수 있도록 검증을 담당하는 조직과 행정적으로 지원하는 조직이 명확히 구분되어야 한다.

(2) 검증기관의 운영원칙

① 검증은 공평하고 독립적으로 이루어져야 하며 검증기관은 이를 최대한 보장할 수 있도록 필요한 조치를 강구해야 한다.

② 검증기관은 소속 검증심사원이 보유한 전문분야에 대해서만 검증업무를 수행해야 하며, 피검증자 등의 특성과 조건 등을 종합적으로 고려하여 적격성 있는 검증팀을 구성해야 한다.

③ 검증기관은 검증업무를 수행하는 과정에서 취득한 정보를 외부로 유출하거나 다른 목적으로 사용할 수 없다.

(3) 검증업무의 운영체계

① 검증기관의 최고책임자는 검증업무의 공평성과 독립성이 훼손되지 않도록 필요한 조치를 해야 한다.

② 검증기관은 적격성 유지, 검증업무의 향상과 이해상충 예방을 위해 관련 업무의 평가, 모니터링 등을 통한 환류기능 및 역량강화 매뉴얼을 구비해야 한다.

③ 검증기관은 '온실가스 배출권거래제 운영을 위한 검증지침'에서 규정한 검증절차에 필요한 세부 운영 매뉴얼을 구비해야 한다.

④ 검증기관은 업무 수행 과정에서 피검증자의 의견 수렴 및 이의 제기에 따른 해소방안 절차 등을 구비해야 한다.

⑤ 검증업무 수행 과정에서 취득한 정보의 타 용도 사용 및 외부유출 방지를 위한 시설 및 내부관리절차를 구비해야 한다.

⑥ 검증기관은 검증업무의 공평성과 독립성 보장 등을 위한 내부 처리규정 및 역할분담 등이 명확히 구분되어 있어야 한다.

⑦ 검증기관 운영체계와 관련한 모든 절차와 매뉴얼 등은 기관의 최고책임자의 결재를 받아 문서형태로 작성되어야 한다.

(4) 검증팀의 구성

① 검증기관은 검증을 개시하기 전에 2명 이상이 검증심사원으로 검증팀을 구성하고 이 가운데 1명을 검증 팀장으로 선임해야 한다. 이 경우 검증팀에는 피검증자의 해당분야 자격을 갖춘 검증심사원이 1명 이상 포함되어야 하며, 피검증자에 포함된 분야가 다수인 경우에도 이와 같다.

② 검증팀에는 검증심사원의 검증업무를 보조 및 지원하기 위해 검증심사원보가 참여할 수 있다. 이 경우 참여한 검증심사원보의 인적사항 등을 검증보고서에 기재해야 한다.

③ 검증팀에 포함되는 검증심사원은 다음의 해당 지식을 갖추어야 한다.
  ㉠ 피검증자의 공정, 운영체계 등 기술적 이해
  ㉡ 온실가스 배출량 등의 산정·보고 및 검증의 방법과 절차
  ㉢ 데이터 및 정보에 대한 중요성 판단과 리스크 분석
  ㉣ 기타 검증에 필요한 사항

④ 다음에 해당하는 검증심사원(검증심사원보 포함)은 검증팀의 구성원이 될 수 없다.
  ㉠ 피검증자의 임·직원으로 근무한 자
  ㉡ 피검증자에 대한 컨설팅에 참여한 자
  ㉢ 기타 해당 검증의 독립성을 저해할 수 있는 사항에 연관된 자
  단, ㉠ 및 ㉡의 경우 2년이 경과한 때에는 그렇지 않다.

검증심사원보		검증심사원
지침이 정한 학력 및 경력 요건 보유자로서 환경부장관이 정한 소정의 교육과정 이수자		검증심사원보로서 2년 내 5회 이상 해당 분야 검증업무 참여자 (폐기물, 농·축산·임업 분야는 3회 이상 참여시 해당 분야 심사원 등록)

‖ 검증심사원의 자격요건 ‖

검증심사원보 학력 및 경력 기준

- 전문학사 이상으로 3년 이상 실무경력을 보유한 자
- 고등학교 졸업자로서 5년 이상의 실무경력을 보유한 자
- 기사·산업기사·기능사 소지자 또는 국가전문자격소지자인 경우 3년 이상의 실무경력을 보유해야 함. 단, 온실가스관리기사·산업기사 자격 소지자의 경우 실무경력을 2년 이상으로 함

실무경력의 인정범위

- CDM 인정위원회에 보고한 타당성 평가 및 검증업무에 종사한 경우
- 에너지이용합리화법 제32조의 에너지 진단 관련 업무에 종사한 경우
- 환기법 제7조의 신기술 개발 또는 신기술 검·인증 업무에 종사한 경우
- 환친법 제10조 환경분야 품질인정업무 또는 제16조의 환경경영인증업무에 종사한 경우, 지속가능보고서(ISO26000 내지 SR26000) 작성실적 보유 등
- 환친법 제10조 환경분야 품질인정업무 또는 제16조의 환경경영인증업무에 종사한 경우, 지속가능보고서(ISO26000 내지 SR26000) 작성실적 보유, 회계감사업무 종사 등

‖ 검증심사원의 세부 자격요건 ‖

(5) 기술전문가

① 검증팀장은 검증팀과는 별도로 검증의 전문성 보완을 위하여 해당 분야에 대한 전문지식을 갖춘 자이거나 또는 이와 동등한 자격을 갖춘 자를 기술전문가로 선임할 수 있다.
② 검증기관은 기술전문가를 선임할 때에는 위 "(4) 검증팀의 구성"에서 "④"에 해당하는 자를 제외한다. 단, ㉠ 및 ㉡의 경우 2년이 경과한 때에는 그렇지 않다.
③ 기술전문가는 해당 검증과정에 직접 참여할 수 없으며 기술전문가의 활동범위는 검증팀장이 요청하는 해당 전문분야에 대한 정보 제공 등에 한한다.

(6) 내부심의팀 구성

① 검증기관은 소속 검증심사원 1명 이상으로 내부심의를 위한 심의팀을 구성해야 한다.
② 심의팀에는 당해 검증에 참여하였거나 위 "(4) 검증팀의 구성"에서 "④"에 해당되는 검증심사원은 제외해야 한다.

9 검증절차

(1) 검증의 절차 및 방법

① 관리업체는 검증기관이 검증업무를 수행할 수 있는지를 확인하고 계약을 체결한다.
② 검증기관은 공평성 확보를 위해 계약 체결 이전에 '공평성 위반 자가진단표(지침 별지 제9호)'에 의해 자가진단을 실시한다.
③ 온실가스 배출량 등의 검증은 '온실가스 배출량 등의 검증절차'에 따라 실시하며 세부적인 절차 및 방법은 '검증절차별 세부방법'에 따라야 한다. 다만 검증기관이 필요하다고 인정되는 경우에는 검증절차를 추가할 수 있다.
④ 검증팀은 필요한 경우 '온실가스 배출량 검증 체크리스트(지침 별지 제10호)'를 참고하여 체크리스트를 작성하여 이용할 수 있다.

(2) 시정조치

① 검증팀장은 검증기준 미준수사항 및 온실가스 배출량 등의 산정에 영향을 미치는 오류(조치 요구사항) 등에 대해서는 피검증자에게 시정을 요구해야 한다.
② 검증기관은 조치 요구사항 및 시정결과에 대한 내역을 '배출량 검증결과 조치 요구사항 목록'에 따라 작성하여 검증보고서를 제출할 때 함께 제출해야 한다.
③ 피검증자는 조치 요구사항에 대한 시정내용 등이 반영된 명세서와 이에 대한 객관적인 증빙자료를 검증팀에 제출해야 한다.

(3) 검증의견 결정

① 검증팀장은 모든 검증절차 및 시정조치가 완료되면 최종 검증의견을 제시해야 한다.

② 검증결과에 따른 최종 의견은 다음의 기준에 따라야 한다.

㉠ **적정** : 검증기준에 따라 배출량이 산정되었으며, 불확도와 오류(잠재 오류, 미수정된 오류 및 기타 오류를 포함) 및 수집된 정보의 평가결과 등이 중요성 기준 미만으로 판단되는 경우

㉡ **조건부 적정** : 중요한 정보 등이 검증기준을 따르지 않았으나, 불확도와 오류 평가결과 등이 중요성 미만으로 판단되는 경우

㉢ **부적정** : 불확도와 오류 평가결과 등이 중요성 기준 이상으로 판단되는 경우

(4) 검증보고서 작성

① 검증팀장은 검증의견을 확정한 후, 온실가스 배출량 검증보고서(지침 별지 제12호)에 따라 검증보고서를 작성해야 한다.

② 검증보고서에는 다음의 사항이 포함되어야 한다.

㉠ 검증 개요 및 검증의 내용

㉡ 검증과정에서 발견된 사항 및 그에 따른 조치내용

㉢ 최종 검증의견 및 결론

㉣ 내부심의 과정 및 결과

㉤ 기타 검증과 관련된 사항

(5) 내부심의

① 검증기관은 제60조에 따라 구성된 내부심의팀으로 하여금 검증절차 준수 여부 및 검증결과에 대한 내부심의를 실시해야 한다.

② 검증팀은 다음의 자료를 내부심의팀에 제출해야 한다.

㉠ 검증 수행계획서, 체크리스트 및 검증보고서

㉡ 검증과정에서 발견된 오류 및 시정조치사항에 대한 이행결과

㉢ 피검증자가 작성한 이행계획, 이행실적보고서 및 명세서

㉣ 기타 검토에 필요한 자료

③ 내부심의팀은 내부심의 과정에서 발견된 문제점을 즉시 검증팀에 통보해야 하며, 검증팀은 이를 반영하여 검증보고서를 수정해야 한다.

(6) 검증보고서의 제출

검증기관은 검증의 보증수준이 합리적 보증수준 이상이라고 판단되는 경우에 최종 검증보고서를 피검증자에게 제출해야 한다.

(7) 검증절차별 세부방법

1) 검증 개요 파악

① 개요

㉠ 피검증자의 사업장 운영현황, 공정 전반 및 온실가스 배출원 현황을 파악

㉡ 피검증자에게 검증 목적·기준·범위 고지 및 검증 세부일정 협의

㉢ 검증에 필요한 관련 문서자료 수집

② 관련 자료 수집

㉠ 피검증자의 사업장 현황 파악 및 주요 배출원 확인

ⓐ 조직의 소유·지배 구조 현황

ⓑ 생산제품·서비스 및 고객 현황

ⓒ 사용 원자재 및 사용 에너지

ⓓ 사업장 공정·설비 현황

ⓔ 주요 온실가스 배출원 및 측정장치 현황 및 위치 등

㉡ 검증범위 확인

ⓐ 온실가스 배출량 등의 산정·보고 방법에 따른 부지경계 식별 여부

ⓑ 온실가스 배출량 등의 산정·보고 방법에 따른 배출활동(직접·간접) 분류 및 파악 여부

ⓒ 산정기간 중 관리업체 부지 및 설비의 변경이 발생한 경우 온실가스 배출량 등의 산정·보고 방법에 따라 변경사항이 파악되었는지 여부

㉢ 온실가스 산정기준 및 데이터관리 시스템 확인

ⓐ 피검증자가 작성한 온실가스 산정기준에 대한 개요 및 데이터 관리시스템에 대한 개략적인 정보 입수

ⓑ 원자재 투입, 배출량 측정·기록 및 데이터 종합 등의 데이터 관리시스템 파악 및 기존 관리시스템(ERP 등)과의 연계현황 파악

ⓒ 데이터시스템을 운영·유지하는 조직구조 파악 등

③ 현장검증 등 세부일정 협의

㉠ 파악된 조직구조 및 배출원을 바탕으로 피검증자의 주관부서장과 현장검증 실시일정 및 검증대상 항목을 협의한다.

㉡ 단, 문서 검토결과 및 리스크 분석결과에 따라 추후에 조정 가능하다.

2) 문서검토

① 개요 : 개요파악 과정에서 확인된 배출활동 관련 정보, 피검증자의 온실가스 산정기준 및 명세서, 이행실적과 이행계획에 대한 정밀한 분석을 통하여 온실가스 데이터 및 정보관리에 있어 취약점이 발생할 수 있는 상황을 식별하고, 오류발생 가능성 및 불확도 등을 파악해야 한다.

② **온실가스 산정기준 평가** : 온실가스 배출량 등의 산정·보고 방법의 기준 이행 여부 및 이행계획 준수 여부를 확인하고, 이 과정에서 발견된 특이사항 및 부적합 사항에 대하여 검증 체크리스트에 기록하고, 검증계획 수립 시 반영해야 한다. 관련 확인항목은 다음과 같다.
   ㉠ 배출활동별 운영경계 분류상태
   ㉡ 배출량 산정방법
   ㉢ 적절한 매개변수 사용 여부
   ㉣ 데이터 관리시스템
   ㉤ 이행계획에 따른 관련 데이터 모니터링 실시 여부
   ㉥ 데이터 품질관리방안 등

③ **명세서, 이행실적 평가 및 주요 배출원 파악** : 검증팀은 피검증자가 작성한 명세서 등에 대하여 다음 사항을 파악해야 한다.
   ㉠ 온실가스 배출시설 및 흡수원 파악
   ㉡ 온실가스 산정기준과의 부합성 등
   ㉢ 온실가스 활동자료의 선택 및 수집에 대한 타당성
   ㉣ 온실가스 배출계수 선택에 대한 타당성
   ㉤ 계산법에 의한 배출량 산정방법 및 결과의 정확성
   ㉥ 실측법에 의한 배출량 산정 시 관련 측정기 형식승인서 및 정도검사 실시 합격 여부 확인

   검증팀은 주요 배출시설(온실가스 배출량의 총량 대비 누적합계가 100분의 95를 차지하는 배출시설)의 데이터를 식별하여 구분·관리하고, 주요 배출시설의 경우 검증계획 수립시 검증시간 배분 등에 우선적으로 반영해야 한다.

④ **데이터 관리 및 보고 시스템 평가** : 검증팀은 피검증자의 온실가스 배출시설 관련 데이터 산출·수집·가공·보고 과정에서 사용되는 방법 및 책임권한을 파악하고, 데이터 관리과정에서 발생할 수 있는 중요한 리스크를 산출해야 한다. 검증팀은 아래에 해당되는 사항이 있을 경우 주요 리스크가 발생할 가능성이 높은 것으로 판단하여 검증계획 수립시 반영해야 한다.
   ㉠ 데이터 산출 및 관리시스템이 문서화되지 않은 경우
   ㉡ 데이터 관리업무의 책임권한이 명확히 이루어지지 않은 경우
   ㉢ 별도의 정보시스템을 사용하여 배출량 등의 산정에 필요한 데이터를 따로 만든 경우(예 배출량 정보시스템이 조직의 일반 자산관리 시스템과 분리된 경우 등이 있음)
   ㉣ 산정·분석·확인·보고 업무가 분리되지 않고 동일한 인원에 의해 수행될 경우

⑤ **전년 대비 운영상황 및 배출시설의 변경사항 확인 및 반영** : 검증팀은 피검증자의 전년도 명세서 등과 비교하여 조직의 운영상황 및 배출시설·배출량 데이터의 변경사항 등을 파악하여 주요 리스크가 예상되는 부분을 식별하여 검증계획에 반영해야 한다.

관련 항목은 다음과 같다.

㉠ 장비, 시설의 신축 또는 폐쇄 등 변경사항

㉡ 모니터링 및 보고 과정의 변경사항

㉢ 배출시설 및 배출량의 변경사항

㉣ 데이터 관리시스템 및 품질관리 절차 변경사항

㉤ 이전년도 검증보고서에 언급된 개선 요구사항 등

⑥ **피검증자에 대한 시정조치 요구** : 검증팀장은 상기의 문서 검토과정에서 발견된 문제점 및 보완이 필요한 사항을 피검증자에게 통보하고, 관련 자료 및 추가적인 설명을 요구해야 한다.

이 과정을 통해 확인되지 않은 사항은 검증계획 수립시 반영하여 현장검증을 통해 확인해야 한다.

3) 리스크 분석

① **목적** : 문서 검토결과를 바탕으로 온실가스 배출시실 관련 데이디 관리상의 취약점 및 중요한 불일치를 야기하는 불확도 또는 오류발생 가능성을 평가함으로써 적절한 대응절차를 결정하기 위함이며, 검증팀은 피검증자에 의해 발생하는 리스크를 평가하고, 그 정도에 따라 검증계획을 수립함으로써 전체적인 리스크를 낮은 수준으로 억제할 필요가 있다.

② **리스크의 분류**

㉠ **피검증자에 의해 발생하는 리스크**

ⓐ **고유리스크** : 검증대상의 업종 자체가 가지고 있는 리스크(업종의 특성 및 산정방법의 특수성 등)

ⓑ **통제리스크** : 검증대상 내부의 데이터 관리구조상 오류를 적발하지 못할 리스크

㉡ **검증팀의 검증 과정에서 발생하는 리스크**

- **검출리스크** : 검증팀이 검증을 통해 오류를 적발하지 못할 리스크

③ **리스크의 평가** : 명세서 등의 중요한 오류가능성 및 이행계획 준수와 관련된 부적합 리스크를 평가하기 위하여 다음의 사항 등을 고려해야 한다.

㉠ 배출량의 적절성 및 배출시설에서 발생하는 온실가스 비율

㉡ 경영시스템 및 운영상의 복잡성

㉢ 데이터 흐름, 관리시스템 및 데이터 관리환경의 적절성

㉣ 이행계획 제출시 첨부된 모니터링 계획

㉤ 이전 검증활동으로부터의 관련 증거

검증팀장은 리스크 평가결과를 검증 체크리스트에 기록하고, 그 사항을 현장 검증시 중점적으로 확인하거나, 객관적 자료를 확보하여 중요한 오류가 발생하지 않음을 확인해야 한다.

4) 데이터 샘플링[1] 계획의 수립

① 개요 : 현장검증을 실시하기 전 검증의견을 도출하기 위하여 현장에서 확인해야 할 데이터(활동자료, 매개변수 산정에 사용된 자료 및 방문해야 할 사업장 등)의 종류, 데이터 샘플링 방법 및 검증방법에 대한 계획(데이터 샘플링 계획)을 수립해야 한다.

② 데이터 샘플링 계획을 수립하기 위한 방법론 - 리스크 기반 접근법

피검증자의 특성의 규모 및 복잡성에 대한 이해

주요 보고리스크 식별

- (불완전성) 주요 배출원의 배제, 부정확하게 정의된 경계, 누출 영향 등
- (부정확성) 부적절한 배출계수 사용, 주요 데이터 전송 오류 및 산출 중복 등
- (비일관성) 전년도와 비교시 배출량 산정방법 변경에 대한 기록 부재(不在) 등
- (데이터 관리 및 통제 약점) 내부감사 또는 검토절차 미실시, 일관되지 않은 모니터링, 측정결과에 대한 교정 및 관리 미실시, 원위치와 산정용 데이터 기록부 사이에서 발생한 데이터 수기 변경에 대한 불충분한 검토 등

리스크 관리를 위한 관리시스템의 이해

- 데이터 전송에 대한 점검 불충분
- 내부감사 절차의 부족
- 일관되지 않은 모니터링
- 계측기 검·교정 및 유지 실패

잔여리스크 영역의 실별

검증을 위한 샘플링 계획에 잔여리스크 영역을 포함

1) 검증기간의 제한 및 자료의 방대함으로 인해 전체 자료를 확인하기 어려운 경우, 각 자료들의 모집단을 충분히 대표할 수 있도록 표본을 추출하는 것을 말한다.

③ 데이터 샘플링 계획 수립시 고려사항

㉠ **보증수준** : 검증기관은 합리적 보증수준[2]이 가능하도록 데이터 샘플링 계획을 수립해야 한다

㉡ **검증범위 및 검증기준** : 기업 전체 배출량의 5% 미만이며, 유사한 공정 및 배출시설을 가진 사업장을 다수 보유한 경우, 전체 사업장 수에 제곱근을 하여 산출된 숫자를 최소한의 방문사이트에 대한 샘플 수로 산정하여 진행할 수 있다.

주요 배출시설(온실가스 배출량의 총량 대비 누적합계가 100분의 95를 차지하는 배출시설)에 해당하는 경우 및 리스크 분석결과 오류 발생 가능성이 높게 평가된 항목에 대하여 샘플 수를 늘리는 등 우선적으로 샘플링 계획에 반영해야 한다.

④ **검증의견을 도출하기 위해 필요한 증거의 양 및 유형** : 전체 데이터를 확인하기 어려운 경우 데이터의 종류와 분포상황을 분석하여 모집단을 대표할 수 있도록 샘플을 추출해야 한다. 만약, 추출한 데이터 검토결과 오류가 발견되지 않을 시에는 확인을 마무리할 수 있으나, 오류가 발견될 경우 계산의 정확도를 확인하기 위하여 샘플 수를 확대하여 추가적인 확인을 실시해야 한다.

⑤ **잠재적 오류, 누락 또는 허위진술 등의 리스크** : 데이터 관리시스템이 효율적일수록 리스크가 줄어들어 추출해야 할 샘플 수가 줄어들며, 데이터의 수작업 진환 등 리스크 발생 가능성이 높은 부분일수록 검증되어야 할 데이터의 샘플 수는 증가된다.

5) 검증계획의 수립

① 검증팀장은 문서 검토 및 리스크 분석결과를 바탕으로 현장에서 확인할 데이터와 검증대상, 적용할 검증기법, 실시기간 및 데이터 샘플링 계획을 결정해야 한다.

② 검증팀장은 수립된 검증계획을 최소 1주일 전에 피검증자에 통보함으로써 효율적인 검토 및 현장검증이 실시될 수 있도록 해야 한다.

③ 검증팀장은 업무의 진척상황 및 새로운 사실의 발견 등 검증의 실시과정에서 최초의 상황과 변경된 경우 검증계획을 수정할 수 있다.

④ 검증팀장은 아래 항목을 포함한 검증계획을 수립해야 한다.

㉠ 검증대상·검증초점, 검증 수행방법 및 검증절차

㉡ 데이터 샘플링 계획

㉢ 정보의 중요성

㉣ 현장검증 단계에서의 인터뷰 대상 부서 또는 담당자

㉤ 현장검증을 포함한 검증일정 등

---

2) 검증기관(검증심사원을 포함한다)이 검증결론을 적극적인 형태로 표명함에 있어 검증과정에서 이와 관련된 리스크가 수용 가능한 수준 이하임을 보증하는 것을 말한다.

⑤ 검증대상과 검증원칙

검증대상	검증원칙	개 요
배출원	적절성	온실가스 배출량 등의 산정·보고 방법에서 정한 범위에 존재하는 배출시설의 포함 여부
	완전성	모든 배출시설의 포함 여부
산정식	적절성	해당 배출시설별 적절한 산정식 사용 여부
활동데이터	적절성	적합한 산정식 및 Tier 적용 여부
	정확성	측정·집계 및 데이터 처리의 정확성 여부
	완전성	모든 활동자료의 포함 여부
계수	적절성	해당 산정식 및 Tier에 적절한 계수 적용 여부
계산	정확성	계산의 정확성 여부

⑥ 검증기법

검증기법	개 요
열람	문서와 기록을 확인
실사	측정기기 등을 통해 수집된 데이터 및 정보 등 확인
관찰	업무 처리과정과 절차를 확인
인터뷰	검증대상의 책임자 및 담당자 등에 질의, 설명 또는 응답을 요구(외부관계자에 대한 인터뷰도 포함)
재계산	기록과 문서의 정확성을 판단하기 위하여 검증심사원이 직접 계산하고 확인
분석	온실가스 활동자료 상호간 또는 기타 데이터 사이에 존재하는 관계를 활용하여 추정치를 산정하고, 추정치와 산출량을 비교·검토
역추적	대표적인 자료 혹은 배출시설의 배출량을 선택하여 원시 데이터의 발생부터 배출량 산정까지의 흐름을 근거자료로써 추적

⑦ 모니터링 실시현황의 평가

검증팀은 피검증자가 이행계획에 적합하게 모니터링 및 불확도 관리를 실시하고 있는지 여부를 확인해야 한다.

6) 현장검증

① 개요

㉠ 검증팀은 피검증자가 명세서 등에 작성한 내용과 관련 근거 데이터 등의 정확성을 확인하기 위하여 사전에 수립된 검증계획에 따라 현장검증을 실시해야 한다.

㉡ 리스크 분석결과 중대한 오류가 예상되는 부분을 집중적으로 확인함으로써 정해진 기간 내에 검증의 신뢰성을 확보할 수 있도록 해야 한다.

㉢ 현장검증과정에서 발견된 사항은 객관적 증거를 확보한 후, 검증 체크리스트에 기록해야 한다.

② 데이터 검증

㉠ 활동자료 추적검증

ⓐ 해당 연도 피검증자의 회계자료 등의 검토를 통해 전력·스팀·유류·가스의 구매량, 재고 관리기록, 유류·가스 배달기록부 및 전력량

ⓑ 해당되는 경우, 생산 데이터 또는 물질수지를 맞추기 위한 원료 소비데이터

※ 생산된 물질의 무게 및 부피, 생산된 전력량, 공정가동일지 및 원료, 구매전표, 배달기록부 등

㉡ 활동자료 샘플링

샘플링 계획에 따라 추출된 데이터의 정확성 여부를 확인해야 한다.

㉢ 단위발열량, 배출계수 등의 검증

ⓐ 이행계획과 명세서, 이행실적상의 계수 일치 여부

ⓑ 명세서/이행실적에 기재된 연료, 폐기물 등의 실태 여부

ⓒ 피검증자가 자체 개발한 배출계수의 타당성 여부

ⓓ 물질(유류, 가스, 투입된 화학물질 등) 성분 분석기록 등 배출계수 및 배출량 산정에 사용된 근원 데이터 및 분석결과 기록의 적절성 및 정확성 확인 등

㉣ 데이터 품질관리상태 확인

샘플링 계획에 따른 데이터 샘플링을 통해 현장에서 취합된 데이터 처리의 정확성 및 신뢰성을 확인한다.

㉤ 모니터링 유형에 따른 검토사항

모니터링 유형	주요 검토사항
구매기준	• 신뢰할 수 있는 원장 데이터의 근거 • 데이터 처리의 정확성 • 데이터 측정방법 및 출처의 변경 • 데이터 수집기간과 산정기간의 일치 여부 • 재고량의 변화 등
실측기준	• 계측기의 검·교정 상태 • 모니터링 계획과 동일한 측정방법의 사용 여부 • 기록의 정확성, 단위조작의 적절성, 유효숫자의 처리 등
근사법	• 모니터링 계획과 동일한 계산방법 사용 • 기초 데이터의 적절성, 합리성 등

③ 측정기기 검·교정 관리
검증팀은 현장에서 사용되고 있는 모니터링 및 측정장비의 검·교정 관리상태를 확인해야 한다. 확인항목은 다음과 같다.
㉠ 측정장비별 검·교정 관리기준 및 주기
㉡ 검·교정 책임과 권한
㉢ 측정장비 고장시 데이터 관리방안
㉣ 검·교정 기록(검·교정 성적서 등) 관리방안
㉤ 검·교정 결과가 규정된 불확도를 만족하는지 여부 등

④ 시스템 관리상태 확인
검증팀은 검증대상의 온실가스 관리업무가 지속적으로 운영됨을 확인해야 한다. 확인항목은 다음과 같다.
㉠ 온실가스 업무절차에 대한 표준화 및 책임권한
㉡ 온실가스 관련 문서 및 기록의 체계적인 관리체계
㉢ 온실가스 관련 업무 수행자에 대한 교육훈련 관리체계
㉣ 온실가스 관리 업무의 지속적 개선을 위한 내부심사체계 등

⑤ 이전 검증결과 및 변경사항 확인
검증팀은 이전년도 명세서, 이행실적 및 검증보고서 자료를 참고하여 중요한 배출시설 변화요인, 온실가스 배출량 등의 변화상태 및 기타 확인이 필요한 변경사항을 확인하고 이에 따른 배출량 등의 변화가 타당하게 반영되어 있는지 확인해야 한다.

7) 검증결과의 정리 및 평가

① 수집된 증거 평가
검증팀은 문서검토 및 현장검증 완료 후, 수집된 증거가 검증의견을 표명함에 있어 충분하고 적절한지를 평가하고, 미흡한 경우에는 추가적인 증거수집절차를 실시해야 한다.

② 오류의 평가
검증팀에 의해 수집된 증거에 오류가 포함된 경우에는 그 오류의 영향을 평가해야 한다.

오류 발생분야	오류 점검시험 및 관리방법
입력	• 기록카운트 시험 • 유효특성 시험 • 소실데이터 시험 • 한계 및 타당성 시험 • 오류 재보고 관리
변환	• 백지 시험 • 한계 및 타당성 시험 • 일관성 시험 • 마스터파일 관리
결과	• 결과 분산관리 • 입·출력 시험

측정기기의 불확도와 관련하여 다음과 같은 사항이 발견된 경우에는 배출량 산정에 끼치는 영향을 종합적으로 평가하여 검증보고서상에 반영해야 한다.

㉠ 불확도 관리가 되지 않은 계량기를 사용한 경우

㉡ 이행계획과 실제 모니터링 방법 간에 차이가 발생한 경우

ⓐ 활동자료와 관련된 측정기기가 누락된 경우

ⓑ 계획과 다른 측정기기를 사용하는 경우

ⓒ 측정기기에 대한 불확도 관리(검·교정 등)가 되지 않은 경우

㉢ 샘플링된 데이터에서 오류를 발견한 경우에는 실제 데이터에도 동일한 오류(잠재적 오류)가 있을 수 있으므로, 잠재오류가 허용 가능한 수준으로 낮아질 때까지 점검을 통해 수정을 요구해야 한다.

③ 중요성 평가

중요성의 양적 기준치는 관리업체 총 배출량의 5%로 해야 한다(단, 총 배출량이 50만tCO_2-eq 이상인 관리업체에서는 2.5%로 해야 한다).

④ 검증결과의 정리

검증팀은 문서검토 및 현장검증 결과 수집된 자료에 대한 평가를 완료한 후, 아래와 같이 분류하고 발견사항을 정리해야 한다.

㉠ 조치요구사항 : 온실가스 배출량 내지 에너지 소비량, 그리고 이들의 산성에 영향을 미치는 오류로서 총 배출량 산정에 직접적인 영향을 끼칠 수 있는 발견사항을 말한다.

㉡ 개선권고사항 : 온실가스 관련 데이터 관리 및 보고시스템의 개선 및 효율적인 운영을 위한 개선요구사항이다(즉각적인 조치를 요구하지 않으며, 시스템 정착 및 효율적 운영을 위해 조직차원에서 개선활동을 추진할 수 있다).

⑤ 발견사항에 대한 시정조치

㉠ 온실가스 배출량 내지 에너지 소비량, 그리고 이들의 산정에 영향을 미치는 오류로서 온실가스 총 배출량 산정에 직접적인 영향을 끼치는 조치요구사항을 검증대상에 즉시 통보하여 수정조치를 요구해야 한다.

㉡ 개선권고사항 : 온실가스·에너지 산출 및 관리방안 개선을 위한 제안사항이므로 시정조치를 할 의무는 없다.

적중 예·상·문·제

01 MRV의 정의를 쓰시오.

풀이 MRV란 산정(Measurement), 보고(Reporting), 검증(Verification)의 약어로, 온실가스 배출량 및 에너지 소비량 등이 목적에 부합되게 작성되었는지 여부를 판단하기 위한 일련의 활동 및 과정이다.

02 MRV의 목적을 작성하시오.

풀이 온실가스 배출량 및 에너지 소비량의 신뢰도가 목표 보증수준을 달성하도록 계획과 지침을 제공하고, 그 계획과 지침에 의하여 산정 및 보고가 이루어졌는지의 여부를 판단하는 것이다.

03 MRV 산정 · 보고 원칙 중 적절성과 일관성을 설명하시오.

풀이 ① 적절성 : MRV 지침 또는 규정에서 정하는 방법 및 절차에 따라 온실가스 배출량 등을 산정·보고해야 한다.
② 일관성 : 시간의 경과에 따른 온실가스 배출량 등의 변화를 비교·분석할 수 있도록 일관된 자료와 산정방법론 등을 사용해야 하며, 온실가스 배출량 등의 산정과 관련된 요소의 변화가 있는 경우에는 이를 명확히 기록·유지해야 한다.

04 MRV 산정·보고 원칙을 작성하시오.

풀이 적절성, 완전성, 일관성, 정확성, 투명성

05 온실가스 MRV의 절차를 쓰시오.

풀이 조직경계 설정 → 배출활동의 확인·구분 → 모니터링 유형 및 방법의 결정 → 배출량 산정 및 모니터링 체계 구축 → 배출활동별 배출량 산정방법론의 선택 → 배출량 산정 → 명세서 작성 → 검증 → 명세서 및 검증보고서 제출

06 온실가스 배출량 검증원칙을 작성하시오.

풀이 전문가적 주의, 윤리적 행동, 독립성, 공정성

07 검증기관은 상근 검증심사원을 몇 명 이상 갖추어야 하는지 쓰시오.

풀이 5명

참고

검증기관은 상근 검증심사원을 5명 이상 갖추어야 한다.

08 검증심사원보가 되기 위한 학력 및 경력 기준을 두 가지 쓰시오.

풀이 ① 전문학사 이상으로 3년 이상 실무경력을 보유한 자
② 고등학교 졸업자로서 5년 이상의 실무경력을 보유한 자
③ 기사·산업기사·기능사 소지자 또는 국가전문자격소지자인 경우 3년 이상의 실무경력을 보유해야 함. 단, 온실가스관리기사·산업기사 자격 소지자의 경우 실무경력을 2년 이상으로 함

09 검증기관과 피검증자의 역할을 설명하시오.

풀이 검증기관은 피검증자가 산정한 온실가스 배출량 보고서를 제3의 입장에서 내용을 검증하고, 검증결과를 계약서상에 명시된 당사자들(운영기관, 관리업체 등)에게 제출해야 한다.
피검증자는 '온실가스 목표관리제 운영지침'에 따른 배출량 산정·보고 및 검증과정에서 요구되는 자료 및 정보를 검증기관에 제공해야 한다.

10 검증심사원보가 검증심사원이 되기 위한 조건을 쓰시오.

풀이 검증심사원보는 2년 내 5회 이상 해당 분야 검증업무를 참여할 경우 검증심사원이 된다. 단, 폐기물·농축산·임업 분야는 3회 이상 참여할 경우 검증심사원이 될 수 있다.

11 검증보고서에 포함되어야 하는 사항을 3가지 쓰시오.

풀이 ① 검증 개요 및 검증의 내용
② 검증과정에서 발견된 사항 및 조치내용
③ 최종 검증의견 및 결론
④ 내부심의 과정 및 결과
⑤ 기타 검증과 관련된 사항

※ 위의 항목 중 3가지를 작성한다.

12 "검증"에 대하여 설명하시오

풀이 검증이란 온실가스 배출량의 산정과 외부사업 온실가스 감축량의 산정이 '온실가스 배출권거래제 운영을 위한 검증지침'에서 정하는 절차와 기준 등에 적합하게 이루어졌는지를 검토·확인하는 체계적이고 문서화된 일련의 활동이다.

13 검증팀은 어떻게 구성되어 있는지 쓰시오.

풀이 검증팀은 2명 이상의 검증심사원으로 구성되며 검증심사원 중 1명을 검증팀장으로 해야 한다.

14 중요성 평가에 대해서 설명하시오.

풀이 중요성의 양적 기준치는 관리업체 총 배출량의 5%로 해야 한다.
단, 총 배출량이 50만tCO_2-eq 이상인 관리업체에서는 2.5%로 해야 한다.

15 검증결과가 "적정"일 때의 조건을 쓰시오.

풀이 검증기준에 따라 배출량이 산정되었으며, 불확도와 오류(잠재오류, 미수정된 오류 및 기타 오류 포함) 및 수집된 정보의 평가결과 등이 중요성 기준 미만으로 판단되는 경우

참고

적정 : 검증기준에 따라 배출량이 산정되었으며, 불확도와 오류(잠재오류, 미수정된 오류 및 기타 오류 포함) 및 수집된 정보의 평가결과 등이 중요성 기준 미만으로 판단되는 경우
조건부 적정 : 중요한 정보 등이 검증기준을 따르지 않았으나, 불확도와 오류평가결과 등이 중요성 미만으로 판단되는 경우
부적정 : 불확도와 오류평가결과 등이 중요성 기준 이상으로 판단되는 경우

CHAPTER 20

온실가스 감축

제21장 합격 포인트

온실가스 감축방법 종류

① 직접 감축방법 : 대체물질 개발/대체공정 적용/공정 개선/온실가스 활용/온실가스 전환/온실가스 처리

② 간접 감축방법 : 신재생에너지 생산/온실가스 배출 상쇄/탄소배출권 구매

CCS(Carbon Dioxide Capture and Storage) 기술의 정의

산업에서 배출되는 CO_2를 포집·압축·수송하여 해양 또는 지중에 저장하는 방식

CCS 기술 중 포집단계의 기술 3가지

① 연소 후 포집 : 습식 흡수법/건식 포집법/분리막 기술

② 연소 전 포집 : 흡수법/흡착법/막분리법(오염 무배출 발전기술)

③ 순산소 연소 : 연소 전 탈탄소화 공정/극저온 냉각분리법/흡착법/이온전도성 분리막 기술

CCS 저장기술의 종류

① 지중저장 : 대수층, 고갈된 유전·가스전, 석탄층 저장

② 해양저장 : 용해희석법, 심해격리저장법, 지표저장법

신재생에너지의 종류

① 신에너지(3가지) : 연료전지/석탄액화가스화/수소에너지

② 재생에너지(8가지) : 태양열/태양광발전/바이오매스/풍력/소수력/지열/해양에너지/폐기물에너지

CDM 사업의 절차

사업 개발·계획 → 타당성 확인 및 정부 승인 → 사업의 확인·등록 → 모니터링 → 검증 및 인증 → CERs 발급

1 감축방법의 개요

(1) 온실가스 감축방법의 정의

대기 중의 온실가스 순감축에 기여하는 행위를 말한다.

(2) 온실가스 감축방법의 구분

온실가스 감축방법은 직접 감축과 간접 간축 두 가지로 구분한다.

〈직·간접 감축방법의 정의 및 방법〉

종 류	정 의	방 법
직접 감축방법	온실가스 배출원으로부터 배출되는 온실가스를 감축 및 근절하는 행위 및 방법	• 대체물질 개발 • 대체공정 적용 • 공정 개선 • 온실가스 활용 • 온실가스 전환 • 온실가스 처리
간접 감축방법	온실가스 배출원에서 배출되는 온실가스를 감축 또는 근절하는 직접 행위가 아닌 온실가스 배출을 상쇄하는 간접적인 행위 및 방법	• 1차 간접 감축방법 : 배출원 공정을 활용한 신재생에너지 생산 활용 • 2차 간접 감축방법 : 배출원 공정과 무관한 신재생에너지 적용을 통해 온실가스 배출 상쇄 • 3차 간접 감축방법 : 탄소 배출권 구매

〈온실가스 감축방법론의 구분〉

감축방법	분 류	항 목	내 용
직접 감축방법	1차 방법론	대체물질 적용	• 공정에서 사용되는 온실가스를 온실가스가 아닌 또는 지구온난화지수(GWP ; Global Warming Potential)가 낮은 물질로 대체 • 공정에서 사용되는 온실가스 배출을 유발하는 물질을 GWP가 낮은 또는 온실가스 배출이 없는 물질로 대체
	2차 방법론	대체공정 적용	온실가스 배출이 높은 공정에 대한 배출이 적거나 없는 대체공정
	3차 방법론	공정 개선	에너지효율 향상을 위한 운전조건 개선 등을 통한 온실가스 배출 감축 또는 근절
	4차 방법론	온실가스 활용	온실가스를 재활용 또는 다른 목적으로 활용
	5차 방법론	온실가스 전환	GWP가 높은 온실가스를 낮은 온실가스로 전환 또는 온실가스가 아닌 물질로 전환
	6차 방법론	온실가스 처리	온실가스를 처리하여 대기로의 배출량 감축
간접 감축방법	7차 방법론	신재생에너지 적용	신재생에너지를 도입·적용하여 배출원의 온실가스 배출을 상쇄
	8차 방법론	탄소 상쇄	외부로부터 탄소 배출권 구매

2 직접 감축방법

(1) 에너지

1) 고정연소

① 1차 방법론(대체물질 적용)

㉠ 청정연료로 전환에 의해 온실가스가 저감된다.

㉡ 화석연료의 탄소함량에 따라 CO_2 배출량이 낮아진다.

㉢ 연료의 발열량이 높을수록 에너지효율이 높아 연소효율이 높아진다.

㉣ 바이오매스 및 바이오연료의 연료 사용에 의해 온실가스 배출량이 저감된다.

㉤ 연소공정에 연소매체인 공기를 순산소로 전환하여 온실가스 배출이 저감된다.

② 3차 방법론(공정 개선)

㉠ 연소공정에서 발생하는 열손실을 줄이기 위해 연돌에서 배출되는 배가스 온도를 감소시킨다.

㉡ 공기 또는 물 예열기를 통해 가열하여 연소 및 보일러 효율을 향상시킨다.

㉢ 열회수방식 및 축열식 버너부문에서 에너지 손실이 저감된다.

㉣ 잉여공기의 감소를 통해 배가스 유량이 저감된다.

㉤ 비너 조절 및 제어를 통한 에너지 활용효율이 제고된디.

㉥ 단열에 의한 열손실이 저감된다.

2) 이동연소

① 1차 방법론(대체물질 적용) : 바이오연료는 휘발유나 경유 등과 혼합해서 사용할 경우 기존의 차량과 주유시설을 그대로 활용이 가능하며 바이오연료 생산기술의 발달로 인해 제조단가가 낮아지고 국제 유가 상승으로 인해 가격경쟁력이 높다는 장점이 있다. 바이오연료의 분류는 다음과 같다.

㉠ 액체형(바이오에탄올, 바이오디젤)

ⓐ 바이오에탄올 : 녹말(전분)작물에서 포도당을 얻은 뒤 발효시켜 얻는다. 가솔린 옥탄가를 높이는 첨가제로 주로 사용되며 기존 첨가제인 MTBE의 대체용도로 사용된다.

ⓑ 바이오디젤 : 유지작물(콩, 깨, 유채, 해바라기 등)에서 식물성 기름을 추출하여 얻으며, 석유계 디젤과 혼합하여 사용한다.

㉡ 가스형(바이오가스)

② 2차 방법론(대체공정 적용) : 가솔린 및 디젤엔진 자동차를 저공해 차량인 하이브리드 자동차, 플러그인 하이브리드 자동차, 연료전지 자동차 등으로 교체하여 에너지 사용량과 더불어 온실가스 배출량을 줄일 수 있다.

㉠ 하이브리드 자동차(HEV ; Hybrid Electric Vehicle) : 내연기관과 전기모터를 이용하여 주행하며 전기에너지 이용 시스템인 모터로 구동과 회생(감속시 에너지 회수)을 수행한다.

㉡ 플러그인 하이브리드 자동차(PHEV) : 차내에 탑재된 가솔린이나 디젤엔진으로 전기를 만들거나 전기콘센트에 접속시킴으로써 배터리를 충전하는 차량이다.

※ 기존의 하이브리드와 구분되는 가장 큰 특징 : 외부 충전 및 가정용 소켓을 통해 전기 충전이 가능하다.

㉢ 연료전지 자동차 : 자동차 내에 장착된 연료전지(Fuel Cell)를 통해 연료인 수소와 산소를 반응시켜 생산한 전기로 모터를 움직여 주행하는 자동차이며, 에너지효율이 높고 화석연료인 휘발유와 경유 등을 사용하지 않기 때문에 온실가스 배출이 없을 뿐만 아니라 정숙성과 가속면에서도 뛰어나다.

③ 3차 방법론(공정 개선)

㉠ 가솔린엔진부문 : 페이저시스템, 실린더 디액티베이션, 가솔린 직접분사, 터보차징·다운사이징 가솔린엔진, 예혼합 압축착화기술

㉡ 디젤엔진부문 : 예혼합 압축착화기술, 고압연료 분사시스템, 과급기술

④ 4차 방법론(온실가스 활용)

- 디젤엔진부문 : 배기가스 재순환(EGR ; Exhaust Gas Recirculation) 공정

(2) 광물산업

1) 시멘트 생산

① 1차 방법론(대체물질 적용)

- 분쇄기 : 원료물질 대체를 통해 클링커 함량이 저감된다(원료 분쇄시 모래, 슬래그, 석회암, 비산재, 회산회 등 물질을 혼합).

② 3차 방법론(공정 개선)

㉠ 원료물질 개선 : 수분함량이 낮을수록 에너지소모량이 저감되며, 건조된 미세분말의 고체연료의 경우 에너지효율성이 높다.

㉡ 예열기 : 예열기 내 압력을 낮게 유지하여 사이클론의 열적 회복성 및 회수율이 증대된다.

㉢ 분쇄기 : 전력관리시스템 설치, 클링커 고압분쇄롤 설치, 고속구동형 팬 및 원료분쇄기의 신형 교체 등을 통해 에너지효율이 제고된다.

㉣ 소성로 : 공정 및 에너지효율이 높은 시설로 교체하는 방법, 최적화된 킬른의 길이 : 직경 비율, 연료의 성상 및 종류에 적합한 최적화된 킬른을 설계, 동일하고 안정적인 운전조건, 최적화된 공정제어, 3단 에어덕트(Tertiary Air Duct) 및 Mineralizer 사용, 킬른 내에서의 기체 누출이 감소된다.

㉤ 냉각기 : 최신 쿨러 설치, 냉각용 격판 사용, Grate Section별 냉각용 공기 분사장치 조절

㉥ 전기사용량 감소 : 전력관리시스템의 설치, 쿨링커 고압분쇄롤의 설치, 고속 구동형 팬 및 원료분쇄기를 신형으로 교체·설치 등을 통해 에너지효율성을 제고한다.

2) 석회 생산

① 1차 방법론(대체연료 적용) : 킬른의 형태와 연료의 화학적 성분에 따라 적절하게 연료를 선택 및 배합한다면 에너지 연소효율을 증진시키고 CO_2 배출량을 감소시킬 수 있으며, 대체연료 사용을 통한 화석연료 사용 및 CO_2 배출을 저감시킨다.

② 2차 방법론(대체공정)

- 소성로 : 수직형 킬른과 PERK는 에너지효율 및 CO_2 배출량 감소에 효과적이다.

③ 3차 방법론(공정 개선)

㉠ 원료 사용량 감소 : 최적화된 채광(발파 및 드릴)기술을 적용하여 석회석 원석으로부터 킬른용 원석의 수율을 최대로 높인다.

㉡ 소성로 : 에너지관리시스템을 적용하여 에너지 사용의 최적화를 도모한다.

3) 탄산염의 기타 공정 사용

① 유리 및 유리제품 제조시설

㉠ 1차 방법론(대체연료 적용) : 액체연료보다 천연가스의 사용을 통해 CO_2 배출량 저감 및 원료물질 중 파유리를 이용하여 에너지 사용량이 저감된다.

㉡ 3차 방법론(공정 개선) : 축열식 혹은 복열식 시스템을 통해 열회수 증진, 폐열보일러 개선, 예열을 통한 에너지 사용량 절감을 통해 에너지 사용량이 저감된다.

② 도자기·요업제품 제조시설 중 용융·용해 시설

- 3차 방법론(공정 개선) : 건조기에서 사용되는 습도·온도 자동제어 시스템을 설치하여 에너지효율이 가능하도록 하며, 구식 킬른을 신식 킬른으로 교체하여 에너지 소비를 감소시키며, 킬른의 연소체제를 쌍방향형 Interactive 장치로 제어하고 열병합발전시설을 공정에 적용하여 1차 연료 소비를 줄이고 열 수요를 예측한다.

③ 펄프·종이 및 종이제품 제조시설

㉠ 2차 방법론(대체공정 적용)

- 흑액 가스화 기술 : 고농도 무기상태 흑액을 고온상태에서 열분해하여 공기 중의 산소와 반응시켜 가스상태로 만드는 것으로 IGCC 기술을 도입하여 적용할 수 있다.

㉡ 3차 방법론(공정 개선) : 습도 및 온도 자동제어시스템, 2차 가열시스템, 밀폐용수시스템 및 표백공정, 예비건조, 대형 모터 속도조절

(3) 화학산업

1) 화학산업의 온실가스 감축기술

① 화석연료 저감 : 생산설비 갱신시점에 최첨단설비 및 세계 최고수준의 BPT 보급, 연료 조합의 최적화, 폐기물의 에너지원으로의 적극적 활용, 바이오매스 등의 재생에너지 이용

② 에너지효율 개선 : 제조법의 전환 및 공정 개발, 설비 및 기기 효율의 개선, 운전방법의 개선, 배출에너지의 회수, 공정의 합리화

〈평가대상 분류 및 화학제품과 최종 대체제품의 예〉

분 류	화학제품	최종제품	비교대상
재생 가능 에너지	태양광발전용 및 풍력발전용 재료	태양광발전설비 및 풍력발전설비	공공 전력
경량화로 연비 향상	자동차 및 항공기용 재료	탄소수지의 자동차 및 항공기	철재 자동차 및 알루미늄합금재 항공기
에너지 절약	LED 관련 재료	LED 전구	백열전구
	주택용 단열재	주택 단열재	단열재 미사용
	배관 재료	PVC 파이프	철재 파이프
	해수 담수화 플랜트 재료	막을 이용한 해수 담수화 플랜트	증발법에 의한 해수 담수화 플랜트

2) 석유정제활동

■ 3차 방법론(공정 개선)

㉠ 에너지효율 제고 : 에너지 사용부분과 각 에너지 사용원의 원인 파악

㉡ 공정 최적화 기술 : 석유정제공정, 알킬화 공정, 기초 오일 생산공정, 비투맨공정, 촉매식 접촉 분해, 접촉 개질공정, 코크스공정, 냉각시스템, 수소생산시설

3) 암모니아 생산

① 2차 방법론(대체공정 적용) : 암모니아 합성에서 철 성분을 촉매로 사용하는 공정은 반응성이 뛰어난 루테늄(Ruthenium) 성분의 촉매공정으로 대체하게 되면 사용되는 촉매의 양과 부피가 감소하므로 저압운전이 가능하고, 변환율이 높아져 그만큼 에너지 절약이 가능하다.

② 3차 방법론(공정 개선)

㉠ 공정제어의 고도화 : 고급 공정제어(APC ; Advanced Process Control) 시스템이다.

㉡ 폐열 활용시스템 개선 : 1차 및 2차 개질공정에서 발생하는 고온 배가스를 순환 재이용하는 공정 개선을 통하여 수증기 생산에 필요한 에너지의 일부를 대체하여 에너지 사용량을 줄여준다.

㉢ 개질기 개선 : 예비 개질기를 설치함으로써 에너지 사용 절감 및 질소산화물 배출량을 감축시킨다.

4) 질산생산

① 2차 방법론(대체공정 적용) : 질산 생산과정 중 제1산화공정의 코발트 촉매공정을 반응성이 개선된 촉매(백금 또는 5~10% 로듐이 포함된 촉매) 고정으로 대체하여 암모니아에서 NO로의 산화율을 높임으로써 N_2O 생성 배출을 감소시킨다.

② 3차 방법론(공정 개선)

㉠ 산화반응 최적화 : 산화반응을 최적화하는 목적은 NO의 수율을 높이고 N_2O의 발생을 억제한다.

㉡ 흡수반응 최적화 : 흡수단계 반응을 최적화하여 에너지 소모의 경감이 필요하다.

㉢ N_2O 분해조건 개선 : 반응기 내부에 백금 촉매층과 1차 열교환기 사이에 약 3.5m 여분의 공간을 갖추게 하고, 체류시간을 1~3초간 증가시켜 N_2O 감소율을 70~85%로 향상시킬 수 있다.

㉣ 산화반응기에 N_2O 분해 촉매반응 적용 : 촉매층은 압력 저하로 인해 분해율을 높일 수 있으며, 산화압력의 증가와 함께 촉매층의 강하압력은 높아진다.

㉤ NO_x와 N_2O 저감장치 설치 : 배기가스를 이용한 히터와 가스터빈 사이에 설치된 NO_x 및 N_2O 분해반응기를 설치한다.

5) 아디프산 생산

① 4차 방법론(온실가스 활용) : 벤젠을 페놀로 산화시키는 공정에서 N_2O를 사용하게 되면 약 20% 정도의 비용절감효과가 있다.

② 6차 방법론(온실가스 처리) : N_2O를 처리하는 가장 일반적인 분해기술은 촉매분해 및 열분해법이 있다.

㉠ 촉매분해법 : MgO 촉매를 이용하여 N_2O가스를 질소(N_2) 및 산소(O_2)로 분해시키는 것이며, 발열반응으로 생성된 열에너지는 수증기를 생산하는 데 사용한다.

㉡ 열분해법 : 메탄이 존재하는 배출가스를 연소시키는 방법이며, N_2O 가스는 산소원으로 쓰여 질소를 감소시키고 배출가스 중에는 NO 및 소량의 N_2O 성분만이 존재하게 된다.

6) 소다회 생산

① 암모니아 소다회 제조공정(Solvay 공정)

㉠ 2차 방법론(대체공정 적용) : 수직형 킬른에서 수직형 샤프트킬른으로 공정 전환을 통해 전체 반응효율을 높이고 CO_2의 외부 배출을 감소시킨다.

㉡ 3차 방법론(공정 개선) : 열병합발전시스템은 소다회공정에서 에너지효율을 전반적으로 향상시킬 수 있는 방법이다.

㉢ 4차 방법론(온실가스 활용) : 소다회 생산공정에서 대기 중으로 배출되는 CO_2를 포집·회수하여 중탄산나트륨을 생산하는 데 사용한다($NH_3 + CO_2 + H_2O \rightarrow NH_4HCO_3$).

② 천연소다회 제조공정

- 3차 방법론(공정 개선) : 가공되지 않은 중탄산나트륨을 하소하기 전에 원심분리하여 수분함량을 줄임으로써 중탄산나트륨의 분해에 요구되는 에너지의 양을 감소시킨다.

7) 석유화학제품 생산

① 에틸렌 생산공정 : 효과적인 공정제어시스템을 적용하여 고효율의 운전조건 및 시스템 성능을 유지하여야 하며 폐수 재활용율을 높이고 중앙처리장치에서의 폐수 처리 등이 필요하다.

② EDC/VCM 제조공정 : 에틸렌 염소화를 통한 생산을 통해 에너지 소비를 감소시키고 열분해로에서 열을 재사용한다.

③ 에틸렌옥사이드(EO) 제조공정 : 순산소를 이용하여 에틸렌을 직접 산화함으로써 에틸렌 소비량 및 Off-gas 생산을 감소시킨다.

④ 아크릴로니트릴(AN) 제조공정 : 폐기물 함유 배가스는 먼저 이동과 유입과정에서 가스상 평형을 유지하여 최소화하고, 회수시스템 또는 배가스 처리시스템과 연결하여 처리한다.

⑤ 카본블랙 제조공정 : 공기를 예열함으로써 에너지 절약을 진행하고 기준 이하의 불량제품을 공정에서 재사용한다.

8) HCFC-22 생산공정

생산공정에서 발생되는 부산물인 HFC-23을 고온 열분해하여 제거한다.

(4) 철강산업

① 1차 방법론(대체물질 적용)

- 고로공정 : 코크스를 중질연료유, 오일잔사, 입상 또는 분말석탄, 천연가스, 폐플라스틱 등 환원제로 대체하여 에너지 소비량을 감소시킬 수 있다.

② 3차 방법론(공정 개선)

㉠ 코크스로 : 수랭식에서 건식 방법으로의 전환을 통해 에너지 회수를 높일 수 있다.

㉡ 소결로 : 열교환기를 통해 열을 회수하거나 재순환을 통해 에너지를 절감할 수 있다.

㉢ 고로공정 : 고로가스는 가스 정제시설 후단에 설치된 확장터빈을 통하여 에너지를 회수한다.

㉣ 염기성 산소 제강공정 : 가스관에 공기를 유입하여 BOF(Basic Oxygen Furnace) 가스를 연소한다.

㉤ 전기아크로 : 초고압로나 순산소 버너 등을 사용하여 생산성 향상 및 에너지 소모량을 감소시킬 수 있다.

(5) 폐기물 처리

〈공공 환경기초시설의 분류〉

단 위	폐기물	처리시설
공공 환경기초시설	폐기물	매립시설
		소각시설
		음식물 처리시설
		재활용시설
	하·폐수	하수 처리시설
		폐수 처리시설
		분뇨 처리시설
	정수시설	

1) 폐기물 매립

① 2차 방법론(대체공정 적용) : 혐기성 매립지를 준호기성 또는 호기성 매립지로 변환시키는 경우, 소각시설 및 재활용시설로 대체한다.

② 4차 방법론(온실가스 활용) : 매립지에서 발생하는 매립가스를 포집·회수 이용하는 활용공정을 적용한다(전력 생산, 가스엔진, 가스터빈, 증기터빈, 연료전지).

〈발전기술의 특성 비교〉

항 목	가스엔진	가스터빈	증기터빈
발전용량(MW)	0.1~3	3(3~8)	>8
LFG 최소 필요유량(m^3/min)	≥1	30(1~80)	>80
발전효율(%)	25~35	20~28	20~31
발전과 열에너지 활용의 동시 수행 가능성	낮음	보통	높음
유입가스의 필요압력(psig)	2~35	165 이상	2~5
특이사항	–	1.2~12.8MW를 생산하고 있으며, 가장 많이 보급되어 있는 단위 용량은 3MW이다.	10MW 이상은 되어야 경제성이 있는 것으로 알려지고 있으며, 현재 보급된 것은 6~50MW이다.

2) 폐기물 소각

① 2차 방법론(대체공정 적용) : 물질의 재활용을 통한 온실가스 저감효과가 있다(단, 전처리비용이 높고 제품의 질이 낮으며 기능성이 떨어짐).

② 3차 방법론(공정 개선)

㉠ 소각시설에서 비생물계 폐기물 투입을 최소화한다.

㉡ 소각시설의 열회수 효율을 제고시킨다.

③ 6차 방법론(온실가스 처리) : 대기 중 NO_x를 제거하는 목적으로 적용되는 선택적 촉매 환원처리방법(SCR)과 선택적 비촉매 환원처리방법(SNCR)을 활용한다.

3) 하수시설

① 2차 방법론(대체공정 적용) : 혐기성 공정을 호기성 공정으로 전환하는 방식이다.

② 3차 방법론(공정 개선) : 공정 개선을 통한 효율성을 제고시킨다(혐기성 소화조).

③ 4차 방법론(온실가스 활용) : 매립지에서 발생하는 매립가스를 포집·회수 이용하는 활용공정을 적용한다.

④ 5차·6차 방법론(처리 및 전환 공정) : 저류조나 반응조에 덮개를 설치하여 N_2O가 발생할 개연성을 억제한다.

4) 음식물 처리시설

① 2차 방법론(대체공정 적용) : 호기성 공정으로 전환, 소각시설로 대체, 사료화 공정으로 대체한다.

② 3차 방법론(공정 개선) : 저장호퍼와 혐기성 반응조의 기밀성을 높여 메탄 누출을 최소화한다.

③ 4차 방법론(온실가스 활용) : 메탄 활용기술인 전력 생산(반전) 등에 활용할 수 있다.

(6) 이산화탄소 포집 및 저장(CCS ; Carbon dioxide Capture and Storage)

CCS 기술은 발전소 및 각종 산업에서 발생하는 CO_2를 대기로 배출시키기 전에 고농도로 포집·압축·수송하여 안전하게 저장하는 기술이다.

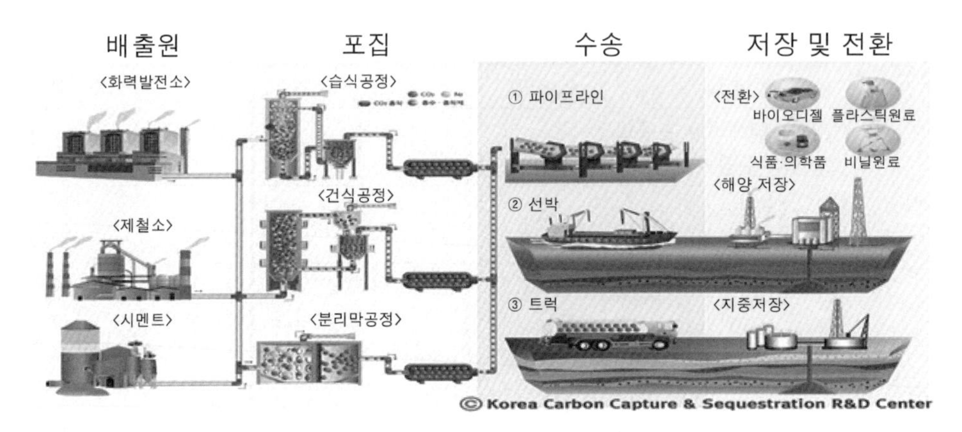

‖ CCS의 개요 ‖

1) CCS 포집기술의 종류

① **연소 후 포집기술**(Post-combustion Capture) : 기존 발전소에서 배가스 중 CO_2 회수하는 방식으로, 습식 흡수법, 건식 포집법, 분리막 기술로 분류할 수 있다.

㉠ **습식 흡수법(화학적 흡수법)** : 습식 아민(MEA 등) 기술, 암모니아 기술, 탄산칼륨 기술

㉡ **건식 포집법** : 고체 흡수제(알칼리금속, 알칼리토금속, 건식 아민 등), 고체 흡착제(제올라이트, 알루미나, 실리카, 활성탄 등)

㉢ **분리막 기술** : 하이브리드막, 촉진수송막

② **연소 전 포집기술**(Pre-combustion Capture) : 오염 무배출 발전기술(ZEP), 포집방식은 흡수법, 흡착법, 막분리법으로 구분할 수 있다.

흡수법에서 물리적·화학적 흡수법에 해당하는 주요 흡수제는 다음과 같다.

방 법	주요 흡수제
물리적 흡수법	Rectisol, Purisol, Selexol
화학적 흡수법	Benefield, MEA, MDEA, Sulfinol

출처 IPCC Special Report, 2005

③ 순산소 연소(혹은 연소 중 포집기술)(Oxy-fuel Capture) : 순산소를 산화제로 이용하는 방식으로 공기 연소에 비해 매우 높은 온도를 가지며, 연소 전 탈탄소화 공정, 극저온 냉각분리법, 흡착법, 이온전도성 분리막 기술 등이 있다.

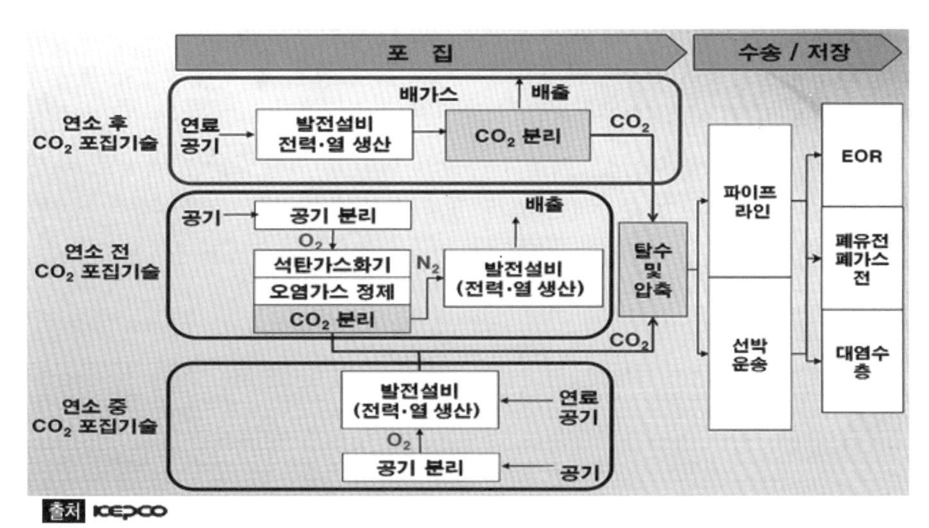

출처 KEPCO

CCS 포집기술의 종류

2) CCS 저장기술

① 지중 저장 : 일반적으로 지중 저장이 가능한 공간(부지)은 대수층(심부염수층), 고갈된 유전·가스전, 석탄층이며, 저장에 관련된 깊이, 압력, pH 등 안전한 저장을 위한 조건은 기술발전 수준 및 환경적 여건에 따라 다르다.

② 해양 저장 : 용해희석법, 심해격리저장법, 지표저장법 등이 있으며 해양 저장 중 직접 투입하는 용해희석법 외에는 기술이 인정되지 않아 신중한 접근이 필요하다.

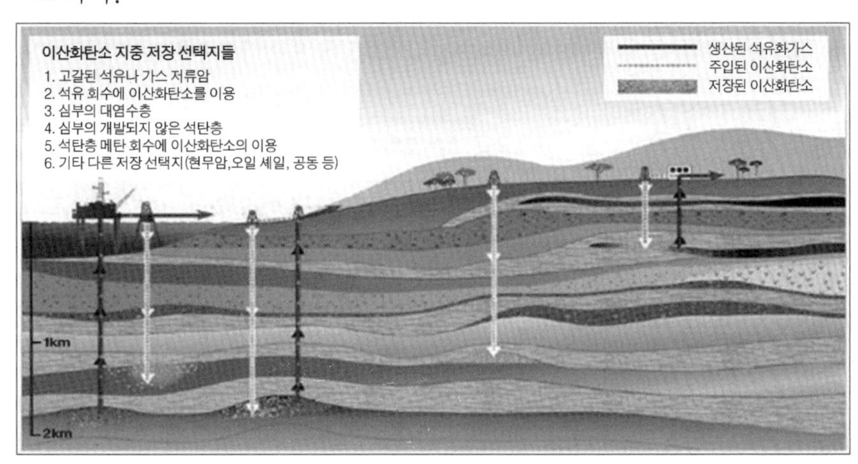

3 간접 감축방법

(1) 1차 간접 감축방법

배출원 공정을 통해 신재생에너지를 활용하는 방법으로 환경기초시설의 공정을 활용한 신재생에너지 생산·활용에서 이용한다.

환경기초시설인 하수처리시설에서 공정을 활용한 신재생에너지 생산기술은 소수력발전과 수온차 냉난방으로 구분된다.

① **하수처리시설에서 소수력발전** : 물의 낙차에 의한 위치에너지로 수차를 회전시켜 발전기를 이용하여 전력을 생산하는 방식이다. 설비용량이 10,000kW 이하이며, 종류는 수로식, 댐식, 터널식이 있다.

〈소수력발전의 장·단점〉

장 점	단 점
• 대수력발전에 비해 친환경적 • 연간 유지비가 투자비의 3.63%로 아주 낮음 • 비교적 설계 및 시공기간이 짧으며, 주위의 인력이나 자재를 이용하기가 용이함 • 민간 주도의 반영구적인 공익사업으로 지역 개발의 촉진과 이로 인한 경제적 파급효과를 극대화할 수 있음	• 초기 투자비용이 높음 • 자연낙차로 인해 소수력의 발전입지는 매우 제한되어 있음

② **하수처리시설에서 수온차 냉난방** : 하천수, 하수, 해수 등과 같이 그 수온이 통상 여름에는 대기온도보다 낮고 겨울철에는 대기온도보다 높은 수온과 외기온과의 온도차를 이용하는 것으로 열펌프의 열원수로 냉난방, 급탕 등에 이용한다.

국내에서는 통상 여름철에는 21~27℃로 대기온도보다 5℃ 정도 낮고, 겨울철에는 5~15℃로 대기온도보다 10℃ 정도 높게 나타나며, 이러한 온도차를 활용하는 사례가 있다.

〈국내의 온도차에너지 이용현황〉

항 목	한전 생활연수원	탄동 하수처리장	경주 토비스콘도
열도	생활하수		
수처리 여부	AOUT strainer		
열교환기	Shell & Tube Copper		
Fouling 제거장치	볼세정장치	브러시 타입	볼세정장치

항 목		한전 생활연수원	탄동 하수처리장	경주 토비스콘도
냉난방 온도	냉수	7℃ 생산 12℃ 회수	7℃ 생산 12℃ 회수	7℃ 생산 12℃ 회수
	온수	50℃ 생산 40℃ 회수	45℃ 생산 40℃ 회수	50℃ 생산 45℃ 회수
열원수원		• 비하절기 : 28.5~37.5℃ • 하절기 : 대기	• 여름철 : 20~25℃ • 겨울철 : 8~12℃	-
열펌프		• 스크류형 열펌프 - 1기 142Mcal/h(난방) - 40RT(냉방+급탕) • 난방 COP : 3.0 • 냉방+급탕 COP : 4.0~4.5	• 스크류형 열펌프 1기 - 172Mcal/h(난방) - 50RT(냉방) • 난방 COP : 4.4 • 냉방 COP : 3.9	• 스크류형 열펌프 1기 - 716Mcal/h(난방) - 160RT(냉방) • 냉난방 통합 COP : 5.2
축열조		• 냉온수 : 220m^3 • 급탕 : 80m^3	180m^3	• 냉온수 : 2,150m^3 • 급탕 : 400m^3
에너지 절약효과 (원유 확산)		63.5kL/년	150kL/년	210kL/년
환경개선효과		• CO_2 : 53.2TC/년 • NO_x : 160kg/년	• CO_2 : 126TC/년 • NO_x : 380kg/년	• CO_2 : 176TC/년 • NO_x : 530kg/년
기타 열원설비		• 증기보일러 - 1.0톤×1기	-	• 공기열원 스크린 열펌프 - 100RT×4시

(2) 2차 간접 감축방법

배출원 공정과 무관하게 신재생에너지를 생산·활용하는 방법을 말한다.

1) 연료전지

① 정의 : 연료의 산화에 의해 생기는 화학에너지를 직접 전기에너지로 변환시키는 전지로, 지속적으로 외부에서 반응물질을 공급하여 반영구적으로 사용할 수 있다.

② 구성 : 연료극, 전해질층, 공기극으로 접합되어 있는 셀로, 다수의 셀을 적층하여 Stack을 구성한다.

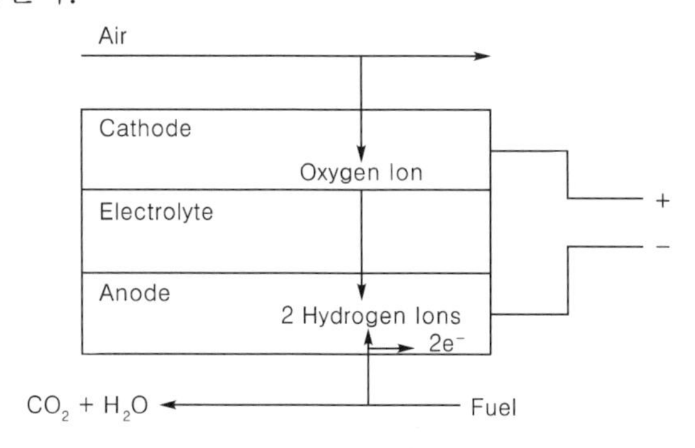

▌수소 - 산소 연료전지의 반응 개략도▐

③ **원리** : 수소－산소 반응을 통해 전기 및 열을 발생하는 것으로 외부의 공기가 음극을 통해 접촉하는 과정에서 공기 중의 산소가 산소이온으로 환원되어 전해물질을 통과하여 양극으로 이동하고, 양극에서 외부로부터 공급된 수소가 산화반응에 의해 수소이온으로 전환되어 음극에서 생성·전달된 산소이온과 반응하여 물을 생성한다. 수소를 생산하기 위하여 연료전지 앞단에서 탄화수소와 물을 반응시키고, 이 과정에서 이산화탄소가 발생한다. 이때, 양극에서 생성된 전자의 이동을 차단하기 위해 선정된 인산 전해질을 통과하지 못하기 때문에 두 극판을 연결한 전선을 통해 전류가 흘러 전기를 발생한다.

$$H_2 + 0.5O_2 \rightarrow H_2O + \text{전기 및 열}$$

④ **특징** : 크게 4가지로 저공해성, 저소음성, 탁월한 융통성, 높은 발전효율이 있으며, 이는 부산물이 물로써 오염물질 발생이 없고 소음도 발생하지 않으며 효율(달성 가능 효율이 80%)이 높은 편이나, 고가이며 효율적인 수소 생산이 필요하다.

⑤ **종류** : 이온의 통로인 전해질의 종류에 따라 분류될 수 있으며, 고분자전해질 연료전지(PEMFC or PEFC), 인산형 연료전지(PAFC), 용융탄산염 연료전지(MCFC), 고체산화물 연료전지(SOFC), 알칼리 연료전지(AFC), 직접 메탄올 연료전지(DMFC)

2) 태양광발전

① **정의** : 반도체가 갖는 광전효과를 이용하여 반도체 혹은 염료, 고분자 등의 물질로 이루어진 태양전지를 이용하여 태양의 빛에너지를 전기에너지로 변화시키는 발전을 말한다.

② **원리** : p－n형 반도체를 접합시켜 금속전극을 붙여 빛이 흡수되면 전자와 정공 쌍이 생성되고 전자와 정공은 p－n 접합부에 존재하는 전기장의 영향으로 반대방향으로 흘러가며 도선으로 연결된 외부 회로에 전기가 발생된다.

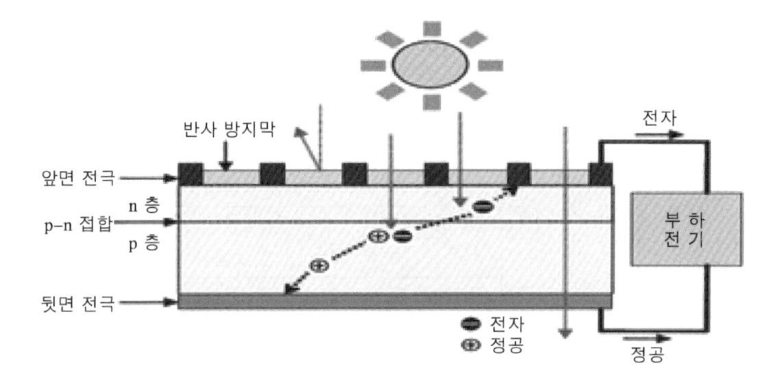

| 태양전지의 기본구조 및 작동원리 |

③ **구성** : 태양광시스템은 크게 3가지로, 태양광 포집 후 전기로 변환하는 설비, 직류에서 교류로 변환하고 계통에 연결하는 PCS/인버터, 송전설비로 구분된다.

④ **특징**

㉠ **장점** : 무한 무공해 에너지원이며 설치 및 시스템이 단순하고 유지 보수가 용이하다. 규모와 관계없이 발전효율이 일정하고 긴 수명을 가지는 특징이 있다.

㉡ **단점** : 에너지 밀도가 낮고 기상조건에 따라 출력의 영향을 받으며 교류로 변환하는 과정에서 고조파가 발생한다. 효율에 비해 고가이며 넓은 설치장소가 필요하다.

⑤ **태양광발전을 위한 기본 조건**

㉠ 그림자 영향을 받지 않는 곳에 정남향으로 설치한다.

㉡ 현장 여건에 따라 정남을 기준으로 동·서로 45° 범위 내에 설치한다. 단, 박막모듈 설치는 제한하지 않는다.

㉢ 일사량 연평균 3,039kcal/m^2 이상, 일조시간 3.5시간 이상, 일사면적 2kW 기준으로 20m^2을 확보하여야 한다.

⑥ **태양광발전시스템의 종류**

㉠ **계통연계형 시스템** : 태양광발전에 의해 생산된 전력을 지역 전력망에 공급하는 전력 저장설비가 필요 없는 방식으로, 주택용이나 상업용 태양광발전으로 사용된다.

㉡ **독립형 시스템** : 전력계통과 분리된 발전방식으로, 축전지에 태양광 전력을 저장하고 사용하는 방식이다. 오지, 도서지역 주택용이나 통신, 양수펌프, 백신용 약품의 냉동보관, 안전표지 등 소규모 전력공급용으로 사용된다.

⑦ **태양전지의 단위** : 셀(Cell) → 모듈(Module) → 어레이(Array)

㉠ 셀 : 태양전지의 가장 기본 단위

㉡ 모듈 : 직·병렬로 셀을 연결한 형태

㉢ 어레이 : 한 장 또는 여러 장의 모듈을 연결한 형태

⑧ **태양전지의 정의** : 반도체 소자로 빛을 전기로 변환하는 것으로 최소단위는 셀이며, 전압은 0.5~0.6V이다.

⑨ **태양전지의 종류** : 결정질 실리콘 태양전지, 박막 태양전지, 유기계 태양전지, 집광형 태양전지 등이 있다.

㉠ **결정질 실리콘 태양전지** : 물리적 특성에서 태양전지를 위한 이상적인 물질은 아니지만 반도체산업에서 이미 개발된 기술을 응용할 수 있으며, 이론적 최대효율은 25%이다. 전원용으로 실용화되어 있고 기술의 신뢰성이 높으며 전체 태양전지 시장의 90%를 차지한다.

㉡ **박막 태양전지** : 유리, 스테인리스강 또는 플라스틱과 같은 저가의 기판에 반도체막을 코팅하여 제작하는 것으로 결정질 실리콘 전지에 비해 소재를 적게 사용하고 자동화를 통해 모듈 공정까지 일관화가 가능하지만 효율이 낮고 수명에 대한 실증연구가 부족하다.

㉢ **유기계 태양전지** : 유기소재를 광활성층의 전부 또는 일부에 적용하는 신형 태양전지로서 염료감응형과 유기분자형으로 구분되나 연구개발을 통해 내구성 등을 검증하여야 한다.

㉣ **집광형 태양전지** : 프레넬 렌즈나 반사경을 사용하여 넓은 면적의 빛을 태양전지에 집중시키는 방식이며, 냉각장치가 필요하다.

3) 태양열에너지

① **정의** : 태양으로부터 오는 복사에너지가 특정 물체에 의해 흡수·전환된 열에너지이다.

② **원리** : 태양에서 지구 표면에 도달하는 복사에너지를 효과적으로 흡수하여 열에너지로 전환하고 전환된 태양열에너지를 집열하여 활용하는 방식이다.

③ **시스템 구성** : 집열부, 축열부, 이용부

㉠ **집열부** : 태양복사에너지를 흡수하는 집열판(또는 흡수판)과 열손실을 최소화하기 위한 단열재로 구성되어 있으며, 집열판은 유리나 플라스틱과 같은 투명판을 활용한다.

㉡ **축열부** : 집열부에서 열에너지를 획득한 열매체가 축열조로 이동하여 열교환과정을 거쳐 열매체에너지가 축열조의 물로 전환되면서 물을 가열한다.

㉢ **이용부** : 태양열을 공급하고 사용량이 부족할 때 보조열원(보조보일러 등)에 의해 공급되는 장치이다.

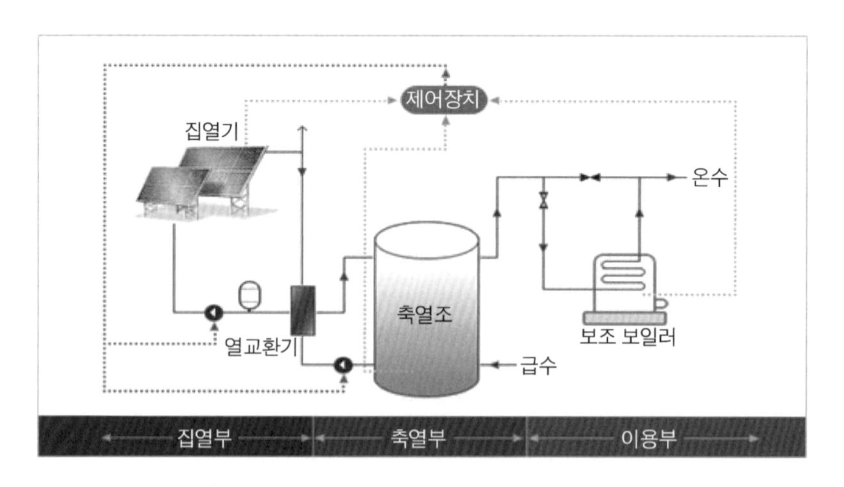

| 태양열에너지 활용시스템의 구성도 |

④ 특징

㉠ 장점 : 무한·무공해 에너지원으로 유지보수가 용이하며 사용기간이 상대적으로 길다.

㉡ 단점 : 에너지밀도가 낮으며 에너지 이용이 불연속적으로 기상조건이 성능에 미치는 영향이 크며 초기 투자비용이 높다.

⑤ 태양열에너지 설치를 위한 기본 조건

㉠ 남향에 햇빛을 가리는 장애물이 없고 일조 조건이 좋은 곳에 설치한다.

㉡ 태양열 집열판 설치를 위한 면적은 $6m^2$ 이상이다.

㉢ 오전 9시에서 오후 4시 사이에는 집열기 전면에 음영이 없어야 한다.

㉣ 일사량은 3,088kcal/m^2·day이고 일조시간은 3.5시간 이상이다.

⑥ 태양열에너지 활용에 의한 분류 : 집열온도에 따라 저온·중온·고온 분야로 분류한다.

〈태양열에너지 이용시스템의 종류〉

구 분	태양열 건물 (자연형)	저온용 (설비용)	중온용 (산업용)	고온용 (발전용)
활용온도	60℃ 이하	90℃ 이하	300℃ 이하	300℃ 이상
집열(광)부	자연형 시스템, 진공관식 집열기, CPC 집열기	평판형 집열기, 진공관식 집열기, CPC 집열기	진공관형 집열기, CPC형 집열기, PTC형 집열기	PTC형 집열기, DISH형 집열기, Power Tower Furnace
축열부	축열벽, Tromb Wall	저온 축열	중온 축열 (잠열 축열)	고온 축열 (화학 축열)
적용분야	건물 난방, 조명	건물 난방 및 급탕, 농수산 분야	건물 냉난방, 산업공정열, 폐수 처리	발전, 광화학, 우주용

4) 풍력발전

① 정의 : 바람의 운동에너지를 전기에너지로 변환시키는 발전방식으로, 블레이드의 공력(Aerodynamic) 특성을 이용하여 운동에너지를 회전에너지로 바꾼 후, 발전기에서 전기에너지로 변환시키는 방식이다. 설치위치에 따라 해상용과 육상용으로 분류할 수 있다.

② 원리 : 적당한 풍속의 바람이 얼마나 오랫동안 불어주는지가 중요하며 이는 풍속의 빈도수가 그 정도를 나타낸다.

㉠ 최대 출력풍속 : 발전기가 최대 출력을 낼 때의 풍속

㉡ 설계풍속 : 최대 에너지를 얻을 수 있는 풍속으로 풍력발전시스템 설계에 사용하는 풍속

㉢ 바람에 의한 풍력에너지 생산율(P_w)

$$P_w = \frac{1}{2}\rho A v^3$$

P_w : 풍력에너지 생산율(W)
ρ : 공기의 밀도(kg/m^3)
A : 블레이드의 회전단면적(m^2)
v : 회전속도(m/s)

③ **특징** : 에너지원이 고갈되지 않는 재생 가능한 무공해 에너지원으로 풍속의 변화에 능동적인 대처가 가능하며 오랜 기술 축적으로 기술성숙도와 가격경쟁력이 있다. 또한 유지 보수가 용이하고, 설치비용이 높으나 건설 및 설치 기간이 상대적으로 짧으며 평균속도가 4m/s 이상이다.

④ **종류** : 지면에 대한 회전축 방향에 따라 수직형과 수평형으로 구분한다.

㉠ **수직형 풍력발전기** : 회전축이 지면에 수직한 형태(바람 방향에 대하여 수직)로 바람 방향에 관계없이 운전이 가능하다.

㉡ **수평형 풍력발전기** : 회전축이 바람이 불어오는 방향에 수평인 시스템으로 안정적으로 고효율적인 방식이며 바람맞이 방향, 출력세어방식, 로터 회진수, 파워트레인 구성방식, 발전기 형태에 따라 분류된다.

5) 소수력발전

① **정의** : 자연조건을 크게 훼손하지 않는 범위에서 수차를 이용하는 일반적인 수력발전의 원리를 가지며 규모가 10,000kW 이하인 발전시설이다.

※ 수력발전 : 높은 위치에 있는 하천이나 저수지 물을 낙차에 의한 위치에너지를 이용하여 수차의 회전력을 발생시키고 수차와 직결되어 있는 발전기에 의해 전기에너지를 변환하는 방식을 활용하는 발전시설이다.

② **구성** : 수압관로, 수차 발전기, 송·변전 설비, 감시·제어 설비, 밸브설비

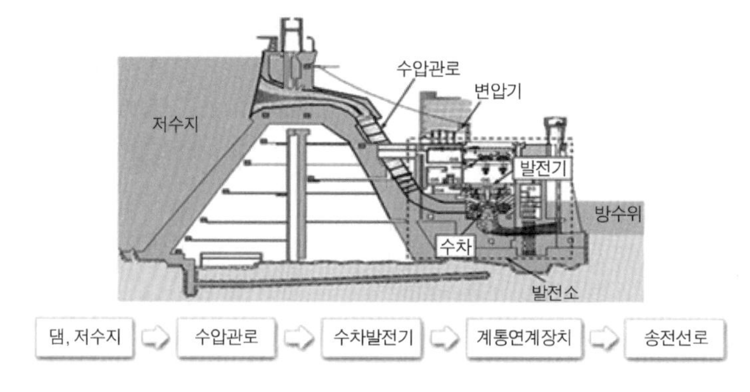

| 수력발전시스템의 구성도 |

③ **원리** : 낙차로 인한 수력의 위치에너지를 전기에너지로 전환하는 방식이다.
  ㉠ **낙차** : 상부에서 하부로 이용 가능한 최대 수직거리
  ㉡ **정격낙차** : 손실로 인하여 감속한 낙차
    ※ 낙차가 클수록 발전설비 용량이 커지고 전력량도 많아진다.

④ **특징**
  ㉠ **장점** : 기타 대기오염물질의 배출이 가장 적은 청정에너지로 반영구적인 에너지자원으로 에너지 안전 측면에서 우수하며 전력 공급량 조정기능이 탁월하고 발전단가의 장기적 안정성, 높은 에너지 변환효율, 지역사회의 기반시설로써 지역발전에 공헌할 수 있다.
  ㉡ **단점** : 높은 초기 투자비를 가지며 투자 회수기간이 오래 걸리고 강수량 변화에 민감한 발전량의 불안정성을 가진다.

⑤ **입지조건** : 낙차가 큰 지역으로 환경적 피해가 최소화되게 주변 환경을 가능한 한 변화시키지 않고 설치하는 것이 바람직하다.

⑥ **종류** : 설치용량, 낙차, 발전방식에 따라 분류된다.
  ㉠ **설치용량** : 마이크로, 미니, 소수력발전
  ㉡ **낙차** : 저낙차, 중낙차, 고낙차
  ㉢ **발전방식** : 수로식, 댐식, 터널식

〈소수력발전의 분류〉

<table>
<tr><th colspan="3">분 류</th><th>비 고</th></tr>
<tr><td rowspan="3">설비
용량</td><td>Micro Hydropower</td><td>100kW 미만</td><td rowspan="9">국내의 경우 소수력발전은 저낙차, 터널식 및 댐식으로 이용 (예 방우리, 금강 등)</td></tr>
<tr><td>Mini Hydropower</td><td>100~1,000kW</td></tr>
<tr><td>Small Hydropower</td><td>1,000~10,000kW</td></tr>
<tr><td rowspan="3">낙차</td><td>저낙차(Low Head)</td><td>2~20m</td></tr>
<tr><td>중낙차(Medium Head)</td><td>2~150m</td></tr>
<tr><td>고낙차(High Head)</td><td>150m 이상</td></tr>
<tr><td rowspan="3">발전
방식</td><td>수로식(Run-of-River Typer)</td><td>하천 경사가 급한 중·상류지역</td></tr>
<tr><td>댐식(Storage Type)</td><td>하천 경사가 작고, 유량이 큰 지점</td></tr>
<tr><td>터널식(Tunnel Type)</td><td>하천의 형태가 오메가(Ω)인 지점</td></tr>
</table>

6) 지열에너지

① **정의** : 지구가 가지고 있는 열에너지로, 지구 내부에서 발생하는 방사선 붕괴에 의한 것이다.

② 특징

㉠ **장점** : 장비 유지비 이외에 비용이 들지 않아 운영비용이 매우 저렴하며 이산화탄소를 배출하지 않는 청정에너지이고 가동률이 높다. 잉여열을 지역에너지로 이용이 가능하며 반영구적인 에너지원이다.

㉡ **단점** : 초기 투자비용이 높으며 지열에너지를 활용 가능한 지역이 한정적이고 주변 경관과 조화가 필요하다. 시설 구동 중 CO_2, H_2S, NH_3, CH_4 등 가스가 배출될 수 있으며 지반 침하의 개연성이 있다.

③ **활용방법** : 크게 두 가지로, 간접 이용과 직접 이용으로 구분할 수 있다.

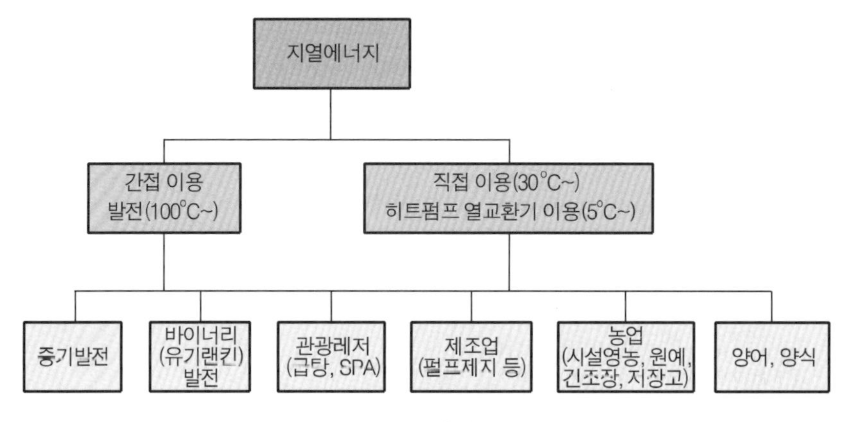

‖ 지열에너지 활용방법 ‖

7) 바이오에너지

① **정의** : 바이오매스를 원료로 사용하여 생산된 에너지를 말한다.

※ 바이오매스 : 생체뿐만 아니라 동물의 배설물 등 대사활동에 의한 부산물도 포함된다.

‖ 바이오매스 순환 개념도 ‖

② 원리 : 에너지 및 물질 전환과정을 통해 생물체들을 태양에너지에서 시작된 에너지가 먹이사슬을 통해 분산 공유하게 되고 생체에 축적되어 바이오에너지로 활용한다.

③ 특징 : 다양한 용도로 적용이 가능하며 저장성이 탁월하고 청정연료로 재생 가능한 에너지원이다.

④ 종류 및 활용방안

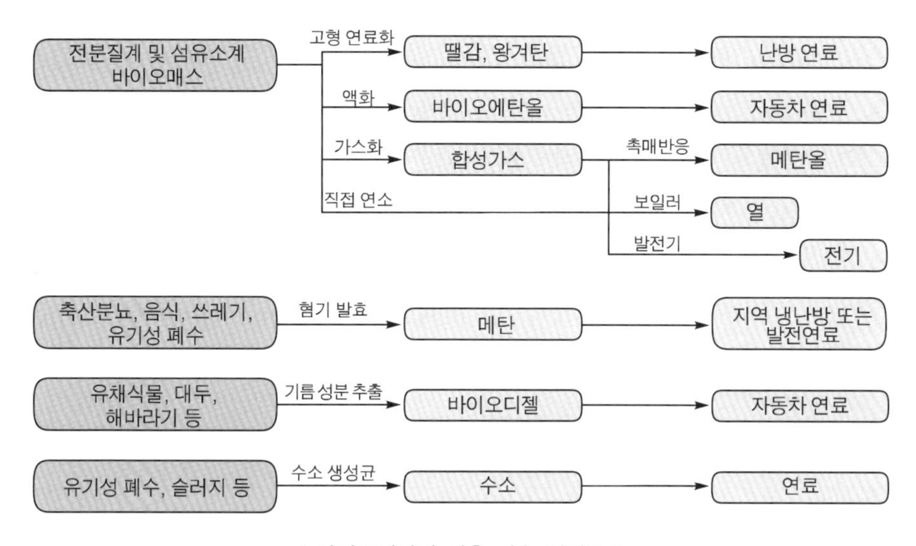

‖ 바이오에너지 이용 기술 체계도 ‖

⑤ 활용방안

㉠ 메탄가스 이용 : 발전(전기), 보일러연료, 도시가스 등 활용

㉡ 열 또는 전력 생산기술 : 고형 연료화(Chip), 열분해 및 가스화, 연료전지, 열병합발전

㉢ 수송용 연료 생산기술 : 바이오에탄올, 바이오디젤

㉣ 바이오에탄올 : 전분질계 바이오매스를 통한 생산

㉤ 바이오디젤 : 식물성 기름으로 생산

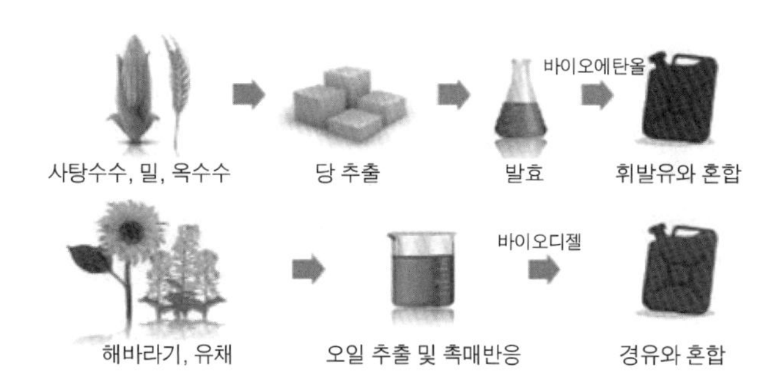

‖ 수송용 바이오연료의 종류 ‖

8) 바이오에너지

① **정의** : 바이오매스를 원료로 사용하여 생산된 에너지로서, 화석연료와 달리 신재생에너지로 분류되는 에너지이다.

② **특징**

㉠ **장점** : 경제성이 높고 폐자원의 활용을 극대화할 수 있으며 화석연료의 사용을 줄임으로써 온실가스 배출 감축에 기여한다.

㉡ **단점** : 에너지화 과정에서 2차 오염물질 배출 가능성이 있으며, 폐기물 열분해와 가스화 기술은 기술적 안정성이 떨어지며 경제성이 부족하다.

③ **기술 종류** : 폐기물의 소각열을 회수하는 기술, 성형 고체연료를 생산하는 기술, 폐기물의 열분해에 의한 연료유 생산기술, 폐유를 정제하는 기술, 가연성 폐기물 가스화 기술로 분류할 수 있다.

〈폐기물 에너지화 기술의 종류〉

종류	내용
성형 고체연료 (RDF) 생산기술	종이, 나무, 플라스틱 등의 가연성 고체 폐기물이 파쇄, 분리, 건조, 성형 등의 공정을 거쳐 제조된 고체연료
폐유 정제유 생신기술	지동차 페윤활유 등 폐유를 정제하여 생산된 재생유
플라스틱 열분해 연료유 생산기술	플라스틱, 합성수지, 고무, 타이어 등의 고분자 폐기물을 열분해하여 생산되는 청정 연료유
폐기물 소각열 회수기술	소각열 회수에 의한 스팀 생산 및 발전
가연성 폐기물 가스화	합성가스(Synthesis Gas) 생산 및 연료 제조기술

㉠ **성형고체연료**(RDF ; Refuse Derive Fuel) : 폐기물을 파쇄, 선별, 건조, 성형 공정을 거쳐서 석탄과 비슷한 고체연료로 만드는 것으로 생활폐기물을 원료로 생산할 경우 발열량이 3,500~5,000kcal/kg으로 석탄과 비슷하다.

‖ 성형 고체연료의 형태 및 연료 ‖

㉡ **폐기물 열분해** : 무산소 환원반응으로 일반적으로 온도가 800℃ 이하이며, 온도에 따라 크게 세 반응으로 구분된다. 첫 번째는 반응온도 300~600℃의 저온 열분해공정, 두 번째는 750℃ 전후의 중온 열분해공정, 세 번째는 반응온도 1,100℃ 이상의 고온 열분해공정이다.

〈운전온도에 따른 열분해공정의 비교〉

구 분	운전온도	생성물	주성분	비 고
저온 열분해 (유화공정)	300~600℃	액체연료 (탄화수소유)	C_6~C_{12}	탄화수소화합물의 연료유
중온 열분해 (가스화공정)	750℃ 전후	기체연료	C_1~C_6	탄화수소, 일산화탄소 및 수소 등의 가연성 가스
고온 열분해 (용융가스화공정)	1,100℃ 이상	기체연료	C_1~C_2, H_2	

㉢ **폐기물 가스화** : 탄화수소로 구성된 폐기물을 산소 및 수증기를 첨가하거나 무산소 상태에서 탄화수소, CO, H_2 등으로 구성되는 합성가스를 제조하여 메탄올을 합성하거나 복합발전에 이용하여 전력을 생산, 회수 이용하거나 증기 생산에 이용하는 기술이다.

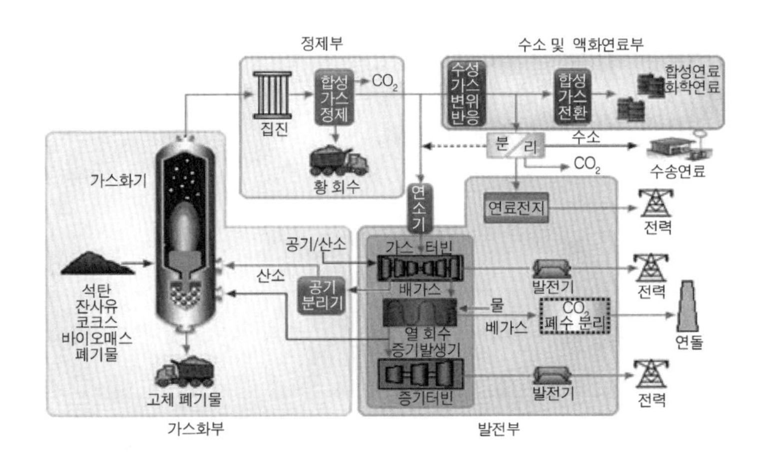

‖ 가스화 원리 ‖

적중 예·상·문·제

01 온실가스의 직접 감축방법을 쓰시오.

풀이 온실가스 직접 감축방법은 대체물질 개발, 대체공정, 온실가스 활용, 온실가스 전환, 온실가스 처리가 있다. 신재생에너지 생산은 간접 감축방법에 해당한다.

02 CCS 기술에 대해 설명하시오.

풀이 CCS 기술은 발전소 및 각종 산업에서 발생하는 CO_2를 대기로 배출시키기 전에 고농도로 포집·압축·수송하여 안전하게 저장하는 기술로 정의할 수 있다. CO_2 제거 측면에서 가장 효율이 높은 기술인 반면에 처리비용이 고가이기 때문에 적용대상분야를 신중하게 선정해야 한다.

03 순산소연소의 특징을 설명시오.

풀이 순산소연소의 경우 이산화탄소 포집방식 중 하나로, 일반 공기연소와 다르게 순산소를 이용하여 이산화탄소를 포집하는 방식으로, 배가스 처리시설의 에너지 사용이 줄어들며, 이산화탄소 및 온실가스 배출을 줄게 한다. 그러나 타 방식에 비해 비용이 많이 든다는 단점이 있다.

04 이산화탄소 포집 및 저장(CCS) 중 이산화탄소 포집기술의 종류를 쓰시오.

풀이 이산화탄소 포집 및 저장 중 포집기술로는 연소 후 포집, 연소 전 포집, 순산소 연소기술이 있다.

05 온실가스 직접 감축방법 중 1차 방법론에 대해 쓰시오.

풀이 1차 방법론은 대체물질을 적용하는 방법이다. 공정에서 사용되는 온실가스를 온실가스가 아니거나 지구온난화지수가 낮은 물질로 대체하는 것을 말한다. 또한 공정에서 사용되는 온실가스 배출을 유발하는 물질을 지구온난화지수가 낮거나 온실가스 배출이 없는 물질로 대체하는 것을 말한다.

06 온실가스 감축방법 중 직접 감축방법에 대해 설명하고 감축방법론을 작성하시오.

풀이 배출원에서 배출되는 온실가스를 감축 및 근절하는 행위 및 방법으로 감축방법론을 1~6차 방법론으로 구분할 수 있다. 방법론별로 대체물질 적용, 대체공정 적용, 공정 개선, 온실가스 활용, 온실가스 전환, 온실가스 처리가 있다.

07 하이브리드자동차(HEV)에 관하여 설명하시오.

풀이 하이브리드자동차란 두 가지 이상의 에너지원을 이용하여 움직이는 자동차로서 내연기관만으로 주행하는 기존의 자동차와 달리 내연기관과 모터를 이용하여 주행한다. 연비향상효과는 이동평균속도가 비교적 낮은 구역에 한한다는 단점이 있다.

08 가솔린엔진 중 페이저시스템(Cam Phaser system)에 대하여 설명하시오.

풀이 솔레노이드에 의해 페이저에 공급되는 오일압력을 조절하는 방식을 사용하는 것으로, 직접 분사방식 터보차저엔진에서 페이저 시스템 사용은 전체 부하운전영역에서 옥탄 요구량과 높은 토크의 결과를 내어 배기를 개선시킨다. 또한 낮은 부하로 사용하므로 저부하 연료 소모의 개선으로 펌핑 손실을 줄일 수 있다.

09 Exhaust Catalyst Improvement에 대해서 설명하시오.

풀이 배기관에서 배출되는 CH_4와 N_2O를 줄이기 위한 후처리장치를 부착하는 것이다.

10 광물산업의 시멘트 생산공정 중 예열기에 사용할 수 있는 온실가스 감축기술을 쓰시오.

풀이 시멘트 생산공정의 예열기에 사용할 수 있는 기술은 공정 개선이다.

11 유리 및 유리제품 제조시설에 관하여 설명하시오.

풀이 유리 제조업은 에너지 집약적인 산업공정으로, 사용하는 총 에너지의 75% 이상이 유리 용해공정에서 사용된다. 비용 측면에서도 유리 용해공정에서 에너지단가가 높은 비중을 차지한다. 경제성을 고려한 생산을 위해서는 에너지원 선택, 가열방법, 열 복원방법 등을 용해로 설계에서 고려하여야 한다.

12 석유 정제활동에서 주로 사용하는 온실가스 감축기술을 설명하시오.

풀이 석유 정제활동에서 주로 사용되는 온실가스 감축기술은 3차 방법론인 공정 개선이다. 공정 최적화 기술을 적용하기 위해 알킬화 공정, 촉매식 접촉 분해, 접촉개질공정 등을 적용하는 것으로 에너지 효율 제고가 목적이다.

13 암모니아의 개선된 고급 전통공정에 대하여 설명하시오.

풀이 기존의 스팀공정을 수정하여 질량과 에너지흐름을 통합하는 방식으로, 40bar 이상의 고압 주 개질기를 이용하는 방식이다. 이때 버너는 저 NO_x 버너를 활용하며, 2차 개질에서는 스토이치메트릭 이론에 따른 공기량(스토이치메트릭 이론에 따른 H/N 비율)을 가진다.

14 질산 생산에서 산화촉매반응을 저해하는 원인을 작성하시오.

풀이 대기오염으로 인한 독성 및 암모니아로부터의 오염, 암모니아-공기의 혼합 부족, 촉매 부근의 가스분포 부족 등이 산화촉매반응을 저해하는 원인이다.

15 아디프산 생산에서 산화반응의 최적화를 위한 조건을 작성하시오.

풀이 촉매분해법은 MgO 촉매를 이용하여 N_2O 가스를 질소(N_2) 및 산소(O_2)로 분해시키는 것이며, 발열반응에서 생성된 강력한 열은 스팀을 생산하는 데 쓰인다.

16 소다회 생산공정에서 수직형 샤프트킬른에 대한 설명을 작성하시오.

풀이 소다회 생성공정과 정제된 탄산나트륨 생산공정에서 충분한 양의 CO_2를 공급하기 위해 코크스 연소에 의한 부수적인 CO_2를 생산하며, 이때 CO_2 농도는 36~42%이다. 수직형 샤프트킬른의 설계와 조작은 킬른의 공정제어에 손실 없이 수 시간 비축가스를 제공하는 부수적인 장점을 가진다.

17 폐기물 소각시설에서 사용하는 온실가스 감축기술을 쓰시오.

풀이 폐기물 소각시설에서 온실가스 감축기술로서 대체공정 적용, 공정 개선, 온실가스 처리 등의 방법을 이용한다. 대체공정 적용은 재활용공정으로 대체하거나, 공정 개선에 있어서 비생물계 폐기물 투입을 최소화하고 열회수율을 제고한다. 온실가스 처리에서는 선택적 촉매 환원처리법과 비촉매 환원처리법을 활용한다.

18 소수력발전의 특징을 쓰시오.

풀이 소수력발전의 경우 대기오염물질 배출이 적고, 반영구적으로 사용이 가능하다. 또한 발전단가가 다른 발전에 비하여 저렴하고 안정적이며, 전력 공급량 조절이 쉽다.

19 연료전지의 특징을 쓰시오.

풀이 연료전지의 경우 공해가 적고 소음이 적으며, 기존 화석연료에 비해 높은 발전효율을 보인다. 또한 부하변동에 신속한 대처가 가능한 것이 특징이다.

20 지열에너지의 특징을 쓰시오.

풀이 지열에너지의 경우 시설 초기 투자비용이 많으나 운영비용이 저렴하며, 시설가동률이 높은 편이다. 그러나, 에너지 활용이 가능한 지역이 한정적이라는 단점이 있다.

21 바이오에탄올의 특징을 작성하시오.

풀이 바이오에탄올의 경우 녹말(전분)작물(사탕수수, 밀, 옥수수, 감자, 보리, 고구마 등)에서 포도당을 얻은 뒤 발효를 통해 추출하는 것이며, 모든 식물이 원료로 가능하고 미국, 중남미 등 주요 곡물 수출국에서 사용이 가능하다. 모든 식물이 원료로 가능하며, 연소율이 높고 오염물질 발생이 적다.

인생에서 가장 멋진 일은
사람들이 당신이 해내지 못할 것이라 장담한 일을
해내는 것이다.

-월터 배젓(Walter Bagehot)-

☆

항상 긍정적인 생각으로 도전하고 노력한다면,
언젠가는 멋진 성공을 이끌어 낼 수 있다는 것을 잊지 마세요.^^

부록 I

실전 모의고사

- 실전 모의고사 1회
- 실전 모의고사 2회
- 실전 모의고사 3회

온실가스관리기사 실기
실전 모의고사

실전 모의고사 1회

01 관리업체(사업장)의 온실가스 배출량(tCO_2-eq) 기준을 쓰시오.

풀이 $15,000tCO_2-eq$ 이상

02 경유 240kL의 발열량(TJ)을 구하시오. (단, 순발열량계수는 35.4MJ/L이다.)

풀이 $1TJ=10^3GJ=10^6MJ$

$$240\,kL\times\frac{35.4\,MJ}{L}\times\frac{10^3\,L}{kL}\times\frac{TJ}{10^6MJ}=8.496\,TJ$$

∴ 경유의 발열량 = 8.496TJ

03 암모니아 생산공정을 순서대로 쓰시오.

풀이 합성원료 제조공정 → 정제공정 → 암모니아 합성공정

04 조건이 다음과 같을 경우의 온실가스 배출량을 구하시오.

- 배출공정 : 수소 제조공정
- 원료 투입량 : 에탄(C_2H_6, MW=30kg) 105,000m^3
- 배출계수 : 2.9tCO_2/t－에탄
- 산정식 : $E_i = FR_i \times EF_i$

  여기서, E_i : 수소 제조공정에서 CO_2 배출량(tCO_2)

  FR_i : 원료 투입량(t)

  EF_i : 원료의 CO_2 배출계수

풀이 에탄 $105{,}000m^3 \times 30kg/22.4m^3 \times 1t/1{,}000kg = 140.625t$

$E_i = FR_i \times EF_i$

$FR_i = 140.625t$

$EF_i = 2.9$

$\therefore\ E_i = 140.625t \times 2.9 = 407.813tCO_2$

05 어느 회사의 1년간 전력 사용량이 4,689,204kWh라고 한다. 이때 온실가스 배출량(tCO_2－eq)을 구하시오.

- 배출계수 : CO_2＝0.4653tCO_2/MWh, CH_4＝0.0054kgCH_4/MWh,

  N_2O＝0.0027kgN_2O/MWh(2007~2008 평균 배출계수 적용)
- GWP : CO_2＝1, CH_4＝21, N_2O＝310

풀이 $CO_2 - eq\,Emissions = \sum(Q \times EF_j \times F_{eq,j})$

배출계수 $\times\ GWP$ = $(tCO_2 - eq/MWh)$

$$\therefore\ 배출량 = 4{,}689{,}204\,kWh \times \frac{MWh}{10^3 kWh} \times \frac{(465.3 \times 1 + 0.0054 \times 21 + 0.0027 \times 310)tCO_2 - eq}{MWh} \times \frac{tCO_2 - eq}{10^3 kg\,CO_2 - eq}$$

$= 2{,}186.343tCO_2 - eq$

06 항공부문의 보고대상 온실가스 및 산정방법을 쓰시오.

① 보고대상 온실가스

② 산정방법

풀이 ① 보고대상 온실가스 : CO_2, CH_4, N_2O

② 산정방법 : CO_2, CH_4, N_2O 모두 Tier 1, 2를 이용하여 산정한다.

07 질산 생산공정의 제1산화공정 중 암모니아 촉매 산화반응에서 일어나는 부반응의 반응식을 2가지 쓰시오.

풀이 ① $NH_3 + O_2 \rightarrow 0.5N_2O + 1.5H_2O$

② $NH_3 + 4NO \rightarrow 2.5N_2O + 1.5H_2O$

③ $NH_3 + NO + 0.75O_2 \rightarrow N_2O + 1.5H_2O$

※ 위 3가지 중 2가지를 작성한다.

08 폐기물 매립시설의 매립공정에서 배출되는 온실가스 및 배출원인을 쓰시오.

① 배출 온실가스

② 배출원인

풀이 ① 배출 온실가스 : CH_4

② 배출원인 : 매립지 내 산소의 공급이 없어지면서 혐기성 분해에 의한 CH_4 가스가 생성된다. 이 과정에서 CO_2도 배출되지만 생물계 기원 CO_2이므로 온실가스에서 제외한다.

09 철강 생산공정에서 유연탄의 역할을 쓰시오.

풀이 철강 생산에서 유연탄을 사용하는 이유는 환원제, 열원, 통기성 및 통액성을 확보하기 위함이다.

10 납 생산공정에서 온실가스의 배출량이 1,200tCO₂-eq일 때, 납 생산량(t)을 구하시오.

- 배출계수 : $CO_2 = 0.52tCO_2/t$-납
- 산정식 : $E_{CO_2} = Pb \times EF_{default}$

풀이 $E_{CO_2} = Pb \times EF_{default}$

여기서, E_{CO_2} : 납 생산으로 인한 CO_2 배출량(tCO_2)

Pb : 생산된 납의 양(t)

$EF_{default}$: 납 생산량당 배출계수(tCO_2/t-납)

$x(t) \times 0.52tCO_2/t$-납 $= 1,200tCO_2$

$\therefore x = 2,307.692t$

11 온실가스 감축수단으로 교토메커니즘에서 제시하는 방법 3가지를 쓰시오.

풀이 ① 청정개발체제(CDM)

② 배출권 거래제도(ET)

③ 공동이행제도(JI)

12 온실가스 인벤토리의 주체에 상관없이 항상 적용되는 산정원칙 3가지를 쓰시오.

풀이 투명성, 정확성, 완전성, 일관성

※ 위 4가지 중 3가지를 작성한다.

13 청정개발체제의 진행절차를 쓰시오.

풀이 사업계획 → 타당성 평가 → 승인 및 등록 → 모니터링 → 검증 및 인증 → CERs 발행

14 배출시설 배출량 규모별 산정등급 적용기준 중 A그룹에 해당하는 경우의 기준치를 쓰시오.

풀이 A 그룹은 연간 5만t 미만의 배출시설이다.

15 직접 배출원(Scope 1)의 종류를 쓰시오.

풀이 직접 배출원으로는 고정연소, 이동연소, 탈루배출, 공정배출원이 있다.

16 **조건이 다음과 같을 경우 온실가스 배출량(tCO_2-eq)을 구하시오.**

- 무연탄의 사용량 : 33,000t
- 무연탄의 순발열량 : 26.7MJ/kg
- 온실가스 배출계수 : $CO_2=1$, $CH_4=21$, $N_2O=310$
- 산정방법 : Tier 1
- 산정식 : $E_{i,j}=Q_i\times EC_i\times EF_{i,j}\times f_i\times F_{eq,j}\times 10^{-6}$

여기서, $E_{i,j}$: 연료(i)의 연소에 따른 온실가스(j)의 배출량(tCO_2-eq)

Q_i : 연료(i)의 사용량(측정값)(t-연료)

EC_i : 연료(i)의 열량계수(연료 순발열량)(MJ/kg-연료)

$EF_{i,j}$: 연료(i)의 온실가스(j)의 배출계수(kg-GHG/TJ-연료)

($CO_2=98,300$, $CH_4=1$, $N_2O=1.5$)

f_i : 연료(i)의 산화계수(1로 한다)

$F_{eq,j}$: 온난화지수($CO_2=1$, $CH_4=21$, $N_2O=310$)

풀이 $E_{i,j}=Q_i\times EC_i\times EF_{i,j}\times f_i\times F_{eq,j}\times 10^{-6}$

$Q_i=33,000\text{t}$

$EC_i=26.7\text{MJ/kg}$

$$33,000\,\text{t}\times\frac{1,000\,\text{kg}}{1\,\text{t}}\times\frac{26.7\,\text{MJ}}{1\,\text{kg}}\times\frac{1\,\text{TJ}}{10^{-6}\,\text{MJ}}=881.1\,\text{TJ}$$

$$\therefore\ 881.1\,\text{TJ}\times\frac{(98,300\times1+1\times21+1.5\times310)\text{kg}}{1\,\text{TJ}}\times\frac{1\,\text{t}}{1,000\,\text{kg}}$$

$$=87,040.345\,tCO_2-eq$$

실전 모의고사 2회

01 온실가스 배출량을 산정하는 절차는 7단계로 구분한다. 다음 (　　) 안에 알맞은 내용을 쓰시오.

> 1단계 (　①　) → 2단계 (배출활동의 확인·구분) → 3단계 (　②　) → 4단계 (배출량 산정 및 모니터링 체계의 구축) → 5단계 (　③　) → 6단계 (배출량 산정) → 7단계 (명세서의 작성)

풀이
① 조직경계의 설정
② 모니터링 유형 및 방법의 설정
③ 배출활동별 배출량 산정방법론의 선택

02 유리 생산공장에서 유리 500t을 생산하는 데 배출되는 온실가스의 양을 구하시오. (단, Tier 1 산정방법을 활용한다.)

- 유리의 종류 : Float type
- 배출계수 : 0.21kgCO_2/kg-유리
- 컬릿 비율 : 10%

풀이 $E_i = [Mg_i \times EF_i \times (1 - CR_i)]$

여기서, E_i : 유리 생산으로 인한 CO_2 배출량
Mg_i : 유리(i) 생산량(t)
EF_i : 유리(i) 생산에 따른 CO_2 배출계수(tCO_2/t-유리 생산량)
CR_i : 유리 제조공정에서의 컬릿 비율(%)

$\therefore$ 500t × (0.21tCO_2/t-유리) × (1 − 0.1) = 94.5t

03 암모니아 소다회법(솔베이 공정)에서 온실가스 배출원인 및 관련 화학반응식을 쓰시오.

풀이 ① 탄산수소나트륨($NaHCO_3$)을 200℃에서 하소하여 탄산소다(Na_2CO_3)를 생성하는 과정에서 CO_2를 배출한다.

② $2NaHCO_3 + heat \rightarrow Na_2CO_3 + H_2O + CO_2$

04 다음 모니터링 기호에 대해 설명하시오.

풀이 WH는 상거래 또는 증명에 사용하기 위한 목적으로 측정량을 결정하는 법정계량에 사용하는 측정기기이다.

05 다음의 고정연소반응식에서 각 요소의 의미를 작성하시오.

$$E_{i,j} = Q_i \times EC_i \times EF_{i,j} \times f_i \times F_{eq,j} \times 10^{-6}$$

풀이 $E_{i,j}$: 연료(i)의 연소에 따른 온실가스(j)의 배출량(tCO_2-eq)

Q_i : 연료(i)의 사용량(측정값)(t-연료)

EC_i : 연료(i)의 열량계수(연료 순발열량)(MJ/kg-연료)

$EF_{i,j}$: 연료(i)의 온실가스(j)의 배출계수(kg-GHG/TJ-연료)

f_i 연료(i)의 산화계수

$F_{eq,j}$: 온실가스별 CO_2 등가계수(CO_2=1, CH_4=21, N_2O=310)

06 발전소에서 무연탄의 사용량이 33,000t 이며, 조건은 다음과 같을 경우의 온실가스 배출량을 Tier 1을 이용하여 구하시오.

- 무연탄의 순발열량 : 26.7MJ/kg
- 온실가스 배출계수(CO_2=98,300, CH_4=1, N_2O=1.5)
- GWP : CO_2=1, CH_4=21, N_2O=310

풀이

$$E_{i,j} = Q_i \times EC_i \times EF_{i,j} \times f_i \times F_{eq,j} \times 10^{-6}$$
$$= 33{,}000\text{t} \times \frac{26.7\text{MJ}}{\text{kg}} \times \frac{(98{,}300 \times 1 + 1 \times 21 + 1.5 \times 310)\text{kgCO}_2 - \text{eq}}{\text{TJ}}$$
$$\times \frac{\text{TJ}}{10^6\text{MJ}} \times \frac{\text{tCO}_2 - \text{eq}}{10^3\text{kgCO}_2 - \text{eq}} \times \frac{10^3\text{kg}}{\text{t}} = 87{,}040.345\text{tCO}_2 - \text{eq}$$

07 이동연소 중 철도부문에서 Tier 3 산정방법의 활동자료를 3가지 쓰시오.

풀이

① 기관차의 연간 운행시간
② 기관차의 수
③ 기관차의 정격출력
④ 기관차의 부하율

※ 위 4가지 중 2가지를 작성한다.

08 국가 인벤토리를 설명하고 산정원칙을 쓰시오.

풀이

① 국가 인벤토리는 특정 국가의 물리적 경계 내에서 직접 배출 또는 흡수되는 온실가스의 배출 총량을 말한다.
② 국가 인벤토리의 산정원칙으로는 투명성, 정확성, 완전성, 일관성, 상응성이 있다.

09 조건이 다음과 같을 경우, 제트기에서 발생한 온실가스의 양을 구하시오.

- 제트기의 종류 : CRJ-100ER
- 연료 사용량 : 100t
- LTO 횟수 : 3회
- LTO 모드 연료 사용량 : 0.6t
- 순항 모드 배출계수 : CO_2=3,150 CH_4=0 N_2O=0.1
- LTO 배출계수 : CO_2=1,060 CH_4=0.06 N_2O=0.03 (kgGHG/kg-연료)
- 연료 사용량 보정계수 : 0.0164
- 연료의 밀도 : 0.8kg/L
- 산정식 : $E_{i,j} = \Sigma(E_{i,j,LTO} + E_{i,j,cruise}) \times F_{eq,j}$

$$E_{i,j,LTO} = \Sigma N_{i,j,LTO} \times EF_{i,j,LTO}$$

$$E_{i,j,cruise} = \Sigma[(Q_i \times D_i) - Q_{i,LTO}] \times EF_{i,j} \times 10^{-6}$$

풀이 LTO 모드 배출량

$= 3LTO \times 0.6t/LTO \times (1,060kgCO_2/kg \times 1kgCO_2-eq/kgCO_2$

$+ 0.06kgCH_4/kg \times 21kgCO_2-eq/kgCH_4$

$+ 0.03kgN_2O/kg \times 310kgCO_2-eq/kgN_2O) \times 1tCO_2-eq/1,000kgCO_2-eq$

$= 1.927tCO_2-eq$

$Q_i = Q \times (AF+1) = 100t \times (0.0164+1) = 101.64t$

순항 모드 배출량

$= [101.64t \times (0.8kg/L \times 1,000L/t \times 1t/1,000kg) - (3LTO \times 0.6t/LTO)]$

$\times (3,150kgCO_2/kg \times 1kgCO_2-eq/kgCO_2 + 0kgCH_4/kg \times 21kgCO_2-eq/kgCH_4$

$+ 0.1kgN_2O/kg \times 310\ kgCO_2-eq/kgN_2O) \times 1tCO_2-eq/1,000kgCO_2-eq$

$= 252.92767 \fallingdotseq 252.928tCO_2-eq$

∴ 총 배출량=LTO 모드 배출량+순항모드 배출량=1.927+252.928

$= 254.855tCO_2-eq$

10 합금철 생산공정에서 원자재 투입공정 및 원료 배합공정을 설명하시오.

① 원자재 투입공정

② 원료 배합공정

풀이 ① 원자재 투입공정 : 철광석, 철 이외의 금속, 탄소성 환원제(석탄, 코크스 등) 등을 혼합 투입하는 공정

② 원료 배합공정 : 투입된 원자재가 균일하게 혼합될 수 있도록 배합하는 공정

11 아디프산 생산공정에서 아디프산의 생산량이 600t 일 때 온실가스 배출량을 구하시오.

- 감축기술 : 촉매 분해방법
- 배출계수 : 300kgN_2O/t-아디프산
- 분해계수 : 92.5%
- 이용계수 : 89%
- 산정식 : $E_{N_2O} = \sum_{k,h}[EF_k \times AAP_k \times (1 - DF_h \times ASUF_h)] \times 10^{-3}$

풀이 EF_k는 300kgN_2O/t-아디프산, AAP_k는 600t-아디프산이며, DF_h는 분해계수로 0.925이고, $ASUF_h$는 이용계수로 0.89이다.

$[300 \times 600 \times (1-0.925 \times 0.89)] \times 10^{-3} = 31.815tN_2O$

N_2O의 지구온난화지수는 310이므로 tCO_2-eq로 환산한다.

∴ 31.815tN_2O × 310 = 9,862.65tCO_2-eq

12 합금철 생산공정에서 합금철 280t 이 생산되고 있다. 온실가스 배출량을 구하시오.

- 산정식 : $E_{i,j} = Q_i \times EF_{i,j} \times F_{eq,j}$
- 배출계수 : 2.5tCO_2/t-합금철, 0.7tCH_4/t-합금철

풀이 Q_i는 280t, $EF_{i,j}$는 CO_2가 2.5, CH_4가 0.7이며, $F_{eq,j}$는 CO_2가 1, CH_4가 21이다.

∴ $280 \times (2.5 \times 1 + 0.7 \times 21) = 4,816tCO_2$

13 A 공장에서 아연 400t을 생산했을 때 온실가스 배출량을 구하시오.

- 산정식 : $E_{CO_2} = Zn \times EF_{default}$
- 배출계수 : 1.72tCO_2/t-아연

풀이 문제의 산정방법은 Tier 1A 식으로, 아연 생산량과 배출계수를 곱하여 온실가스 배출량을 구한다.

∴ 400t×1.72tCO_2/t-아연=688tCO_2

14 LULUCF에 대하여 설명하시오.

풀이 LULUCF란 Land Use, Land-Use-Change, Forestry의 약자로 토지이용, 토지용도의 변경, 임업의 결과로 온실가스를 제거하거나 상쇄하는 것을 의미한다.

15 A씨는 요소비료를 이용하여 벼농사를 짓고 있다. 다음의 조건에서 온실가스 배출량(kgCO_2-eq)을 산정하시오.

- 요소 : 질소함량(0.46)
- 유안 : 질소함량(0.20)
- 요소비료 사용량 : 1,000kg
- 유안비료 사용량 : 2,000kg
- 질소 환산계수 : 0.035
- GWP : N_2O(310), CH_4(21)

풀이 요소비료 사용량×배출계수×질소 환산계수 = 1,000kg×0.46×0.035 = 16.1kg

∴ 온실가스 배출량=16.1×310=4,991kgCO_2-eq

16 석유 정제활동에서 주로 사용하는 온실가스 감축기술을 설명하시오.

풀이 석유 정제활동에서 주로 사용되는 온실가스 감축기술은 3차 방법론인 공정 개선이다. 공정 최적화기술을 적용하기 위해 알킬화 공정, 촉매식 접촉 분해, 접촉개질공정 등을 적용하는 것으로 에너지효율 제고가 목적이다.

17 가솔린엔진 중 페이저시스템(Cam Phaser system)에 대하여 설명하시오.

풀이 솔레노이드에 의해 페이저에 공급되는 오일압력을 조절하는 방식을 사용하는 것으로, 직접분사방식 터보차저엔진에서 페이저시스템 사용은 전체 부하운전영역에서 옥탄 요구량과 높은 토크의 결과를 내어 배기를 개선시킨다. 또한 낮은 부하로 사용하므로 저부하 연료 소모의 개선으로 펌핑 손실을 줄일 수 있다.

18 CCS 기술에 대해 설명하시오.

풀이 CCS 기술은 발전소 및 각종 산업에서 발생하는 이산화탄소를 대기로 배출시키기 전에 고농도로 포집·압축·수송하여 안전하게 저장하는 기술로 정의할 수 있다. 이산화탄소 제거 측면에서 가장 효율이 높은 기술인 반면에, 처리비용이 고가이기 때문에 적용대상분야를 신중하게 선정해야 한다.

실전 모의고사 3회

01 질산 생산공정은 제1산화공정(암모니아 산화반응기) → 제2산화공정(냉각기/응축기) → 흡수공정(흡수탑) → 촉매환원장치(SCR) → 배기가스 배출공정으로 이루어진다. 이 중 온실가스 배출공정과 배출되는 온실가스 종류 및 배출원인을 쓰시오.

① 온실가스 배출공정
② 배출 온실가스 종류
③ 온실가스 배출원인

풀이 ① 온실가스 배출공정 : 제1산화공정
② 배출 온실가스 종류 : N_2O
③ 온실가스 배출원인 : 암모니아(NH_3)의 촉매연소과정에서 N_2O가 배출된다.

02 다음 모니터링 기호에 대해 설명하시오.

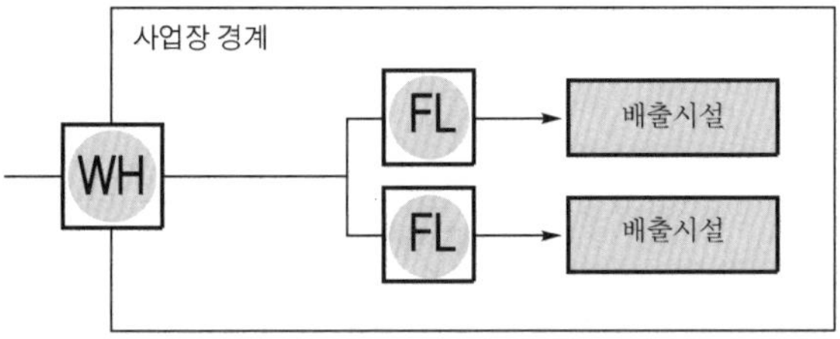

사업장 경계

WH	FL	배출시설
	FL	배출시설

풀이 그림의 모니터링 유형은 A-2이며, 연료 및 원료 공급자가 상거래 등을 목적으로 설치·관리하는 측정기기와 주기적인 정도검사를 실시하는 내부측정기기가 설치되어 있을 경우 활동자료를 수집하는 방법이다.

03 통제접근법에 대하여 설명하시오.

풀이 기업의 통제권하에 있는 운영으로부터 나오는 온실가스 배출량을 100% 산정하는 방법으로, 운영통제와 재정통제로 구분할 수 있다. 운영통제에 의해서는 배출주체 운영상의 정책관리에 있어서 대부분의 권리와 책임을 가지는 주체를 통제권자로 결정하는 방법이며, 재정통제에 의한 통제권자는 배출주체의 자산소유권에 대한 위험과 보상의 대부분을 누가 책임지느냐에 따라 결정된다.

04 어느 사업장에서 경유를 사용하는 비상발전기를 보유하고 있다. 산정기간 동안 자가발전기 가동에 사용된 경유의 양은 6,000L이다. 이때 이 사업장의 온실가스 배출량을 산정하시오. (단, Tier 2 산정방식을 활용한다.)

- 배출계수(t-GHG/TJ) : $CO_2 = 74.1$, $CH_4 = 0.003$, $N_2O = 0.0006$
- 지구온난화지수(GWP) : $CO_2 = 1$, $CH_4 = 21$, $N_2O = 310$
- 경유의 순발열량 : 35.3MJ/L

풀이

$$E_{i,j} = Q_i \times EC_i \times EF_{i,j} \times f_i \times F_{eq,j} \times 10^{-6}$$

$$E_{i,j} = Q_i \times EC_i \times EF_{i,j} \times f_i \times 10^{-6}$$

여기서, $E_{i,j}$: 연료(i)의 연소에 따른 온실가스(j)의 배출량(t-GHG)

Q_i : 연료(i)의 사용량(측정값)(kL-연료)

EC_i : 연료(i)의 열량계수(연료 순발열량)(MJ/L-연료)

$EF_{i,j}$: 연료(i)에 따른 온실가스(j)의 배출계수(kg-GHG/TJ-연료)

f_i : 연료(i)의 산화계수(CH_4, N_2O는 미적용)

$$E_{i,j} = 6\text{kL} \times 35.3\text{MJ/L} \times 74{,}100\text{kg}\,CO_2/\text{TJ} \times \text{TJ}/10^6\text{MJ} \times 0.99$$

$$= 15.537\text{t}CO_2$$

CH_4, N_2O의 배출량

$$= (6\text{kL} \times 35.3\text{MJ/L} \times 3\text{kg}CH_4/\text{TJ} \times \text{TJ}/10^6\text{MJ} \times 21)$$

$$+ (6\text{kL} \times 35.3\text{MJ/L} \times 0.6\text{kg}N_2O/\text{TJ} \times \text{TJ}/10^6\text{MJ} \times 310)$$

$$= 0.0527\text{t}CO_2-\text{eq}$$

$$\therefore\ 15.537 + 0.0527 = 15.590\text{t}CO_2-\text{eq}$$

05

휘발유 차량을 이용하여 연료를 소비하였을 때 온실가스 배출량이 64.06tCO_2-eq이었다. 이때 소비한 연료의 양(kL)을 구하시오. (단, Tier 1 산정방법이다.)

- 휘발유 순발열량 : 44.3MJ/L
- 배출계수 : CO_2=69,300kgCO_2/TJ
- GWP : CO_2=1, CH_4=21, N_2O=310

풀이

$$E_{i,j} = Q_i \times EC_i \times EF_{i,j} \times f_i \times F_{eq,j} \times 10^{-6}$$

$$64.06\text{tCO}_2-\text{eq} = x(\text{L}) \times \frac{44.3\text{MJ}}{\text{L}} \times \frac{(69{,}300\times 1)\text{kgCO}_2-\text{eq}}{\text{TJ}} \times \frac{\text{TJ}}{10^6\text{MJ}} \times \frac{\text{tCO}_2-\text{eq}}{10^3\text{kgCO}_2-\text{eq}}$$

$$\therefore\ x = 20{,}866.517\text{L} = 20.867\text{kL}$$

06

비선택적 촉매환원법을 사용하여 질산 100t 을 생산했을 경우 발생되는 온실가스의 양을 구하시오.

- N_2O 배출계수 : 2kgN_2O/t-질산
- 감축계수(DF_h) 및 이용계수($ASUF_h$)=0
- 산정식 : $E_{\text{N}_2\text{O}} = \Sigma_{k,h}[EF_{\text{N}_2\text{O}} \times NAP_k \times (1-DF_h \times ASUF_h)] \times F_{eq,j} \times 10^{-3}$

풀이

$$E_{\text{N}_2\text{O}} = \Sigma_{k,h}[EF_{\text{N}_2\text{O}} \times NAP_k \times (1-DF_h \times ASUF_h) \times F_{eq,j} \times 10^{-3}]$$

$$= 2\text{kgN}_2\text{O/t}-\text{질산} \times 100\text{t}-\text{질산} \times 310 \times 10^{-3} = 62\text{tCO}_2-\text{eq}$$

$$\therefore\ E_{\text{N}_2\text{O}} = 62\text{tCO}_2-\text{eq}$$

07

석유 정제공정에서 수소를 제조하기 위하여 나프타를 1,600t 사용하였을 때 온실가스 배출량을 구하시오.

- CO_2 배출계수 : 73,000kgCO_2-eq/TJ
- 나프타의 발열량 : 44.5MJ/kg
- 산정식 : $E_{i,CO_2} = FR_i \times EF_i$

풀이 $E_{i,CO_2} = FR_i \times EF_i$

E_i : 수소 제조공정에서의 CO_2 배출량(tCO_2)

FR_i : 경질나프타, 부탄, 부생연료 등 원료(i) 투입량(t 또는 천m^3)

EF_i : 원료(i)별 CO_2 배출계수

∴ 온실가스 배출량

$$= 1{,}600\,t \times \frac{44.5\,MJ}{kg} \times \frac{TJ}{10^6 MJ} \times \frac{10^3 kg}{t} \times \frac{73{,}000 kgCO_2-eq}{TJ} \times \frac{tCO_2-eq}{10^3 kgCO_2-eq}$$

$$= 5{,}197.6 \fallingdotseq 5{,}198\,tCO_2-eq$$

08

온실가스 직접 감축방법 중 1차 방법론에 대해 설명하시오.

풀이 1차 방법론은 대체물질 적용으로 공정에 사용되는 온실가스를 온실가스가 아니거나 지구온난화지수가 낮은 물질로 대체하는 것을 말한다. 또한 공정에서 사용되는 온실가스 배출을 유발하는 물질을 지구온난화지수가 낮거나 온실가스 배출이 없는 물질로 대체하는 것을 말한다.

09

합금철 생산공정의 산정방법론 중 Tier 2와 Tier 3 방법론의 차이점을 쓰시오.

풀이 Tier 2에서는 환원제의 배출계수를 사용하였으나, Tier 3에서는 환원제도 탄소 물질수지를 사용하여 온실가스 배출량을 산정하며 CH_4 배출량은 산정하지 않는다.

10 A 공장에서 납 500t 을 생산했을 경우 온실가스 배출량을 구하시오.

- 산정식 : $E_{CO_2} = Pb \times EF_{default}$
- 배출계수 : 0.52tCO_2/t-납

풀이 $E_{CO_2} = Pb \times EF_{default}$

E_{CO_2} : 납 생산으로 인한 CO_2 배출량(tCO_2-eq)

Pb : 생산된 납의 양(t)

$EF_{default}$: 배출계수, 납 생산량당 온실가스 배출량(tCO_2/t-납)

$\therefore\ E_{CO_2} = 500\,\text{t} \times 0.52\,\text{tCO}_2/\text{t} - \text{납} = 260\,\text{tCO}_2 - \text{eq}$

11 암모니아의 개선된 고급 전통공정에 대하여 설명하시오.

풀이

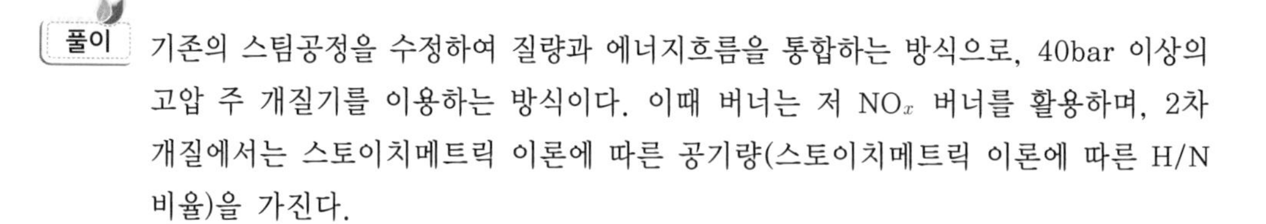

기존의 스팀공정을 수정하여 질량과 에너지흐름을 통합하는 방식으로, 40bar 이상의 고압 주 개질기를 이용하는 방식이다. 이때 버너는 저 NO_x 버너를 활용하며, 2차 개질에서는 스토이치메트릭 이론에 따른 공기량(스토이치메트릭 이론에 따른 H/N 비율)을 가진다.

12 A씨는 500ha의 벼농사를 짓는다. 조건이 다음과 같을 때 온실가스 배출량을 산정하시오.

- 메탄의 GWP : 21
- 보정계수 : 0.2
- 수정계수 : 2
- 작기종합배출계수 : 20g/m^2
- 배출량 산정식 : 논면적×보정계수×수정계수×작기종합배출계수

풀이 온실가스 배출량 = 논면적×보정계수×수정계수×작기종합배출계수

$$\therefore\ 500\text{ha} \times 0.2 \times 2 \times \frac{20\text{g}}{\text{m}^2} \times \frac{10{,}000\text{m}^2}{1\text{ha}} \times \frac{1\text{t}}{10^6\text{g}} \times 21 = 840\text{tCO}_2 - \text{eq}$$

13 CCS 포집기술 중 순산소 연소의 특징을 설명하시오.

풀이 순산소 연소의 경우 이산화탄소 포집방식 중 하나로, 일반 공기 연소와 다르게 순산소를 이용하여 이산화탄소를 포집하는 방식이다. 배가스 처리시설의 에너지 사용이 줄어들며, 이산화탄소 및 온실가스 배출을 줄어들게 한다. 그러나 타 방식에 비해 순산소 제조를 위해 비용이 많이 든다는 단점이 있다.

14 폐기물 소각시설에서 사용하는 온실가스 감축기술을 쓰시오.

풀이 폐기물 소각시설에서 온실가스 감축기술로서 대체공정 적용, 공정 개선, 온실가스 처리 등의 방법을 이용한다. 대체공정 적용은 재활용공정으로 대체하거나, 공정 개선에 있어서 비생물계 폐기물 투입을 최소화하고 열회수율을 제고한다. 온실가스 처리에서는 선택적 촉매 환원처리법과 비촉매 환원처리법을 활용한다.

15 소다회 생산공정에서 수직형 샤프트킬른에 대한 설명을 작성하시오.

풀이 소다회 생성공정과 정제된 탄산나트륨 생산공정에서 충분한 양의 CO_2를 공급하기 위해 코크스 연소에 의한 부수적인 CO_2를 생산하며, 이때 CO_2 농도는 36~42%이다. 수직형 샤프트킬른의 설계와 조작은 킬른의 공정제어에 손실 없이 수 시간 비축가스를 제공하는 부수적인 장점을 가진다.

16 축산부문에서 이산화탄소를 온실가스 배출로 취급하지 않는 이유를 쓰시오.

풀이 가축의 호흡을 통해 이산화탄소가 배출되기는 하지만, 사료작물 등의 식물이 광합성으로 이산화탄소를 흡수하여 자연계에서 순환되기 때문에 배출량 산정시 고려하지 않는다.

17 A씨는 경유 사용 농기계를 이용하여 요소비료를 시비하여 벼농사를 짓고 있다. 다음 조건에서 온실가스 배출량(tCO_2-eq)을 산정하시오.

- 요소 : 질소 함량(0.46)
- 유안 : 질소 함량(0.20)
- 요소비료 사용량 : 1,000kg
- 질소 환산계수 : 0.035
- 유안비료 사용량 : 2,000kg
- GWP : N_2O(310), CH_4(21)
- 경유 사용량 : 5,620L
- 배출계수 : 74.1tCO_2/TJ, 0.003tCH_4/TJ, 0.0006tN_2O/TJ
- 경유 순발열량 : 35.4MJ/L, 연료 환산계수는 1 적용

풀이 총 온실가스 배출량=요소비료 온실가스 배출량+경유 사용 온실가스 배출량

1. 요소비료 온실가스 배출량
   = 요소비료 사용량×배출계수×질소 환산계수×지구온난화지수
   = 1,000kg×0.46×0.035×310
   =4,991kgCO_2-eq=4.991tCO_2-eq
2. 경유 사용 온실가스 배출량
   = 연료 사용량×순발열량×연료에 따른 온실가스 배출계수×지구온난화지수
   = $5{,}620\text{L}\times35.4\text{MJ/L}\times\text{TJ}/10^6\text{MJ}\times(74.1\times1+0.003\times21+0.0006\times310)\text{tCO}_2/\text{TJ}$
   = 14.792tCO_2-eq

∴ 총 온실가스 배출량 = 14.792+4.991 = 19.783tCO_2-eq

18 질산 생성에서 산화촉매반응을 저해하는 원인을 작성하시오.

대기오염으로 인한 독성 및 암모니아로부터의 오염, 암모니아-공기의 혼합 부족, 촉매부근의 가스분포 부족 등이 산화촉매반응을 저해하는 원인이다.

부록 Ⅱ

최신 기출문제

▌최근 과년도 출제문제

이 책에 실린 과년도 출제문제는 수험생의 기억을 토대로 하여 복원한 것입니다. 따라서, 실제 출제된 문제와는 다를 수 있음을 알려 드립니다.

온실가스관리기사 실기
최신 기출문제

과년도 출제문제

온실가스관리기사

01 아래의 조건 및 자료를 바탕으로 폐기물 소각시설에서 발생하는 연간 온실가스 배출량(tCO_2-eq/yr)을 구하시오.

- 소각량 : 100t/d, 고상 생활폐기물
- 가동일수 : 360d/yr
- 폐기물 성상 : 종이류 55%, 플라스틱류 25%, 음식물류 15%, 기타 생활폐기물 5%
- 소각방식 : 고정상 연속식
- 산화계수(OF) : 1.0
- 고상폐기물 소각분야 CO_2 기본배출계수(dm, CF, FCF)

생활폐기물				사업장폐기물			
폐기물 성상	dm	CF	FCF	폐기물 성상	dm	CF	FCF
종이류	0.9	0.46	0.01	음식물류 (음식, 음료 및 담배)	0.4	0.15	0
섬유류	0.8	0.5	0.2	폐섬유류	0.8	0.4	0.16
음식물류	0.4	0.38	0	폐목재류	0.85	0.43	0
나무류	0.85	0.5	0	폐지류	0.9	0.41	0.01
정원 및 공원 폐기물류	0.4	0.49	0	석유제품, 용매, 플라스틱류	1	0.8	0.8
기저귀	0.4	0.7	0.1	폐합성고무	0.84	0.56	0.17
고무피혁류	0.84	0.67	0.2	건설 및 파쇄 잔재물	1	0.24	0.2
플라스틱류	1	0.75	1	기타 사업장폐기물	0.9	0.04	0.03
금속류	1	-	-	하수 슬러지(오니)	0.1	0.45	0
유리류	1	-	-	폐수 슬러지(오니)	0.35	0.45	0
기타 생활폐기물	0.9	0.03	1	의료폐기물	0.65	0.4	0.25

여기서, dm : 폐기물 성상(i)별 건조물질 질량분율(0에서 1 사이의 소수)
CF : 폐기물 성상(i)별 탄소함량(tC/t-Waste)
FCF : 화석탄소 질량분율(0에서 1 사이의 소수)

• 폐기물 소각분야 CH_4 배출계수(EF)

소각기술		CH_4 배출계수(kgCH_4/t-Waste)
연속식	고정상	0.0002
	유동상	0
준연속식	고정상	0.006
	유동상	0.188
회분식(배치형)	고정상	0.06
	유동상	0.237

• 폐기물 소각분야 N_2O 배출계수(EF)

폐기물 형태	N_2O 배출계수(gN_2O/t-Waste)
생활폐기물	39.8
사업장폐기물(슬러지)	408.41
사업장폐기물(슬러지 제외)	113.19
지정폐기물(슬러지)	408.41
지정폐기물(슬러지 제외)	83.52
건설폐기물	109.57

풀이 〈관련 산정식〉

1. **폐기물 소각분야 CO_2 배출**(Tier 1, 고상 폐기물)

$$CO_{2\,Emissions} = \sum_i (SW_i \times dm_i \times CF_i \times FCF_i \times OF_i) \times 3.664$$

여기서, $CO_{2\,Emissions}$: 폐기물 소각에서 발생되는 온실가스의 양(tCO_2)

SW_i : 폐기물 성상(i)별 소각량(t-Waste)

dm_i : 폐기물 성상(i)별 건조물질 질량분율(0에서 1 사이의 소수)

CF_i : 폐기물 성상(i)별 탄소함량(tC/t-Waste)

FCF_i : 화석탄소 질량분율(0에서 1 사이의 소수)

OF_i : 산화계수(소각효율, 0에서 1 사이의 소수)

3.664=CO_2의 분자량(44.010)/C의 원자량(12.011)

2. **폐기물 소각분야 CH_4, N_2O 배출**

$$CH_{4\,Emissions} = IW \times EF \times 10^{-3}$$

$$N_2O_{Emissions} = IW \times EF \times 10^{-3}$$

여기서, $CH_{4\,Emissions}$: 폐기물 소각에서 발생되는 온실가스의 양(tCH_4)

$N_2O_{Emissions}$: 폐기물 소각에서 발생되는 온실가스의 양(tN_2O)

IW : 총 폐기물 소각량(t)

EF : 배출계수(kgCH_4/t-Waste, kgN_2O/t-Waste)

위의 관련 산정식을 이용하여 계산하면 다음과 같다.

1. 고상 폐기물의 각 성상별 소각량

각 폐기물 소각량=총 소각량×가동일수×폐기물 성상비율

① 종이류= 100t/day × 360days/yr × 0.55 = 19,800t/yr

② 플라스틱류= 100t/day × 360days/yr × 0.25 = 9,000t/yr

③ 음식물류= 100t/day × 360days/yr × 0.15 = 5,400t/yr

④ 기타 생활폐기물= 100t/day × 360days/yr × 0.05 = 1,800t/yr

2. CO_2 배출량

$$CO_{2\,Emissions} = \sum_i (SW_i \times dm_i \times CF_i \times FCF_i \times OF_i) \times 3.664$$

① 종이류= 19,800t/yr × 0.9 × 0.46tC/t − Waste × 0.01 × 1 × 3.664
= 300.345tCO₂/yr

② 플라스틱류= 9,000t/yr × 1 × 0.75tC/t − Waste × 1 × 1 × 3.664
= 24,732tCO₂/yr

③ 음식물류= 5,400t/yr × 0.4 × 0.38tC/t − Waste × 0 × 1 × 3.664
= 0tCO₂/yr

④ 기타 생활폐기물= 1,800t/yr × 0.9 × 0.03tC/t − Waste × 1 × 1 × 3.664
= 178.070tCO₂/yr

∴ 총 CO_2 배출량= 300.345 + 24,732 + 0 + 178.070 = 25,210.415tCO₂/yr

3. CH_4, N_2O 배출량

① $CH_{4\,Emissions} = IW \times EF \times 10^{-3}$
$= 100t/day \times 360days/yr \times 0.0002kgCH_4/t - Waste \times 10^{-3}$
$= 0.0072tCH_4/yr$

② $N_2O_{\,Emissions} = IW \times EF \times 10^{-3}$
$= 100t/day \times 360days/yr \times 39.8gN_2O/t - Waste \times 10^{-3}$
$= 1.4328tN_2O$

4. 연간 온실가스 배출량

= (CO_2 배출량×GWP) + (CH_4 배출량×GWP) + (N_2O 배출량×GWP)

= (25,210.415tCO₂/yr × 1) + (0.0072tCH₄/yr × 21) + (1.4328tN₂O/yr × 310)

= 25,654.734tCO₂ − eq/yr

여기서, 지구온난화지수 : CO_2(1), CH_4(21), N_2O(310)

∴ 25,654.734tCO₂ − eq/yr

02 **신재생에너지에는 신에너지와 재생에너지가 있다. 용어를 각각 설명하고 각 에너지에 해당하는 종류를 2가지씩 작성하시오.**

풀이 **1. 신에너지 및 재생에너지의 정의**

① 신에너지 : 기존의 화석연료를 변환시켜 수소, 산소 등의 화학반응을 통해 전기 또는 열을 이용하는 에너지이다.

② 재생에너지 : 햇빛, 물, 지열, 강수, 생물유기체 등을 포함하는 재생 가능한 에너지를 변환시켜 이용하는 에너지이다.

2. 신에너지 및 재생에너지의 종류

① 신에너지 : 연료전지, 석탄액화가스화 에너지, 수소에너지

② 재생에너지 : 태양열, 태양광발전, 바이오매스, 풍력, 소수력, 지열, 해양에너지, 폐기물에너지

※ 신에너지는 3가지, 재생에너지는 8가지의 종류가 있으며, 이 중 2가지씩을 기술한다.

03 **하이브리드 차량과 비교하여 플러그인 하이브리드 차량이 가지는 가장 큰 특징과 장점을 각각 기술하시오.**

풀이 **1. 특징**

플러그인 하이브리드 차량(PHEV ; Plug-in Hybrid Car)은 하이브리드 차량과 전기자동차의 중간 형태로 전기모터와 석유엔진을 함께 사용하는 차량이며, 일반 전기 콘센트를 이용하여 배터리를 직접 충전할 수 있어 도시 운행에 효과적이다.

2. 장점

① 외부에서도 배터리 충전이 가능하며 가정용 콘센트를 이용하여 충전이 가능하다.

② 배터리를 충전하여 모터를 구동하다가 전기가 모두 소모되면 석유엔진으로 구동되는 방식으로, 일반 하이브리드 차량보다 연비가 높다.

③ 급속 충전소가 필요하지 않고 완속 충전으로도 내연기관과 함께 충분히 장거리 주행이 가능하다.

04 이동연소의 배출활동에 해당하는 항목을 작성하시오.

풀이 ① 항공 : 국내항공, 기타 항공
② 도로 : 승용자동차, 승합자동차, 화물자동차, 특수자동차, 이륜자동차, 비도로 및 기타 자동차
③ 철도 : 고속차량, 전기기관차, 전기동차, 디젤기관차, 디젤동차, 특수차량
④ 선박 : 여객선, 화물선, 어선, 기타 선박

05 산정등급의 체계를 구분하고 각 산정등급 분류체계에 대한 산정방법론을 작성하시오.

풀이 **1. 산정등급의 체계 구분**

① 계산법 : 연료, 원료 등의 활동자료를 측정하는 것으로 Tier 1, 2, 3가 해당한다.
② 연속측정방법 : CO_2 농도, 배기가스 유량의 연속적 측정, 굴뚝자동측정기기를 활용하는 것으로 Tier 4에 해당한다.

2. 산정등급(Tier) 분류체계

① Tier 1 : 활동자료, IPCC 기본배출계수(기본산화계수, 발열량 등 포함)를 활용하여 배출량을 산정하는 기본방법론이다.
② Tier 2 : Tier 1보다 높은 정확도를 갖는 활동자료로, 국가 고유배출계수 및 발열량 등 일정 부분에 대한 시험·분석을 통하여 개발한 매개변수값을 활용하는 배출량 산정방법론이다.
③ Tier 3 : Tier 1, 2보다 더 높은 정확도를 갖는 활동자료로, 사업자가 사업장, 배출시설 및 감축기술단위의 배출계수 등 상당부분에 대한 시험·분석을 통하여 개발하거나 공급자로부터 제공받은 매개변수값을 활용하는 배출량 산정방법론이다.
④ Tier 4 : 굴뚝자동측정기기 등 배출가스 연속측정방법을 활용한 배출량 산정방법론이다.

06

설비용량이 3kW/대인 태양광발전시설을 200가구에서 이용하고 있다. 가구당 1대의 설비를 이용한다고 가정할 경우 연간 온실가스 감축량(tCO_2-eq/yr)은 얼마인지 산정하시오. (단, 조건은 다음과 같으며, 소수점 셋째 자리에서 반올림하시오.)

- 이용률 : 15.5%
- 일일 가동시간 : 24시간
- 연간 가동일수 : 365일
- 연간 가동시간 : 8,760시간
- 온실가스 배출계수 : 0.46625tCO_2-eq/MWh

풀이 연간 온실가스 감축량

= 태양광발전시설 용량×연간 가동시간×이용률×온실가스 배출계수

= 3kW/대 ×1대/가구 ×200가구 ×8,760hr/yr ×0.155

$\times 0.46625tCO_2-eq/MWh \times MWh/10^3kWh = 379.84455tCO_2-eq/yr$

∴ 379.845tCO_2-eq/yr

07

다음 모니터링 유형에 적용되는 측정기기 기호의 세부 내용을 각각 기술하시오.

① 

② 

③ 

풀이 ① 상거래 또는 증명에 사용하기 위한 목적으로 측정량을 결정하는 법정계량에 사용하는 측정기기로 계량에 관한 법률에 따른 법정계량기

② 관리업체가 자체적으로 설치한 계량기로 국가표준기본법에 따른 시험기관, 교정기관, 검사기관에 의하여 주기적인 정도검사를 받는 측정기기

③ 관리업체가 자체적으로 설치한 계량기이나, 주기적인 정도검사를 실시하지 않는 측정기기

08

CCS 기술 중 지중 저장에서 저장 장소에 해당하는 것을 2가지 작성하시오.

풀이 ① 고갈된 유전·가스전(폐저류층) ② 심부대염수층(대수층)

③ 석탄층(메탄 회수 목적) ④ 혈암(Shale)

※ 위 4가지 중 2가지를 작성한다.

09 교토의정서에서 규정하고 있는 6대 온실가스를 쓰고, 각 온실가스의 주요 배출원에 대하여 설명하시오.

풀이 1. **6대 온실가스의 종류** : 이산화탄소(CO_2), 메탄(CH_4), 아산화질소(N_2O), 수소불화탄소(HFCs), 과불화탄소(PFCs), 육불화황(SF_6)

2. **온실가스별 주요 배출원**

① 이산화탄소(CO_2) : 화석연료의 연소, 산업공정(시멘트 생산, 석회 생산, 탄산염의 기타 공정 사용, 암모니아 생산, 석유 정제활동 등)

② 메탄(CH_4) : 이동연소시설(항공, 도로수송, 철도수송, 선박), 철강 및 합금철 생산, 폐기물 처리과정(고형폐기물 매립 및 생물학적 처리, 하·폐수 처리 및 배출, 폐기물 소각), 농업, 가축 배설물

③ 아산화질소(N_2O) : 화학산업(질산 생산, 아디프산 생산), 농업(비료 사용) 등

④ 수소불화탄소(HFCs) : 용매, 용제, 발포제, 냉매, 반도체 세정제, 전기설비 등

⑤ 과불화탄소(PFCs) : 소화기, 철강산업, 반도체 제조시 세정 또는 에칭 공정 등

⑥ 육불화황(SF_6) : 변압기의 절연체 차단제, 전자제품(LCD 모니터 제조) 등

10 온실가스 배출량 산정 및 보고의 원칙 5가지를 설명하시오. (단, 온실가스 목표관리 운영 등에 관한 지침을 기준으로 한다.)

풀이 ① 적절성(Relevance) : 산정된 온실가스 배출량은 관리업체의 실제 온실가스 배출량을 적절하게 반영해야 하며 정책을 결정함에 있어서 근거자료의 역할을 해야 한다.

② 완전성(Completeness) : 인벤토리 조직경계범위 내의 모든 온실가스 배출원 및 흡수원에 의한 배출량과 흡수량을 산정·보고해야 한다.

③ 일관성(Consistency) : 보고기간 동안의 인벤토리 산정방법과 활동자료가 일관성을 유지해야 한다.

④ 정확성(Accuracy) : 산정주체의 역량과 확보 가능한 자료범위 내에서 가장 정확하게 인벤토리를 산정해야 한다.

⑤ 투명성(Transparency) : 인벤토리 산정을 위하여 사용된 가정과 방법이 투명하고 명확하게 기술되어 제3자에 의한 평가와 재현이 가능해야 한다.

11 A 항공사의 총 배출량이 100만t 일 때 항공부문에서의 배출시설 분류와 산정등급을 작성하시오.

풀이 연간 50만t 이상이므로 C 그룹, Tier 2에 해당한다.

1. **배출량 규모에 따른 배출시설의 분류**
   ① A 그룹 : 연간 5만t 미만의 배출시설
   ② B 그룹 : 연간 5만t 이상~50만t 미만의 배출시설
   ③ C 그룹 : 연간 50만t 이상의 배출시설
2. **배출량 규모에 따른 산정등급**
   ① A 그룹 : Tier 1
   ② B 그룹 : Tier 1
   ③ C 그룹 : Tier 2

12 연간 전기 사용량이 2,540,000kWh이고 배출계수가 0.46625tCO_2-eq/MWh일 경우 전력 사용에 따른 온실가스 배출량(tCO_2-eq)을 구하시오.

풀이 $CO_2 Emissions = \sum_j Q \times EF_j$

여기서, $CO_2 Emissions$: 전력 사용에 따른 온실가스(j)별 배출량(tGHG)
Q : 외부에서 공급받은 전력 사용량(MWh)
EF_j : 전력 간접배출계수(tGHG/MWh)
j : 배출 온실가스 종류

$\therefore CO_2 Emissions = 2{,}540{,}000\text{kWh} \times 0.46625\text{tCO}_2-\text{eq/MWh} \times \text{MWh}/10^3\text{kWh}$
$= 1{,}184.275\,\text{tCO}_2-\text{eq}$

13 A 건물의 옥상에 총 면적 900m^2에 해당하는 조경사업을 실시하려고 할 경우의 온실가스 감축량(tCO_2-eq)을 구하시오. (단, 온실가스 감축량 원단위는 0.015t/m^2이다.)

풀이 온실가스 감축량 = 옥상 조경면적×감축량 원단위
$= 900\text{m}^2 \times 0.015\text{t/m}^2 = 13.5\text{tCO}_2 - \text{eq}$

14 BAU에 대해 기술하시오.

풀이 BAU(Business As Usual, 배출전망치)는 현재까지의 온실가스 감축정책 추세가 미래에도 지속된다는 가정 아래 온실가스 감축조치를 하지 않았을 경우 배출될 것으로 예상되는 미래의 전망치(온실가스 배출량 추정값)이다.

15 고정연소 중 고체연료 사용부문에서 Tier 3로 산정할 경우 사업장 고유배출계수 산정식이 다음과 같다. 각 용어의 의미와 단위를 설명하시오.

$$EF_{i,CO_2} = EF_{i,C} \times 3.664 \times 10^3$$

$$EF_{i,C} = C_{ar,i} \times \frac{1}{EC_i} \times 10^3$$

여기서, EF_{i,CO_2} : 연료(i)에 대한 CO_2 배출계수〔$kgCO_2$/TJ-연료〕

① $EF_{i,C}$ ② $C_{ar,i}$

③ EC_i ④ 3.664

풀이 ① $EF_{i,C}$: 연료(i)에 대한 탄소 배출계수〔kgC/GJ-연료〕

② $C_{ar,i}$: 연료(i) 중 탄소의 질량분율(인수식, 0에서 1 사이의 소수)

③ EC_i : 연료(i)의 열량계수(연료 순발열량) 〔MJ/kg-연료〕

④ 3.664 : CO_2의 분자량(44.010)/C의 원자량(12.011)

16 아래는 CDM 사업의 절차를 나타낸 것이다. 빈칸에 들어갈 용어를 작성하시오.

사업 개발/계획 → (①) → (②) → (③) → (④) → CERs 발급

풀이 ① 타당성 확인 및 정부 승인

② 사업의 확인 및 등록

③ 모니터링

④ 검증 및 인증

17 다음 온실가스 배출량 측정불확도의 산정절차에서 빈칸에 들어갈 내용을 쓰시오.

사전 검토 → (①) → 배출시설에 대한 불확도 산정 → (②)

풀이 ① 매개변수의 불확도 산정
② 사업장 또는 업체에 대한 불확도 산정

18 아래 그림은 모니터링 유형 A-1의 도식도이다. 각 항목에 해당하는 관련 자료의 내용을 빈칸에 맞게 작성하시오.

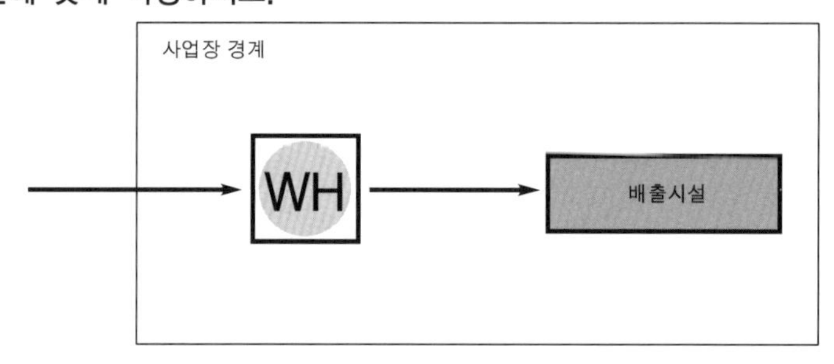

〈모니터링 유형 A-1에서 활동자료를 결정하기 위한 자료〉

해당 항목	관련 자료
구매전력	(①)
구매 열 및 증기	(②)
도시가스	(③)
화석연료	(④)

풀이 ① 전력 공급자(한국전력)가 발행한 전력 요금청구서
② 열에너지 공급자가 발행하고 열에너지 사용량이 명시된 요금청구서, 열에너지 사용증빙문서
③ 도시가스 공급자(도시가스회사)가 발행하고, 도시가스 사용량이 기입된 요금청구서
④ 판매·공급자가 발행하고 구입량이 기입된 요금청구서 또는 Invoice

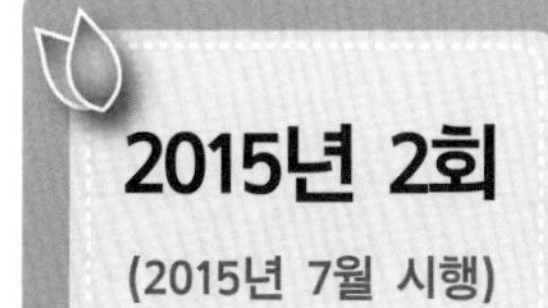

과년도 출제문제

온실가스관리기사

01 모니터링 계획서에 대해 작성하고, 작성시의 7가지 원칙은 무엇인지 각각 설명하시오.

풀이 1. **정의** : 온실가스 배출량 등의 산정에 필요한 자료와 기타 온실가스·에너지 관련 자료의 연속적 또는 주기적인 수집·감시·측정·평가 및 매개변수 결정에 관한 세부적인 방법, 절차, 일정 등을 규정한 계획을 말한다.

2. **모니터링 계획의 작성원칙**

① 준수성 : 모니터링 계획은 배출량 산정 및 모니터링 계획 작성에 대한 기준을 준수하여 작성하여야 한다.

② 완전성 : 관리업체는 조직경계 내 모든 배출시설의 배출활동에 대해 모니터링 계획을 수립·작성하여야 한다.

③ 일관성 : 모니터링 계획에 보고된 동일 배출시설 및 배출활동에 관한 데이터의 상호 비교가 가능하도록 배출시설의 구분은 가능한 한 일관성을 유지하여야 한다.

④ 투명성 : 모니터링 계획은 지침에서 제시된 배출량 산정원칙을 준수하고 배출량 산정에 적용되는 데이터 및 정보관리과정을 투명하게 알 수 있도록 작성되어야 한다.

⑤ 정확성 : 관리업체는 배출량의 정확성을 제고할 수 있도록 모니터링 계획을 수립하여야 한다.

⑥ 일치성 및 관련성 : 모니터링 계획은 관리업체의 현장과 일치되고 각 배출시설 및 배출활동, 배출량 산정방법과 관련되어야 한다.

⑦ 지속적 개선 : 관리업체는 지속적으로 모니터링 계획을 개선해 나가야 한다.

02 LULUCF란 무엇인지 작성하시오.

풀이 LULUCF란 Land Use, Land-Use-Change, Forestry의 약자로 토지이용, 토지용도의 변경, 임업의 결과로 온실가스를 제거하거나 상쇄하는 것을 의미한다.

03 모니터링 유형 중 A-2 유형의 모식도를 그리시오.

풀이

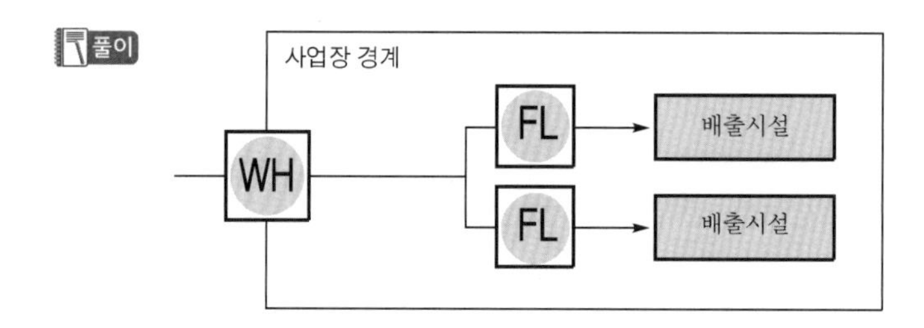

04 리스크의 종류 3가지를 설명하시오.

풀이

① 고유리스크 : 검증대상의 업종 자체가 가지고 있는 리스크
② 통제리스크 : 검증대상 내부의 데이터 관리구조상 오류를 적발하지 못할 리스크
③ 검출리스크 : 검증팀이 검증을 통해 오류를 적발하지 못할 리스크

05 연료전지의 종류 5가지를 쓰시오.

풀이

① 고분자전해질 연료전지(PEMFC or PEFC)
② 인산형 연료전지(PAFC)
③ 용융탄산염 연료전지(MCFC)
④ 고체산화물 연료전지(SOFC)
⑤ 알칼리 연료전지(AFC)
⑥ 직접 메탄올 연료전지(DMFC)

※ 이 중 5가지를 작성한다.

06 순발열량의 정의를 설명하시오.

풀이 일정 단위의 연료가 완전연소되면서 생기는 열량에서 연료 중 수증기의 잠열을 뺀 열량으로서 온실가스 배출량 산정에 활용되는 발열량이다.

07 관리업체 중 사업장의 온실가스 배출량을 작성하시오.

풀이 사업장의 온실가스 배출량 기준은 15,000tCO_2-eq 이상이다.

08 검증절차의 7단계를 순서대로 나열하시오.

풀이 검증개요 파악 → 문서 검토 → 리스크 분석 → 데이터 샘플링 계획 수립 → 검증계획 수립 → 현장 검증 → 검증결과 정리 및 평가

09 CCS 저장기술 중 런던협약에 의해 제재되는 방법은 무엇인지 쓰시오.

풀이 해양 저장

10 탄소 100t 에서 발생하는 이산화탄소의 양을 구하시오.

풀이 탄소 100t 이 연소될 때 화학반응식은 다음과 같다.

$C + O_2 \rightarrow CO_2$

∴ 발생되는 이산화탄소의 양

$= \text{탄소의 양(tC)} \times \frac{44tCO_2(\text{이산화탄소의 분자량})}{12tC(\text{탄소의 분자량})}$

$= 100tC \times 44tCO_2/12tC = 366.667tCO_2$

11 내연기관 수송용 에탄올의 장단점을 각각 3가지씩 작성하시오.

풀이 1. **장점**

① 바이오매스를 원료로 에너지원을 생산할 수 있다.

② 바이오매스를 원료로 하였기 때문에 환경오염물질의 배출이 적다.

③ 에탄올을 가솔린과 혼합하여 대체연료로 활용이 가능하다.

2. **단점**

① 식량작물이 원료로, 도덕적인 문제가 발생할 수 있다.

② 원료수급에 문제가 있을 수 있고 원료 비용이 높아 원가 측면에서 휘발유에 비해 가격이 높다.

③ 바이오매스의 견고한 구조로 분해하여 에탄올을 생산하는 데 여러 단계의 공정이 필요하다.

12 목재 100,000t 을 소각할 경우 발생하는 이산화탄소와 플라스틱 매립시 발생하는 메탄의 온실가스량을 비교하여 작성하시오.

풀이 목재 소각시 FCF는 0이므로 이산화탄소 배출이 0이 된다.

플라스틱은 생물학적 분해가 되지 않아 메탄이 발생되지 않는다.

따라서, 온실가스 배출량은 모두 0으로 같다.

13 매립 관련 시설이 약 15만t 일 경우 그룹 및 산정등급을 쓰시오.

풀이 B그룹, Tier 1

14 메탄을 이용한 수소 제조 관련 화학식을 작성하시오.

풀이 $CH_4 + 2H_2O \rightarrow 4H_2 + CO_2$
(수소 제조방법 중 수증기 개질시 CO_2 발생식)

15 SNCR 공정에서 요소수를 시간당 100kg 사용하고 함량이 32.5%일 경우 CO_2 배출량(kg/d)을 구하시오.

풀이 $CO(NH_2)_2 + 2NO + 0.5O_2 \rightarrow 2N_2 + CO_2 + 2H_2O$

$$CO_2 \text{ 배출량} = \text{요소수 사용량} \times \text{함량} \times \frac{44kgCO_2(CO_2 \text{ 분자량})}{60kg \text{ 요소수(요소수 분자량)}}$$

요소수 사용량 : 100kg/hr

요소수 분자량 : 60

CO_2 분자량 : 44

$\therefore$ 100kg/hr × 24hr/d × 0.325 × 44kgCO_2/60kg = 572kg/d

16 자동측정기를 이용한 연속측정자료 정도검사 미통과 등으로 결측시 대체자료 기준을 쓰시오.

풀이 정상 마감된 전월의 최근 1개월간의 30분 평균자료를 기준으로 한다.

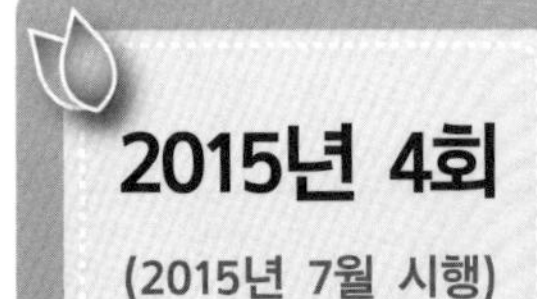

과년도 출제문제

온실가스관리기사

01 CDM 추가성 4가지를 간단히 설명하시오.

풀이 ① 환경적 추가성(Environmental Additionality) : 해당 사업의 온실가스 배출량이 베이스라인 배출량보다 적게 배출할 경우, 대상 사업은 환경적 추가성이 있다.
② 재정적 추가성(Financial Additionality) : CDM 사업의 경우 투자국이 유치국에 투자하는 자금은 투자국이 의무적으로 부담하고 있는 해외원조기금(Official Development Assistance)과는 별도로 조달되어야 한다.
③ 기술적 추가성(Technological Additionality) : CDM 사업에 활용되는 기술은 현재 유치국에 존재하지 않거나 개발되었지만 여러 가지 장애요인으로 인해 활용도가 낮은 선진화 된(More advanced) 기술이어야 한다.
④ 경제적 추가성(Commercial/Economical Additionality) : 기술의 낮은 경제성, 기술에 대한 이해 부족 등의 여러 장애요인으로 인해 현재 투자가 이루어지지 않는 사업을 대상으로 하여야 한다.

02 명세서 검증보고서에 포함되어야 하는 항목 중 4가지를 쓰시오.

풀이 ① 사업장 기본 정보
② 검증 개요 및 검증의 내용
③ 검증 과정에서 발견된 사항
④ 검증에 따른 조치 내용
⑤ 최종 검증 의견 및 결론
⑥ 내부 심의 과정 및 결과
⑦ 기타 검증과 관련된 사항

※ 이 중 4가지를 작성한다.

03 배출권 거래가격의 안정화 조치 3가지를 기술하시오.

풀이 온실가스 배출권의 할당 및 거래에 관한 법률 제23조(배출권 거래시장의 안정화)에 관한 부분이다.

① 배출권 예비분의 100분의 25까지의 추가 할당
② 대통령령으로 정하는 바에 따른 배출권 최소 또는 최대 보유한도의 설정
③ 그 밖에 국제적으로 인정되는 방법으로서 대통령령으로 정하는 방법

04 전기 아크로 공정의 Tier 1, Tier 2 활동자료를 기술하시오.

풀이 ① Tier 1 활동자료 : 조강 생산량
② Tier 2 활동자료 : 조강 생산을 위해 사용된 원료의 양[탄소전극봉의 양, 투입된 기탄제 양, 투입된 기타 공정물질(소결물, 폐플라스틱 등)의 양]

05 외부 사업에서 말하는 "베이스라인 배출량"을 설명하시오.

풀이 외부 사업 타당성 평가 및 감축량 인증에 관한 지침 제2조(정의)에 해당된다. "베이스라인 배출량"이란 외부 사업자가 외부 사업을 하지 않았을 경우, 사업경계 내에서 발생가능성이 가장 높은 조건을 고려한 온실가스 배출량을 말한다.

06 다음은 검증대상에 따른 검증관점에 대한 표이다. 괄호 안에 적합한 검증관점을 쓰시오.

검증대상	검증관점	개요
배출시설별 모니터링 방법	(①)	모든 배출시설의 포함 여부
	적절성	지참에 의거한 산정방법론의 경우 배출활동과의 적절성 확인, 자체 산정방법론의 경우 이에 대한 타당성 확인
활동자료의 모니터링 방법	적절성	설치된 측정기기의 관리 계획의 적절성 확인
산정등급 적용 계획	(②)	지침에 의거한 산정등급 적용 계획 여부 확인 미충족 사유에 대한 타당성 확인
사업장 고유 배출계수 등 Tier 3 개발 계획	(③)	Tier 3(사업장 고유배출계수, 발열량 등)에 대한 산정식 및 개발계획에 대한 타당성 확인, 분석에 대한 적절성 확인

풀이 ① 완전성
② 정확성
③ 적절성

07 다음은 배출량 산정계획의 작성방법이다. 괄호 안에 들어갈 말로 적당한 것은?

조직경계 설정 → 배출활동 및 배출시설 파악 → (①) → 배출시설별 모니터링 대상 및 측정지점 결정 → (②) → 배출시설별 배출활동의 산정등급 적용 계획 → (③)

풀이 온실가스 배출권거래제의 배출량 보고 및 인증에 관한 지침 [별표 20] 배출량 산정계획 작성방법(제24조 관련)에 관한 내용이다.
① 배출시설별 모니터링 방법
② 활동자료의 모니터링 방법
③ 품질관리/품질보증 활동 계획

08 명세서 작성 시 사업장의 조직경계를 확인 또는 증빙하기 위한 자료 중 3가지를 쓰시오.

풀이 ① 약도
② 사진
③ 시설배치도
④ 공정도

※ 이 중 3가지를 작성한다.

09 다음은 온실가스 배출량 측정 불확도의 산정 절차이다. (　　) 안에 들어갈 내용을 쓰시오.

1단계 : 사전 검토

• 매개변수 분류 및 검토, 불확도 평가대상 파악
• 불확도 평가체계 수립

2단계 : 매개변수의 불확도 산정

• 활동자료, 배출계수 등의 매개변수에 대한 불확도 산정
• 매개변수에 대한 확장불확도 또는 상대불확도 산정

3단계 : (　①　)

(　②　)

4단계 : 사업장 또는 업체에 대한 불확도 산정

• 배출시설별 배출량의 상대불확도를 합성하여 사업장 또는 업체의 총 배출량에 대한 상대 불확도 산정

풀이 ① 배출시설에 대한 불확도 산정
② 배출시설별 온실가스 배출량에 대한 상대불확도 산정

10 QA/QC 구축 시 책임과 권한을 규정해야 하는 사항 중 3가지를 쓰시오.

풀이 ① 자료수집
② 산정방법, 배출계수, 활동자료 및 기타 매개변수
③ 온실가스 배출량 및 감축량 산정 및 결과에 의한 평가
④ 활동자료에 대한 불확도 평가
⑤ QA/QC 검증 활동
⑥ 문서화 및 보관

※ 이 중 3가지를 작성한다.

11 CH_4 300톤을 대기 중에 그대로 배출할 경우 온실가스 배출량은 tonCO_2-eq로 얼마인가?

풀이 온실가스 이산화탄소 환산량=온실가스 배출량×지구온난화지수(GWP)
=300t×21=6,300tonCO_2-eq
∴ 6,300tonCO_2-eq

12 품질관리(QC)의 주요 항목을 4가지 쓰시오.

풀이 온실가스 배출권거래제의 배출량 보고 및 인증에 관한 지침 [별표 19]
① 기초 자료의 수집 및 정리
② 산정과정의 적절성
③ 산정결과의 적절성
④ 보고의 적절성

13 매개변수에 대해 설명하시오.

풀이 온실가스 목표관리 운영 등에 관한 지침 제2조(정의)에 해당하는 부분이다. 두 개 이상 변수 사이의 상관관계를 나타내는 변수로서 온실가스 배출량 등을 산정하는 데 필요한 활동자료, 배출계수, 발열량, 산화율, 탄소함량 등을 말한다.

14 다음의 주어진 자료를 이용하여 벤치마크 계수를 기반으로 한 목표연도 배출허용량을 산정하시오.

- 배출시설의 기준연도 배출량 : 40,000tCO_2/yr
- 배출시설의 기준연도 배출량 인정계수 : 0.9
- 배출시설의 활동자료량 : 10,000t/yr
- 배출시설의 벤치마크 계수 : 2tCO_2/t
- 배출시설 업종의 예상성장률 : 30%

풀이 온실가스 목표관리 운영 등에 관한 지침 [별표 2] 벤치마크 기반의 목표설정방법(제29조 제5항 관련)에 관한 부분이다. 기존 배출시설의 배출허용량(목표) 설정방법은 다음의 식과 같다.

$$EA\_BM\_inst_{i,j,k} = [HE_{i,j,k} \times Ratio_i + AL_{i,j,k} \times BM_{i,j,k} \times (1 - Ratio_i)] \times (1 + GF_{ijk})$$

여기서, $EA\_BM\_inst_{i,j,k}$: i업종, j업체, k배출시설의 y년도 목표량(tCO_2/yr)

$HE_{i,j,k}$: i업종, j업체, k배출시설의 기준연도 배출량(tCO_2)

$Ratio_i$: i업종 y년도의 기준연도 배출량의 인정계수 ($Ratio_i \leq 1.0$)

$AL_{i,j,k}$: i업종, j업체, k배출시설의 기준연도 활동자료량 (t/yr, TJ/yr 등)

$BM_{i,j,k}$: i업종, j업체, k배출시설의 벤치마크 계수(tCO_2/t, tCO_2/TJ 등)

GF_{ijk} : i업종, j업체, k배출시설의 기준연도 대비 y년도 예상 성장률(%) (성장률이란 제2조 제32호의 지표를 의미)

- 배출시설의 목표연도 목표량(배출허용량)
  $= [40,000\text{tCO}_2/\text{yr} \times 0.9 + 10,000\text{t/yr} \times 2\text{tCO}_2/\text{t} \times (1-0.9)] \times (1+0.3)$
  $= 49,400\text{tCO}_2$
  $\therefore$ 49,400tCO_2

15 식각시설에서 발생하는 온실가스 종류 중 4가지를 기술하시오.

풀이 CHF_3(PFC−23), CH_2F_2, CF_4, C_3F_8, C_4F_8, NF_3, SF_6, C_4F_6, C_5F_8, CO_2(에너지)

※ 이 중 3가지를 작성한다.

16 2013년도 수송부문의 경유 소비량이 100kL였고, 연평균증가율이 7%, 2013년에서 2018년까지의 계수가 1.85라고 할 때, 다음의 물음에 답하시오.

연료명	순발열량	배출계수(kg/TJ)		
		CO_2	CH_4	N_2O
경유	35.4MJ/L	74,100	3	0.6

① 2013년 배출량 산정
② 성장률을 적용하여 2018년 배출량 산정

풀이 ① 2013년 배출량 산정

$$E_{i,j} = Q_i \times EC_i \times EF_{i,j} \times f_i \times 10^{-6}$$

여기서, $E_{i,j}$: 연료(i)의 연소에 따른 온실가스(j)의 배출량(tGHG)

Q_i : 연료(i)의 사용량(측정값, kL−연료)

EC_i : 연료(i)의 열량계수(연료 순발열량, MJ/L−연료)

$EF_{i,j}$: 연료(i)에 따른 온실가스(j)의 배출계수(kgGHG/TJ−연료)

f_i : 연료(i)의 산화계수(CH_4, N_2O는 미적용)

* 지구온난화지수(GWP) : CO_2(1), CH_4(21), N_2O(310)

∴ 온실가스 배출량 $= 100\text{kL} \times 35.4\text{MJ/L} \times [(74{,}100\text{kgCO}_2/\text{TJ} \times 1) + (3\text{kgCH}_4/\text{TJ} \times 21) + (0.6\text{kgN}_2\text{O/TJ} \times 310)] \times 1 \times 10^{-6}$

$= 263.19546 \fallingdotseq 263.195\text{tCO}_2\text{−eq}$

② 성장률을 적용하여 2018년 배출량 산정

2018년 배출량 $=$ 2013년 배출량 $\times (1+\text{성장률})^n$

$= 263.195\text{tCO}_2\text{−eq} \times (1+0.07)^{1.85}$

$= 298.289\text{tCO}_2\text{−eq}$

17 경유 100L/day(발열량 8,950kcal/L, 0.812TC/TOE)와 LNG 500m^3/day(발열량 10,550kcal/m^3, 0.637TC/TOE)를 소비하는 보일러가 있을 때, TC/day와 TCO_2/day를 산정하시오. [단, TOE(Tonnage of Oil Equivalent)는 석유환산톤이다.]

풀이 1. **tC/day**

① 경유 배출량(tC/day)

$=8,950\text{kcal/L}\times100\text{L}\div(10^7\text{kcal/TOE})\times0.812\text{tC/TOE}=0.072674$

$\fallingdotseq 0.073\text{tC/day}$

② LNG 배출량(tC/day)

$=500\text{m}^3/\text{day}\times10,550\text{kcal/m}^3\div(10^7\text{kcal/TOE})\times0.637\text{tC/TOE}$

$=0.3360175\fallingdotseq 0.336\text{tC/day}$

∴ ①+②$=0.073+0.336=0.409\text{tC/day}$

2. **tCO_2/day**

$$tCO_2/\text{day}=0.409\text{tC/day}\times\frac{44}{12}$$

$$=1.499666\fallingdotseq 1.500tCO_2/\text{day}$$

※ TOE(Tonnage of Oil Equivalent) : 석유환산톤으로, 석유 1t이 연소할 때 발생하는 에너지로 환산한 단위이며 1TOE$=10^7$kcal이다.

18 온실가스 배출권의 할당, 조정 및 취소에 관한 지침에 의하면, "소규모 배출시설"이란 기준 연도 온실가스 배출량의 연평균 총량이 (①)인 배출시설을 말하며, "소량배출사업장"이란 기준연도 온실가스 배출량의 연평균 총량이 (②)인 사업장을 말한다.

풀이 ① 100이산화탄소상당량톤(tCO_2-eq) 미만

② 3,000이산화탄소상당량톤(tCO_2-eq) 미만

온실가스 배출권의 할당, 조정 및 취소에 관한 지침 제2조(정의)에 해당하는 부분이다.

19 **배출권의 전부를 무상으로 할당할 수 있는 공익을 목적으로 설립된 기관 · 단체 또는 비영리법인에 해당하는 곳을 3가지 기재하시오.**

풀이 ① 지방자치단체

② 「초 · 중등교육법」 제2조 및 「고등교육법」 제2조에 따른 학교

③ 「의료법」 제3조 제2항에 따른 의료기관

④ 「대중교통의 육성 및 이용 촉진에 관한 법률」 제2조 제4호에 따른 대중교통운영자

⑤ 「집단에너지사업법」 제2조 제3호에 따른 사업자(3차 계획기간의 1차 이행연도부터 3차 이행연도까지의 기간으로 한정한다)

※ 위 5가지 중 3가지를 작성한다.

20 **일관제철 공정 중 코크스로, 고로 및 전로에서 발생되는 공정 부생가스는?**

풀이 코크스 오븐가스(COG ; Coke Oven Gas), 고로가스(BFG ; Blast Furnace Gas), 전로가스(LDG ; Lintz Donawitz Converter Gas), 파이넥스 배출가스(FOG ; Finex Off Gas)

① COG(Coke Oven Gas, 코크스로에서 발생) : CO함량 10% 미만, 수소 생산용
- 코크스로에 석탄을 장입하여 밀폐시킨 후 가열하여 코크스를 제조하는 과정에서 석탄이 건류되어 석탄에 함유된 휘발성 물질이 가스로서 노정에 집합되며, 이 가스를 회수하여 가스 중의 불순물(Tar, 나프탈렌, 유황)을 제거한 가스

② BFG(Blast Furnace Gas, 고로에서 발생) : CO함량 약 20%, 자체 발전용
- 고로에 철광석과 코크스를 장입하여 선철을 제조하는 과정에서 cokes가 연소하여 철광석과 환원작용 시 발생하는 가스

③ LDG(Lintz Donawitz Converter Gas, 제강공장의 전로(轉爐)에서 발생) : CO함량 약 60%로 높아 NA1을 이용한 수소생산에 가장 적합
- 제강공장의 전로에 용선을 장입하고 산소를 취입하여 제강하는 과정에서 용선 중의 탄소가 산소와 화합하여 발생하는 가스

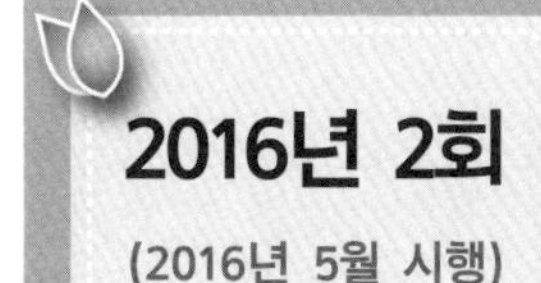

과년도 출제문제

온실가스관리기사

01 CCS의 정의에 대해 쓰시오.

풀이 CCS 기술은 발전소 및 CO_2를 대량으로 발생하는 CO_2를 대기로 배출하기 전에 고농도로 포집·압축·수송하여 안전하게 저장하는 기술이다. CO_2를 포집하는 기술은 크게 3가지로 포집 후, 포집 전, 순산소 연소 포집으로 구분되며, 저장하는 기술은 지표저장, 지중저장, 해양저장 등으로 구분된다. CO_2 제거 측면에서 가장 효율이 높은 기술이지만 처리비용이 고가이기 때문에 적용대상을 신중히 선정하여야 한다.

02 모니터링 시 리스크의 종류 3가지를 작성하시오.

풀이 ① 고유리스크 : 검증대상의 업종 자체가 가지고 있는 리스크
② 통제리스크 : 검증대상 내부의 데이터 관리 구조상 오류를 적발하지 못할 리스크
③ 검출리스크 : 검증팀이 검증을 통해 오류를 적발하지 못할 리스크

03 조직경계를 확인·증빙하기 위한 자료를 3가지 작성하시오.

풀이 ① 사업장의 약도
② 사업장의 사진
③ 사업장의 시설배치도
④ 사업장의 공정도

※ 이 중 3가지를 작성한다.

04 Scope 1, 2, 3의 정의를 작성하시오.

풀이 ① Scope 1(직접배출원) : 직접적인 온실가스 배출로 기업이 직접 운영하고 통제하는 배출원에서 발생함(고정연소, 이동연소, 공정배출, 탈루배출로 구분됨)

② Scope 2(간접배출원) : 외부에서 생산된 전기나 열(스팀 등)이며, 기업이 사업장 외부에 있는 발전시설로부터 구입한 전력의 생산과정에서 배출된 온실가스가 해당됨

③ Scope 3(기타 간접배출원) : Scope 1, 2를 제외한 온실가스 배출활동, 기업의 폐기물 배출활동, 원·부자재 변경 등이 해당됨

05 CO_2 123톤, CH_4 11톤, N_2O 15톤이 배출될 때 이산화탄소 환산량을 구하시오.

풀이 이산화탄소 환산량=온실가스 배출량×GWP

=(123톤×1)+(11톤×21)+(15톤×310)

=5,004톤CO_2−eq

06 휘발유 100L 사용 시 발열량이 8,000kcal/L이고 탄소계수가 0.783TC/TOE일 때, TC와 tCO_2를 계산하시오.

풀이 TOE(Tonnage of Oil Equivalent) : 석유환산톤이며, 석유 1t을 연소시킬 때 발생하는 에너지로 환산한 단위로, 1TOE=10^7kcal이다.

TC/day

① 휘발유 배출량(TC)=100L×8,000kcal/L÷10^7kcal/TOE×0.783TC/TOE

=0.06264TC

② $tCO_2 = TC \times \frac{44(\text{이산화탄소 분자량})}{12(\text{탄소 원자량})} = 0.06264TC \times \frac{44}{12} = 0.22968tCO_2$

∴ 0.062TC, 0.230tCO_2

07 다음 아래의 항목들 중에서 직접배출과 간접배출에 해당하는 항목별로 분류하시오.

- 경유를 이용하는 일반보일러 시설
- 지게차
- 공정배출
- 식당에서 사용하는 LPG
- 통근버스
- 소형 예초기
- 자전거
- 조명등
- 외부에서 공급받은 스팀으로 공정에 공급하는 시설
- 폐기물 분리수거장

풀이 1. **직접배출**

경유를 이용하는 일반보일러 시설, 공정배출, 식당에서 사용하는 LPG, 통근버스, 소형 예초기

2. **간접배출**

지게차, 조명등, 외부에서 공급받은 스팀으로 공정에서 공급하는 시설

※ 자전거의 경우 온실가스 배출이 없음
폐기물 분리수거장의 경우도 온실가스 배출이 일어나지 않음
지게차의 경우 전기를 에너지원으로 사용하는 것에 한함

08 다음 괄호에 들어갈 용어를 작성하시오.

(①)은(는) 배출량 산정결과의 품질을 평가 및 유지하기 위한 일상적인 기술적 활동의 시스템이다.
(②)은(는) 배출량 산정(명세서 작성 등) 과정에 직접적으로 관여하지 않은 사람에 의해 수행되는 검토 절차의 계획된 시스템을 의미한다.

풀이 ① 품질관리(QC ; Quality Control)
② 품질보증(QA ; Quality Assurance)

09 철강제선공정에서 코크스(유연탄)의 역할 3가지를 작성하시오.

풀이 ① 환원제(유연탄으로 코크스를 만들어 환원제로 사용)
② 열원으로서의 역할(연소열 이용)
③ 통기성 및 통액성 확보

10 석유정제공정에서의 보고대상 배출시설 3가지를 작성하시오.

풀이 ① 수소제조시설
② 촉매재생시설
③ 코크스 제조시설

11 선박에서 보고대상 온실가스 3가지를 작성하시오.

풀이 ① 이산화탄소(CO_2)
② 메탄(CH_4)
③ 아산화질소(N_2O)

12 다음 주어진 조건을 활용하여 상대확장불확도를 계산하여라.

200,000－5%, 5,500,000－8%, 150,000－4%

풀이
$$상대확장불확도 = \frac{\sum\sqrt{(각\ 배출량 \times 불확도)^2}}{총배출량} \times 100$$

$$= \frac{\sqrt{(200{,}000 \times 0.05)^2 + (5{,}500{,}000 \times 0.08)^2 + (150{,}000 \times 0.04)^2}}{(200{,}000 + 5{,}500{,}000 + 150{,}000)} \times 100$$

$$= 7.5233 \fallingdotseq 7.52\%$$

∴ 7.52%

13 시멘트 소성로에서 나오는 Output 3가지를 작성하시오.

풀이 ① 클링커(Clinker) ② 시멘트(Cement)
③ 이산화탄소(CO_2) ④ 시멘트 킬른 먼지

※ 이 중 3가지를 작성한다.

14 납 생산공정 중 보고대상 배출시설 3가지 및 온실가스 종류를 작성하시오.

풀이 1. **보고대상 배출시설** : 배소로, 용융 · 용해로, 기타 제련 공정(TSL 등)
2. **보고대상 온실가스** : CO_2

15 3가지 공정에서 공통적으로 배출되는 온실가스는?

• 하수처리 • 질산생산 • 폐기물소각

풀이 ① 하수처리 시 배출되는 온실가스 : CH_4, N_2O
② 질산생산 시 배출되는 온실가스 : N_2O
③ 폐기물소각 시 배출되는 온실가스 : CO_2, CH_4, N_2O
∴ 공통적으로 배출되는 온실가스는 N_2O이다.

16 배출량 산정 절차를 순서대로 쓰시오.

풀이 조직 경계의 설정 → 배출활동의 확인 · 구분 → 모니터링 유형 및 방법의 설정 → 배출량 산정 및 모니터링 체계의 구축 → 배출활동별 배출량 산정방법론의 선택 → 배출량 산정(계산법 혹은 연속측정방법) → 명세서의 작성

과년도 출제문제

온실가스관리기사

01 산정등급별 배출계수와 불확도에 관한 설명에 빈칸을 작성하시오.

산정등급	설 명	불확도
Tier 1	IPCC 기본배출계수를 활용하여 배출량을 산정하는 방법론	±(①)% 이내
Tier 2	(②)	±5.0% 이내
Tier 3	사업장 고유배출계수	±(③)% 이내
Tier 4	(④)	-

풀이 ① 7.5

② 국가 고유배출계수 및 발열량 등을 통한 배출량 산정방법론

③ 2.5

④ 굴뚝자동측정기기 등 연속측정방법을 활용한 배출량 산정방법(CEMS)

02 GWP에 대해 설명하시오.

풀이 지구온난화지수(GWP ; Global Warming Potential)는 온실가스가 열을 흡수할 수 있는 능력에 대한 상대적 수치로 이산화탄소가 지구온난화에 미치는 영향을 기준으로 각각의 온실가스가 지구온난화에 기여하는 정도를 수치를 표현한 것이다. 단위질량당 온난화 효과를 지수화한 것이며 같은 질량을 기준으로 온실가스별로 지구온난화에 미치는 정도를 나타낸 수치로 값이 클수록 지구온난화에 기여도가 크다는 의미이다. 이산화탄소를 1로 기준을 삼았을 때, 메탄은 21, 아산화질소는 310 등이다.

03 배출량 산정절차(7단계) 중 빈칸에 들어갈 절차를 기술하시오.

조직 경계의 설정 → (①) → 모니터링 유형 및 방법의 설정 → (②) → 배출활동별 배출량 산정방법론의 선택 → (③) → 명세서의 작성

풀이 ① 배출활동의 확인 · 구분
② 배출량 산정 및 모니터링 체계의 구축
③ 배출량 산정

04 다음 빈칸에 들어갈 말을 순서대로 작성하시오.

(①)이란 검증기관(검증심사원을 포함한다)이 검증결론을 적극적인 형태로 표명함에 있어 검증과정에서 이와 관련된 리스크가 수용 가능한 수준 이하임을 보증하는 것을 말한다. 리스크의 종류는 다음과 같다.
검증대상의 업종 자체가 가지고 있는 리스크는 (②)이라고 하며, (③)는 검증대상 내부의 데이터 관리 구조상 오류를 적발하지 못할 리스크이다. 검증팀이 검증을 통해 오류를 적발하지 못할 리스크는 (④)이다.

풀이 ① 합리적 보증
② 고유리스크
③ 통제리스크
④ 검출리스크

05 JI(Joint Implementation)에 대해 설명하시오.

풀이 Annex I 국가들 사이에 온실가스 감축사업을 공동으로 수행하여 감축한 온실가스 감축량의 일부를 투자국 감축실적으로 인정하는 제도이다.

06 불확도와 베이스라인 배출량에 대해 각각 정의하시오.

풀이 온실가스 배출권거래제 운영을 위한 검증지침 제2조(정의)에 따라 각각 정의된다.

① 불확도 : 온실가스 배출량 등의 산정결과와 관련하여 정량화된 양을 합리적으로 추정한 값의 분산특성을 나타내는 정도를 말한다.

② 베이스라인 배출량 : 외부 사업 사업자가 감축사업을 하지 않았을 경우 사업경계 내에서 발생 가능성이 가장 높은 조건을 고려한 온실가스 배출량을 말한다.

07 온실가스 인벤토리를 산정하는 접근방식 중 하향식(Top-down)과 상향식(Bottom-up)에 대해 각각 설명하여라.

풀이 ① 하향식 접근방법 : 유사 배출원 또는 흡수원의 온실가스 배출량 또는 흡수량 산정을 위해 통합 활동자료를 활용하고 동일한 산정방법과 배출계수를 적용·산정하는 방식으로 대부분의 국가 인벤토리와 지자체 인벤토리에서 사용한다.

② 상향식 접근방법 : 단위 배출원의 배출 특성 자료를 활용하여 배출량을 산정하고 이를 통합하여 배출 주체의 온실가스 인벤토리를 결정하는 방식으로 단위 배출원 또는 흡수원의 특성을 반영하여 온실가스 인벤토리를 산정하기 때문에 배출 주체의 정확한 인벤토리를 결정할 수 있는 장점을 가진다.

08 다음 업체는 업체기준 관리업체 대상이다. 업체 내 사업장 중 소량배출사업장을 고르시오.

〈XXX 업체〉
- A사업장 : 6,000tCO_2-eq
- B사업장 : 1,860tCO_2-eq
- C사업장 : 1,300tCO_2-eq
- D사업장 : 2,780tCO_2-eq
- E사업장 : 15,000tCO_2-eq
- F사업장 : 1,125tCO_2-eq
- G사업장 : 2,600tCO_2-eq

풀이 관리업체의 적용제외가 되는 소량배출사업장들의 온실가스 배출량 등의 합은 업체 내 모든 사업장의 온실가스 배출량 등 총합의 5% 미만이어야 하고 온실가스 배출량 3,000tCO_2-eq 미만을 만족하여야 한다.
본 문제에서 전체 업체 내에 사업장에서 배출되는 온실가스 배출량은 30,665tCO_2-eq이며, 이 중 5%에 해당하는 양은 1,533.25tCO_2-eq이다. 이 기준에 미만이면서 온실가스 배출량 3,000tCO_2-eq 미만인 것을 고르게 되면 C사업장과 F사업장이 된다.

※ 정답 : C사업장, F사업장

09 다음의 데이터를 활용하여 C-4 모니터링 중 누락 데이터를 산출하시오.

항목	값
정상기간 중 사용된 연료 사용량	3,000t
정상기간 중 생산량	13,000t
결측기간 중 생산량	2,500t

풀이 C-4 모니터링 유형은 결측기간의 연료 사용량 데이터를 활용하는 방식이다.
결측기간의 연료(또는 원료) 사용량

$$= \frac{\text{정상기간 중 사용된 연료(또는 원료) 사용량}(Q)}{\text{정상기간 중 생산량}(P)} \times \text{결측기간 총 생산량}(P)$$

$$= \frac{3{,}000\text{t}}{13{,}000\text{t}} \times 2{,}500\text{t} = 576.923\text{t}$$

∴ 결측기간 연료 사용량 = 576.923t

10 다음 주어진 조건을 활용하여 활동자료를 산출하시오.

경유 차량의 주행거리	135,000km
경유 차량의 연비	9.33km/L
휘발유 차량의 주행거리	96,000km
휘발유 차량의 연비	12.4km/L

풀이 주어진 조건들을 활용해서 구할 수 있는 활동자료는 연료사용량이다.

$$연료\ 사용량 = \Sigma \frac{연료별\ 배출원별\ 주행거리(km)}{연료별\ 배출원별\ 연비(km/L)}$$

$$경유\ 사용량 = \frac{135,000\,km}{9.33\,km/L} = 14,469.453\,L$$

$$휘발유\ 사용량 = \frac{96,000\,km}{12.4\,km/L} = 7,741.935\,L$$

∴ 경유 사용량 = 14,469.435L, 휘발유 사용량 = 7,741.935L

11 석유정제공정 중 온실가스 배출시설 3가지를 쓰시오.

풀이 ① 수소제조시설
② 촉매재생시설
③ 코크스 제조시설

12 커피제조공정에서 커피생산량당 온실가스 배출량 원단위를 구하시오.

커피생산량	16,000t
천연가스 사용량	$3,000m^3$
경유 사용량	2,000L
CO_2 발생량	$530tCO_2$
천연가스 산화율	0.99

풀이 커피생산량당 온실가스 배출량 원단위 = 온실가스배출량(tCO_2)/커피생산량(t)

$= 530tCO_2/16,000t = 0.033125tCO_2/t$

∴ 커피생산량당 온실가스 배출량 원단위 = $0.033tCO_2/t$

13 A-1 모니터링 유형을 도식하고 설명하여라.

풀이

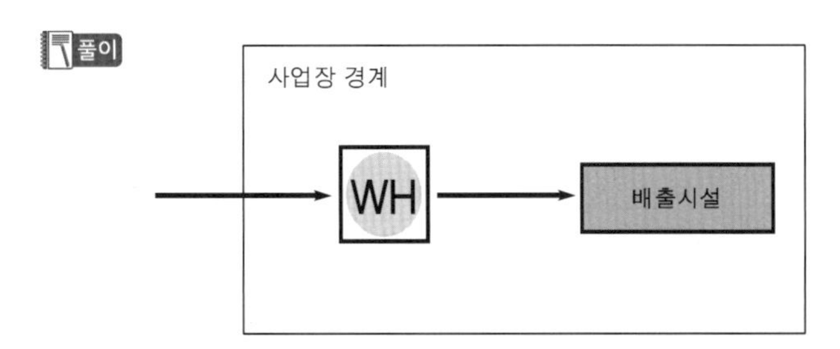

A-1 유형은 연료 및 원료 공급자가 상거래 등을 목적으로 설치 · 관리하는 측정기기(WH)를 이용하여 연료사용량 등 활동자료를 수집하는 방법이다. 이는 주로 전력 및 열(증기), 도시가스를 구매하여 사용하는 경우 혹은 화석연료를 구매하여 단일 배출시설에 공급하는 경우에 적용할 수 있다.

14 모니터링 계획 작성원칙 중 6가지를 기술하시오.

풀이

① 준수성 : 모니터링 계획은 배출량 산정 및 모니터링 계획 작성에 대한 기준을 준수하여 작성하여야 한다.

② 완전성 : 관리업체는 조직경계 내 모든 배출시설의 배출활동에 대해 모니터링 계획을 수립 · 작성하여야 한다.

③ 일관성 : 모니터링 계획에 보고된 동일 배출시설 및 배출활동에 관한 데이터는 상호 비교가 가능하도록 배출시설의 구분은 가능한 한 일관성을 유지하여야 한다.

④ 투명성 : 모니터링 계획은 지침에서 제시된 배출량 산정 원칙을 준수하고 배출량 산정에 적용되는 데이터 및 정보관리 과정을 투명하게 알 수 있도록 작성되어야 한다.

⑤ 정확성 : 관리업체는 배출량의 정확성을 제고할 수 있도록 모니터링 계획을 수립하여야 한다.

⑥ 일치성 및 관련성 : 모니터링 계획은 관리업체의 현장과 일치되고, 각 배출시설 및 배출활동, 배출량 산정방법과 관련되어야 한다.

⑦ 지속적 개선 : 관리업체는 지속적으로 모니터링 계획을 개선해 나가야 한다.

※ 이 중 6가지를 작성한다.

15 교토의정서에서 규제하고 있는 온실가스 종류 중 6가지를 쓰시오.

풀이
① 이산화탄소(CO_2)
② 메탄(CH_4)
③ 아산화질소(N_2O)
④ 수소불화탄소(HFCs)
⑤ 과불화탄소(PFCs)
⑥ 육불화황(SF_6)

16 기존 백열전구를 사용하던 가로등 150개를 LED로 교체하고자 한다. 기존 백열전구의 경우 전력소모량이 300W이고 LED의 경우 전력소모량이 150W이었다. 이때 연간 온실가스 감축량(tCO_2-eq/yr)을 구하시오(단, 배출계수는 0.424tCO_2/MWh).

풀이
- 연간 온실가스 감축량=백열전구 온실가스 배출량−LED 온실가스 배출량
- 온실가스 배출량=전력소모량×전구개수×배출계수

1. 백열전구 온실가스 배출량

=300W×150개×0.424tCO_2/MWh×MW/10^6W×24hr/d×365d/yr

=167.141tCO_2/yr

2. LED 온실가스 배출량

=150W×150개×0.424tCO_2/MWh×MW/10^6W×24hr/d×365d/yr

=83.570tCO_2/yr

연간 온실가스 배출량=(167.141−83.570)tCO_2/yr=83.570tCO_2/yr

∴ 연간 온실가스 감축량=83.570tCO_2-eq/yr

2017년 2회

(2017년 6월 시행)

온실가스관리기사

01 시멘트 생산의 보고대상 배출시설을 쓰고 반응식을 쓰시오.

풀이 ① 보고대상 배출시설 : 소성시설

② 반응식 : $CaCO_3 + Heat \rightarrow CaO + CO_2$(탈탄산반응)

02 다음 설명에 해당하는 공정을 쓰시오.

기체, 액체 혹은 고체상태의 원료화합물을 반응기 내에 공급하여 기판 표면에서의 화학적 반응을 유도함으로써 반도체 기판 위에 고체 반응생성물인 박막층을 형성하는 공정이다.

풀이 화학기상 증착공정에 대한 설명이다.

03 온실가스 배출량에 따른 시설규모의 분류를 각 그룹별로 나타내시오.

풀이 ① A그룹 : 연간 5만 톤 미만의 배출시설

② B그룹 : 연간 5만 톤 이상, 연간 50만 톤 미만의 배출시설

③ C그룹 : 연간 50만 톤 이상의 배출시설

04 품질관리(QC)의 목적 중 2가지를 작성하시오.

풀이 품질관리의 목적은 다음과 같다.

① 자료의 무결성, 정확성 및 완전성을 보장하기 위한 일상적이고 일관적인 검사의 제공
② 오류 및 누락의 확인 및 설명
③ 배출량 산정자료의 문서화 및 보관, 모든 품질관리 활동의 기록

05 바이오매스에 대해 정의하시오.

풀이 온실가스 목표관리 운영 등에 관한 지침 제2조(정의)에 따른다.
"바이오매스"라 함은 생물유기체, 유기성폐기물, 동·식물의 유지(油脂) 등으로 생물 또는 생물 기원의 모든 유기체 및 유기물을 말한다.

06 다음은 폐기물의 소각 부문 중 고상폐기물의 Tier 1 산정식이다. 이 중 dm_i, CF_i, FCF_i에 대하여 설명하시오.

$$CO_2\,Emissions = \sum_i (SW_i \times dm_i \times CF_i \times FCF_i \times OF_i) \times 3.664$$

풀이 $$CO_2\;Emissions = \sum_i (SW_i \times dm_i \times CF_i \times FCF_i \times OF_i) \times 3.664$$

여기서, $CO_2\,Emissions$: 폐기물 소각에서 발생되는 온실가스 양(tCO_2)

SW_i : 폐기물 성상(i)별 소각량(t-Waste)

dm_i : 폐기물 성상(i)별 건조물질 질량 분율(0에서 1사이의 소수)

CF_i : 폐기물 성상(i)별 탄소 함량(tC/t-Waste)

FCF_i : 화석탄소 질량 분율(0에서 1사이의 소수)

OF_i : 산화계수(소각효율, 0에서 1사이의 소수)

3.664 : $\dfrac{CO_2\text{의 분자량}(44.010)}{C\text{의 원자량}(12.011)}$

07 카프로락탐 생산공정의 보고대상 배출시설을 쓰시오.

풀이 ① CO_2 제조공정

② 하이드록실아민 공정

③ 기타 제조공정

08 모니터링 유형 중 A-4 모식도를 그리고 설명하시오.

풀이

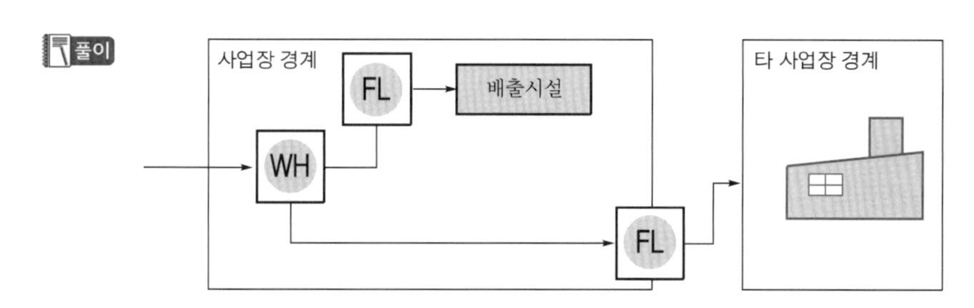

A-4 유형은 연료나 원료 공급자가 상거래를 목적으로 설치 · 관리하는 측정기기(WH)와 주기적인 정도검사를 실시하는 내부 측정기기(FL)를 사용하며, 연료나 원료 일부를 파이프 등을 통해 연속적으로 외부 사업장이나 배출시설에 공급할 경우 활동자료를 결정하는 방법이다. 이 경우, 타사업장 공급 측정기기는 주기적인 정도검사를 실시하는 측정기기를 사용하여 활동자료를 수집하여야 하며, 사업장에서 조직경계 외부로 판매하거나 공급한 양을 제외하여 배출시설의 활동자료를 결정한다.

09 경유 500kL를 사용하는 경우 에너지 사용량(TJ)을 구하시오. (단, 총발열량은 37.7MJ/L, 순발열량은 35.3MJ/L이다.)

풀이 에너지 사용량을 구할 경우 총발열량을 이용하여 구한다.

에너지 사용량 $= 500\text{kL} \times 37.7\text{MJ/L} \times 10^3\text{L/kL} \times \text{TJ}/10^6\text{MJ} = 18.85\text{TJ}$

∴ 에너지 사용량 $= 18.85\text{TJ}$

10

전력사용량이 1,693,205MWh인 사업장에서 배출되는 온실가스의 양(tCO_2-eq)을 구하시오. (단, 전력배출계수는 다음과 같다.)

구 분	$CO_2(tCO_2/MWh)$	$CH_4(kgCH_4/MWh)$	$N_2O(kgN_2O/MWh)$
2개년 평균('07~'08)	0.4653	0.0054	0.0027

풀이 $\text{GHG } Emissions = Q \times EF_j$

여기서, GHG $Emissions$: 전력사용에 따른 온실가스(j)별 배출량(tGHG)

Q : 외부에서 공급받은 전력 사용량(MWh)

EF_j : 전력배출계수(tGHG/MWh)

j : 배출 온실가스 종류

온실가스 배출량 $= 1,693,205\text{MWh} \times (0.4653tCO_2/MWh \times 1tCO_2-eq/tCO_2 + 0.0054 \times 10^{-3}tCH_4/MWh \times 21tCO_2-eq/tCH_4 + 0.0027 \times 10^{-3}tN_2O/MWh \times 310tCO_2-eq/tN_2O)$

$= 789,457.509tCO_2-eq$

11

다음의 데이터를 활용하여 상대 확장 불확도를 구하시오.

200,000－5%, 5,500,000－8%, 150,000－4%

풀이 $\text{상대 확장 불확도} = \dfrac{\sum\sqrt{(\text{각 배출량} \times \text{불확도})^2}}{\text{총배출량}} \times 100$

$= \dfrac{\sqrt{(200{,}000 \times 0.05)^2 + (5{,}500{,}000 \times 0.08)^2 + (150{,}000 \times 0.04)^2}}{(200{,}000 + 5{,}500{,}000 + 150{,}000)} \times 100$

$= 7.5233 ≒ 7.52\%$

∴ 7.52%

12

측정 불확도 산정절차 4단계를 쓰시오.

풀이 사전검토 → 매개변수의 불확도 산정 → 배출시설에 대한 불확도 산정 → 사업장 또는 업체에 대한 불확도 산정

13 직접 배출 원인 이동연소시설의 종류 4가지를 작성하시오.

풀이 항공, 도로, 철도, 선박

14 고체연료를 사용하는 고정연소 보고대상 온실가스 종류 3가지를 작성하시오.

풀이 이산화탄소(CO_2), 메탄(CH_4), 아산화질소(N_2O)

15 배출권의 전부를 무상으로 할당할 수 있는 공익을 목적으로 설립된 기관 · 단체 또는 비영리법인에 해당하는 곳을 3가지 기재하시오.

풀이 ① 지방자치단체
② 「초 · 중등교육법」 제2조 및 「고등교육법」 제2조에 따른 학교
③ 「의료법」 제3조 제2항에 따른 의료기관
④ 「대중교통의 육성 및 이용 촉진에 관한 법률」 제2조 제4호에 따른 대중교통운영자
⑤ 「집단에너지사업법」 제2조 제3호에 따른 사업자(3차 계획기간의 1차 이행연도부터 3차 이행연도까지의 기간으로 한정한다)

※ 위 5가지 중 3가지를 작성한다.

16 A 자원 회수시설에서 전력사용에 따른 간접 온실가스 배출량을 구하시오. (단, 전력 배출계수와 조건은 아래와 같다.)

- 법정계량기 측정량 : 4,500,000MWh
- 폐열보일러 발전 : 500,000MWh(200,000MWh는 A 자원 회수시설에서 사용하고 300,000MWh는 B 업체에 판매함)

구 분	CO_2(tCO_2/MWh)	CH_4($kgCH_4$/MWh)	N_2O(kgN_2O/MWh)
2개년 평균('07~'08)	0.4653	0.0054	0.0027

풀이

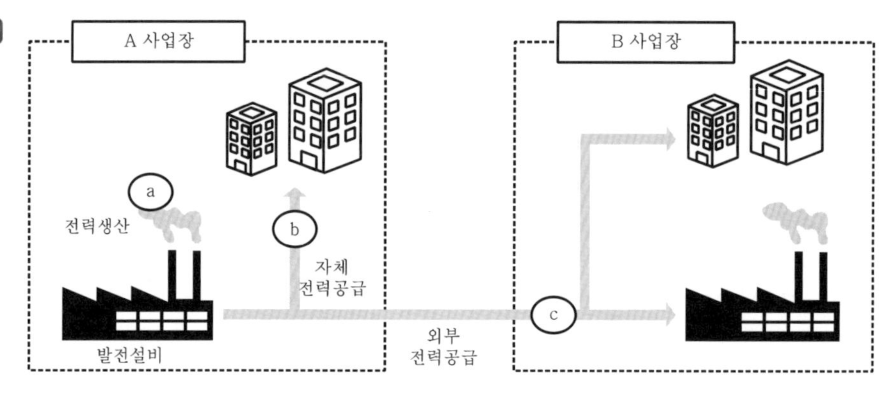

ⓐ : A 사업장 내에 위치한 발전설비에서의 전력생산에 따른 직접 온실가스 배출량 (A 사업장의 직접적 온실가스 배출량으로서 보고)

ⓑ : A 사업장에서 생산한 전력을 A사업장 내에서 자체적으로 공급한 경우(전력사용에 따른 간접적 온실가스 배출량 산정에서 제외)

ⓒ : A 사업장에서 생산한 전력을 B 사업장에 공급한 경우(B 사업장의 간접적 온실가스 배출량으로서 보고

'ⓐ'에 해당되는 것은 폐열보일러에서 전력생산에 따른 직접 온실가스 배출량이 해당되며, 'ⓑ'의 경우 200,000kWh만큼 업체에서 자체적으로 공급하므로 간접 온실가스 배출량 산정에 제외하는 경우에 해당된다. 'ⓒ'에 해당되는 것은 300,000MWh를 B업체에 판매함으로써 B업체의 간접 온실가스 배출량에 해당된다.
즉, A자원 순환시설에서 간접 온실가스 배출량은 법정계량기 측정량 중 폐열보일러 발전을 통한 500,000MWh를 제외한 4,000,000MWh를 기준으로 산정하게 된다.

$$\text{GHG } Emissions = Q \times EF_j$$

여기서, GHG $Emissions$: 전력사용에 따른 온실가스(j)별 배출량(tGHG)
Q : 외부에서 공급받은 전력 사용량(MWh)
EF_j : 전력배출계수(tGHG/MWh)
j : 배출 온실가스 종류

온실가스 배출량 $= 4{,}000{,}000\text{MWh} \times (0.4653\text{tCO}_2/\text{MWh} \times 1\text{tCO}_2\text{-eq}/\text{tCO}_2 + 0.0054 \times 10^{-3}\text{tCH}_4/\text{MWh} \times 21\text{tCO}_2\text{-eq}/\text{tCH}_4 + 0.0027 \times 10^{-3}\text{tN}_2\text{O}/\text{MWh} \times 310\text{tCO}_2\text{-eq}/\text{tN}_2\text{O})$

$= 1{,}865{,}001.6\text{tCO}_2\text{-eq}$

$\therefore$ $1{,}865{,}001.6\text{tCO}_2\text{-eq}$

17 다음 측정기기의 설명에 알맞은 기호를 각각 도시하시오.

기 호	세부 내용
①	상거래 또는 증명에 사용하기 위한 목적으로 측정량을 결정하는 법정계량에 사용하는 측정기기로서 계량에 관한 법률 제2조에 따른 법정계량기
②	관리업체가 자체적으로 설치한 계량기로서, 국가표준기본법 제14조에 따른 시험기관, 교정기관, 검사기관에 의하여 주기적인 정도검사를 받는 측정기기
③	관리업체가 자체적으로 설치한 계량기이나, 주기적인 정도검사를 실시하지 않는 측정기기

①: 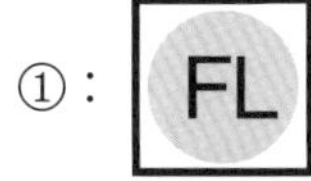

②: 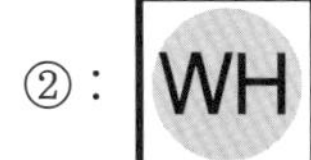

③: 

18 고형 폐기물 처리과정에서 온실가스 보고대상이 되는 처리방법 4가지를 쓰시오.

풀이
① 고형 폐기물의 매립
② 고형 폐기물의 생물학적 처리
③ 하 · 폐수처리
④ 폐기물의 소각

19 순발열량과 총발열량의 차이를 기술하시오.

풀이 순발열량은 일정단위의 연료가 완전연소되어 생기는 열량에서 연료 중 수증기의 잠열을 뺀 열량으로서 온실가스 배출량 산정에 활용되는 발열량을 말한다. 총발열량은 일정단위의 연료가 완전연소되어 생기는 열량(연료 중 수증기의 잠열까지 포함한다)으로서 에너지 사용량 산정에 활용된다.

2017년 4회
(2017년 11월 시행)

과년도 출제문제

온실가스관리기사

01 소수력발전의 장단점을 각각 3가지씩 작성하시오.

풀이 1. **장점**

① 대용량 수력발전에 비해 친환경적이다.

② 연간 유지비가 투자비의 3.63% 정도로 매우 낮다.

③ 비교적 설계 및 시공 기간이 짧다.

④ 에너지밀도가 자연에너지 중 가장 높다.

⑤ 발전원가가 저렴하다.

2. **단점**

① 초기 투자비용이 많이 든다.

② 대용량 수력발전에 비해 단위 건설비가 비싸다.

③ 대용량 수력발전에 비해 피크 전력 사용이 용이하지 않다.

④ 자연낙차가 큰 입지는 매우 제한적이다.

※ 위 내용 중 각 3가지씩을 작성한다.

02 확장불확도에 대해 설명하고, Tier 1, 2, 3의 불확도가 몇 %인지를 작성하시오.

풀이 확장불확도란 합성불확도에 신뢰구간을 특정하는 포함인자를 곱하여 결정하는 것으로, 포함인자값은 관측값이 어떤 신뢰구간을 택하느냐에 따라 달라진다.

Tier 1, 2, 3의 불확도는 각각 다음과 같다.

① Tier 1 : ±7.5%

② Tier 2 : ±5.0%

③ Tier 3 : ±2.5%

03 실리콘 카바이드 시설에서 배출되는 온실가스의 종류를 모두 쓰시오.

풀이 이산화탄소(CO_2), 메탄(CH_4)

04 아디프산 생산시설에서 배출되는 온실가스의 종류를 모두 쓰시오.

풀이 아산화질소(N_2O)

05 LULUCF에 대해 설명하시오.

풀이 LULUCF란 Land Use, Land－Use－Change, Forestry의 약자로, 토지이용, 토지용도의 변경, 임업의 결과로 온실가스를 제거하거나 상쇄하는 것을 의미한다. 1997년 교토의정서에서 채택된 용어이며, 온실가스의 배출 감축을 위한 방법으로 산림의 증대를 통해서 온실가스의 순감축을 할 수 있다는 논리이다. 산림과 토지를 흡수원(sink)으로 인정한 것이며 토지의 이용도 변화와 산림이 새로운 온실가스 감축수단으로 등장한 것이다.

06 CCS 기술 중 지중저장방식을 2가지 쓰시오.

풀이 ① 석유 회수 증진(EOR ; Enhanced Oil Recovery)
② 천연가스 회수 증진(EGR ; Enhanced Gas Recovery)
③ 석탄층 메탄가스 회수 증진(ECBMR ; Enhanced Coal Bed Methane Recovery)

※ 이 중 2가지를 작성한다.

07 런던협약으로 인해 저장이 금지된 CO_2 저장 방식을 쓰시오.

풀이 해양 저장

08 총발열량과 순발열량에 대해 각각 설명하고, 이 두 가지가 실제로 무엇에 활용되는지 쓰시오.

풀이 ① 총발열량 : 일정 단위의 연료가 완전 연소되어 생기며 연료 중 수증기의 잠열까지 포함하는 열량으로, 에너지 사용량을 산정할 때 사용한다.

② 순발열량 : 일정 단위의 연료가 완전 연소되어 생기는 열량에서 연료 중 수증기의 잠열을 뺀 열량으로, 온실가스 배출량 산정에 활용된다.

09 산정등급(Tier 1~4)에 대하여 설명하시오.

풀이 ① Tier 1 : 활동자료이며, IPCC 기본배출계수(기본산화계수, 발열량 등 포함)를 활용하여 배출량을 산정하는 기본방법론으로, 불확도는 ±7.5% 이내이다.

② Tier 2 : Tier 1보다 높은 정확도를 갖는 활동자료이며, 국가 고유배출계수 및 발열량 등 일정 부분에 대한 시험·분석을 통하여 개발한 매개변수값을 활용하는 배출량 산정방법론으로, 불확도는 ±5.0% 이내이다.

③ Tier 3 : Tier 1, 2보다 더 높은 정확도를 갖는 활동자료이며, 사업장 고유배출계수 및 사업자가 사업장·배출시설 및 감축기술 단위의 배출계수 등 상당부분에 대한 시험·분석을 통하여 개발하거나 공급자로부터 제공받은 매개변수값을 활용하는 배출량 산정방법론으로, 불확도는 ±2.5% 이내이다.

④ Tier 4 : 굴뚝 자동측정기기 등 연속측정방법을 활용하여 배출량을 산정하는 방법으로 CEMS(Continuous Emission Monitoring System)라고 한다.

10 고형 폐기물의 배출시설 분류 중 생물학적 처리의 목적 4가지를 쓰시오.

풀이 ① 폐기물의 부피감소
② 폐기물의 안정화
③ 폐기물의 병원균 사멸
④ 바이오가스 생산

11 폐기물 매립장의 온실가스 배출량이 154,000tCO_2일 때 산정등급과 최소적용기준을 쓰시오.

풀이 온실가스 배출량이 연간 5만 톤 이상, 50만 톤 미만인 경우 산정등급은 B등급을 적용하고, 최소적용기준은 Tier 1을 적용한다.

12 A항공사는 총 600대의 비행기가 있으며, 해당 항공사의 온실가스 배출량이 55만 톤일 경우 배출시설의 분류 및 최소산정등급을 쓰시오.

풀이 A항공사는 배출시설 분류 중 이동연소(항공)에 해당되며, 연간 온실가스 배출량이 50만 톤 이상이므로 C등급으로 Tier 2 산정방법론을 적용해야 한다.

13 석유 정제공정의 3가지 배출시설을 쓰시오.

풀이 ① 수소 제조시설
② 촉매 재생시설
③ 코크스 제조시설

14 최적가용기술과 벤치마크에 대해 기술하시오.

풀이 ① 최적가용기술(Best Available Technology) : 온실가스 감축 및 에너지 절약과 관련하여 경제적 · 기술적으로 사용이 가능하면서 가장 최신이고 효율적인 기술, 활동 및 운전방법을 말한다.

② 벤치마크 : 온실가스 배출 및 에너지 소비와 관련하여 제품 생산량 등 단위 활동자료당 온실가스 배출량(배출집약도) 등의 실적, 성과를 국내 · 외 동종 배출시설 또는 공정과 비교하는 것을 말한다.

15 제철공정에서 탈인반응에 이용되며, 선철(용선)을 정련하여 용강을 만드는 데 사용되는 노는 무엇인가?

풀이 전로

16 아연 25,000톤을 생산 시 온실가스 배출량(tCO_2-eq)을 계산하시오.

풀이 Tier 1의 A산정식을 활용하여 온실가스 배출량을 산정한다. 이때, 공정에 대한 설명이 없기 때문에 '기본배출계수=$1.72tCO_2/t$-생산된 아연'을 활용한다.

$E_{CO_2} = Zn \times EF_{default}$

여기서, E_{CO_2} : 아연 생산으로 인한 CO_2 배출량(tCO_2)

Zn : 생산된 아연의 양(t)

$EF_{default}$: 아연 생산량당 배출계수(tCO_2/t-생산된 아연)

$E_{CO_2} = 25{,}000t \times 1.72tCO_2/t = 43{,}000tCO_2 - eq$

∴ 온실가스 배출량=$43{,}000tCO_2-eq$

17 A태양광발전시설의 설비용량이 3kW/대인 설비를 200가구에서 이용하고 있다. 가구당 1대의 설비를 이용한다고 가정할 경우 연간 온실가스 감축량은 얼마인지 산정하시오. (단, 연간 온실가스 감축량은 tCO_2-eq/yr의 단위이며, 소수점 셋째 자리에서 반올림하시오.)

- 이용률 : 15.5%
- 일일 가동시간 : 24시간
- 연간 가동일수 : 365일
- 연간 가동시간 : 8,760시간
- 온실가스 배출계수 : $0.46625tCO_2-eq/MWh$

풀이 연간 온실가스 감축량

=태양광발전시설 용량×연간 가동시간×이용률×온실가스 배출계수

=3kW/대×1대/가구×200가구×8,760hr/yr×0.155

×$0.46625tCO_2-eq/MWh\times MWh/10^3kWh$

=379.84455 ≒ 379.845tCO_2-eq/yr

∴ 연간 온실가스 감축량=379.845tCO_2-eq/yr

18 측정기기의 정도검사기간, 정도검사 및 교정검사 불합격 시 대체자료 생성기준을 설명하시오.

풀이 측정기기의 정도검사기간, 정도검사 및 교정검사 불합격 시 대체자료는 정상 마감된 전월의 최근 1개월간 30분 평균자료로 한다.

19 A업체의 온실가스 배출량이 2,000tCO_2-eq일 때 경유 사용량(kL)을 구하시오. (이때, 다음의 값을 활용하여 계산한다.)

- 순발열량 : 35.3MJ/L
- 배출계수 : CO_2(74,100$kgCO_2$/TJ), CH_4(3$kgCH_4$/TJ), N_2O(0.6kgN_2O/TJ)
- 산화계수 : 1

풀이 $E_{i,j} = Q_i \times EC_i \times EF_{i,j} \times f_i \times 10^{-6}$

여기서, $E_{i,j}$: 연료(i)의 연소에 따른 온실가스(j)의 배출량(tGHG)

Q_i : 연료(i)의 사용량(측정값, kL－연료)

EC_i : 연료(i)의 열량계수(연료 순발열량, MJ/L－연료)

$EF_{i,j}$: 연료(i)에 따른 온실가스(j)의 배출계수(kgGHG/TJ－연료)

f_i : 연료(i)의 산화계수(CH_4, N_2O는 미적용)

$$2{,}000tCO_2-eq = Q \times 35.3MJ/L \times (74{,}100kgCO_2/TJ \times 1kgCO_2-eq/kgCO_2 + 3kgCH_4/TJ \times 21kgCO_2-eq/kgCH_4 + 0.6kgN_2O/TJ \times 310kgCO_2-eq/kgN_2O) \times 1 \times TJ/10^6MJ \times 10^3L/kL \times tCO_2-eq/10^3kgCO_2-eq$$

$\therefore\ Q = 762.044kL$

20 전력 사용량이 150,000MWh일 때 온실가스 배출량을 구하시오. (이때, 전력 배출계수는 다음 표를 적용한다.)

구 분	$CO_2(tCO_2/MWh)$	$CH_4(kgCH_4/MWh)$	$N_2O(kgN_2O/MWh)$
2개년 평균('07~'08)	0.4653	0.0054	0.0027

풀이 Tier 1 산정식을 활용하여 계산한다.

$GHG_{Emissions} = Q \times EF_j$

여기서, $GHG_{Emissions}$: 전력 사용에 따른 온실가스(j)별 배출량(tGHG)

Q : 외부에서 공급받은 전력 사용량(MWh)

EF_j : 전력 배출계수(tGHG/MWh)

j : 배출 온실가스의 종류

$$\text{온실가스 배출량} = 150{,}000MWh \times (0.4653tCO_2/MWh \times 1tCO_2-eq/tCO_2 + 0.0054kgCH_4/MWh \times 21kgCO_2-eq/kgCH_4 \times tCO_2-eq/10^3kgCO_2-eq + 0.0027kgN_2O/MWh \times 310kgCO_2-eq/kgN_2O \times tCO_2-eq/10^3kgCO_2-eq)$$
$$= 69{,}937.56tCO_2-eq$$

$\therefore\ 69{,}937.56tCO_2-eq$

21 반도체 제조공정에서 $c-C_4F_8$ 99톤을 투입하였더니 GWP가 8,700이었다. 이때 배출되는 온실가스의 양을 구하시오. (단, 산정식은 다음과 같으며, 가스 잔류비용은 0.1, 가스 사용비율은 0이고, 배출제어기술은 없다.)

$$FC_{gas} = (1-h) \times FC_j \times (1-U_j) \times (1-a_j \times d_j) \times 10^{-3}$$

풀이 $FC_{gas} = (1-h) \times FC_j \times (1-U_j) \times (1-a_j \times d_j) \times 10^{-3}$

여기서, FC_{gas} : FC 가스(j)의 배출량(tGHG)

h : 가스 Bombe 내의 잔류비율(0에서 1 사이의 소수, 기본값은 0.10)

FC_j : 가스(j)의 소비량(kg)

U_j : 가스(j)의 사용비율(0에서 1 사이의 소수, 공정 중 파기되거나 변환된 비율)

a_j : 배출제어기술이 있는 공정 중 가스(j)의 부피분율(0에서 1 사이의 소수)

d_j : 배출제어기술에 의한 가스(j)의 저감효율(0에서 1 사이의 소수)

∴ 온실가스 배출량 $= 99,000\text{kgC}-C_4H_8 \times (1-0.10) \times (1-0) \times (1-0 \times 0)$

$\times 8,700\text{kgCO}_2-\text{eq/kgC}-C_4F_8 \times \text{tCO}_2-\text{eq}/10^3\text{kgCO}_2-\text{eq}$

$= 775,170\text{tCO}_2-\text{eq}$

22 건물 옥상에 조경사업으로 면적 700m^2의 녹지 조성을 실시하였을 때 연간 온실가스 감축량을 구하시오. (단, 전력 배출계수는 $0.4662\text{kgCO}_2-\text{eq/kWh}$이며, 일일 단위 면적당 감축전력은 $0.338\text{kWh/m}^2 \cdot \text{day}$, 연간 냉·난방 일수는 200일이다.)

풀이 옥상 녹화로 인한 온실가스 감축량은 다음 식에 대입하여 구할 수 있다.

$M = U_g \times A_g \times 10^{-3}$

여기서, M : 연간 온실가스 감축량($\text{tCO}_2-\text{eq/yr}$)

U_g : 온실가스 감축량 원단위($\text{kgCO}^2-\text{eq/m}^2 \cdot \text{yr}$)

A_g : 옥상 녹화 조성면적(m^2)

$U_g = m \times EF \times day$

여기서, m : 일당·단위면적당 감축전력($\text{kWh/m}^2 \cdot \text{day}$)

EF : 전력 배출계수($\text{kgCO}_2-\text{eq/kWh}$)

day : 연간 냉·난방 일수(day/yr)

∴ 온실가스 감축량 $= (0.338\text{kWh/m}^2 \cdot \text{day} \times 0.4662\text{kgCO}_2-\text{eq/kWh}$

$\times 200\text{day/yr}) \times 700\text{m}^2 \times \text{tCO}_2-\text{eq}/10^3\text{kgCO}_2-\text{eq}$

$= 22.061\text{tCO}_2-\text{eq}$

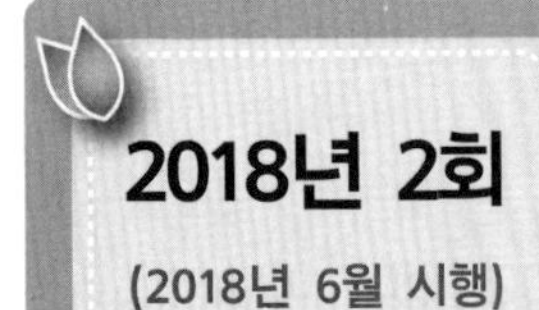

2018년 2회
(2018년 6월 시행)

과년도 출제문제

온실가스관리기사

01 다음에 주어진 조건을 바탕으로 A소각장의 온실가스 배출량(tCO_2-eq/yr)을 구하시오.

- 소각량 : 100t/day(고상 생활폐기물)
- 가동일수 : 360days/yr
- 폐기물 성상 : 종이류 55%, 플라스틱류 25%, 음식물류 15%, 기타 생활폐기물 5%
- 소각방식 : 고정상 연속식
- 산화계수(OF) : 1.0
- 고상 폐기물 소각분야 CO_2 기본배출계수(dm, CF, FCF)

생활폐기물				사업장폐기물			
폐기물 성상	dm	CF	FCF	폐기물 성상	dm	CF	FCF
종이류	0.9	0.46	0.01	음식물류 (음식, 음료 및 담배)	0.4	0.15	0
섬유류	0.8	0.5	0.2	폐섬유류	0.8	0.4	0.16
음식물류	0.4	0.38	0	폐목재류	0.85	0.43	0
나무류	0.85	0.5	0	폐지류	0.9	0.41	0.01
정원 및 공원 폐기물류	0.4	0.49	0	석유제품, 용매, 플라스틱류	1	0.8	0.8
기저귀	0.4	0.7	0.1	폐합성고무	0.84	0.56	0.17
고무피혁류	0.84	0.67	0.2	건설 및 파쇄 잔재물	1	0.24	0.2
플라스틱류	1	0.75	1	기타 사업장폐기물	0.9	0.04	0.03
금속류	1	–	–	하수 슬러지(오니)	0.1	0.45	0
유리류	1	–	–	폐수 슬러지(오니)	0.35	0.45	0
기타 생활폐기물	0.9	0.03	1	의료폐기물	0.65	0.4	0.25

여기서, dm : 폐기물 성상(i)별 건조물질 질량분율(0에서 1 사이의 소수)
CF : 폐기물 성상(i)별 탄소함량(tC/t-Waste)
FCF : 화석탄소 질량분율(0에서 1 사이의 소수)

• 폐기물 소각분야 CH_4 배출계수(EF)

소각기술		CH_4 배출계수($kgCH_4$/t-Waste)
연속식	고정상	0.0002
	유동상	0
준연속식	고정상	0.006
	유동상	0.188
회분식(배치형)	고정상	0.06
	유동상	0.237

• 폐기물 소각분야 N_2O 배출계수(EF)

폐기물 형태	N_2O 배출계수(gN_2O/t-Waste)
생활폐기물	39.8
사업장폐기물(슬러지)	408.41
사업장폐기물(슬러지 제외)	113.19
지정폐기물(슬러지)	408.41
지정폐기물(슬러지 제외)	83.52
건설폐기물	109.57

풀이 〈관련 산정식〉

1. **폐기물 소각분야 CO_2 배출**(Tier 1, 고상 폐기물)

$$CO_{2\,Emissions} = \sum_i (SW_i \times dm_i \times CF_i \times FCF_i \times OF_i) \times 3.664$$

여기서, $CO_{2\,Emissions}$: 폐기물 소각에서 발생되는 온실가스의 양(tCO_2)

SW_i : 폐기물 성상(i)별 소각량(t-Waste)

dm_i : 폐기물 성상(i)별 건조물질 질량분율(0에서 1 사이의 소수)

CF_i : 폐기물 성상(i)별 탄소함량(tC/t-Waste)

FCF_i : 화석탄소 질량분율(0에서 1 사이의 소수)

OF_i : 산화계수(소각효율, 0에서 1 사이의 소수)

3.664 = CO_2의 분자량(44.010)/C의 원자량(12.011)

2. **폐기물 소각분야 CH_4, N_2O 배출**

$$CH_{4\,Emissions} = IW \times EF \times 10^{-3}$$
$$N_2O_{Emissions} = IW \times EF \times 10^{-3}$$

여기서, $CH_{4\,Emissions}$: 폐기물 소각에서 발생되는 온실가스의 양(tCH_4)

$N_2O_{Emissions}$: 폐기물 소각에서 발생되는 온실가스의 양(tN_2O)

IW : 총 폐기물 소각량(t)

EF : 배출계수($kgCH_4$/t-Waste, kgN_2O/t-Waste)

위의 관련 산정식을 이용하여 계산하면 다음과 같다.

1. 고상 폐기물의 각 성상별 소각량

각 폐기물 소각량=총 소각량×가동일수×폐기물 성상비율

① 종이류$= 100t/day \times 360days/yr \times 0.55 = 19,800t/yr$

② 플라스틱류$= 100t/day \times 360days/yr \times 0.25 = 9,000t/yr$

③ 음식물류$= 100t/day \times 360days/yr \times 0.15 = 5,400t/yr$

④ 기타 생활폐기물$= 100t/day \times 360days/yr \times 0.05 = 1,800t/yr$

2. CO_2 배출량

$$CO_{2\,Emissions} = \sum_i (SW_i \times dm_i \times CF_i \times FCF_i \times OF_i) \times 3.664$$

① 종이류$= 19,800t/yr \times 0.9 \times 0.46tC/t-Waste \times 0.01 \times 1 \times 3.664$
$= 300.345tCO_2/yr$

② 플라스틱류$= 9,000t/yr \times 1 \times 0.75tC/t-Waste \times 1 \times 1 \times 3.664$
$= 24,732tCO_2/yr$

③ 음식물류$= 5,400t/yr \times 0.4 \times 0.38tC/t-Waste \times 0 \times 1 \times 3.664$
$= 0tCO_2/yr$

④ 기타 생활폐기물$= 1,800t/yr \times 0.9 \times 0.03tC/t-Waste \times 1 \times 1 \times 3.664$
$= 178.070tCO_2/yr$

∴ 총 CO_2 배출량$= 300.345 + 24,732 + 0 + 178.070 = 25,210.415tCO_2/yr$

3. CH_4, N_2O 배출량

① $CH_{4\,Emissions} = IW \times EF \times 10^{-3}$
$= 100t/day \times 360days/yr \times 0.0002kgCH_4/t-Waste \times 10^{-3}$
$= 0.0072tCH_4/yr$

② $N_2O_{\,Emissions} = IW \times EF \times 10^{-3}$
$= 100t/day \times 360days/yr \times 39.8gN_2O/t-Waste \times 10^{-3}$
$= 1.4328tN_2O$

4. 연간 온실가스 배출량

$=(CO_2$ 배출량$\times GWP) + (CH_4$ 배출량$\times GWP) + (N_2O$ 배출량$\times GWP)$

$=(25,210.415tCO_2/yr \times 1) + (0.0072tCH_4/yr \times 21) + (1.4328tN_2O/yr \times 310)$

$=25,654.734tCO_2-eq/yr$

여기서, 지구온난화지수 : $CO_2(1)$, $CH_4(21)$, $N_2O(310)$

∴ $25,654.734tCO_2-eq/yr$

02 탄소 100톤에 대한 이산화탄소상당량을 구하시오. (단, 산화계수=1)

풀이 $C+O_2 \rightarrow CO_2$

$100tC \times 44tCO_2/12tC = 366.667tCO_2$

03 이동연소시설에서 에너지 이용에 따른 온실가스 배출시설의 종류를 4가지 작성하시오.

풀이 ① 항공 : 국내항공, 기타 항공

② 도로 : 승용자동차, 승합자동차, 화물자동차, 특수자동차, 이륜자동차, 비도로 및 기타 자동차

③ 철도 : 고속차량, 전기기관차, 전기동차, 디젤기관차, 디젤동차, 특수차량

④ 선박 : 여객선, 화물선, 어선, 기타 선박

04 굴뚝 연속자동측정기에 의한 배출량 산정식을 쓰고, 각 인자들에 대하여 설명하시오.

풀이 $E_{CO_2} = K \times C_{CO_2 d} \times Q_{sd}$

여기서, E_{CO_2} : CO_2 배출량(gCO_2/30분)

K : 변환계수(1.964×10, 표준상태에서 1kmol이 갖는 공기부피와 이산화탄소 분자량 사이의 변환계수)

$C_{CO_2 d}$: 30분 CO_2 평균농도 %[건가스(dry basis) 기준, 부피농도]

Q_{sd} : 30분 적산 유량(Sm^3)(건가스 기준)

05 Tier 4 산정등급에서 온실가스 농도를 미측정한 경우 활동자료 결측 시 대체자료 기준을 정하시오.

풀이 장비점검에 따른 결측자료에 해당되므로 대체자료로 정상자료 중 최근 30분 평균 자료를 활용할 수 있다.

06 리스크의 종류 3가지를 설명하시오.

풀이 ① 고유 리스크 : 검증대상의 업종 자체가 가지고 있는 리스크
② 통제 리스크 : 검증대상 내부의 데이터 관리구조상 오류를 적발하지 못할 리스크
③ 검출 리스크 : 검증팀이 검증을 통해 오류를 적발하지 못할 리스크

07 다음 두 용어를 설명하시오.

① 배출권
② 이산화탄소상당량톤(tCO_2-eq)

풀이 ① 배출권 : 국가 온실가스 감축목표를 달성하기 위하여 설정된 온실가스 배출허용총량의 범위에서 개별 온실가스 배출업체에 할당되는 온실가스 배출허용량을 말한다.
② 이산화탄소상당량톤 : 이산화탄소 1톤 또는 기타 온실가스의 지구온난화 영향이 이산화탄소 1톤에 상당하는 양을 말한다.

※ 「온실가스 배출권의 할당 및 거래에 관한 법률」 제2조(정의)에 의한 용어 설명이다.

08 경유 500kL를 사용하는 경우 에너지 사용량(TJ)을 구하시오. (단, 총발열량은 37.7MJ/L, 순발열량은 35.3MJ/L이다.)

풀이 에너지 사용량은 총발열량을 이용하여 구한다.

에너지 사용량 $= 500\text{kL} \times 37.7\text{MJ/L} \times 10^3\text{L/kL} \times \text{TJ}/10^6\text{MJ} = 18.85\text{TJ}$

$\therefore$ 18.85TJ

09 차 10대의 유류 사용량을 C-5 유형으로 산정하시오.

연료 형태	구매비용	구매단가
휘발유	3,000,000원	1,500원/L
경유	2,000,000원	1,250원/L
휘발유	400,000원	1,250원/L

풀이 C-5 유형은 사업장에서 운행하고 있는 차량 등 이동연소 부문에 적용할 수 있으며, 구매비용과 연료별 구매단가를 활용하는 방식이다.

$$\text{연료 사용량} = \sum \frac{\text{연료별 이동연소 배출원별 연료 구매비용}}{\text{연료별 이동연소 배출원별 연료 구매단가}}$$

① 경유 사용량 $= 2,000,000\text{원} \times \frac{L}{1,250\text{원}} = 1,600L$

② 휘발유 사용량 $= \left(3,000,000\text{원} \times \frac{L}{1,500\text{원}}\right) + \left(400,000\text{원} \times \frac{L}{1,250\text{원}}\right)$

$= 2,320L$

∴ 경유 : 1,600L, 휘발유 : 2,320L

10 산정등급(Tier 1~4)에 대하여 설명하시오.

풀이 ① Tier 1 : 활동자료이며, IPCC 기본배출계수(기본산화계수, 발열량 등 포함)를 활용하여 배출량을 산정하는 기본방법론으로, 불확도는 ±7.5% 이내이다.

② Tier 2 : Tier 1보다 높은 정확도를 갖는 활동자료이며, 국가 고유배출계수 및 발열량 등 일정 부분에 대한 시험·분석을 통하여 개발한 매개변수값을 활용하는 배출량 산정방법론으로, 불확도는 ±5.0% 이내이다.

③ Tier 3 : Tier 1, 2보다 더 높은 정확도를 갖는 활동자료이며, 사업장 고유배출계수 및 사업자가 사업장·배출시설 및 감축기술 단위의 배출계수 등 상당부분에 대한 시험·분석을 통하여 개발하거나 공급자로부터 제공받은 매개변수값을 활용하는 배출량 산정방법론으로, 불확도는 ±2.5% 이내이다.

④ Tier 4 : 굴뚝 자동측정기기 등 연속측정방법을 활용하여 배출량을 산정하는 방법으로 CEMS(Continuous Emission Monitoring System)라고 한다.

11 조직경계를 확인 · 증빙하기 위한 자료 3가지를 작성하시오.

풀이 ① 약도
② 사진
③ 시설배치도
④ 공정도

※ 위 4가지 중 3가지를 작성한다.

12 다음에서 설명하는 모니터링 유형을 쓰고, 모식도를 그리시오.

연료 및 원료 공급자가 상거래 등을 목적으로 설치 · 관리하는 측정기기와 주기적인 정도검사를 실시하는 내부 측정기기가 설치되어 있을 때 활동자료를 수집하는 방법이다.

풀이 A-2 유형

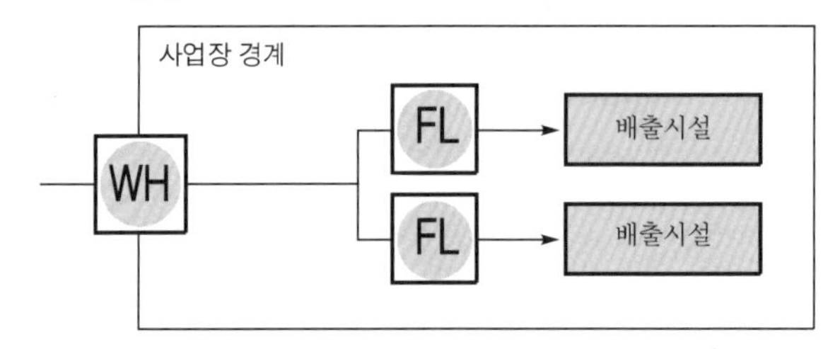

13 CCS의 포집기술 중 연소 후 포집기술을 3가지로 분류하고, 각 기술을 2가지씩 작성하시오.

풀이 ① 건식 포집기술 : 알칼리금속, 알칼리토금속, 건식 아민
② 습식 포집기술 : 아민계(MEA, DEA, TEA, AMP 등), 암모니아수, 탄산칼륨
③ 분리막 포집기술 : 막/아민 혼합물, 효소 CO_2 공정

14 고형 폐기물 매립시설 중 보고대상 배출시설 3가지를 쓰고, 배출되는 온실가스를 모두 작성하시오.

풀이 ① 보고대상 배출시설 : 차단형 매립시설, 관리형 매립시설, 비관리형 매립시설
② 배출되는 온실가스 : 메탄(CH_4)

15 다음은 수증기 개질법으로 암모니아를 생성하는 공정의 순서이다. 빈칸에 들어갈 내용을 작성하시오.

> 천연가스 탈황 → (①) → 공기로 2차 개질 → (②)
> → 이산화탄소 제거 → (③) → 암모니아 합성

풀이 ① 수증기 1차 개질
② 일산화탄소의 전환
③ 메탄화

16 다음은 중요성 양적 기준치에 대한 설명이다. 빈칸을 작성하시오.

> • 총 배출량이 500만tCO_2-eq 이상, 총 배출량의 (①)%
> • 총 배출량이 50만tCO_2-eq 이상~500만tCO_2-eq 미만, 총 배출량의 (②)%
> • 총 배출량이 50만tCO_2-eq 미만, 총 배출량의 (③)%

풀이 ① 2.0
② 2.5
③ 5.0

※ 「온실가스 배출권거래제 운영을 위한 검증지침」의 [별표 3] 온실가스 배출량 검증절차별 세부방법에서 '검증결과의 정리 및 검증보고서 작성' 중 '중요성 평가' 부분이다. 중요성의 양적 기준치는 할당대상업체의 배출량 수준에 따라 차등화한다.

17 외부감축사업 타당성 평가에서 고려사항 3가지를 작성하시오.

풀이 「외부사업 타당성 평가 및 감축량 인증에 관한 지침」 제13조(외부사업 타당성 평가)에 관한 내용으로 외부감축사업 타당성 평가 시 고려사항은 다음과 같다.

① 외부사업의 일반요건 준수 여부
② 적용된 방법론의 적절성
③ 베이스라인 시나리오의 적절성
④ 추가성 입증의 적절성
⑤ 배출량 산정방식의 적합성
⑥ 모니터링 계획의 적절성
⑦ 유효기간의 적절성
⑧ 외부사업의 중복 등록 여부
⑨ 수정 및 보완이 있는 경우 조치의 적절성

※ 이 중 3가지를 작성한다.

18 사용한 에너지 및 원료의 양, 생산 · 제공된 제품 및 서비스의 양, 폐기물 처리량 등 온실가스 배출량 등의 산정에 필요한 정량적인 측정결과를 의미하는 용어를 쓰시오.

풀이 활동자료

※ 「온실가스 배출권거래제의 배출량 보고 및 인증에 관한 지침」 제2조(용어의 정의)에서 제시하고 있다.

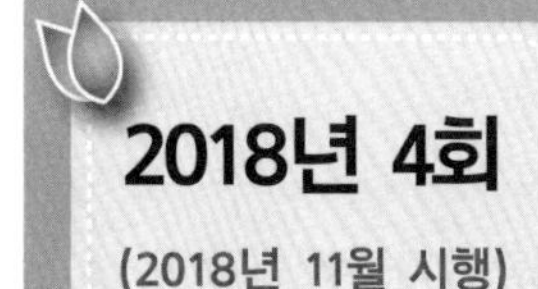

과년도 출제문제

온실가스관리기사

01 다음 A와 B는 소다회 생산공정 중 암모니아성 소다회 제조시설(Solvay 공정)에 해당되는 내용이다. 각 설명에 해당되는 화학반응식을 작성하시오.

- A : 소금수용액(함수)에 암모니아와 이산화탄소가스를 순서대로 흡수시켜 용해도가 작은 탄산수소나트륨을 침전시킨다.
- B : 중조의 침전을 분리하고 200℃ 정도에서 하소하여 탄산소다 제품을 얻는다.

풀이
- A : $NaCl + NH_3 + CO_2 + H_2O \rightarrow NaHCO_3 + NH_4Cl$
- B : $2NaHCO_3 \rightarrow Na_2CO_3 + CO_2 + H_2O$

02 질산 제조공정 중 질산 제조시설(기초 무기화합물 제조시설 중 하나)에서 아래의 설명에 각각 해당되는 화학반응식의 빈칸에 들어갈 내용을 작성하시오.

- 1 : 9의 암모니아/공기 혼합물을 백금 · 로듐 촉매를 통과하면서 고온(1,380~1,470℃ 또는 750~800℃)에서 산화시킨다.
  $4NH_3 + 5O_2 \rightarrow$ (①) + (②)
- 공장 내의 가스가 냉각기 · 응축기를 통과하면서 100°F(38℃) 이하로 냉각된 후에 산화질소는 잔류 산소와 반응하여 이산화질소가 형성된다.
  $2NO + O_2 \rightarrow$ (③) $\rightleftarrows N_2O_4$
- 생성된 이산화질소는 흡수탑에 유입되어 물과 대향류로 접촉하며, 이때 발열반응이 발생된다.
  $3NO_2 + H_2O \rightarrow$ (④) + (⑤)

풀이
① $4NO$　② $6H_2O$
③ $2NO_2$　④ $2HNO_3$
⑤ NO

03 다음 3가지 연료에 대한 세부적인 정의를 쓰시오. (단, 온실가스 배출권거래제 배출량 보고 및 인증에 관한 지침상 기재된 내용을 바탕으로 한다.)

① 역청(Bitumen)
② 코크스로 가스(Coke Oven Gas)
③ 고로 가스(Blast Furnace Gas)

풀이 ① 역청 : 콜로이드 구조(colloidal structure)이며 고체, 반고체의 점성을 가진 탄화수소를 말한다. 흑갈색 또는 갈색이며, 원유 증류에서의 잔여물, 상압 증류에서 오일 잔여물(oil residues)의 진공 증류로 얻어진다. 역청은 아스팔트(asphalt)로도 불리며 도로의 포장재 등으로 주로 이용된다.
② 코크스로 가스 : 철강의 생산을 위한 코크스로 코크스(coke oven coke) 제조 시 발생하는 부생가스이다.
③ 고로 가스 : 철강산업에서 용광로에서의 코크스의 연소 시 생산되는 부생가스이다.

04 온실가스 배출권거래제 배출량 보고 및 인증에 관한 지침상 연료 등의 시료 채취 및 분석방법에 관한 최소분석주기를 작성하시오.

연료 및 원료	분석항목	최소분석주기
기체 연료(공정 부생가스)	가스 성분, 발열량, 밀도 등	(①)
폐기물 연료(고체)	원소 함량, 발열량, 수분, 회(ash) 함량	(②)
폐기물 연료(액체)	원소 함량, 발열량, 밀도 등	(③)
폐기물 연료(기체)	가스 성분, 발열량, 밀도 등	(④)
탄산염 원료	광석 중 탄산염 성분, 원소 함량 등	(⑤)
생산물	원소 함량 등	(⑥)

풀이 ① 월 1회
② 분기 1회(연 반입량이 12만톤을 초과할 경우 입하량이 1만톤 초과 시마다 1회 추가)
③ 분기 1회(연 반입량이 12만톤을 초과할 경우 입하량이 1만톤 초과 시마다 1회 추가)
④ 월 1회(연 반입량이 12만톤을 초과할 경우 입하량이 1만톤 초과 시마다 1회 추가)
⑤ 월 1회(연 반입량이 60만톤을 초과할 경우 입하량이 5만톤 초과 시마다 1회 추가)
⑥ 월 1회

05 검증보고서 작성 시 포함되어야 하는 사항 5가지를 작성하시오.

풀이 ① 검증 개요 및 검증의 내용
② 검증과정에서 발견된 사항 및 그에 따른 조치내용
③ 최종 검증의견 및 결론
④ 내부심의 과정 및 결과
⑤ 기타 검증과 관련된 사항

06 다음은 품질관리 및 품질보증에 관한 설명이다. 빈칸에 알맞은 말을 쓰시오.

- 관리업체는 온실가스 배출량 등의 산정에 대한 정확도 향상을 위해 측정기기 관리, (①), 배출량 산정, (②), 정보 보관 및 배출량 보고 등에 대한 (③) 활동을 수행하여야 한다.
- 관리업체는 자료의 품질을 지속적으로 개선하는 체제를 갖추는 등 배출량 산정의 (④) 활동을 수행하여야 한다.

풀이 ① 활동자료 수집 ② 불확도 관리
③ 품질관리 ④ 품질보증

07 배출권의 전부를 무상으로 할당할 수 있는 공익을 목적으로 설립된 기관 · 단체 또는 비영리법인에 해당하는 곳을 3가지 기재하시오.

풀이 ① 지방자치단체
② 「초 · 중등교육법」 제2조 및 「고등교육법」 제2조에 따른 학교
③ 「의료법」 제3조 제2항에 따른 의료기관
④ 「대중교통의 육성 및 이용 촉진에 관한 법률」 제2조 제4호에 따른 대중교통운영자
⑤ 「집단에너지사업법」 제2조 제3호에 따른 사업자(3차 계획기간의 1차 이행연도부터 3차 이행연도까지의 기간으로 한정한다)

※ 위 5가지 중 3가지를 작성한다.

08 **하 · 폐수 처리방법에 대한 다음 A, B, C의 내용이 설명하는 것은 무엇인지 각각 쓰시오.**

- A : 슬러지의 양을 줄이고, 슬러지를 안정화시키는 혐기조
- B : Tier 1에 해당하는 보고대상 온실가스
- C : 수처리에서 발생하는 온실가스를 직접 배출하지 않고 처리하는 방법

풀이 ① A : 슬러지 혐기성 소화조

② B : CH_4, N_2O

③ C : 플레어링(소각하여 CO_2로 배출) 및 회수하여 활용(발전기 연료로 사용, 가온보일러 연료로 사용, 정제하여 자동차 연료로 사용, 도시가스와 혼합하여 사용 등)

09 **매개변수의 정의를 쓰시오.**

풀이 두 개 이상 변수 사이의 상관관계를 나타내는 변수로서 온실가스 배출량 등을 산정하는 데 필요한 활동자료, 배출계수, 발열량, 산화율, 탄소함량 등을 말한다.

10 **다음은 고정연소(고체연료)에서 배출계수(Tier 3)를 구하는 식이다. 각 요소에 대한 설명을 단위를 포함하여 쓰시오.**

$$EF_{i,\,CO_2} = EF_{i,\,C} \times 3.664 \times 10^3$$

$$EF_{i,\,C} = C_{ar,\,i} \times \frac{1}{EC_i} \times 10^3$$

풀이 $EF_{i,\,CO_2}$: 연료(i)에 대한 이산화탄소(CO_2) 배출계수($kgCO_2$/TJ－연료)

$EF_{i,\,C}$: 연료(i)에 대한 탄소(C) 배출계수(kgC/GJ－연료)

$C_{ar,\,i}$: 연료(i) 중 탄소의 질량분율(인수식, 0에서 1 사이의 소수)

EC_i : 연료(i)의 열량계수(연료 순발열량, MJ/kg－연료)

11 모니터링 계획의 작성원칙 7가지를 쓰고, 그에 대한 설명을 각각 기술하시오.

풀이 ① 준수성 : 모니터링 계획은 배출량 산정 및 모니터링 계획 작성에 대한 기준을 준수하여 작성하여야 한다.

② 완전성 : 관리업체는 조직경계 내 모든 배출시설의 배출활동에 대해 모니터링 계획을 수립 · 작성하여야 한다. 여기서, 모든 배출시설에는 신 · 증설, 중단 및 폐쇄, 긴급상황 등 특수상황에서의 배출시설 및 배출활동이 포함된다.

③ 일관성 : 모니터링 계획에 보고된 동일 배출시설 및 배출활동에 관한 데이터는 상호 비교가 가능하도록 배출시설의 구분은 가능한 한 일관성을 유지하여야 한다.

④ 투명성 : 모니터링 계획은 지침에서 제시된 배출량 산정원칙을 준수하고, 배출량 산정에 적용되는 데이터 및 정보관리과정을 투명하게 알 수 있도록 작성하여야 한다.

⑤ 정확성 : 관리업체는 배출량의 정확성을 제고할 수 있도록 모니터링 계획을 수립하여야 한다.

⑥ 일치성 및 관련성 : 모니터링 계획은 관리업체의 현장과 일치되고, 각 배출시설 및 배출활동, 그리고 배출량 산정방법과 관련되어야 한다.

⑦ 지속적 개선 : 관리업체는 지속적으로 모니터링 계획을 개선해 나가야 한다.

12 다음 그림의 모니터링 유형을 적고, 각 활동자료를 결정하기 위한 자료를 쓰시오.

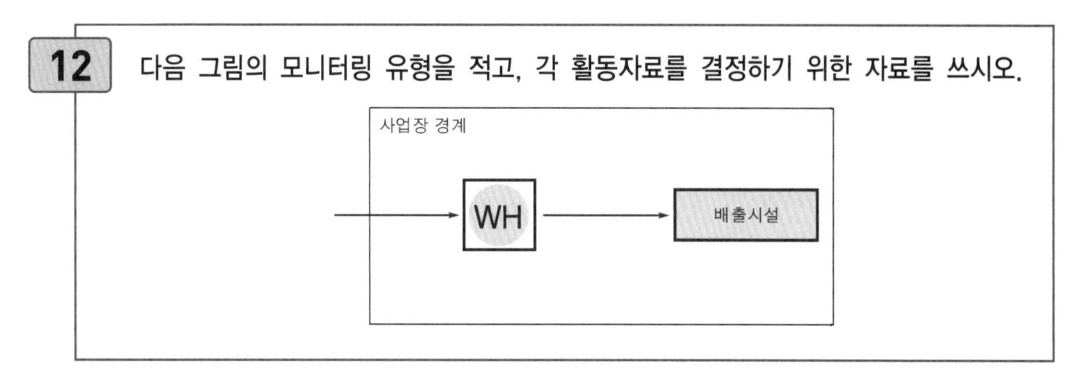

풀이 ① 모니터링 유형 : A-1 유형

② 활동자료를 결정하기 위한 자료

- 구매전력 : 전력 공급자(한국전력)가 발행한 전력요금청구서
- 구매 열 및 증기 : 열에너지 공급자가 발행하고 열에너지 사용량이 명시된 요금청구서, 열에너지 사용 증빙문서
- 도시가스 : 도시가스 공급자(도시가스회사)가 발행하고 도시가스 사용량이 기입된 요금청구서
- 화석연료 : 판매 · 공급자가 발행하고 구입량이 기입된 요금청구서 또는 인보이스

13 폐기물에너지 중 바이오매스에 해당되는 항목을 작성하시오.

풀이 SRF(Solid Refuse Fuel), Bio－SRF, 폐기물 유화 · 가스화 등

14 A업체에서 경유 2,500L를 사용할 때 배출되는 온실가스 배출량(tCO_2-eq)을 구하시오. (단, 소수점 넷째 자리에서 반올림하여 쓰시오.)

- 산화계수 : 1
- 순발열량 : 35.3MJ/L
- 총발열량 : 37.7MJ/L
- 배출계수 : CO_2(74,100kgCO_2/TJ), CH_4(3kgCH_4/TJ), N_2O(0.6kgN_2O/TJ)

풀이 고정연소(액체연료)의 배출량 산정식은 다음과 같다.

$$E_{i,j} = Q_i \times EC_i \times EF_{i,j} \times f_i \times 10^{-6}$$

여기서, $E_{i,j}$: 연료(i)의 연소에 따른 온실가스(j)의 배출량(tGHG)
Q_i : 연료(i)의 사용량(측정값, kL－연료)
EC_i : 연료(i)의 열량계수(연료 순발열량, MJ/L－연료)
$EF_{i,j}$: 연료(i)에 따른 온실가스(j)의 배출계수(kgGHG/TJ－연료)
f_i : 연료(i)의 산화계수(CH_4, N_2O는 미적용)

위 산정식을 이용하여 계산하면 다음과 같다.

$$E_{i,j} = 2{,}500\text{L} \times \frac{35.3\text{MJ}}{\text{L}} \times 1 \times \frac{1\text{TJ}}{10^6\text{MJ}} \times \left[\left(\frac{74{,}100\text{kgCO}_2}{\text{TJ}} \times \frac{\text{tCO}_2}{10^3\text{kgCO}_2} \times \frac{1\text{tCO}_2-\text{eq}}{\text{tCO}_2} \right) + \left(\frac{3\text{kgCH}_4}{\text{TJ}} \times \frac{\text{tCH}_4}{10^3\text{kgCH}_4} \times \frac{21\text{tCO}_2-\text{eq}}{\text{tCH}_4} \right) + \left(\frac{0.6\text{kgN}_2\text{O}}{\text{TJ}} \times \frac{\text{tN}_2\text{O}}{10^3\text{kgN}_2\text{O}} \times \frac{310\text{tCO}_2-\text{eq}}{\text{tN}_2\text{O}} \right) \right]$$

$$= 6.56129925 \fallingdotseq 6.561\text{tCO}_2-\text{eq}$$

∴ 온실가스 배출량＝6.561tCO_2-eq

※ 온실가스 배출량을 산정할 때는 순발열량을 활용하여 계산한다.

15 다음은 발전소와 열병합발전시설에서 공급받은 전기와 열의 사용 내용이다. 이때 온실가스 배출량(tCO_2-eq)을 구하시오. (단, 소수점 넷째 자리에서 반올림하여 나타내시오.)

구 분	사용량	단 위	배출계수		
			CO_2	CH_4	N_2O
전력 사용량	365,600	MWh	$0.4653tCO_2/MWh$	$0.0054kgCH_4/MWh$	$0.0027kgN_2O/MWh$
열병합발전시설	826.4	TJ	$56,452kgCO_2-eq/TJ$	–	–

풀이 ① 전력 사용에 따른 온실가스 배출량

$$GHG_{\text{Emissions}} = Q \times EF_j$$

$$= 365,600\text{MWh} \times \left[\left(\frac{0.4653\text{tCO}_2}{\text{MWh}} \times \frac{1\text{tCO}_2-\text{eq}}{\text{tCO}_2}\right) + \left(\frac{0.0054\text{kgCH}_4}{\text{MWh}} \times \frac{1\text{tCH}_4}{10^3\text{kgCH}_4} \times \frac{21\text{tCO}_2-\text{eq}}{\text{tCH}_4}\right) + \left(\frac{0.0027\text{kgN}_2\text{O}}{\text{MWh}} \times \frac{\text{tN}_2\text{O}}{10^3\text{kgN}_2\text{O}} \times \frac{310\text{tCO}_2-\text{eq}}{\text{tN}_2\text{O}}\right)\right]$$

$$= 170,461.1462 \fallingdotseq 170,461.146\text{tCO}_2-\text{eq}$$

여기서, $GHG_{\text{Emissions}}$: 전력 사용에 따른 온실가스(j)별 배출량(tGHG)

Q : 외부에서 공급받은 전력 사용량(MWh)

EF_j : 전력 배출계수(tGHG/MWh)

j : 배출 온실가스 종류

② 열(스팀) 사용에 따른 온실가스 배출량

$$GHG_{\text{Emissions}}$$

$$= Q \times EF_j$$

$$= 826.4\text{TJ} \times 56,452\text{kgCO}_2-\text{eq/TJ} \times \text{tCO}_2-\text{eq}/10^3\text{kgCO}_2-\text{eq}$$

$$= 46,651.9328 \fallingdotseq 46,651.933\text{tCO}_2-\text{eq}$$

여기서, $GHG_{\text{Emissions}}$: 열(스팀) 사용에 따른 온실가스(j)별 배출량(tGHG)

Q : 외부에서 공급받은 열(스팀) 사용량(TJ)

EF_j : 열(스팀)배출계수(tGHG/TJ)

j : 배출 온실가스

∴ 전체 온실가스 배출량=①+②

$=170,461.146+46,651.933=217,113.079tCO_2-eq$

16 **배출시설별 산정등급 최소적용기준 중 다음의 분류등급의 정의를 각각 쓰시오.**

① 산정등급체계 중 Tier 2
② 산정등급체계 중 Tier 4
③ 배출시설등급 중 B그룹

풀이 ① Tier 2 : Tier 1보다 더 높은 정확도를 갖는 활동자료로, 국가 고유배출계수 및 발열량 등 일정 부분 시험·분석을 통하여 개발한 매개변수값을 활용하는 배출량 산정방법론이다.
② Tier 4 : 굴뚝 자동측정기기 등 배출가스 연속측정방법을 활용한 배출량 산정방법론이다.
③ B그룹 : 연간 5만 톤 이상, 연간 50만 톤 미만의 배출시설이다.

17 **다음 B업체의 연료 사용량을 보고, 결측기간 동안 사용된 연료량을 구하시오.**

- 정상기간 연료 사용량 : 100ton/day
- 정상기간 제품 생산량 : 80ton/day
- 결측기간 제품 생산량 : 75ton/day
- 연간 공정 운영일수 : 330days
- 결측기간 : 30days

풀이 '정상기간 연료 사용량 : 정상기간 제품 생산량=결측기간 연료 사용량 : 결측기간 제품 생산량'의 비례식 형태로 계산할 수 있다.

- 정상기간 연료 사용량=100ton/day×330days=33,000ton
- 정상기간 제품 생산량=80ton/day×330days=26,400ton
- 결측기간 연료 사용량=x(ton/day)×30days=30x(ton)
- 결측기간 제품 생산량=75ton/day×30days=2,250ton

정상기간 연료 사용량	:	정상기간 제품 생산량	=	결측기간 연료 사용량	:	결측기간 제품 생산량
33,000	:	26,400	=	30x	:	2,250

∴ 30x=2,812.5ton

결측기간 동안 사용된 연료의 양은 2,812.5ton이다.

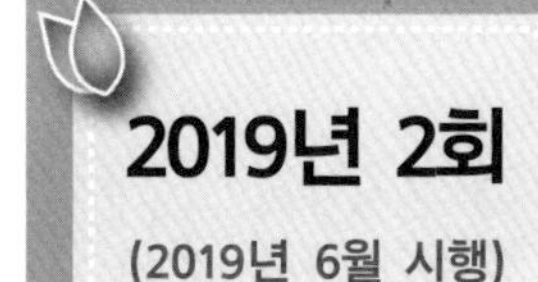

과년도 출제문제

온실가스관리기사

01 하루에 15시간 사용하고 있는 250W 전구 2,600개를 80W LED 전구로 교체할 경우의 연간 온실가스 감축량을 구하시오. (단, 이때 배출계수는 CO_2=0.4653tCO_2/MWh, CH_4=0.0054kgCH_4/MWh, N_2O=0.0027kgN_2O/MWh이다.)

풀이 연간 온실가스 감축량=기존 전구 온실가스 배출량−LED 전구 온실가스 배출량

온실가스 배출량=전력 소모량×개수×배출계수

① 기존 전구 온실가스 배출량

$=250W\times 2,600개\times[(0.4653tCO_2/MWh\times 1tCO_2-eq/tCO_2)$
$+(0.0054kgCH_4/MWh\times 1tCH_4/10^3kgCH_4\times 21tCO_2-eq/tCH_4)$
$+(0.0027kgN_2O/MWh\times 1tN_2O/10^3kgN_2O\times 310tCO_2-eq/tN_2O)]$
$\times MW/10^6W\times 15hr/day\times 365day/yr$

$=1,659.269tCO_2/yr$

② LED 전구 온실가스 배출량

$=80W\times 2,600개\times[(0.4653tCO_2/MWh\times 1tCO_2-eq/tCO_2)$
$+(0.0054kgCH_4/MWh\times 1tCH_4/10^3kgCH_4\times 21tCO_2-eq/tCH_4)$
$+(0.0027kgN_2O/MWh\times 1tN_2O/10^3kgN_2O\times 310tCO_2-eq/tN_2O)]$
$\times MW/10^6W\times 15hr/day\times 365day/yr$

$=530.966tCO_2/yr$

연간 온실가스 배출량= ① − ②

$=(1,659.269-530.966)tCO_2/yr$

$=1,128.303tCO_2/yr$

∴ 연간 온실가스 감축량=$1,128.303tCO_2/yr$

02 지구온난화지수(GWP)의 정의와 의미를 작성하시오.

풀이 ① 정의 : 지구온난화지수(GWP ; Global Warming Potential)란 온실가스가 열을 흡수할 수 있는 능력에 대한 상대적 수치로, 이산화탄소가 지구온난화에 미치는 영향을 기준으로 각각의 온실가스가 지구온난화에 기여하는 정도를 수치를 표현한 것이다.

② 의미 : 같은 질량을 기준으로 온실가스별로 지구온난화에 미치는 정도를 나타낸 수치로, GWP값이 클수록 지구온난화에 기여도가 크다는 의미이다. 이산화탄소를 1로 기준을 삼았을 때, 메탄은 21, 아산화질소는 310 등이다.

03 BAU에 대해 기술하시오.

풀이 BAU(Business As Usual)는 배출전망치로, 현재까지 온실가스 감축정책 추세가 미래에도 지속된다는 가정하에 온실가스 감축조치를 하지 않았을 경우 배출될 것으로 예상되는 미래 전망치(온실가스 배출량 추정값)이다.

우리나라는 2009년 「저탄소 녹색성장 기본법」에 따라, 2020년 국가 온실가스 배출량 목표를 '2020년 BAU 대비 30% 감축'으로 공표하였으며, 2015년 국무회의에서는 2030년 국가 온실가스 배출량 목표를 '2030년 BAU 대비 37% 감축을 목표'로 결정하였다. 또한 2022년부터 추진되는 「탄소중립기본법」에 따라, 2030년까지 2018년의 국가 온실가스 배출량 대비 35% 이상 범위에서 온실가스를 감축하는 것을 중장기 감축목표로 하고 있다.

04 교토메커니즘의 3가지 종류에 대해 작성하고, 각 내용을 설명하시오.

풀이 ① 청정개발체제(CDM ; Clean Development Mechanism)

기후변화협약 부속서 I 국가(선진국)가 비부속서 I 국가(개발도상국)의 온실가스 감축사업에 투자하는 제도로, 선진국의 감축목표를 달성하기 위해 개발도상국에서 수행된 온실가스 감축실적(CER ; Certified Emission Reduction)을 선진국의 감축량으로 인정하여 온실가스 감축목표를 달성하는 형태이다.

② 공동이행제도(JI ; Joint Implementation)

선진국가들이 온실가스 감축사업을 공동으로 수행하여 감축한 온실가스 감축량의 일부를 투자국의 감축실적으로 인정하는 제도이다.

③ 배출권거래제(ET ; Emission Trading)

온실가스 감축의무가 있는 사업장 혹은 국가 간의 배출권 거래를 허용하는 제도로, 탄소배출권거래제라고도 한다.

05 불확도 산정절차를 순서대로 쓰고, 그에 대한 설명을 작성하시오.

풀이 ① 1단계 : 사전 검토
- 매개변수 분류 및 검토, 불확도 평가대상 파악
- 불확도 평가체계 수립

② 2단계 : 매개변수의 불확도 산정
- 활동자료, 배출계수 등의 매개변수에 대한 불확도 산정
- 매개변수에 대한 확장불확도 또는 상대불확도 산정

③ 3단계 : 배출시설에 대한 불확도 산정
배출시설별 온실가스 배출량에 대한 상대불확도 산정

④ 4단계 : 사업장 또는 업체에 대한 불확도 산정
배출시설별 배출량의 상대불확도를 합성하여 사업장 또는 업체의 총배출량에 대한 상대불확도 산정

06 모니터링 계획서 작성원칙 7가지를 쓰고, 간략히 설명하시오.

풀이 ① 준수성 : 모니터링 계획은 배출량 산정 및 모니터링 계획 작성에 대한 기준을 준수하여 작성하여야 한다.

② 완전성 : 관리업체는 조직경계 내 모든 배출시설의 배출활동에 대해 모니터링 계획을 수립·작성하여야 한다.

③ 일관성 : 모니터링 계획에 보고된 동일 배출시설 및 배출활동에 관한 데이터는 상호 비교가 가능하도록 배출시설의 구분은 가능한 한 일관성을 유지하여야 한다.

④ 투명성 : 모니터링 계획은 지침에서 제시된 배출량 산정원칙을 준수하고 배출량 산정에 적용되는 데이터 및 정보관리 과정을 투명하게 알 수 있도록 작성하여야 한다.

⑤ 정확성 : 관리업체는 배출량의 정확성을 제고할 수 있도록 모니터링 계획을 수립하여야 한다.

⑥ 일치성 및 관련성 : 모니터링 계획은 관리업체의 현장과 일치하여야 하고, 각 배출시설 및 배출활동, 배출량 산정방법과 관련이 있어야 한다.

⑦ 지속적 개선 : 관리업체는 지속적으로 모니터링 계획을 개선해 나가야 한다.

07 매개변수에 대하여 설명하시오.

풀이 매개변수란 두 개 이상 변수 사이의 상관관계를 나타내는 변수로서, 온실가스 배출량 등을 산정하는 데 필요한 활동자료, 배출계수, 발열량, 산화율, 탄소함량 등을 말한다.

08 철강 제선공정에서 코크스(유연탄)의 역할 3가지를 작성하시오.

풀이 ① 환원제(유연탄으로 코크스를 만들어 환원제로 사용)
② 열원으로서의 역할(연소열 이용)
③ 통기성 및 통액성 확보

09 소수력발전의 장단점을 각각 3가지씩 작성하시오.

풀이 **1. 장점**

① 대용량 수력발전에 비해 친환경적이다.
② 연간 유지비가 투자비의 3.63% 정도로 매우 낮다.
③ 설계 및 시공기간이 비교적 짧다.
④ 에너지밀도가 자연에너지 중 가장 높다.
⑤ 발전원가가 저렴하다.

2. 단점

① 초기 투자비용이 많이 든다.
② 대용량 수력발전에 비해 단위 건설비가 비싸다.
③ 대용량 수력발전에 비해 피크 전력 사용이 용이하지 않다.
④ 자연낙차가 큰 입지는 매우 제한적이다.

※ 이 중 각 3가지씩을 작성한다.

10 고체연료를 사용하는 고정연소 보고대상 온실가스의 종류 3가지를 작성하시오.

풀이 이산화탄소(CO_2), 메탄(CH_4), 아산화질소(N_2O)

11 다음의 설명에 해당하는 모니터링 유형을 쓰고, 도식을 그리시오.

연료 및 원료 공급자가 상거래 등을 목적으로 설치·관리하는 측정기기(WH)와 주기적인 정도검사를 실시하는 내부측정기기(FL)가 설치되어 있을 때 활동자료를 수집하는 방법으로, 배출시설에 다수의 교정된 측정기기가 부착된 경우 교정된 자체 측정기기 값을 사용하는 것을 원칙으로 한다.

풀이 A-2 유형,

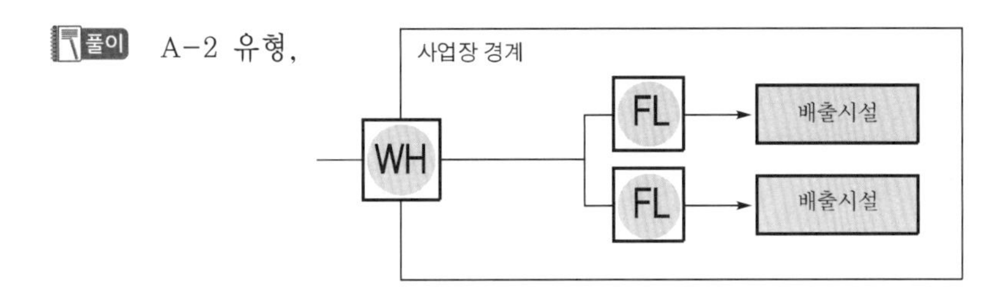

12 온실가스 배출량 등의 산정에서 품질보증 및 품질관리(QA/QC)의 의미를 각각 쓰시오.

풀이 ① 품질보증(QA ; Quality Assurance) : 배출량 산정(명세서 작성 등) 과정에 직접적으로 관여하지 않은 사람에 의해 수행되는 검토절차의 계획된 시스템을 의미하며, 독립적인 제3자에 의해 산정절차 수행 이후 완성된 배출량 산정결과(명세서 등)에 대한 검토가 수행된다.

② 품질관리(QC ; Quality Control) : 배출량 산정결과의 품질을 평가하고 유지하기 위한 일상적인 기술적 활동의 시스템을 의미한다.

13 탄소 100톤에서 발생하는 이산화탄소의 양을 구하시오.

풀이 $C + O_2 \rightarrow CO_2$

$100tC \times 44tCO_2/12tC = 366.667tCO_2$

14 전력 사용량이 1,693,205MWh인 사업장의 전력 배출계수가 다음 표와 같을 경우, 이 사업장에서 배출되는 온실가스의 양(tCO_2-eq)을 구하시오.

구 분	CO_2(tCO_2/MWh)	CH_4($kgCH_4$/MWh)	N_2O(kgN_2O/MWh)
2개년 평균('07~'08)	0.4653	0.0054	0.0027

풀이 $GHG_{\text{Emissions}} = Q \times EF_j$

여기서, $GHG_{\text{Emissions}}$: 전력 사용에 따른 온실가스(j)별 배출량(tGHG)

Q : 외부에서 공급받은 전력 사용량(MWh)

EF_j : 전력 배출계수(tGHG/MWh)

j : 배출 온실가스의 종류

온실가스 배출량=1,693,205MWh×(0.4653tCO_2/MWh×1tCO_2-eq/tCO_2
+0.0054$kgCH_4$/MWh×1tCH_4/$10^3$$kgCH_4$×21$tCO_2$-eq/$tCH_4$
+0.0027kgN_2O/MWh×1tN_2O/$10^3$$kgN_2O$×310$tCO_2$-eq/$tN_2O$)
=789,457.509tCO_2-eq

15 일관제철공정 중 코크스로, 고로 및 전로에서 발생되는 공정 부생가스에 대해 설명하시오.

풀이 ① 코크스 오븐가스(COG ; Coke Oven Gas) : 코크스로에서 발생하는 가스로, CO 함량이 10% 미만이다. 수소 생산용 코크스로에 석탄을 장입하여 밀폐시킨 후 가열하여 코크스를 제조하는 과정에서 석탄이 건류되어 석탄에 함유된 휘발성 물질이 가스로서 노정에 집합되는데, 이 가스를 회수하여 가스 중의 불순물(Tar, 나프탈렌, 유황 등)을 제거한 가스이다.

② 고로가스(BFG ; Blast Furnace Gas) : 고로에서 발생하는 가스로, CO 함량이 약 20% 정도이다. 자체발전용으로 사용되며, 고로에 철광석과 코크스를 장입하여 선철을 제조하는 과정에서 코크스가 연소하여 철광석과 환원작용 시 발생한다.

③ 전로가스(LDG ; Lintz Donawitz Converter Gas) : 제강공장의 전로(轉爐)에서 발생하는 가스로, CO 함량이 약 60% 정도로 높아 NA1을 이용한 수소 생산에 가장 적합하며, 제강공장의 전로에 용선을 장입하고 산소를 취입하여 제강하는 과정에서 용선 중의 탄소가 산소와 화합하여 발생한다.

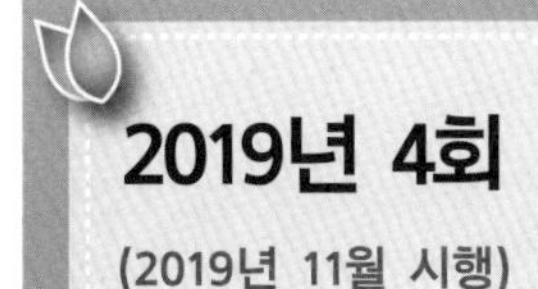

과년도 출제문제

온실가스관리기사

01 신 · 재생에너지에는 신에너지와 재생에너지가 있다. 각각의 의미를 설명하고, 각 에너지에 해당하는 종류를 3가지씩 기재하시오.

풀이

1. 신에너지 및 재생에너지의 정의

① 신에너지 : 기존 화석연료를 변환시켜 수소 · 산소 등의 화학반응을 통하여 전기 또는 열을 이용하는 에너지

② 재생에너지 : 햇빛, 물, 지열, 강수, 생물유기체 등을 포함하는 재생 가능한 에너지를 변환시켜 이용하는 에너지

2. 신에너지 및 재생에너지의 종류

① 신에너지(3가지) : 연료전지, 석탄 액화 · 가스화 에너지, 수소에너지

② 재생에너지(8가지) : 태양에너지, 풍력, 수력, 해양에너지, 지열에너지, 바이오에너지, 폐기물에너지, 그 밖에 석유 · 석탄 · 원자력 또는 천연가스가 아닌 에너지

02 다음은 모니터링 계획의 작성방법이다. 괄호 안에 들어갈 적당한 내용을 적으시오.

조직경계 설정 → 배출활동 및 배출시설 파악 → (①) → 배출시설별 모니터링 대상 및 측정지점 결정 → (②) → 배출시설별 배출활동의 산정등급 적용계획 → (③)

풀이

① 배출시설별 모니터링 방법

② 활동자료의 모니터링 방법

③ 품질관리/품질보증 활동계획

03 이동연소 중 이동연소(도로)의 종류를 쓰시오.

풀이 승용자동차, 승합자동차, 화물자동차, 특수자동차, 이륜자동차, 비도로 및 기타 자동차

04 아래의 모니터링 유형에 적용되는 측정기기 기호에 대한 세부 설명을 기재하시오.

풀이 관리업체가 자체적으로 설치한 계량기로, 「국가표준기본법」에 따른 시험기관, 교정기관, 검사기관에 의하여 주기적인 정도검사를 받는 측정기기를 말한다.

05 석유 정제공정 중 공정개선에 해당하는 내용을 쓰시오.

풀이 공정 최적화, 알킬화 공정, 촉매적 접촉분해, 접촉개질공정

06 CDM의 추가성에 대해 기술하시오.

풀이 ① 환경적 추가성(Environmental Additionality) : 해당 사업의 온실가스 배출량이 베이스라인 배출량보다 적게 배출될 경우 대상 사업은 환경적 추가성이 있다.

② 재정적 추가성(Financial Additionality) : CDM 사업의 경우 투자국이 유치국에 투자하는 자금은 투자국이 의무적으로 부담하고 있는 해외원조기금(Official Development Assistance)과는 별도로 조달되어야 한다.

③ 기술적 추가성(Technological Additionality) : CDM 사업에 활용되는 기술은 현재 유치국에 존재하지 않거나 개발되었지만, 여러 가지 장애요인으로 인해 활용도가 낮은 선진화된(more advanced) 기술이어야 한다.

④ 경제적 추가성(Commercial/Economical Additionality) : 기술의 낮은 경제성, 기술에 대한 이해 부족 등의 여러 장애요인으로 인해 현재 투자가 이루어지지 않는 사업을 대상으로 하여야 한다.

07 교토메커니즘의 3가지 종류에 대해 쓰고, 간략히 설명하시오.

풀이 ① 청정개발체제(CDM ; Clean Development Mechanism)
기후변화협약 부속서 I 국가(선진국)가 비부속서 I 국가(개발도상국)의 온실가스 감축사업에 투자하는 제도로, 선진국의 감축목표를 달성하기 위해 개발도상국에서 수행된 온실가스 감축실적(CER ; Certified Emission Reduction)을 선진국의 감축량으로 인정하여 온실가스 감축목표를 달성하는 형태이다.

② 공동이행제도(JI ; Joint Implementation)
선진국가들이 온실가스 감축사업을 공동으로 수행하여 감축한 온실가스 감축량의 일부를 투자국의 감축실적으로 인정하는 제도이다.

③ 배출권거래제(ET ; Emission Trading)
온실가스 감축의무가 있는 사업장 혹은 국가 간의 배출권 거래를 허용하는 제도로, 탄소배출권거래제라고도 한다.

08 온실가스 중에서 교토의정서에서 규정하는 온실가스 종류 6가지를 쓰고, 각 온실가스별 주요 배출원에 대하여 간단히 설명하시오.

풀이 **1. 온실가스의 종류**
이산화탄소(CO_2), 메탄(CH_4), 아산화질소(N_2O), 수소불화탄소(HFCs), 과불화탄소(PFCs), 육불화황(SF_6)

2. 온실가스별 주요 배출원

① 이산화탄소(CO_2) : 화석연료의 연소, 산업공정(시멘트 생산, 석회 생산, 탄산염의 기타 공정 사용, 암모니아 생산, 석유 정제활동 등)

② 메탄(CH_4) : 이동연소시설(항공, 도로수송, 철도수송, 선박), 철강 및 합금철 생산, 폐기물 처리과정(고형폐기물 매립 및 생물학적 처리, 하·폐수 처리 및 배출, 폐기물 소각), 농업, 가축 배설물

③ 아산화질소(N_2O) : 화학산업(질산 생산, 아디프산 생산), 농업(비료 사용) 등

④ 수소불화탄소(HFCs) : 용매, 용제, 발포제, 냉매, 반도체 세정제, 전기설비 등

⑤ 과불화탄소(PFCs) : 소화기, 철강 산업, 반도체 제조 시 세정 또는 에칭 공정 등

⑥ 육불화황(SF_6) : 변압기의 절연체 차단제, 전자제품(LCD 모니터 제조) 등

09 지구온난화지수(GWP)의 정의와 의미를 작성하시오.

풀이 ① 정의 : 지구온난화지수(GWP ; Global Warming Potential)란 온실가스가 열을 흡수할 수 있는 능력에 대한 상대적 수치로, 이산화탄소가 지구온난화에 미치는 영향을 기준으로 각각의 온실가스가 지구온난화에 기여하는 정도를 수치를 표현한 것이다.

② 의미 : 같은 질량을 기준으로 온실가스별로 지구온난화에 미치는 정도를 나타낸 수치로, GWP값이 클수록 지구온난화에 기여도가 크다는 의미이다. 이산화탄소를 1로 기준을 삼았을 때, 메탄은 21, 아산화질소는 310 등이다.

10 온실가스 배출량 산정 및 보고의 원칙 5가지를 설명하시오. (단, 온실가스 목표관리 운영 등에 관한 지침을 기준으로 한다.)

풀이 ① 적절성(Relevance) : 산정된 온실가스 배출량은 관리업체의 실제 온실가스 배출량을 적절하게 반영해야 하며, 정책을 결정함에 있어서 근거자료의 역할을 해야 한다.

② 완전성(Completeness) : 인벤토리 조직경계 범위 내의 모든 온실가스 배출원 및 흡수원에 의한 배출량과 흡수량을 산정 · 보고해야 한다.

③ 일관성(Consistency) : 보고기간 동안의 인벤토리 산정방법과 활동자료가 일관성을 유지해야 한다.

④ 정확성(Accuracy) : 산정 주체의 역량과 확보 가능한 자료 범위 내에서 가장 정확하게 인벤토리를 산정해야 한다.

⑤ 투명성(Transparency) : 인벤토리 산정을 위하여 사용된 가정과 방법이 투명하고 명확하게 기술되어 제3자에 의한 평가와 재현이 가능해야 한다.

11 수소에너지의 장점 3가지를 쓰시오.

풀이 ① 수소에너지는 공해물질이 배출되지 않아 대안 에너지의 가장 이상적인 매개체라 할 수 있다.

② 수소를 얻을 수 있는 원료인 물이 풍부하게 존재하고, 여러 가지의 1차 에너지를 사용하여 제조할 수 있다. 즉, 자원적으로 제약을 받지 않는다.

③ 수소가 연소되거나 전기로 변환되어 산출된 물은 환경에 완전 무해하고, 다시 사용될 수 있다. 수소의 사용은 기후변화의 원인물질 배출을 줄일 수 있고, 대기오염물질을 줄일 수 있으며, 그로 인해 지구온난화 방지에도 기여한다.

④ 에너지의 지속적인 공급과 자동 공급도 가능하다.

⑤ 수소에너지 시스템은 다양한 에너지원으로부터 생산되어 저장 · 수송되고, 전기적 이용, 산업, 가정, 자동차, 비행기, 공장 등에서 사용된다.

⑥ 전력과 달리, 저장이 쉽다.

※ 이 중 3가지를 작성한다.

12 다음은 온실가스 목표관리제 관련 일정에 관한 내용이다. 각 항목에 해당하는 일정을 기재하시오.

- 이행실적보고서, 명세서 제출 : (　)월 (　)일까지
- 이행실적계획서 제출 : (　)월 (　)일까지

풀이 ① 이행실적보고서, 명세서 제출 : 매년 3월 31일까지

② 이행실적계획서 제출 : 매년 12월 31일까지

관련 온실가스 목표관리 운영 등에 관한 지침의 내용은 다음과 같다.

- 제37조(명세서의 제출) 관리업체는 검증기관의 검증을 거친 명세서를 매년 3월 31일까지 전자적 방식으로 부문별 관장기관에 제출하여야 한다.
- 제38조(이행계획서의 작성 및 제출) 부문별 관장기관으로부터 다음 연도 목표를 통보받은 관리업체는 해당 연도 12월 31일까지 전자적 방식으로 다음 연도 이행계획을 작성하여 부문별 관장기관에 제출하여야 한다.

13 온실가스 배출량 산정을 위한 인벤토리 중 하향식과 상향식의 방법을 비교하여 설명하시오.

풀이 ① 하향식(Top down) : 유사 배출원 또는 흡수원의 온실가스 배출량 또는 흡수량 산정을 위해 통합 활동자료를 활용하고 동일한 산정방법과 배출계수를 적용 · 산정하는 방식으로, 대부분의 국가 인벤토리와 지자체 인벤토리에서 사용한다.

② 상향식(Bottom up) : 단위 배출원의 배출특성 자료를 활용하여 배출량을 산정하고 이를 통합하여 배출 주체의 온실가스 인벤토리를 결정하는 방식으로, 단위 배출원 또는 흡수원의 특성을 반영하여 온실가스 인벤토리를 산정하기 때문에 배출 주체의 정확한 인벤토리를 결정할 수 있는 장점을 가진다.

14 조직경계 설정방법 중 통제접근법에 대해 설명하시오.

풀이 통제접근법(국가, 지자체, 기업체 인벤토리)이란 기업의 통제권 아래에 운영으로부터 배출되는 온실가스 배출량을 100% 산정하는 방법이다.

15 CCS의 의미를 쓰고, 해당 기술에 대해 설명하시오.

풀이 CCS 기술은 발전소 및 CO_2를 대량으로 발생하는 배출원(철강, 시멘트, 석유화학 등)으로부터 CO_2를 대기로 배출하기 전에 고농도로 포집 · 압축 · 수송하여 안전하게 저장하는 기술이다. CO_2를 포집하는 기술은 크게 포집 후, 포집 전, 순산소 연소 포집의 3가지로 구분되며, 저장하는 기술은 지표 저장, 지중 저장, 해양 저장 등으로 구분된다. CO_2 제거 측면에서 가장 효율이 높은 기술이지만, 처리비용이 고가이기 때문에 적용대상을 신중히 선정하여야 한다.

16 다음의 데이터를 활용하여 C-4 모니터링 중 누락 데이터를 산출하시오.

- 정상기간 중 사용된 연료사용량 : 3,000t
- 정상기간 중 생산량 : 13,000t
- 결측기간 총 생산량 : 2,500t

풀이 C-4 모니터링 유형은 결측기간의 연료 사용량 데이터를 활용하는 방식이다.

결측기간의 연료(또는 원료) 사용량

$$= \frac{\text{정상기간 중 사용된 연료(또는 원료) 사용량}(Q)}{\text{정상기간 중 생산량}(P)} \times \text{결측기간 총 생산량}(P)$$

$$= \frac{3{,}000\,\text{t}}{13{,}000\,\text{t}} \times 2{,}500\,\text{t} = 576.923\,\text{t}$$

∴ 결측기간 연료 사용량＝576.923t

17 백열전구를 사용하던 가로등 150개를 LED 전구로 교체하고자 한다. 기존 백열전구의 전력 소모량이 300W이고, LED 전구의 전력 소모량이 150W일 경우, 연간 온실가스 감축량(tCO_2-eq/yr)을 구하시오. (단, 배출계수는 0.424tCO_2/MWh이다.)

풀이
- 연간 온실가스 감축량＝백열전구 온실가스 배출량－LED 온실가스 배출량
- 온실가스 배출량＝전력소모량×전구개수×배출계수

1. **백열전구 온실가스 배출량**

   ＝300W×150개×0.424tCO_2/MWh×MW/10^6W×24hr/d×365d/yr

   ＝167.141tCO_2/yr

2. **LED 온실가스 배출량**

   ＝150W×150개×0.424tCO_2/MWh×MW/10^6W×24hr/d×365d/yr

   ＝83.570tCO_2/yr

연간 온실가스 배출량＝(167.141－83.570)tCO_2/yr＝83.570tCO_2/yr

∴ 연간 온실가스 감축량＝83.570tCO_2-eq/yr

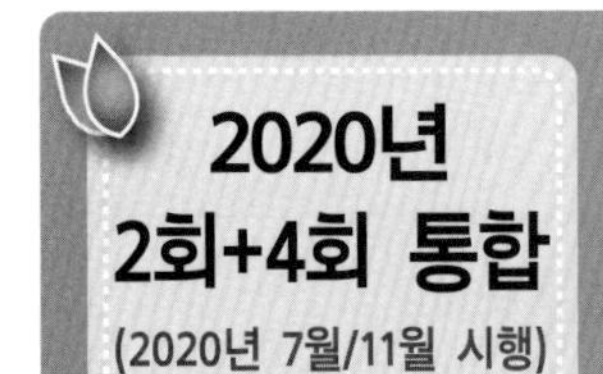

과년도 출제문제

온실가스관리기사

01 배출량 산정절차를 순서대로 쓰시오.

풀이 조직경계의 설정 → 배출활동의 확인 · 구분 → 모니터링 유형 및 방법의 설정 → 배출량 산정 및 모니터링 체계의 구축 → 배출활동별 배출량 산정방법론의 선택 → 배출량 산정 → 명세서의 작성

02 다음은 고정연소(고체연료) 중 대기오염물질 방지시설인 배연탈황시설의 대표적인 반응형태이다. 빈칸에 알맞은 화학식을 작성하시오.

- $SO_2 + H_2O \rightarrow H_2SO_3$
- $CaCO_3 + H_2SO_3 \rightarrow$ (①) $+ CO_2 + H_2O$
- (①) $+ 1/2O_2 + 2H_2O \rightarrow$ (②)
- $CaCO_3 + SO_2 + 1/2O_2 + 2H_2O \rightarrow$ (②) $+ CO_2$

풀이 ① $CaSO_3$
② $CaSO_4 \cdot 2H_2O$

※ $CaSO_4 \cdot 2H_2O$: 석고

03 모니터링 유형 중 C-6 유형의 연료 사용량 산정식을 작성하시오.

풀이 $$\text{연료 사용량} = \sum \frac{\text{연료별 이동연소 배출원별 주행거리(km)}}{\text{연료별 이동연소 배출원별 연비(km/L)}}$$

04 이동연소(철도)의 보고대상 배출시설을 쓰시오.

풀이 ① 고속차량
② 전기기관차
③ 전기동차
④ 디젤기관차
⑤ 디젤동차
⑥ 특수차량

05 BAU에 대해 설명하시오.

풀이 BAU는 Business As Usual의 약자로, 현재까지의 온실가스 감축정책 추세가 미래에도 지속된다는 가정하에 온실가스 감축 조치를 하지 않았을 경우 배출될 것으로 예상되는 미래 배출전망치(온실가스 배출량 추정값)이다. 우리나라는 2009년 국가 온실가스 배출량 목표로 2020년 BAU 대비 30% 감축을 공표하였으며, 2015년 국무회의에서는 2030년 BAU 대비 37% 감축을 목표로 결정하였다.

06 이산화탄소 포집 및 이동에 따른 이산화탄소 사용시설 3가지를 쓰시오.

풀이 ① 탄산음료용 CO_2 사용
② 드라이아이스용 CO_2 사용
③ 소화, 냉매 및 실험실 가스용 CO_2 사용
④ 곡물 살충용 CO_2 사용
⑤ 식품, 화학 산업에서 용매용 CO_2 사용
⑥ 화학, 제지, 건설, 시멘트 산업에서 제품 및 원료용 CO_2 사용(탄산염 등)

※ 위 항목 중 3가지를 작성한다.

07 **다음 그림이 설명하는 모니터링 유형과 각 활동자료를 결정하기 위한 자료를 작성하시오.**

사업장 경계 / FL / 배출시설 / WH / FL / 타 사업장 경계

풀이 ① 모니터링 유형 : A-4 유형

A-4 유형은 연료나 원료 공급자가 상거래를 목적으로 설치·관리하는 측정기기(WH)와 주기적인 정도검사를 실시하는 내부 측정기기(FL)를 사용하며 연료나 원료 일부를 파이프 등을 통해 연속적으로 외부 사업장이나 배출시설에 공급할 경우 활동자료를 결정하는 방법이다. 이 경우, 타 사업장 공급 측정기기는 주기적인 정도검사를 실시하는 측정기기를 사용하여 활동자료를 수집히여야 하며, 사업징에시 조직경계 외부로 판매하거나 공급한 양을 제외하여 배출시설의 활동자료를 결정한다.

② 활동자료를 결정하기 위한 자료

해당 항목	관련 자료
구매 전력	전력 공급자(한국전력)가 발행한 전력요금청구서
구매 열 및 증기	열에너지 공급자가 발행하고 열에너지 사용량이 명시된 요금청구서, 열에너지 사용 증빙문서
도시가스	도시가스 공급자(도시가스회사)가 발행하고 도시가스 사용량이 기입된 요금청구서
화석연료	• 사업자가 연료의 판매목적으로 설치하여 정도관리하는 모니터링 기기의 측정값 • 기타, 사업자와 연료 구매자가 합의하는 측정방식에 따른 계측값

08 **하수처리시설에서 배출되는 보고대상 온실가스의 종류를 쓰시오.**

풀이 메탄(CH_4), 아산화질소(N_2O)

09 다음은 연속측정(굴뚝연속자동측정기)에 의한 배출량 산정식이다. 식에서 각 항의 의미를 설명하시오.

$$E_{CO_2} = K \times C_{CO_2 d} \times Q_{sd}$$

풀이 ① E_{CO_2} : CO_2 배출량(gCO_2/30분)

② K : 변환계수(1.964×10, 표준상태에서 1kmol이 갖는 공기 부피와 이산화탄소 분자량 사이의 변환계수)

③ $C_{CO_2 d}$: 30분 CO_2 평균농도[%, 건가스(dry basis) 기준, 부피농도]

④ Q_{sd} : 30분 적산유량(Sm^3, 건가스 기준)

10 석유화학제품 생산공정의 공정배출 보고대상 배출시설을 작성하시오.

풀이 ① 메탄올 반응시설

② EDC/VCM 반응시설

③ 에틸렌옥사이드(EO) 반응시설

④ 아크릴로니트릴(AN) 반응시설

⑤ 카본블랙(CB) 반응시설

⑥ 에틸렌 생산시설

⑦ 테레프탈산(TPA) 생산시설

⑧ 코크스 제거공정(de-coking)

11 점결탄에 대한 정의를 쓰시오.

풀이 점결탄(coking coal)은 석탄을 건류 · 연소할 때 석탄입자가 연화용융하여 서로 점결하는 성질이 있는 석탄을 말하며, 건류용탄 또는 원료탄이라고도 한다. 점결성의 정도에 따라 약점결탄(탄소함유량 80~83%), 점결탄(탄소함유량 83~85%), 강점결탄(탄소함유량 85~95%)으로 구분된다.

12

A업체의 연간 전력 사용량이 200,000MWh일 때 온실가스 배출량을 구하시오. (단, 전력배출계수는 다음 표의 값을 적용한다.)

구 분	$CO_2(tCO_2/MWh)$	$CH_4(kgCH_4/MWh)$	$N_2O(kgN_2O/MWh)$
2개년 평균('14~'16)	0.4567	0.0036	0.0085

풀이 Tier 1 산정식을 활용하여 계산한다.

$$GHG_{\text{Emissions}} = Q \times EF_j$$

여기서, $GHG_{\text{Emissions}}$: 전력 사용에 따른 온실가스(j)별 배출량(tGHG)

Q : 외부에서 공급받은 전력 사용량(MWh)

EF_j : 전력배출계수(tGHG/MWh)

j : 배출 온실가스 종류

온실가스 배출량 $= 200,000\text{MWh} \times (0.4567\text{tCO}_2/\text{MWh} \times 1\text{tCO}_2\text{-eq}/\text{tCO}_2 + 0.0036\text{kgCH}_4/\text{MWh} \times 21\text{kgCO}_2\text{-eq}/\text{kgCH}_4 \times \text{tCO}_2\text{-eq}/10^3\text{kgCO}_2\text{-eq} + 0.0085\text{kgN}_2\text{O}/\text{MWh} \times 310\text{kgCO}_2\text{-eq}/\text{kgN}_2\text{O} \times \text{tCO}_2\text{-eq}/10^3\text{kgCO}_2\text{-eq})$

$= 91,882.12\ \text{tCO}_2\text{-eq}$

$\therefore$ $91,882.12\text{tCO}_2\text{-eq}$

13

관리업체(사업장) 지정 온실가스 배출량 기준을 작성하시오.

풀이 $15,000\text{tCO}_2\text{-eq}$ 이상

14 최적가용기술 개발 시 고려요소 3가지를 기술하시오.

풀이 ① 환경피해를 방지함으로써 얻을 수 있는 이익이 최적가용기술(BAT)을 적용하는 데 필요한 비용보다 커야 한다.

② 기존 및 신규 공장에 최적가용기술을 설치하는 데 필요한 시간을 고려한다.

③ 폐기물의 발생을 줄이고 폐기물 회수와 재사용 등을 촉진할 수 있는지 여부를 고려하여야 한다.

④ 관련 법률에 따른 환경규제, 인·허가 등이 해당 기술을 적용하는 데 상당한 제약이 발생하는지 여부를 고려하여야 한다.

⑤ 기술의 진보와 과학의 발전을 고려한다.

⑥ 온실가스와 기타 오염물질의 통합 감축을 촉진하여야 한다.

※ 위 항목 중 3가지를 작성한다.

15 A업체에서 차량운행에 따른 연료 사용량을 C-5 유형으로 산정하시오.

연료 형태	구매비용	구매단가
휘발유	5,000,000원	1,650원/L
경유	10,000,000원	1,250원/L

풀이 C-5 유형은 사업장에서 운행하고 있는 차량 등 이동연소 부문에 적용할 수 있으며, 구매비용과 연료별 구매단가를 활용하는 방식이다.

$$\text{연료 사용량} = \sum \frac{\text{연료별 이동연소 배출원별 연료 구매비용}}{\text{연료별 이동연소 배출원별 구매단가}}$$

① $\text{휘발유 사용량} = 5{,}000{,}000\text{원} \times \frac{L}{1{,}650\text{원}} = 3{,}030.303L$

② $\text{경유 사용량} = 10{,}000{,}000\text{원} \times \frac{L}{1{,}250\text{원}} = 8{,}000L$

∴ 휘발유 3,030L, 경유 8,000L

16 온실가스 배출량 검증결과에 따른 최종 검증의견 3가지에 대해 설명하시오.

풀이 온실가스 배출량 검증결과는 적정, 조건부 적정, 부적정으로 결정된다.

① 적정 : 검증기준에 따라 배출량이 산정되었으며, 불확도와 오류(잠재오류, 미수정된 오류 및 기타 오류를 포함한다) 및 수집된 정보의 평가결과 등이 중요성 기준 미만으로 판단되는 경우

② 조건부 적정 : 중요한 정보 등이 온실가스 배출량 등의 산정 · 보고기준을 따르지 않았으나, 불확도와 오류 평가결과 등이 중요성기준 미만으로 판단되는 경우

③ 부적정 : 불확도와 오류 평가결과 등이 중요성기준 이상으로 판단되는 경우

17 A업체에서 경유 2,500L를 사용할 때 배출되는 온실가스 배출량(tCO_2-eq)을 구하시오. (단, 소수점 넷째 자리에서 반올림하시오.)

- 산화계수 : 1
- 순발열량 : 35.3MJ/L
- 총발열량 : 37.7MJ/L
- 배출계수 : CO_2(74,100kgCO_2/TJ), CH_4(3kgCH_4/TJ), N_2O(0.6kgN_2O/TJ)

풀이 고정연소(액체연료)의 배출량 산정식은 다음과 같다.

$$E_{i,j} = Q_i \times EC_i \times EF_{i,j} \times f_i \times 10^{-6}$$

여기서, $E_{i,j}$: 연료(i) 연소에 따른 온실가스(j)의 배출량(tGHG)

Q_i : 연료(i)의 사용량(측정값, kL-연료)

EC_i : 연료(i)의 열량계수(연료 순발열량, MJ/L-연료)

$EF_{i,j}$: 연료(i)에 따른 온실가스(j)의 배출계수(kgGHG/TJ-연료)

f_i : 연료(i)의 산화계수(CH_4, N_2O는 미적용)

$$E_{i,j} = 2{,}500\,\mathrm{L} \times \frac{35.3\,\mathrm{MJ}}{\mathrm{L}} \times 1 \times \frac{1\mathrm{TJ}}{10^6\mathrm{MJ}} \times \left[\left(\frac{74{,}100\,\mathrm{kgCO_2}}{\mathrm{TJ}} \times \frac{\mathrm{tCO_2}}{10^3\mathrm{kgCO_2}} \times \frac{1\mathrm{tCO_2-eq}}{\mathrm{tCO_2}}\right) + \left(\frac{3\mathrm{kgCH_4}}{\mathrm{TJ}} \times \frac{\mathrm{tCH_4}}{10^3\mathrm{kgCH_4}} \times \frac{21\mathrm{tCO_2-eq}}{\mathrm{tCH_4}}\right) + \left(\frac{0.6\mathrm{kgN_2O}}{\mathrm{TJ}} \times \frac{\mathrm{tN_2O}}{10^3\mathrm{kgN_2O}} \times \frac{310\mathrm{tCO_2-eq}}{\mathrm{tN_2O}}\right)\right]$$

$$= 6.56129925 \fallingdotseq 6.561\mathrm{tCO_2-eq}$$

※ 온실가스 배출량을 산정할 때는 순발열량을 활용하여 계산한다.

과년도 출제문제

온실가스관리기사

01 신에너지 및 재생에너지 개발 · 이용 · 보급 촉진법에 따라, 재생에너지에 해당하는 에너지 종류를 5가지만 작성하시오.

풀이 재생에너지란 햇빛 · 물 · 지열(地熱) · 강수(降水) · 생물유기체 등을 포함하는 재생 가능한 에너지를 변환시켜 이용하는 에너지를 말하며, 종류는 아래와 같다.

① 태양에너지
② 풍력
③ 수력
④ 해양에너지
⑤ 지열에너지
⑥ 생물자원을 변환시켜 이용하는 바이오에너지
⑦ 폐기물에너지
⑧ 그 밖에 석유 · 석탄 · 원자력 또는 천연가스가 아닌 에너지

※ 위 재생에너지 종류 중 5가지를 작성한다.

02 A시설에서 발생하는 온실가스는 메탄 300톤이다. 이를 이산화탄소상당량톤(tCO_2–eq)으로 환산하여 제시하시오.

풀이 이산화탄소상당량톤으로 환산하기 위해서는 온실가스 배출량에 지구온난화지수를 곱하여 산출할 수 있다.

이산화탄소 배출량(tCO_2–eq)=온실가스 배출량×지구온난화지수(GWP)

$$= 300\,tCH_4 \times \frac{21tCO_2 - eq}{tCH_4} = 6{,}300\,tCO_2\text{–}eq$$

03 다음 설명에 해당하는 모니터링 유형의 명칭을 기재하고, 그림으로 나타내시오.

연료 및 원료 공급자가 상거래 등을 목적으로 설치 · 관리하는 측정기기(WH)와 주기적인 정도검사를 실시하는 내부측정기기(FL)가 설치되어 있을 때 활동자료를 수집하는 방법으로, 배출시설에 다수의 교정된 측정기기가 부착된 경우 교정된 자체 측정기기값을 사용하는 것을 원칙으로 한다.

풀이 A-2 유형

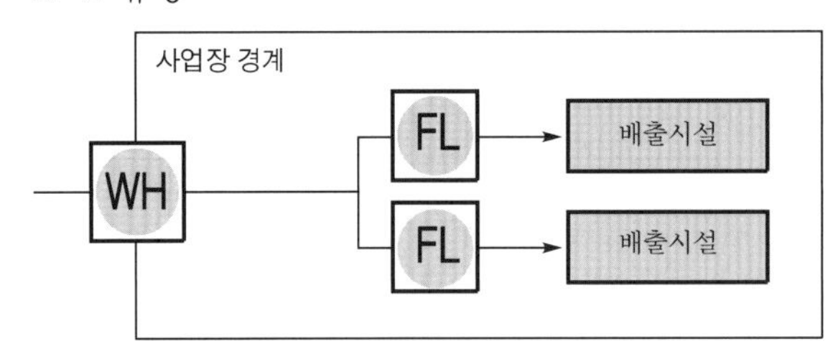

04 산정등급 분류체계에 대한 산정방법론을 작성하시오.

풀이 산정등급(Tier) 분류체계는 다음과 같다.

① Tier 1 : 활동자료, IPCC 기본배출계수(기본산화계수, 발열량 등 포함)를 활용하여 배출량을 산정하는 기본방법론이다.

② Tier 2 : Tier 1보다 높은 정확도를 갖는 활동자료로, 국가 고유배출계수 및 발열량 등 일정 부분에 대한 시험 · 분석을 통하여 개발한 매개변수값을 활용하는 배출량 산정방법론이다.

③ Tier 3 : Tier 1, 2보다 더 높은 정확도를 갖는 활동자료로, 사업자가 사업장 · 배출시설 및 감축기술단위의 배출계수 등 상당 부분에 대한 시험 · 분석을 통하여 개발하거나 공급자로부터 제공받은 매개변수값을 활용하는 배출량 산정방법론이다.

④ Tier 4 : 굴뚝 자동측정기기 등 배출가스 연속 측정방법을 활용한 배출량 산정방법론이다.

05 다음 괄호 안에 들어갈 불확도는 어떤 불확도인지 각각 작성하시오.

- (①)는 반복 측정값의 표준오차로서 표현된다.
- (②)는 여러 불확도 요인이 존재하는 경우 각 인자에 대한 표준불확도를 합성하여 결정한 불확도이다.
- (③)는 합성불확도에 신뢰구간을 특정 짓는 포함인자를 곱하여 결정하는 것으로, 포함인자값은 관측값이 어떤 신뢰구간을 택하느냐에 따라 달라진다.
- (④)는 불확도를 비교 가능한 값으로 환산하기 위해 불확도를 최적 추정값(평균)으로 나누고 100을 곱하여 백분율로 표현하는 것이다.

풀이 ① 표준불확도 ② 합성불확도
③ 확장불확도 ④ 상대불확도

06 사업장의 조직경계를 확인 또는 증빙하기 위한 자료를 3가지만 쓰시오.

풀이 ① 약도 ② 사진
③ 시설배치도 ④ 공정도

※ 위 4가지 중 3가지를 작성한다.

07 이동연소의 4개 항목을 쓰고, 그 배출활동을 각각 작성하시오.

풀이 이동연소 배출활동은 항공, 도로, 철도, 선박으로 구분할 수 있다.
① 항공 : 국내항공, 기타 항공
② 도로 : 승용자동차, 승합자동차, 화물자동차, 특수자동차, 이륜자동차, 비도로 및 기타 자동차
③ 철도 : 고속차량, 전기기관차, 전기동차, 디젤기관차, 디젤동차, 특수차량
④ 선박 : 여객선, 화물선, 어선, 기타 선박

08 시멘트 생산의 보고대상 배출시설명과 반응식을 작성하시오.

풀이 보고대상 배출시설은 소성시설이며, 소성시설에서 탄산칼슘의 탈탄산반응에 의해 이산화탄소가 배출된다.

① 보고대상 배출시설 : 소성시설

② 반응식 : $CaCO_3 + Heat \rightarrow CaO + CO_2$

09 고체 폐기물 시료채취 시 분석항목과 최소분석주기를 작성하시오.

풀이 ① 분석항목 : 원소 함량, 발열량, 수분, 회(Ash) 함량

② 최소분석주기 : 분기별 1회(연 반입량이 12만톤을 초과할 경우, 입하량 1만톤 초과 시마다 1회 추가)

10 CDM의 추가성 4가지를 간단히 설명하시오.

풀이 ① 환경적 추가성(Environmental Additionality) : 해당 사업의 온실가스 배출량이 베이스라인 배출량보다 적게 배출될 경우 대상 사업은 환경적 추가성이 있다.

② 재정적 추가성(Financial Additionality) : CDM 사업의 경우 투자국이 유치국에 투자하는 자금은 투자국이 의무적으로 부담하고 있는 해외원조기금(Official Development Assistance)과는 별도로 조달되어야 한다.

③ 기술적 추가성(Technological Additionality) : CDM 사업에 활용되는 기술은 현재 유치국에 존재하지 않거나 개발되었지만, 여러 가지 장애요인으로 인해 활용도가 낮은 선진화된(more advanced) 기술이어야 한다.

④ 경제적 추가성(Commercial/Economical Additionality) : 기술의 낮은 경제성, 기술에 대한 이해 부족 등 여러 장애요인으로 인해 현재 투자가 이루어지지 않는 사업을 대상으로 하여야 한다.

11 다음은 용어의 정의이다. 괄호에 들어갈 알맞은 용어를 각각 작성하시오.

- (①)란 온실가스 배출 및 에너지 소비와 관련하여 제품 생산량 등 단위 활동자료당 온실가스 배출량 등의 실적·성과를 국내·외 동종 배출시설 또는 공정과 비교하는 것을 말한다.
- (②)란 해당 배출시설의 단위 연료 사용량, 단위 제품 생산량, 단위 원료 사용량, 단위 폐기물 소각량 또는 처리량 등 단위 활동자료당 발생하는 온실가스 배출량을 나타내는 계수(係數)를 말한다.

풀이 ① 벤치마크
② 배출계수

12 고체연료 고정연소의 보고대상 배출시설 종류 3가지와 보고대상 온실가스를 작성하시오.

풀이 ① 보고대상 배출시설 : 화력발전시설, 열병합 발전시설, 발전용 내연기관, 일반보일러시설, 공정연소시설, 대기오염물질 방지시설, 고형연료제품 사용시설
② 보고대상 온실가스 : 이산화탄소(CO_2), 메탄(CH_4), 아산화질소(N_2O)

※ ①번의 경우, 7가지 중 3가지를 작성한다.

13 배출권의 전부를 무상으로 할당할 수 있는 공익을 목적으로 설립된 기관·단체 또는 비영리법인에 해당하는 곳을 3가지만 기재하시오.

풀이 ① 지방자치단체
② 「초·중등교육법」 제2조 및 「고등교육법」 제2조에 따른 학교
③ 「의료법」 제3조 제2항에 따른 의료기관
④ 「대중교통의 육성 및 이용 촉진에 관한 법률」 제2조 제4호에 따른 대중교통운영자
⑤ 「집단에너지사업법」 제2조 제3호에 따른 사업자(3차 계획기간의 1차 이행연도부터 3차 이행연도까지의 기간으로 한정)

※ 위 5가지 중 3가지를 작성한다.

14 다음 A화력발전소에서 유연탄을 연간 100,000톤 사용할 때 발생하는 온실가스 배출량을 구하시오.

발열량(MJ/kg)				산화계수			
총발열량	24.8			Tier 1	1.0		
순발열량	23.7			Tier 2	0.99		
온실가스 배출계수 (kgGHG/TJ)	CO_2	95,100	CH_4	1	N_2O	1.5	

풀이 $E_{i,j} = Q_i \times EC_i \times EF_{i,j} \times f_i \times 10^{-6}$

여기서, $E_{i,j}$: 연료(i)의 연소에 따른 온실가스(j)의 배출량(tGHG)

Q_i : 연료(i)의 사용량(측정값, t-연료)

EC_i : 연료(i)의 열량계수(연료 순발열량, MJ/kg-연료)

$EF_{i,j}$: 연료(i)에 따른 온실가스(j)의 배출계수(kgGHG/TJ-연료)

f_i : 연료(i)의 산화계수(CH_4, N_2O는 미적용)

$$E_{i,j} = 100,000\text{t} \times 23.7\text{MJ/kg} \times \left(\frac{95,100\text{kgCO}_2}{\text{TJ}} \times \frac{1\text{kgCO}_2-\text{eq}}{\text{kgCO}_2} \times 0.99 + \frac{1\text{kgCH}_4}{\text{TJ}} \times \frac{21\text{kgCO}_2-\text{eq}}{\text{kgCH}_4} + \frac{1.5\text{kgN}_2\text{O}}{\text{TJ}} \times \frac{310\text{kgCO}_2-\text{eq}}{\text{kgN}_2\text{O}} \right) \times 10^{-6}$$

$= 224284.950\text{tCO}_2\text{-eq}$

※ 연간 5만톤 이상 50만톤 미만 배출시설로 Tier 2를 적용하여야 한다.

15 베이스라인 배출량의 정의를 기술하시오.

풀이 베이스라인 배출량이란 외부사업 사업자가 외부사업을 하지 않았을 경우, 사업경계 내에서 발생 가능성이 가장 높은 조건을 고려한 온실가스 배출량을 말한다.

16 **외부사업 사업계획서(프로그램 감축사업 사업계획서)에 포함해야 할 내용을 5가지만 쓰시오.**

풀이 ① 프로그램 감축사업 개요 : 사업명, 사업 목적 및 내용, 사업의 위치, 외부사업 사업자 및 온실가스 감축량 소유권, 사업 시작일 및 인증유효기간, 사업의 중복성 평가, 사업의 디번들링 평가, 공적자금, 프로그램 감축사업의 단위사업 적격성 기준

② 프로그램 감축사업의 베이스라인 및 모니터링 방법론 : 적용 방법론, 방법론 선정 및 선정 타당성 설명, 추가성 입증

③ 온실가스 감축량(흡수량) 산정 : 베이스라인 배출량(흡수량) 산정식, 사업활동에 따른 온실가스 배출량(흡수량) 산정식, 누출량 산정식, 온실가스 감축량(흡수량) 산정식, 사업타당성 평가 시 필요한 단위사업의 고정 데이터 및 인자, 예상 온실가스 감축량(흡수량) 계산

④ 모니터링 계획 : 베이스라인 변동 데이터 및 인자, 모니터링 계획 설명

⑤ 참고자료

⑥ 총괄사업자 정보 : 사업자명, 사업장명, 사업장 주소, 전화, 팩스, 홈페이지, 실무담당자의 이름 · 부서/직위 · 전화 · 이메일

※ 위 6가지 중 5가지를 작성한다.

2021년 4회
(2021년 11월 시행)

과년도 출제문제

온실가스관리기사

01 매개변수의 정의를 기술하시오.

풀이 매개변수란 두 개 이상 변수 사이의 상관관계를 나타내는 변수로서, 온실가스 배출량 등을 산정하는 데 필요한 활동자료, 배출계수, 발열량, 산화율, 탄소함량 등을 말한다.

02 산정등급 분류체계에 대한 산정방법론을 작성하시오.

풀이 산정등급(Tier) 분류체계는 다음과 같다.

① Tier 1 : 활동자료, IPCC 기본배출계수(기본산화계수, 발열량 등 포함)를 활용하여 배출량을 산정하는 기본방법론이다.

② Tier 2 : Tier 1보다 높은 정확도를 갖는 활동자료로, 국가 고유배출계수 및 발열량 등 일정 부분에 대한 시험·분석을 통하여 개발한 매개변수값을 활용하는 배출량 산정방법론이다.

③ Tier 3 : Tier 1, 2보다 더 높은 정확도를 갖는 활동자료로, 사업자가 사업장·배출시설 및 감축기술단위의 배출계수 등 상당 부분에 대한 시험·분석을 통하여 개발하거나 공급자로부터 제공받은 매개변수값을 활용하는 배출량 산정방법론이다.

④ Tier 4 : 굴뚝 자동측정기기 등 배출가스 연속 측정방법을 활용한 배출량 산정방법론이다.

03 "불확도"와 "베이스라인 배출량"의 정의를 각각 작성하시오.

풀이 ① "불확도"란 온실가스 배출량 등의 산정결과와 관련하여 정량화된 양을 합리적으로 추정한 값의 분산특성을 나타내는 정도를 말한다.

② "베이스라인 배출량"이란 외부사업 사업자가 외부사업을 하지 않았을 경우, 사업경계 내에서 발생 가능성이 가장 높은 조건을 고려한 온실가스 배출량을 말한다.

04 품질관리(QC)의 세부내용 3가지를 작성하시오.

풀이 ① 기초자료의 수집 및 정리
② 산정과정의 적절성
③ 산정결과의 적절성
④ 보고의 적절성

※ 위 4가지 중 3가지를 작성한다.

05 다음은 CDM 사업절차(6단계)이다. 괄호에 들어갈 내용을 작성하시오.

사업 개발/계획 → 정부 승인 → (①) → (②) → 검증 및 인증 → (③)

풀이 ① 사업 확인 및 등록
② 모니터링
③ CERs 발행

06 다음 설명에서 빈칸에 들어갈 단어를 순서대로 기재하시오.

- 관리업체는 온실가스 배출량 등의 산정에 대한 정확도를 향상시키기 위해 측정기기 관리, (①), 배출량 산정, (②), 정보 보관 및 배출량 보고 등에 대한 (③) 활동을 수행한다.
- 관리업체는 자료의 품질을 지속적으로 개선하는 체제를 갖추는 등 배출량 산정의 (④) 활동을 수행한다.

풀이 ① 활동자료 수집
② 불확도 관리
③ 품질관리
④ 품질보증

07 신 · 재생에너지에는 신에너지와 재생에너지가 있다. 이에 대해 각각 설명하고, 각 에너지에 해당하는 종류를 3가지씩 쓰시오.

풀이 1. **신에너지**

① 정의 : 기존의 화석연료를 변환시켜 수소, 산소 등의 화학반응을 통해 전기 또는 열을 이용하는 에너지로, 3가지 종류가 있다.

② 종류 : 연료전지, 석탄 액화가스화, 수소에너지

2. **재생에너지**

① 정의 : 햇빛, 물, 지열, 강수, 생물유기체 등을 포함하는 재생 가능한 에너지를 변환시켜 이용하는 에너지로, 8가지 종류가 있다.

② 종류 : 태양에너지, 풍력, 수력, 해양에너지, 지열에너지, 바이오에너지, 폐기물에너지, 그 밖에 석유 · 석탄 · 원자력 또는 천연가스가 아닌 에너지

※ 재생에너지 종류의 경우, 8가지 중 3가지만 작성한다.

08 온실가스 배출량 등의 산정 · 보고 절차 7단계를 순서대로 작성하시오.

풀이 ① 조직경계의 설정

② 배출활동의 확인 · 구분

③ 모니터링 유형 및 방법의 설정

④ 배출량 산정 및 모니터링 체계의 구축

⑤ 배출활동별 배출량 산정방법론의 선택

⑥ 배출량 산정(계산법 또는 연속측정방법)

⑦ 명세서의 작성

09 탄소 100t에서 발생하는 이산화탄소의 양을 구하시오

풀이 $C + O_2 \rightarrow CO_2$

$100tC \times 44tCO_2/12tC = 366.667tCO_2$

10 고정연소 중 고체연료 사용 부문에서 Tier 3로 산정할 경우 사업장 고유배출계수 산정식이 다음과 같다. 산정식에 사용된 ①~④ 용어의 의미와 단위를 각각 쓰시오.

$$EF_{i,\mathrm{CO_2}} = EF_{i,\mathrm{C}} \times 3.664 \times 10^3$$

$$EF_{i,\mathrm{C}} = C_{ar,i} \times \frac{1}{EC_i} \times 10^3$$

단, $EF_{i,\mathrm{CO_2}}$: 연료(i)에 대한 CO_2 배출계수($kgCO_2$/TJ-연료)

① $EF_{i,\mathrm{C}}$
② $C_{ar,i}$
③ EC_i
④ 3.664

풀이 ① $EF_{i,\mathrm{C}}$: 연료(i)에 대한 탄소 배출계수(kgC/GJ-연료)
② $C_{ar,i}$: 연료(i) 중 탄소의 질량분율(인수식, 0에서 1 사이의 소수)
③ EC_i : 연료(i)의 열량계수(연료 순발열량, MJ/kg-연료)
④ 3.664 : CO_2의 분자량(44.010)/C의 원자량(12.011)

11 다음 주어진 조건을 활용하여 연료 사용량을 산출하시오.

- 경유 차량의 주행거리 : 135,000km
- 경유 차량의 연비 : 9.33km/L
- 휘발유 차량의 주행거리 : 96,000km
- 휘발유 차량의 연비 : 12.4km/L

풀이 주어진 조건들을 활용해서 구할 수 있는 것은 연료 사용량이다.

$$\text{연료 사용량} = \sum \frac{\text{연료별·이동연소 배출원별 주행거리(km)}}{\text{연료별·이동연소 배출원별 연비(km/L)}}$$

$$\text{경유 사용량} = \frac{135{,}000\,\mathrm{km}}{9.33\,\mathrm{km/L}} = 14{,}469.453\,\mathrm{L}$$

$$\text{휘발유 사용량} = \frac{96{,}000\,\mathrm{km}}{12.4\,\mathrm{km/L}} = 7{,}741.935\,\mathrm{L}$$

∴ 경유 사용량=14,469.453L, 휘발유 사용량=7,741.935L

12 다음 주어진 조건을 활용하여 상대확장불확도를 계산하여라.

- 200,000 - 5%
- 5,500,000 - 8%
- 150,000 - 4%

풀이

$$상대확장불확도 = \frac{\Sigma\sqrt{(각\ 배출량 \times 불확도)^2}}{총배출량} \times 100$$

$$= \frac{\sqrt{(200{,}000 \times 0.05)^2 + (5{,}500{,}000 \times 0.08)^2 + (150{,}000 \times 0.04)^2}}{(200{,}000 + 5{,}500{,}000 + 150{,}000)} \times 100$$

$$= 7.5233 ≒ 7.52\%$$

∴ 7.52%

13 Scope 1, 2, 3의 정의를 각각 작성하시오.

풀이 ① Scope 1(직접배출원) : 직접적인 온실가스 배출로, 기업이 직접 운영하고 통제하는 배출원에서 발생한다(고정연소, 이동연소, 공정배출, 탈루배출로 구분됨).

② Scope 2(간접배출원) : 외부에서 생산된 전기나 열(스팀 등)이며, 기업이 사업장 외부에 있는 발전시설로부터 구입한 전력의 생산과정에서 배출된 온실가스가 해당된다.

③ Scope 3(기타 간접배출원) : Scope 1, 2를 제외한 온실가스 배출활동, 기업의 폐기물 배출활동, 원·부자재 변경 등이 해당된다.

14 다음은 수증기 개질법으로 암모니아를 생성하는 공정의 순서이다. 빈칸에 들어갈 알맞은 공정을 작성하시오.

천연가스 탈황 → (①) → 공기로 2차 개질 → (②) → 이산화탄소 제거 → (③) → 암모니아 합성

풀이 ① 수증기 1차 개질

② 일산화탄소의 전환

③ 메탄화

15 CO_2 123톤, CH_4 11톤, N_2O 15톤이 배출될 때의 이산화탄소환산량을 구하시오.

풀이 이산화탄소환산량 = 온실가스 배출량 × GWP
= (123톤 × 1) + (11톤 × 21) + (15톤 × 310)
= 5,004tCO_2-eq

16 배연탈질시설에서 요소수를 시간당 100kg 사용할 때, CO_2 배출량(tCO_2/day)을 구하시오. (단, 요소수의 순도는 1.0, 배출계수는 0.7328tCO_2/t-요소수를 적용한다.)

풀이 $E_{CO_2} = Q_i \times r_i \times EF_i$

여기서, E_{CO_2} : 요소수(i)의 반응에 따른 CO_2의 배출량(tCO_2)

Q_i : 요소수(i)의 사용량(t-요소수)

r_i : 요소수(i)의 순도(0에서 1 사이의 소수)

EF_i : 요소수(i)에 따른 CO_2의 배출계수(tCO_2/t-요소수)

$$\therefore E_{CO_2} = \frac{100\,\text{kg}-\text{요소수}}{\text{hr}} \times \frac{24\text{hr}}{\text{day}} \times \frac{\text{t}-\text{요소수}}{10^3\text{kg}-\text{요소수}} \times 1.0 \times \frac{0.7328\text{tCO}_2}{\text{t}-\text{요소수}}$$

= 1.759tCO_2/day

17 다음은 배출량 산정절차(7단계)이다. 빈칸에 들어갈 절차를 알맞게 기술하시오.

(①) → 배출활동의 확인 · 구분 → (②) → 배출량 산정 및 모니터링 체계의 구축 → (③) → 배출량 산정 → 명세서의 작성

풀이 ① 조직경계의 설정

② 모니터링 유형 및 방법의 설정

③ 배출활동별 배출량 산정방법론의 선택

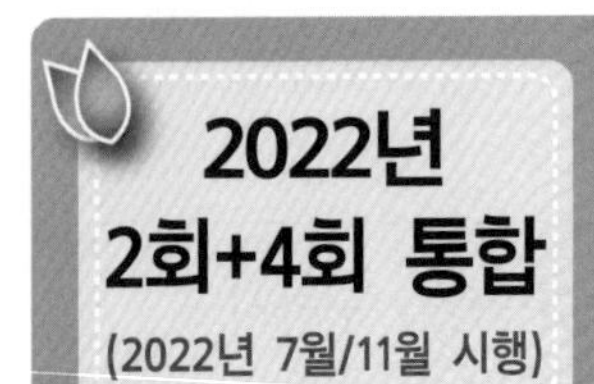

과년도 출제문제

온실가스관리기사

01 납 생산공정의 보고대상 배출시설 2가지와 보고대상 온실가스를 쓰시오.

풀이 1. **보고대상 배출시설**

배소로, 용융 · 융해로, 기타 제련공정(TSL 등)

※ 이 중 2가지를 작성한다.

2. **보고대상 온실가스**

이산화탄소(CO_2)

02 석유 정제공정 배출의 보고대상 배출시설 3가지를 작성하시오.

풀이 ① 수소 제조시설
② 촉매 재생시설
③ 코크스 제조시설

03 이동연소(선박)의 보고대상 온실가스를 모두 기재하시오.

풀이 ① 이산화탄소(CO_2)
② 메탄(CH_4)
③ 아산화질소(N_2O)

04 하 · 폐수 처리 및 배출의 보고대상 온실가스 및 산정방법론을 작성하시오.

풀이 1. **보고대상 온실가스**

① 하수 처리 : 메탄(CH_4), 아산화질소(N_2O)

② 폐수 처리 : 메탄(CH_4)

2. **산정방법론**

① 하수 처리 : Tier 1

② 폐수 처리 : Tier 1

05 제3차 당사국총회(COP 3)가 개최된 연도와 지역 및 체결된 내용을 쓰시오.

풀이 1 **개최 연도 및 지역** : 1997년, 일본 교토

2. **체결내용** : 교토메커니즘으로 3가지 감축 이행수단인 청정개발체제(CDM ; Clean Development Mechanism), 공동이행제도(JI ; Joint Implementation), 배출권거래제(ET ; Emission Trading)가 체결되었다.

① 청정개발체제(CDM) : 기후변화협약 부속서 I 국가(선진국)가 비부속서 I 국가(개발도상국)의 온실가스 감축사업에 투자를 하는 형태로, 온실가스 감축실적(CER ; Certified Emission Reduction)을 선진국의 감축목표를 달성하기 위해 목표를 달성하는 형태이다.

② 공동이행제도(JI) : 선진국가들 사이에 온실가스 감축사업을 공동으로 수행하여 감축한 온실가스 감축량의 일부를 투자국 감축실적으로 인정하는 제도이다.

③ 배출권거래제(ET) : 온실가스 감축의무가 있는 사업장 혹은 국가 간 배출권을 거래하는 것을 허용하는 제도로 탄소배출권 거래제라고도 한다.

06 온실가스 배출량에 따른 시설규모 분류 3가지를 기술하시오.

풀이 1. A그룹 : 연간 5만 톤 미만의 배출시설

2. B그룹 : 연간 5만 톤 이상, 연간 50만 톤 미만의 배출시설

3. C그룹 : 연간 50만 톤 이상의 배출시설

07 다음 설명에 해당하는 모니터링 유형에 적용되는 측정기기 기호를 각각 그리시오.

모니터링 측정기기 기호	세부내용	측정기기 예시
①	상거래 또는 증명에 사용하기 위한 목적으로 측정량을 결정하는 법정계량에 사용하는 측정기기로서 계량에 관한 법률 제2조에 따른 법정계량기	가스미터, 오일미터, 주유기, LPG미터, 눈새김탱크, 눈새김탱크로리, 적산열량계, 전력량계 등 법정계량기
②	할당대상업체가 자체적으로 설치한 계량기이나, 주기적인 정도검사를 실시하지 않는 측정기기	가스미터, 오일미터, 주유기, LPG 미터, 눈새김탱크, 눈새김탱크로리, 적산열량계, 전력량계 등 법정계량기 및 그 외 계량기

  ① :  ② : 

08 모니터링 유형 중 A-1과 C-6 유형에 대해 각각 설명하시오.

풀이 ① A-1 유형 : 연료 및 원료 공급자가 상거래 등을 목적으로 설치·관리하는 측정기기(WH)를 이용하여 연료 사용량 등 활동자료를 수집하는 방법이다. 이는 주로 전력 및 열(증기), 도시가스를 구매하여 사용하는 경우 혹은 화석연료를 구매하여 단일배출시설에 공급하는 경우에 적용할 수 있다.

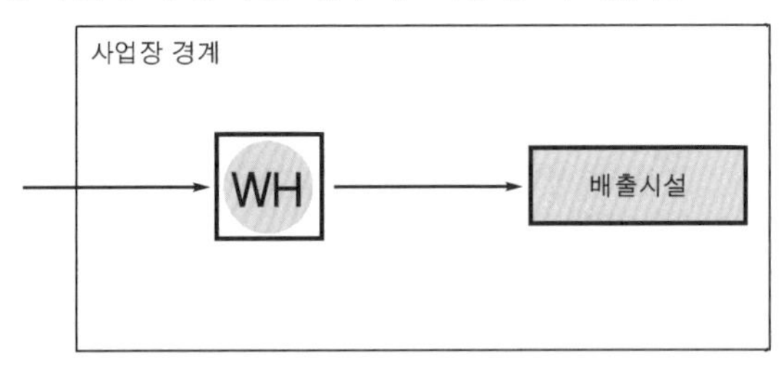

② C-6 유형 : 사업장에서 운행하고 있는 차량 등의 이동연소 부문에 대하여 적용 가능한 방법으로 차량별 이동거리 자료와 연비 자료를 활용하여 계산에 따라 연료 사용량을 결정하는 방식이다.

$$\text{연료 사용량} = \sum \frac{\text{연도별 이동연소 배출원별 주행거리(km)}}{\text{연도별 이동연소 배출원별 연비(km/L)}}$$

09 베이스라인 배출량에 대해 간단히 설명하시오.

풀이 베이스라인 배출량이란 외부사업 사업자가 감축사업을 하지 않았을 경우 사업경계 내에서 발생 가능성이 가장 높은 조건을 고려한 온실가스 배출량을 말한다.

10 리스크의 종류 3가지를 쓰고 그에 대한 정의를 기술하시오.

풀이 ① 고유리스크 : 검증대상의 업종 자체가 가지고 있는 리스크(업종의 특성 및 산정 방법의 특수성 등)

② 통제리스크 : 검증대상 내부의 데이터 관리구조상 오류를 적발하지 못할 리스크

③ 검출리스크 : 검증팀이 검증을 통해 오류를 적발하지 못할 리스크

11 다음 보기의 배출원 중 Scope 1과 Scope 2에 해당하는 배출원을 구분하여 쓰고, 각각의 온실가스 배출량을 산정하시오.

㉠ 보일러(1,000tCO_2－eq)
㉡ 내부에서 자체 생산한 전기(150tCO_2－eq)
㉢ 외부에서 공급받은 스팀(500tCO_2－eq)
㉣ 임직원용 승용자동차(리스)(200tCO_2－eq)
㉤ 사업장 내 작업용 지게차(100tCO_2－eq)
㉥ 폐기물 처분(50tCO_2－eq)

풀이 Scope 1은 기업이 소유하고 통제하는 발생원에서 발생한 온실가스 배출인 직접배출을 의미하고, Scope 2는 기업이 외부로부터 구매한 전기 및 스팀 생산에 따른 온실가스 배출, 즉 간접배출을 의미한다.

Scope 1에는 ㉠ 보일러, ㉡ 내부에서 자체 생산한 전기, ㉤ 사업장에서 작업용 지게차가 해당되며, 온실가스 배출량은 1,250tCO_2－eq이다.

Scope 2에는 ㉢ 외부에서 공급받은 스팀이 해당되며, 온실가스 배출량은 500tCO_2－eq이다.

※ ㉣ 임직원용 승용자동차(리스)와 ㉥ 폐기물 처분은 Scope 3 기타 간접배출에 해당된다. 이는 기업활동 결과지만, 기업이 소유하거나 통제하지 않는 시설에서 발생한 온실가스를 의미하며, 임대자산, 프랜차이즈, 아웃소싱 활동 등이 포함된다.

12 Line 1과 Line 2에서 연간 사용되는 전력이 각각 3,500,000MWh, 2,800,000MWh인 사업장에서 배출되는 연간 온실가스의 양(tCO_2-eq)을 구하시오. (단, 전력배출계수는 다음과 같다.)

구 분	$CO_2(tCO_2/MWh)$	$CH_4(kgCH_4/MWh)$	$N_2O(kgN_2O/MWh)$
3개년 평균 ('14~'16)	0.4567	0.0036	0.0085

풀이 $GHG_{Emissions} = Q \times EF_j$

여기서, $GHG_{Emissions}$: 전력 사용에 따른 온실가스(j)별 배출량(tGHG)

Q : 외부에서 공급받은 전력 사용량(MWh)

EF_j : 전력배출계수(tGHG/MWh)

j : 배출 온실가스의 종류

∴ 온실가스 배출량

$$= (3,500,000 + 2,800,000)\text{MWh} \times (0.4567\text{tCO}_2/\text{MWh} \times 1\text{tCO}_2-\text{eq}/\text{tCO}_2$$
$$+ 0.0036 \times 10^{-3}\text{tCH}_4/\text{MWh} \times 21\text{tCO}_2-\text{eq}/\text{tCH}_4$$
$$+ 0.0085 \times 10^{-3}\text{tN}_2\text{O}/\text{MWh} \times 310\text{tCO}_2-\text{eq}/\text{tN}_2\text{O})$$
$$= 2,894,286.780\text{tCO}_2-\text{eq}$$

13 반도체 제조공정에서 CF_4(PFC-14)를 사용하여 생산하는 반도체 제품이 30,000m^2일 때 배출되는 온실가스 양을 산출하시오. (단, 배출계수는 0.9kg/m^2, GWP는 6,500이다.)

풀이 $FC_{gas} = Q_i \times EF_{FC} \times 10^{-3}$

여기서, FC_{gas} : FC가스(j)의 배출량(tGHG)

Q_i : 제품 생산실적(m^2)

EF_{FC} : 배출계수, 제품 생산실적 m^2당 사용되는 가스량(kg/m^2)

∴ 온실가스 배출량$= 300,000\text{m}^2 \times 0.9\text{kg/m}^2 \times 10^{-3} \times 6,500$

$= 1,755,000\text{tCO}_2-\text{eq}$

14 일처리용량이 50t 규모인 퇴비화시설의 생물학적 처리과정에서 배출되는 온실가스 양(tCO_2-eq/yr)을 산출하시오. (단, 메탄 회수량은 0으로 보며, CH_4 배출계수는 $10gCH_4$/kg-waste, N_2O 배출계수는 $0.6gN_2O$/kg-waste를 적용한다.)

풀이 $$CH_{4Emissions} = \sum_i (M_i \times EF_i) \times 10^{-3} - R$$

여기서, $CH_{4Emissions}$: 고형 폐기물의 생물학적 처리과정에서 배출되는 온실가스 (tCH_4)

M_i : 생물학적 처리유형 i에 의해 처리된 유기 폐기물량(t-Waste)

EF_i : 처리유형 i에 대한 배출계수(gCH_4/kg-Waste)

i : 퇴비화, 혐기성 소화 등 처리유형

R : 메탄 회수량(tCH_4)

$$N_2O_{Emissions} = \sum_i (M_i \times EF_i) \times 10^{-3}$$

여기서, $N_2O_{Emissions}$: 고형 폐기물의 생물학적 처리과정에서 배출되는 온실가스 (tN_2O)

M_i : 생물학적 처리유형 i에 의해 처리된 유기 폐기물량(t-Waste)

EF_i : 처리유형 i에 대한 배출계수(gN_2O/kg-Waste)

i : 퇴비화, 혐기성 소화 등 처리유형

∴ 온실가스 배출량

$= 50\text{t-waste/d} \times 365\text{d/yr}$

$\times (10gCH_4/\text{kg-waste} \times 21 + 0.6gN_2O/\text{kg-waste} \times 310) \times 10^{-3}$

$= 7{,}227\,tCO_2\text{-eq/yr}$

※ CH_4과 N_2O의 경우 식은 동일하지만, 메탄 회수량이 있을 경우 이를 제외해야 한다. 그러나, 이 문제의 경우 메탄 회수량이 0이므로 두 온실가스 배출계수와 GWP을 활용하여 식을 하나로 합산하여 계산할 수 있다.

15 연간 요소수 사용량이 369t일 때 요소수 사용에 따른 요소수 배출계수와 온실가스 배출량을 산정하시오. (단, 배출계수와 온실가스 배출량은 모두 소수점 넷째 자리에서 반올림한다.)

풀이 ① 요소수 배출계수

$$= \frac{CO_2\ 1\text{몰의 분자량}}{\text{요소수}[CO(NH_2)_2]\ 1\text{몰의 분자량}} = \frac{44.010}{60.056}$$

$= 0.7328 \fallingdotseq 0.733 tCO_2/t-\text{요소수}$

② 온실가스 배출량

$E_{CO_2} = Q_i \times r_i \times EF_i$

여기서, E_{CO_2} : 요소수(i)의 반응에 따른 CO_2의 배출량(tCO_2)

Q_i : 요소수(i)의 사용량(t－요소수)

r_i : 요소수(i)의 순도(0에서 1 사이의 소수)

EF_i : 요소수(i)에 따른 CO_2의 배출계수(tCO_2/t－요소수)

$\therefore$ 온실가스 배출량 $= 369 t-\text{요소수}/yr \times 1 \times 0.7328 tCO_2/t-\text{요소수}$

$= 270.4032 \fallingdotseq 270.403 tCO_2-eq/yr$

16 폐목재 1,000톤 소각과 폐플라스틱 1,000톤 소각 중 온실가스 배출량 더 많은 것을 고르고, 그 이유를 기술하시오.

풀이 ① 온실가스 배출량이 더 많은 것은 폐플라스틱 소각이다.

② 이유 : 목재의 경우 생물 기원으로 배출량 산정 시 제외해야 하며, 화석연료로 인한 폐기물(플라스틱, 합성섬유, 폐유 등)의 경우 소각으로 인한 이산화탄소만을 배출량에 포함해야 한다.

17 A사업장에서는 보일러 가동을 위해 하루에 경유 3,000L, LNG 2,000Nm^{3}를 사용한다고 한다. 이때 A사업장의 연간 온실가스 배출량을 산정하시오. (단, 보일러 가동일수는 연간 120일이며, 이산화탄소 배출계수만을 적용한다.)

연료 종류	순발열량	이산화탄소 배출계수($kgCO_2/TJ$)
경유	35.2MJ/L	73,200
LNG	38.9MJ/Nm^3	56,100

풀이 ① 고정연소(액체 연료) 배출량 산정(경유)

$$E_{i,j} = Q_i \times EC_i \times EF_{i,j} \times f_i \times 10^{-6}$$

여기서, $E_{i,j}$: 연료(i)의 연소에 따른 온실가스(j)의 배출량(tGHG)

Q_i : 연료(i)의 사용량(측정값, KL－연료)

EC_i : 연료(i)의 열량계수(연료 순발열량, MJ/L－연료)

$EF_{i,j}$: 연료(i)에 따른 온실가스(j)의 배출계수(kgGHG/TJ－연료)

f_i : 연료(i)의 산화계수(CH_4, N_2O는 미적용)

온실가스 배출량$= 3kL/d \times 120d/yr \times 35.2MJ/L \times 73,200kgCO_2/TJ \times 10^{-6} \times 1$

$= 927.5904 \fallingdotseq 927.590tCO_2-eq/yr$

② 고정연소(기체 연료) 배출량 산정(LNG)

$$E_{i,j} = Q_i \times EC_i \times EF_{i,j} \times f_i \times 10^{-6}$$

여기서, $E_{i,j}$: 연료(i)의 연소에 따른 온실가스(j)의 배출량(tGHG)

Q_i : 연료(i)의 사용량(측정값, 천m^3－연료)

EC_i : 연료(i)의 열량계수(연료 순발열량, MJ/m^3－연료)

$EF_{i,j}$: 연료(i)에 따른 온실가스(j)의 배출계수(kgGHG/TJ－연료)

f_i : 연료(i)의 산화계수(CH_4, N_2O는 미적용)

온실가스 배출량$= 2$천$m^3/d \times 120d/yr \times 38.9MJ/m^3 \times 56,100kgCO_2/TJ \times 10^{-6} \times 1$

$= 523.7496 \fallingdotseq 523.750tCO_2-eq/yr$

∴ 총 온실가스 배출량$=$①$+$②

$= 927.590 + 523.750$

$= 1,451.340tCO_2-eq/yr$

과년도 출제문제

온실가스관리기사

01 태양광발전의 단점 4가지를 작성하시오.

풀이 ① 에너지밀도가 낮음
② 기상조건에 따라 출력에 영향을 받음
③ 교류로 변환하는 과정에서 고주파가 발생함
④ 효율에 비해 고가임
⑤ 넓은 설치장소를 필요로 함

※ 이 중 4가지를 작성한다.

02 CDM 사업 중 가장 기본적인 형태로, 선진국에서 CDM 사업을 개발하고 개발도상국에서 유치하는 형태를 뜻하는 사업은 무엇인지 쓰시오.

풀이 양국 간 청정개발체제(Bilateral CDM)

03 열병합발전과 석탄가스화 발전의 정의를 각각 기술하시오.

풀이 ① 열병합발전 : 화력발전소에서 증기터빈으로 발전기를 구동하고 이때 나오는 열을 이용해 지역난방을 같이 하는 방식으로, 화석에너지를 연소하여 물을 끓인 후 끓인 물을 이용해 증기터빈을 돌려 전기를 생산하고, 이 물을 냉각수로 이용하여 난방을 하는 형태이다.
② 석탄가스화 발전 : 고체 연료인 석탄 및 중질잔사유의 저급 연료를 액화 또는 가스화시켜 전기 또는 열을 생산하는 방식이다.

04 **연료전지는 산화 · 환원 반응이 일어나는데, 양극과 음극에서 각각 어떤 반응이 일어나는지 서술하고 반응식도 함께 기재하시오.**

풀이 연료전지의 가장 전형적인 형태는 수소-산소 연료전지로, 수소와 산소의 반응을 통해 전기 및 열을 발생하는 전기화학적 장치이다.

$H_2 + \frac{1}{2}O_2 \rightarrow H_2O$ + 전기 및 열

수소를 이용한 연료전지의 원리는 외부의 공기가 음극과 접촉하는 과정에서 공기 중 산소가 산소이온으로 환원되어 전해물질(electrolyte)을 통과하여 양극으로 이동하고, 양극에서는 외부로부터 공급된 수소가 산화반응에 의해 수소이온으로 전환되며, 음극에서는 탄소극판에서 생성된 탄소와 수소이온이 반응하여 이산화탄소를 생성한다. 이러한 과정에서 양극에 생성된 전자는 전지의 이동을 차단하기 위해 인산 전해질을 통과하지 못하기 때문에 두 전극판을 연결한 전선을 통해 전류가 흘러 전기를 발생한다.

05 **품질보증의 정의를 기술하고, 리스크의 종류 3가지를 나열하시오.**

풀이 1. **품질보증의 정의**

품질보증(QA ; Quality Assurance)이란 배출량 산정(명세서 작성 등) 과정에 직접적으로 관여하지 않은 사람에 의해 수행되는 검토절차의 계획된 시스템을 의미한다.

2. **리스크의 종류(3가지)**

① 고유리스크 : 검증대상의 업종 자체가 가지고 있는 리스크(업종의 특성 및 산정방법의 특수성 등)

② 통제리스크 : 검증대상 내부의 데이터 관리구조상 오류를 적발하지 못할 리스크

③ 검출리스크 : 검증팀이 검증을 통해 오류를 적발하지 못할 리스크

06 초임계 이산화탄소발전 시스템의 장점을 기술하시오.

풀이 초임계 CO_2 발전 시스템은 기존의 증기발전 시스템과 가스터빈발전 시스템의 경험과 장점을 최대한 융합하고자 하는 시스템으로, 장점은 다음과 같다.

① 기존 증기발전 시스템보다 2~5%p까지 열효율 상승을 기대할 수 있다.

② 기존 증기발전 시스템보다 터보기기가 작아지고, 최근 개발된 고집적 열교환기로 인해 면적 집적도가 높아져 최대 부지면적을 기존 대비 1/4 이하로 소형화가 가능하다.

③ 기존 증기발전 시스템보다 높은 발전효율을 가지고 있기 때문에 공랭식으로 이행하여 발전효율이 감소해도, 기존 수냉식 증기발전 시스템과 공랭식 초임계 CO_2 발전 시스템의 효율이 대등하여 경제적으로 공랭식 발전 시스템 운영이 가능하다.

④ 기존 증기발전 시스템은 터빈 출구의 복수기가 저압으로 유지되기 때문에 물에 비응축성 기체가 함유되며, 이를 정화하고 물의 순도를 유지하기 위한 다양한 부대설비들이 발전 시스템을 복잡하게 하는 데 반해, 초임계 CO_2 발전 시스템은 최저 작동압력이 고압으로 유시됨에 따라 CO_2가 외부로 누설되어도 외부 공기 유입으로 인한 발전유체인 CO_2의 순도 문제가 발생하지 않으며, 이는 전체 발전 시스템의 BOP 설계를 단순화하는 데 기여한다.

⑤ CO_2는 발전유체 중에서 물이나 공기 다음으로 가격이 싸고, 누설이 되더라도 환기 시스템만 잘 갖추어져 있으면 인체에 크게 유해하지 않아 발전 시스템에 적용하기에 적합한 유체이다.

07 고형 폐기물 매립시설에서 연간 15만 톤의 온실가스를 배출할 때, 배출량에 따른 시설 규모 분류와 배출량 산정방법을 쓰시오.

풀이 B그룹, Tier 1

※ 연간 5만 톤 이상, 연간 50만 톤 미만의 배출시설은 B그룹에 해당하며, 고형 폐기물 매립시설이 B그룹인 경우 산정방법론은 Tier 1을 적용한다.

08 모니터링 유형 중 B유형에 대해 설명하시오.

풀이 B유형은 배출시설별로 정도검사를 실시하는 내부 측정기기가 설치되어 있을 경우 해당 측정기기를 활용하여 활동자료를 결정하는 방법이다. 「온실가스 목표관리 운영 등에 관한 지침」에서 가장 권장하고 있는 활동자료의 결정방법이며, 주기적인 정도검사를 받지 않을 경우 정확한 활동자료 결정을 위하여 시설별로 정도검사/정도관리를 실시하는 등 품질관리를 할 필요가 있다. 배출시설별로 연료 및 원료(부생가스 등을 포함), 폐기물 처리량, 제품 생산량, 불소계 온실가스 사용량 등의 활동자료 결정과정에 광범위하게 사용된다.

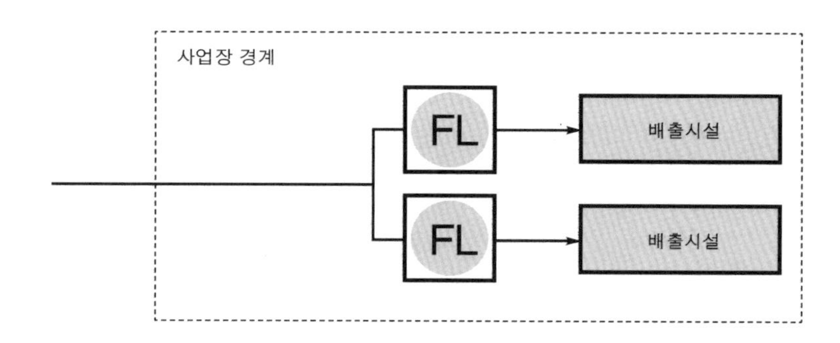

09 신재생에너지에는 신에너지와 재생에너지가 있다. 신에너지와 재생에너지의 정의를 쓰고, 종류를 각각 3가지 이상 작성하시오.

풀이 1. **신에너지**

① 정의 : 기존의 화석연료를 변환시켜 수소, 산소 등의 화학반응을 통해 전기 또는 열을 이용하는 에너지

② 종류 : 연료전지, 석탄 액화가스화 에너지, 수소에너지

2. **재생에너지**

① 정의 : 햇빛, 물, 지열, 강수, 생물유기체 등을 포함하는 재생 가능한 에너지를 변환시켜 이용하는 에너지

② 종류 : 태양열, 태양광발전, 바이오매스, 풍력, 소수력, 지열, 해양에너지, 폐기물에너지

※ 신에너지는 3가지, 재생에너지는 8가지의 종류가 있으며, 이 중 3가지 이상 기술한다.

10 시멘트를 생산하는 A업체의 소성시설 클링커 생산에 따른 CO_2 배출량을 산출하시오. (단, 클링커 생산량은 100,000t, 클링커 생산량당 CO_2 배출계수는 0.510tCO_2/t-clinker이며, 투입원료 중 탄산염성분이 아닌 기타 탄소성분에 기인하는 CO_2 배출계수는 0.010tCO_2/t-clinker를 활용하고, 시멘트킬른먼지(CKD) 반출량은 없으며, CKD 하소율은 1을 적용한다.)

풀이 $E_i = (EF_i + EF_{toc}) \times (Q_i + Q_{CKD} \times F_{CKD})$

여기서, E_i : 클링커(i) 생산에 따른 CO_2 배출량(tCO_2)

EF_i : 클링커(i) 생산량당 CO_2 배출계수(tCO_2/t-clinker)

EF_{toc} : 투입원료(탄산염, 제강슬래그 등) 중 탄산염성분이 아닌 기타 탄소성분에 기인하는 CO_2 배출계수(기본값으로 0.010tCO_2/t-clinker를 적용)

Q_i : 클링커(i) 생산량(ton)

Q_{CKD} : 킬른에서 시멘트 킬른먼지(CKD)의 반출량(ton)

F_{CKD} : 킬른에서 유실된 시멘트 킬른먼지(CKD)의 하소율(0에서 1 사이의 소수)

$$\therefore\ E_i = (EF_i + EF_{toc}) \times (Q_i + Q_{CKD} \times F_{CKD})$$
$$= (0.510 + 0.010)\mathrm{tCO_2/t-clinker} \times (100{,}000\,\mathrm{t} + 0\,\mathrm{t} \times 1)$$
$$= 52{,}000\,\mathrm{tCO_2}$$

11 아래 그림이 의미하는 바를 작성하시오.

풀이 관리업체가 자체적으로 설치한 계량기로, 「국가표준기본법」에 따른 시험기관, 교정기관, 검사기관에 의하여 주기적인 정도검사를 받는 측정기기를 말한다.

12 A사업장에서는 보일러 가동을 위해 하루에 LNG 710m^3, 경유 315L를 사용하였다. 각 연료별 연간 온실가스 배출량을 산정하시오. (단, 보일러 가동일수는 연간 365일이며, 이산화탄소 배출계수만을 적용한다.)

연료 종류	순발열량	이산화탄소 배출계수($kgCO_2/TJ$)
LNG	38.9MJ/m^3	56,100
경유	35.2MJ/L	73,200

풀이 ① LNG(기체 연료)의 온실가스 배출량

$E_{i,j}=Q_i\times EC_i\times EF_{i,j}\times f_i\times 10^{-6}$

여기서, $E_{i,j}$: 연료(i)의 연소에 따른 온실가스(j)의 배출량(tGHG)

Q_i : 연료(i)의 사용량(측정값, 천m^3-연료)

EC_i : 연료(i)의 열량계수(연료 순발열량, MJ/m^3-연료)

$EF_{i,j}$: 연료(i)에 따른 온실가스(j)의 배출계수(kgGHG/TJ-연료)

f_i : 연료(i)의 산화계수(CH_4, N_2O는 미적용)

$E_{i,j}=0.710\text{천}m^3/day\times 365day/yr\times 38.9MJ/m^3\times 56{,}100kgCO_2/TJ\times 1\times 10^{-6}$

$=565.5404535\fallingdotseq 565.540tCO_2-eq/yr$

② 경유(액체 연료)의 온실가스 배출량

$E_{i,j}=Q_i\times EC_i\times EF_{i,j}\times f_i\times 10^{-6}$

여기서, $E_{i,j}$: 연료(i)의 연소에 따른 온실가스(j)의 배출량(tGHG)

Q_i : 연료(i)의 사용량(측정값, kL-연료)

EC_i : 연료(i)의 열량계수(연료 순발열량, MJ/L-연료)

$EF_{i,j}$: 연료(i)에 따른 온실가스(j)의 배출계수(kgGHG/TJ-연료)

f_i : 연료(i)의 산화계수(CH_4, N_2O는 미적용)

$E_{i,j}=0.315kL/day\times 365day/yr\times 35.2MJ/L\times 73{,}200kgCO_2/TJ\times 1\times 10^{-6}$

$=296.249184\fallingdotseq 296.249tCO_2-eq/yr$

13 아디프산 생산시설에서 배출되는 온실가스 종류를 작성하시오.

풀이 아산화질소(N_2O)

14 하루에 15시간 사용하고 있는 250W 전구 2,600개를 80W LED 전구로 교체할 경우의 연간 온실가스 감축량을 구하시오. (단, 이때 배출계수는 CO_2=0.4653tCO_2/MWh, CH_4=0.0054kgCH_4/MWh, N_2O=0.0027kgN_2O/MWh이다.)

풀이 온실가스 배출량=전력 소모량×전구 개수×배출계수

① 기존 전구 온실가스 배출량

$$=250W\times2,600\text{개}\times[(0.4653CO_2/MWh\times1tCO_2\text{-}eq/tCO_2)$$
$$+(0.0054kgCH_4/MWh\times1tCH_4/10^3kgCH_4\times21tCO_2\text{-}eq/tCH_4)$$
$$+(0.0027kgN_2O/MWh\times1tN_2O/10^3kgN_2O\times310tCO_2\text{-}eq/tN_2O)]$$
$$\times MW/10^6W\times15hr/day\times365day/yr$$
$$=1,659.269tCO_2/yr$$

② LED 전구 온실가스 배출량

$$=80W\times2,600\text{개}\times[(0.4653tCO_2/MWh\times1tCO_2\text{-}eq/t\,CO_2)$$
$$+(0.0054kgCH_4/MWh\times1tCH_4/10^3kgCH_4\times21tCO_2\text{-}eq/tCH_4)$$
$$+(0.0027kgN_2O/MWh\times1tN_2O/10^3kgN_2O\times310tCO_2\text{-}eq/tN_2O)]$$
$$\times MW/10^6W\times15hr/day\times365day/yr$$
$$=530.966tCO_2/yr$$

∴ 연간 온실가스 감축량= ① − ②

$$=(1,659.269-530.966)tCO_2/yr$$
$$=1,128.303tCO_2/yr$$

15 모니터링 계획의 작성원칙 중 완전성과 정확성의 정의를 각각 작성하시오.

풀이 ① 완전성 : 관리업체는 조직경계 내 모든 배출시설의 배출활동에 대해 모니터링 계획을 수립·작성하여야 한다. 여기서, 모든 배출시설에는 신·증설, 중단 및 폐쇄, 긴급상황 등 특수상황에서의 배출시설 및 배출활동이 포함된다.

② 정확성 : 관리업체는 배출량의 정확성을 제고할 수 있도록 모니터링 계획을 수립하여야 한다.

16 배출량 산정방법 중 Tier 1, 2, 3, 4의 정의를 각각 작성하시오.

풀이 ① Tier 1 : 활동자료이며, IPCC 기본배출계수(기본산화계수, 발열량 등 포함)를 활용하여 배출량을 산정하는 기본방법론으로, 불확도는 ±7.5% 이내이다.

② Tier 2 : Tier 1보다 높은 정확도를 갖는 활동자료이며, 국가 고유배출계수 및 발열량 등 일정 부분에 대한 시험·분석을 통하여 개발한 매개변수값을 활용하는 배출량 산정방법론으로, 불확도는 ±5.0% 이내이다.

③ Tier 3 : Tier 1, 2보다 더 높은 정확도를 갖는 활동자료이며, 사업장 고유배출계수 및 사업자가 사업장·배출시설 및 감축기술 단위의 배출계수 등 상당 부분에 대한 시험·분석을 통하여 개발하거나 공급자로부터 제공받은 매개변수값을 활용하는 배출량 산정방법론으로, 불확도는 ±2.5% 이내이다.

④ Tier 4 : 굴뚝 자동측정기기 등 연속측정방법을 활용하여 배출량을 산정하는 방법으로 CEMS(Continuous Emission Monitoring System)라고 한다.

17 고정연소 중 고체 연료 사용 부문에서 Tier 3로 산정할 경우 사업장 고유배출계수 산정식이 다음과 같다. 여기서, 3.664가 의미하는 바를 쓰시오.

$$EF_{i,\mathrm{CO_2}} = EF_{i,\mathrm{C}} \times 3.664 \times 10^3$$

$$EF_{i,\mathrm{C}} = C_{ar,i} \times \frac{1}{EC_i} \times 10^3$$

단, $EF_{i,\mathrm{CO_2}}$: 연료(i)에 대한 CO_2 배출계수($kgCO_2$/TJ-연료)

풀이 3.664는 CO_2의 분자량(44.010)을 C의 원자량(12.011)으로 나눈 값을 의미한다.

18 A사업장은 석회를 생산하는 사업장으로, 주변 광산에서 채굴하여 원료를 공급하고 있다. 석회 생산공정에 의해 석회를 생산하고 있으며, 생산공정에서 폐기물이 발생되고, 외부 업체에 의해 폐기물 회수 및 재활용하고 있다. 이 사업장은 휘발유 차량 3대를 법인 명의로 보유하고 있고, 보일러로 LNG 1기, B-C유(벙커C유) 2기를 보유하고 있다. 또한, 사업장 내 소규모 폐수처리시설을 보유하고 있다. 이때, 이 사업장의 온실가스 배출원을 구분하고, 대상 온실가스 종류를 기술하시오.

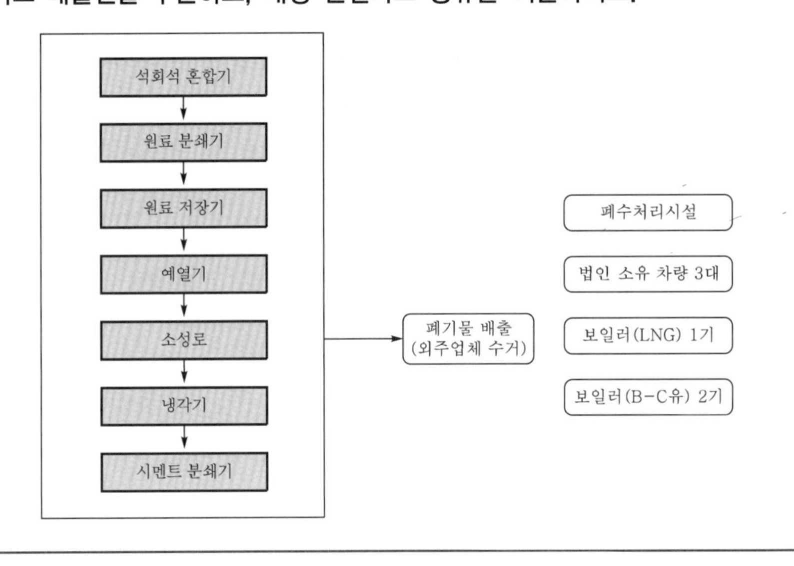

풀이 A사업장은 Scope 1(직접배출원)이며, 대상 온실가스는 다음과 같다.

① 고정연소(보일러-LNG, B-C유) : CO_2, CH_4, N_2O

② 이동연소(법인 차량) : CO_2, CH_4, N_2O

③ 공정배출(소성로) : CO_2

④ 폐기물 처리과정(폐수 처리) : CH_4

※ 폐기물 배출의 경우 외주업체에서 수거 후 재활용되고 있으므로 해당 공정 내 처리되지 않아 제외된다.

※ 일반적으로 사업장에서는 전력, 스팀을 외부에서 구매하여 사용하므로 Scope 2(간접배출원)로 구분할 수 있으나, 문제에서 별도의 언급이 없으므로 Scope 2를 제외하였다.

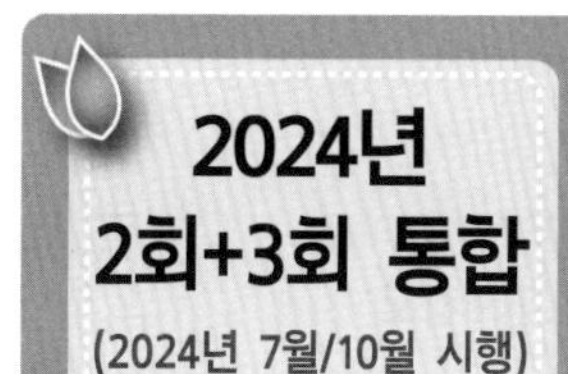

온실가스관리기사

01 리스크의 종류를 쓰고, 각각의 정의를 작성하시오.

풀이 리스크의 종류는 3가지로, 고유리스크, 통제리스크, 검출리스크가 있다.

① 고유리스크 : 검증대상의 업종 자체가 가지고 있는 리스크(업종의 특성 및 산정방법의 특수성 등)

② 통제리스크 : 검증대상 내부의 데이터 관리구조상 오류를 적발하지 못할 리스크

③ 검출리스크 : 검증팀이 검증을 통해 오류를 적발하지 못할 리스크

02 불확도와 베이스라인 배출량에 대한 정의를 각각 쓰시오.

풀이 ① 불확도 : 온실가스 배출량 등의 산정결과와 관련하여 정량화된 양을 합리적으로 추정한 값의 분산특성을 나타내는 정도

② 베이스라인 배출량 : 외부사업 사업자가 외부사업을 하지 않았을 경우, 사업경계 내에서 발생 가능성이 가장 높은 조건을 고려한 온실가스 배출량

03 인벤토리의 하향식 접근방법과 상향식 접근방법에 대해 설명하시오.

풀이 ① 하향식 접근방법(top-down) : 유사 배출원 또는 흡수원의 온실가스 배출량 또는 흡수량 산정을 위해 통합 활동자료(activity data)를 활용하고, 동일한 산정방법과 배출계수를 적용 · 산정하는 방식으로, 대부분의 국가 인벤토리와 지자체 인벤토리에서 사용한다.

② 상향식 접근방법(bottom-up) : 단위배출원의 배출특성 자료를 활용하여 배출량을 산정하고 이를 통합하여 배출 주체의 온실가스 인벤토리를 결정하는 방식으로, 단위배출원 또는 흡수원의 특성을 반영하여 온실가스 인벤토리를 산정하기 때문에 배출 주체의 정확한 인벤토리를 결정할 수 있는 장점을 가진다.

04 수소연료전지의 양극과 음극 반응식, 그리고 전체 반응식을 작성하시오.

풀이 ① 양극 반응식 : $H_2 \rightarrow 2H^+ + 2e^-$

(수소분자 1개가 2개의 수소이온이 되고, 2개의 전자 생성)

② 음극 반응식 : $\frac{1}{2}O_2 + 2H^+ + 2e^- \rightarrow H_2O$ + 열

(산소분자 $\frac{1}{2}$개와 수소이온 2개, 전자 2개가 결합해 열과 물이 생성)

③ 전체 반응식 : $H_2 + \frac{1}{2}O_2 \rightarrow H_2O$ + 전기 및 열

05 배출량 산정등급(Tier) 분류체계를 작성하시오.

풀이 ① Tier 1 : 활동자료이며, IPCC 기본배출계수(기본산화계수, 발열량 등 포함)를 활용하여 배출량을 산정하는 기본방법론으로, 불확노는 ±7.5% 이내이다.

② Tier 2 : Tier 1보다 높은 정확도를 갖는 활동자료이며, 국가 고유배출계수 및 발열량 등 일정 부분에 대한 시험 · 분석을 통하여 개발한 매개변수값을 활용하는 배출량 산정방법론으로, 불확도는 ±5.0% 이내이다.

③ Tier 3 : Tier 1, 2보다 더 높은 정확도를 갖는 활동자료이며, 사업장 고유배출계수 및 사업자가 사업장 · 배출시설 및 감축기술 단위의 배출계수 등 상당 부분에 대한 시험 · 분석을 통하여 개발하거나 공급자로부터 제공받은 매개변수값을 활용하는 배출량 산정방법론으로, 불확도는 ±2.5% 이내이다.

④ Tier 4 : 굴뚝 자동측정기기 등 연속측정방법을 활용하여 배출량을 산정하는 방법으로, CEMS(Continuous Emission Monitoring System)라고 한다.

06 런던협약에 의해 CCS 저장방법 중 적용이 불가한 방법을 쓰고, 그 사유를 기술하시오.

풀이 적용이 불가한 저장방법은 해양저장이다.

해양저장은 1,000~3,000m 해저에 기체 또는 액체 상태의 CO_2를 직접 분사하여 저장하는 기술로, 해양 생태계 파괴 및 해양 환경 위해성 문제로 런던협약에 따라 현재는 적용이 불가능한 기술이다.

07 다음은 고정연소(기체연료) 배출량 산정식이다. 괄호 안에 들어갈 매개변수는 무엇인지 쓰시오.

$E_{i,j} = Q_i \times EC_i \times EF_{i,j} \times f_i \times 10^{-6}$

여기서, $E_{i,j}$: 연료(i)의 연소에 따른 온실가스(j)의 배출량(tGHG)

Q_i : 연료(i)의 사용량(측정값, 천m^3-연료)

EC_i : 연료(i)의 열량계수(연료 순발열량, MJ/m^3-연료)

$EF_{i,j}$: (   )

f_i : 연료(i)의 산화계수(CH_4, N_2O는 미적용)

풀이 연료(i)에 따른 온실가스(j)의 배출계수(kgGHG/TJ-연료)

08 CCS 포집기술 중 연소 후 포집기술 3가지를 쓰시오.

풀이 연소 후 포집기술은 화석연료 등의 연소에서 발생하는 배기가스에서 이산화탄소를 포집하는 방식으로 발전소 등에서 주로 사용된다. 배기가스 내 이산화탄소 비율이 매우 낮아 수송 및 저장을 위한 농축 과정이 필요하며, 흡수법, 흡착법, 막분리법으로 구분된다.

① 흡수법 : 이산화탄소 분리방법 중 가장 많이 사용되는 방법으로 배기가스 내 이산화탄소 용액 흡수제로 흡수하여 분리시키는 방법이다. 대용량 연소 후 배출가스 처리에 용이하고, 이산화탄소 농도 변화에 적용성이 크며, 흡수제는 재사용이 가능하지만, 흡수제를 재생하는 데 높은 에너지가 필요하다.

② 흡착법 : 고체상태의 흡착제를 사용하여 배기가스 내 이산화탄소를 흡착 · 분리하는 방법으로, 압력교대 흡착법과 열교대 흡착법으로 나뉜다. 장치와 운전이 다른 방법에 비해 간단하고 환경에 대한 영향과 에너지 효율성이 우수하지만, 대용량 처리 시 효율이 낮다.

③ 막분리법 : 이산화탄소를 선택적으로 막통과시켜 분리하는 방법으로, 흡수법보다 막분리 효율이 높고 대형화 시 장치비와 운전비가 낮아지지만, 막 소재의 높은 비용과 막의 오염 문제로 인해 대용량 공정에 부적합하다.

09 바이오에너지의 장점과 단점을 각각 2가지를 작성하시오.

풀이 1. **장점**

① 재생 가능한 에너지원으로 폐자원의 활용을 극대화할 수 있다.

② 화석연료 사용을 줄여 온실가스 감축에 기여할 수 있다.

2. **단점**

① 에너지화 과정에서 2차 오염물질 배출 가능성이 있다.

② 폐기물 열분해, 가스화 기술은 기술적 안정성이 떨어진다.

10 바이오매스 폐기물의 소각에 따라 배출되는 온실가스의 종류를 쓰시오.

풀이 CH_4, N_2O

※ 바이오매스 폐기물(음식물, 목재 등)의 소각으로 인한 CO_2 배출은 생물학적 배출량이므로 배출량 산정에서 제외되며, CH_4, N_2O만을 산정한다.

11 고정연소(고체연료) 보고대상 배출시설 중 공정연소시설 종류 3가지를 작성하시오.

풀이 ① 건조시설

② 가열시설(열매체 가열 포함)

③ 용융 · 융해 시설

④ 소둔로

⑤ 기타 노

※ 이 중 3가지를 작성한다.

※ 공정연소시설은 화력발전시설, 열병합발전시설, 내연기관 및 일반보일러시설을 제외하고 제품 등의 생산공정에 사용되는 특정 시설에 열을 제공하거나 장치로부터 멀리 떨어져 이용하기 위해 연료를 의도적으로 연소시키는 시설을 말한다.

12 **배출량 산정계획의 일시적 적용 불가의 경우 해당 내용에 대한 소명자료를 명세서 제출 시 첨부해야 한다. 소명자료 2가지를 작성하시오.**

풀이 ① 배출량 산정계획의 일시적 적용 불가 사유
② 기존 계획을 대체하는 임시 모니터링 방법
③ 원상 복귀된 시점(일자) 및 관련 조치사항
※ 이 중 2가지를 작성한다.
※ 온실가스 배출권거래제의 배출량 보고 및 인증에 관한 지침 제27조(배출량 산정계획의 일시적 적용 불가)에 의거한다.

13 **메탄 300톤, 아산화질소 200톤을 배출할 때 온실가스 총 배출량(tCO_2-eq)을 구하시오.**

풀이 온실가스 총 배출량(tCO_2-eq)
$=\sum$(온실가스별 배출량$\times$GWP)
$=(300tCH_4\times 21tCO_2-eq/tCH_4)+(200tN_2O\times 310tCO_2-eq/tN_2O)$
$=68,300tCO_2-eq$

14 **탄소 100톤 연소 시 온실가스 배출량(tCO_2-eq)을 구하시오.**

풀이 탄소의 연소반응식 : $C+O_2 \rightarrow CO_2$

$$\text{온실가스 배출량}(tCO_2-eq)=\text{탄소 연소량}(tC)\times\frac{\text{이산화탄소 분자량}(tCO_2)}{\text{탄소 원자량}(tC)}$$
$$=\text{탄소 연소량}(tC)\times\frac{44}{12}$$
$$=100tC\times\frac{44}{12}$$
$$=366.666666 ≒ 366.667tCO_2-eq$$

15

휘발유 100L 사용 시 발열량이 8,000kcal/L이고 탄소계수가 0.783tC/TOE일 때, tC와 tCO_2를 계산하시오.

풀이 TOE(Tonnage of Oil Equivalent) : 석유환산톤이며, 석유 1t을 연소시킬 때 발생하는 에너지로 환산한 단위로, $1TOE=10^7$kcal이다.

① 휘발유 배출량(tC) $=100L \times 8,000kcal/L \div 10^7 kcal/TOE \times 0.783tC/TOE$

$=0.06264tC \fallingdotseq 0.063tC$

② $tCO_2 = tC \times \dfrac{44(\text{이산화탄소 분자량})}{12(\text{탄소 원자량})}$

$=0.06264tC \times \dfrac{44}{12}$

$=0.22968tCO_2 \fallingdotseq 0.230tCO_2$

16

주어진 각 차량별 주행거리와 연비를 활용하여 휘발유와 경유 사용량(L)을 구하시오.

차량명	연료 종류	주행거리(km)	연비(km/L)
A	경유	5,000	10
B	경유	300	9
C	휘발유	6,000	12

풀이 이 문제는 모니터링 유형 중 C-6 유형에 해당한다.

C-6 유형은 사업장에서 운행하고 있는 차량 등의 이동연소 부문에 대하여 적용 가능한 방법으로, 차량별 이동거리와 연비 자료를 활용하여 계산에 따라 연료 사용량을 결정하는 방식이다.

$$\text{연료 사용량(L)} = \sum \frac{\text{연료별 이동연소 배출원별 주행거리(km)}}{\text{연료별 이동연소 배출원별 연비(km/L)}}$$

① $\text{경유 사용량} = \dfrac{5,000\,km}{10\,km/L} + \dfrac{300\,km}{9\,km/L} = 533.33333 \fallingdotseq 533.333\,L$

② $\text{휘발유 사용량} = \dfrac{6,000\,km}{12\,km/L} = 500\,L$

17 A사업장에서 보유하고 있는 연소시설에서 휘발유 2,500,000L를 사용할 때 온실가스 배출량을 산정하시오. 단, 이때 휘발유 순발열량은 44.3MJ/L이며, 배출계수는 다음과 같다.

(단위 : kgGHG/TJ)

CO_2	CH_4	N_2O
69,300	3	0.6

풀이 $E_{i,j} = Q_i \times EC_i \times EF_{i,j} \times f_i \times 10^{-6}$

여기서, $E_{i,j}$: 연료(i)의 연소에 따른 온실가스(j)의 배출량(tGHG)

Q_i : 연료(i)의 사용량(측정값, kL-연료)

EC_i : 연료(i)의 열량계수(연료 순발열량, MJ/L-연료)

$EF_{i,j}$: 연료(i)에 따른 온실가스(j)의 배출계수(kgGHG/TJ-연료)

f_i : 연료(i)의 산화계수(CH_4, N_2O는 미적용)

$$E_{i,j} = 2,500,000\text{L} \times 44.3\text{MJ/L} \times \left(\frac{69,300\,\text{kgCO}_2}{\text{TJ}} \times \frac{1\text{tCO}_2-\text{eq}}{10^3\text{kgCO}_2} \times 1 + \frac{3\,\text{kgCH}_4}{\text{TJ}} \times \frac{1\text{tCH}_4}{10^3\text{kgCH}_4} \times \frac{21\text{tCO}_2-\text{eq}}{\text{tCH}_4} + \frac{0.6\,\text{kgN}_2\text{O}}{\text{TJ}} \times \frac{1\text{tN}_2\text{O}}{10^3\text{kgN}_2\text{O}} \times \frac{310\,\text{tCO}_2-\text{eq}}{\text{tN}_2\text{O}} \right) \times \frac{\text{GJ}}{10^3\text{MJ}} \times \frac{\text{TJ}}{10^3\text{GJ}}$$

$$= 7,702.55175 \fallingdotseq 7,702.552\,\text{tCO}_2-\text{eq}$$

18 다음 표를 보고, 이동연소와 고정연소에 따른 연간 온실가스 사용량(tCO_2-eq/yr)을 산정하시오.

구분	유종	1일 사용량 (L/d)	순발열량 (MJ/L)	배출계수(kgGHG/TJ)		
				CO_2	CH_4	N_2O
고정연소	경유	3,000	43.0	74,100	3	0.6
이동연소 (도로)	휘발유	100	44.3	69,300	3	0.6
	경유	50	43.0	74,100	3	0.6
	LPG	30	47.3	63,100	1	0.1

풀이

- **고정연소(액체)의 온실가스 사용량 계산식**

$$E_{i,j} = Q_i \times EC_i \times EF_{i,j} \times f_i \times 10^{-6}$$

여기서, $E_{i,j}$: 연료(i)의 연소에 따른 온실가스(j)의 배출량(tGHG)

Q_i : 연료(i)의 사용량(측정값, kL-연료)

EC_i : 연료(i)의 열량계수(연료 순발열량, MJ/L-연료)

$EF_{i,j}$: 연료(i)에 따른 온실가스(j)의 배출계수(kgGHG/TJ-연료)

f_i : 연료(i)의 산화계수(CH_4, N_2O는 미적용)

① 경유(액체)의 온실가스 사용량

$$E_{i,j} = 3{,}000\,\text{L/d} \times 365\,\text{d/yr} \times 43.0\,\text{MJ/L}$$

$$\times \left(\frac{74{,}100\,\text{kgCO}_2}{\text{TJ}} \times \frac{1\text{tCO}_2-\text{eq}}{10^3\text{kgCO}_2} \times 1 + \frac{3\,\text{kgCH}_4}{\text{TJ}} \times \frac{1\text{tCH}_4}{10^3\text{kgCH}_4} \times \frac{21\text{tCO}_2-\text{eq}}{\text{tCH}_4} + \frac{0.6\,\text{kgN}_2\text{O}}{\text{TJ}} \times \frac{1\text{tN}_2\text{O}}{10^3\text{kgN}_2\text{O}} \times \frac{310\text{tCO}_2-\text{eq}}{\text{tN}_2\text{O}} \right)$$

$$\times \frac{\text{GJ}}{10^3\text{MJ}} \times \frac{\text{TJ}}{10^3\text{GJ}}$$

$$= 3{,}500.722665 \fallingdotseq 3{,}500.723\,\text{tCO}_2-\text{eq/yr}$$

- **이동연소(도로)의 온실가스 사용량 계산식**

$$E_{i,j} = Q_i \times EC_i \times EF_{i,j} \times 10^{-6}$$

여기서, $E_{i,j}$: 연료(i)의 연소에 따른 온실가스(j)의 배출량(tGHG)

Q_i : 연료(i)의 사용량(kL-연료)

EC_i : 연료(i)의 열량계수(순발열량, MJ/L-연료)

$EF_{i,j}$: 연료(i)에 따른 온실가스(j)의 배출계수(kgGHG/TJ-연료)

i : 연료 종류

② 휘발유(이동연소)의 온실가스 사용량

$$E_{i,j} = 100\,\mathrm{L/d} \times 365\,\mathrm{d/yr} \times 44.3\,\mathrm{MJ/L} \times \left(\frac{69{,}300\,\mathrm{kgCO_2}}{\mathrm{TJ}} \times \frac{1\mathrm{tCO_2-eq}}{10^3\mathrm{kgCO_2}} + \frac{3\,\mathrm{kgCH_4}}{\mathrm{TJ}} \times \frac{1\mathrm{tCH_4}}{10^3\mathrm{kgCH_4}} \times \frac{21\mathrm{tCO_2-eq}}{\mathrm{tCH_4}} + \frac{0.6\,\mathrm{kgN_2O}}{\mathrm{TJ}} \times \frac{1\mathrm{tN_2O}}{10^3\mathrm{kgN_2O}} \times \frac{310\,\mathrm{tCO_2-eq}}{\mathrm{tN_2O}}\right) \times \frac{\mathrm{GJ}}{10^3\mathrm{MJ}} \times \frac{\mathrm{TJ}}{10^3\mathrm{GJ}}$$

$= 112.4572556 ≒ 112.457\,\mathrm{tCO_2-eq/yr}$

③ 경유(이동연소)의 온실가스 사용량

$$E_{i,j} = 50\,\mathrm{L/d} \times 365\,\mathrm{d/yr} \times 43.0\,\mathrm{MJ/L} \times \left(\frac{74{,}100\,\mathrm{kgCO_2}}{\mathrm{TJ}} \times \frac{1\mathrm{tCO_2-eq}}{10^3\mathrm{kgCO_2}} + \frac{3\,\mathrm{kgCH_4}}{\mathrm{TJ}} \times \frac{1\mathrm{tCH_4}}{10^3\mathrm{kgCH_4}} \times \frac{21\mathrm{tCO_2-eq}}{\mathrm{tCH_4}} + \frac{0.6\,\mathrm{kgN_2O}}{\mathrm{TJ}} \times \frac{1\mathrm{tN_2O}}{10^3\mathrm{kgN_2O}} \times \frac{310\,\mathrm{tCO_2-eq}}{\mathrm{tN_2O}}\right) \times \frac{\mathrm{GJ}}{10^3\mathrm{MJ}} \times \frac{\mathrm{TJ}}{10^3\mathrm{GJ}}$$

$= 58.34537775 ≒ 58.345\,\mathrm{tCO_2-eq/yr}$

④ LPG(이동연소)의 온실가스 사용량

$$E_{i,j} = 30\,\mathrm{L/d} \times 365\mathrm{d/yr} \times 47.3\,\mathrm{MJ/L} \times \left(\frac{63{,}100\,\mathrm{kgCO_2}}{\mathrm{TJ}} \times \frac{1\mathrm{tCO_2-eq}}{10^3\mathrm{kgCO_2}} + \frac{1\,\mathrm{kgCH_4}}{\mathrm{TJ}} \times \frac{1\mathrm{tCH_4}}{10^3\mathrm{kgCH_4}} \times \frac{21\mathrm{tCO_2-eq}}{\mathrm{tCH_4}} + \frac{0.1\,\mathrm{kgN_2O}}{\mathrm{TJ}} \times \frac{1\mathrm{tN_2O}}{10^3\mathrm{kgN_2O}} \times \frac{310\,\mathrm{tCO_2-eq}}{\mathrm{tN_2O}}\right) \times \frac{\mathrm{GJ}}{10^3\mathrm{MJ}} \times \frac{\mathrm{TJ}}{10^3\mathrm{GJ}}$$

$= 32.70863112 ≒ 32.709\,\mathrm{tCO_2-eq/yr}$

∴ ①+②+③+④=3,500.723+112.457+58.345+32.709

=3,704.234$\mathrm{tCO_2-eq/yr}$

온실가스관리기사 실기

2014. 9. 29. 초판 1쇄 발행
2025. 1. 22. 개정 11판 1쇄(통산 15쇄) 발행

저자와의 협의하에 검인생략

지은이 | 강헌, 박기학, 김서현
펴낸이 | 이종춘
펴낸곳 | BM (주)도서출판 성안당
주소 | 04032 서울시 마포구 양화로 127 첨단빌딩 3층(출판기획 R&D 센터)
10881 경기도 파주시 문발로 112 파주 출판 문화도시(제작 및 물류)
전화 | 02) 3142-0036
031) 950-6300
팩스 | 031) 955-0510
등록 | 1973. 2. 1. 제406-2005-000046호
출판사 홈페이지 | **www.cyber.co.kr**
ISBN | 978-89-315-8453-0 (13500)
정가 | 35,000원

이 책을 만든 사람들
책임 | 최옥현
진행 | 이용화, 곽민선
교정 · 교열 | 곽민선
전산편집 | 이다혜
표지 디자인 | 임흥순
홍보 | 김계향, 임진성, 김주승, 최정민
국제부 | 이선민, 조혜란
마케팅 | 구본철, 차정욱, 오영일, 나진호, 강호묵
마케팅 지원 | 장상범
제작 | 김유석